권오봉 지음

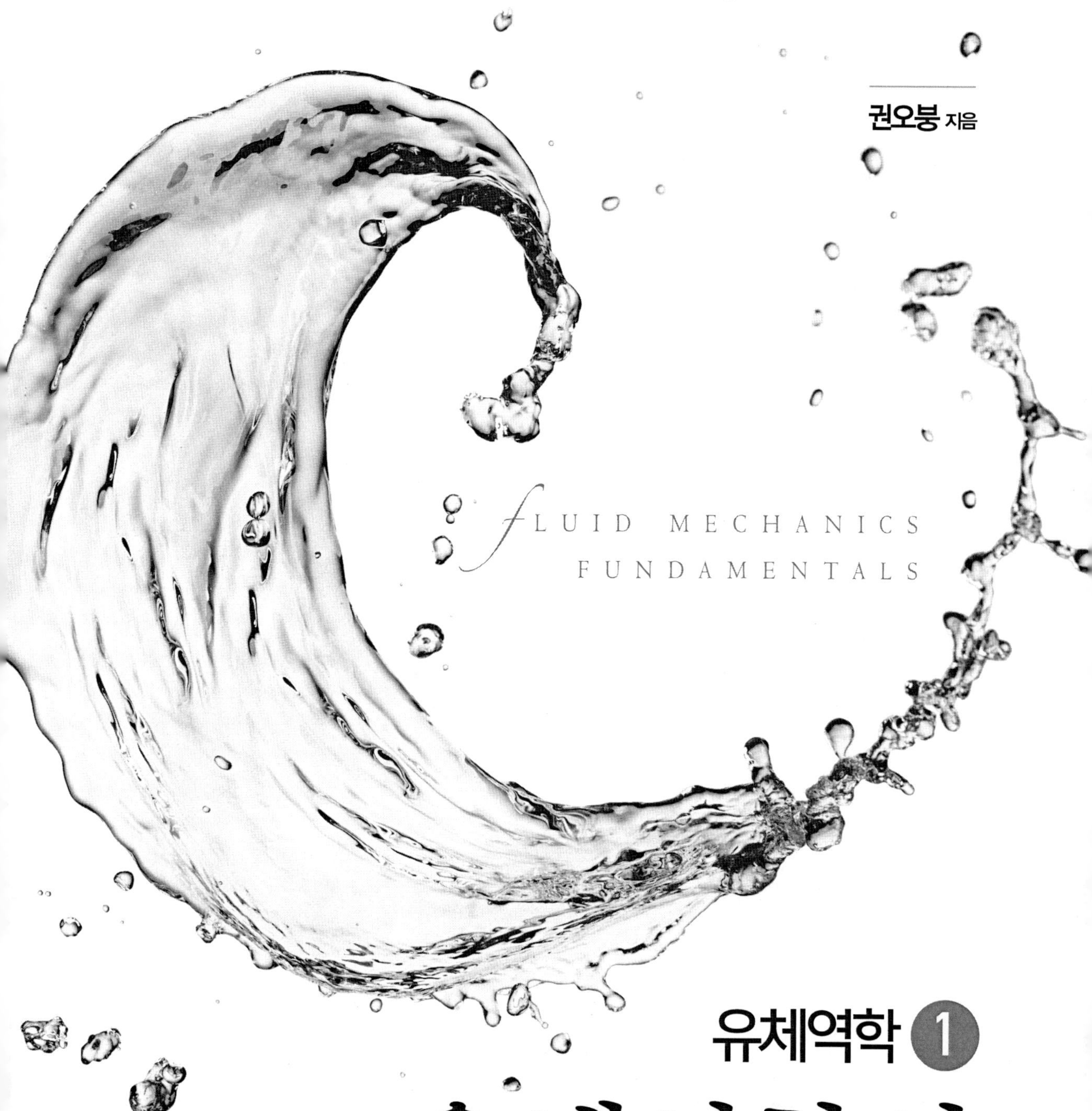

FLUID MECHANICS FUNDAMENTALS

유체역학 1

유체역학의 기본

홍릉과학출판사

PREFACE

이 책은 대학의 학부과정에서 처음으로 유체역학을 배울 때 필요한 내용으로 구성하였으며, 한 학기 강의용으로 적합하게 하였다. 대학에 따라 유체역학을 한 학기 동안 강의하기도 하고 두 학기에 걸쳐 강의하기도 한다. 대부분의 유체역학 책이 두 학기에 강의하기에 적합하게 많은 내용을 담기 때문에 한 학기만 강의할 때는 책의 중간까지만 배우기 때문에, 한 학기만 배우는 학생은 뒷 부분의 꼭 필요한 내용을 놓치게 된다. 이렇기 때문에 외국의 유명한 대학의 학부과정에서 유체역학의 기초과정 한과목을 개설하고, 그 후 "Intermediate Fluid Mechanics" 라는 과목을 학부 3,4학년생 또는 대학원의 유체역학 입문과목으로 개설하여 강의한다. 따라서 본 저자는 2년 전에 "유체역학②, 유체역학의 이해" 을 저술하여, 학부 과정에서 이미 유체역학 과목을 한 학기 이수한 학생이나, 대학원생의 입문과정에서 유체역학이라는 과목을 보다 깊이 있게 접할 수 있는 기회를 제공하였다.

이제 순서는 반대로 되었지만, "유체역학①, 유체역학의 기본" 이라는 책을 저술하여, 학부에서 처음 유체역학을 접하는 학생이 유체역학의 완전한 기초를 쉽게 배우고, 또한 꼭 배워야 할 내용이 빠지지 않도록 구성하였다.

본 교재의 특징

대학의 학부과정에서 처음으로 유체역학을 배울 때 필요한 내용으로 구성하였으며, 한 학기 강의용으로 적합하게 하였다.

유체역학을 처음 배우는 학생들이 유체의 운동을 나타내는 방법인 Euler방법과 속도장으로부터 가속도장을 구하는 방법에 대해 식으로만 이해할 뿐, 내용을 완전히 이해하기 힘들어 한다. 이 책에서는 이 부분에 대해 다른 어떤 책에서도 찾아볼 수 없는 독창적인 방법으로 설명하여 이해하기 쉽도록 하였다. 이 책의 4장에서 연속적으로 자유 낙하하는 쇠구슬의 속도를 Lagrange방법과 Euler방법으로 모두 나타내어 두 방법의 차이를 명확하게 설명하였다.

또한 이것을 이용하여 속도장으로부터 가속도장을 구하는 방법에 대해서도 Lagrange방법과 Euler방법을 모두 사용하여 두 방법을 비교할 수 있도록 하여 이해를 돕도록 하였다.

유체역학을 처음 배우는 학생들이 또 이해하기 어려운 부분이 차원해석과 모델법칙에 관한 것이다. 역시 이 책에서는 이 부분에 대해 다른 어떤 책에서도 찾아볼 수 없는 독창적인 방법으로 설명하여 이해하기 쉽도록 하였다. 7장의 본문에서 자세히 설명하였을 뿐 아니라, 예제 7.3 ~ 예제 7.6에서 주어진 데이터를 차원해석에 어떻게 활용하는지에 대해 단계별로 데이터를 변환하여 상세히 설명하였다.

1장에서 단위와 차원에 대해서도 쉽게 설명하여 SI단위를 기준으로 한 단위의 변환을 하는 방법에 대해 상세히 설명하였다. 운동량방정식을 다루는 6장에서는 아주 많은 경우에 대해 기본적인 개념을 이해할 수 있도록 상세하게 쉽게 설명하였다.

본문에서는 유체역학에서 꼭 필요한 내용만을 다루었으며, 보다 자세한 내용에 관한 것은 보충설명을 통하여 설명하였으니, 적절히 이 부분을 참고하면 많은 도움이 될 것이고, 강사의 판단에 따라 이 부분은 생략해도 무방하다고 판단된다. 혼동하기 쉬운 내용에 대해 명확하게 이해할 수 있게 본문의 여백에 Tip을 삽입하였다.

본문 및 연습문제 등에서 많은 그림을 사용하여 학생들이 이해하기 쉽도록 하였으며, 예제에서도 보충설명을 통하여 문제를 보다 명확하게 이해할 수 있도록 하였다. 연습문제에 대한 정답 뿐 아니라 간편풀이도 뒤에 첨부하여 학생들이 공부하는 에 어려움이 없도록 하였다.

PREFACE

강의 자료

강의를 담당하는 교수나 강사를 위하여 다음을 제공한다.

■ 본문의 모든 그림을 포함한 강의 자료(PPT)

■ 연습문제에 대한 정답 및 상세풀이 파일.

감사의 말씀

좋은 교재가 많은데도 불구하고 조금이라도 학생들에게 도움이 되었으면 하는 바람으로 이 책을 저술하였다. 끝으로 이 책을 출판하는데 지원을 아끼지 않은 홍릉과학출판사 여러분께 감사드리고, 또한 항상 힘이 되어준 저의 가족에게도 감사한 마음을 전한다. 이 책이 유체역학을 배우는 학생들에게 조금이라고 도움이 되기를 진심으로 기원하는 바이다.

2019. 3.

권오붕

CONTENTS

CONTENTS

CONTENTS

CONTENTS

CONTENTS

차원과 단위

학습목표

이 장의 학습 및 강의 목표는 다음과 같은 사항을 학생들이 완전하게 이해하는 것이다.

- 유체의 정의에 대한 이해.
- 연속체 개념의 이해.
- 단위와 차원의 개념과 SI단위에 대한 이해.
- 단위의 환산.

1.1 유체의 정의

물질은 일반적으로 고체(solid)와 유체(fluid)로 구분된다. 그 중 유체는 다시 액체(liquid)와 기체(gas)로 구분된다. 물질에 전단응력이 가해질 때 나타나는 현상의 차이로 고체와 유체를 구분한다. **전단응력이 작용하면, 연속적으로 변형하는 물질을 유체라고 정의**한다. 그림 1.1(a)에서 보듯이 고체에 전단응력이 작용할 때, 대부분의 경우(전단응력이 아주 크지 않은 경우) 약간의 변형만 일어날 뿐, 바로 이 변형된 상태를 유지한다. 그러나 유체일 때는 아주 작은 크기의 전단응력이라도 작용하면, 그림 1.1(b)에서 보듯이 계속하여 변형이 일어나게 된다(즉, 유체가 흐르게 된다).

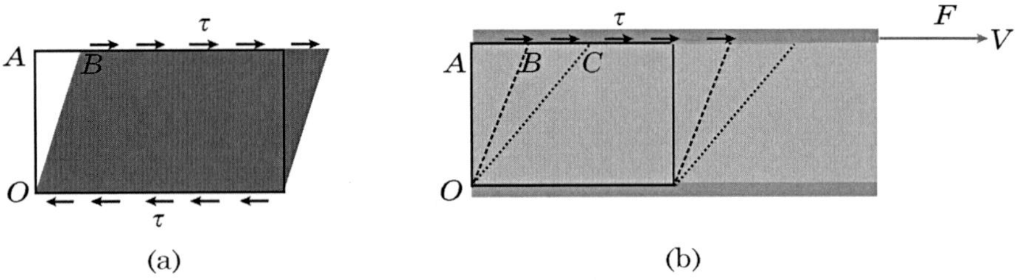

그림 1.1
(a)고체와 (b)유체

보충설명 ⊙ 전단응력

응력(stress)은 단위 면적당의 힘을 의미한다. 그림 1.2처럼 면에 수직하게 작용하는 힘을 면적으로 나눈 것이 수직응력(normal stress)이고 그림 1.3처럼 면에 접하여 작용하는 전단력(shear force)을 면적으로 나눈 것이 전단응력(shear stress)이다.

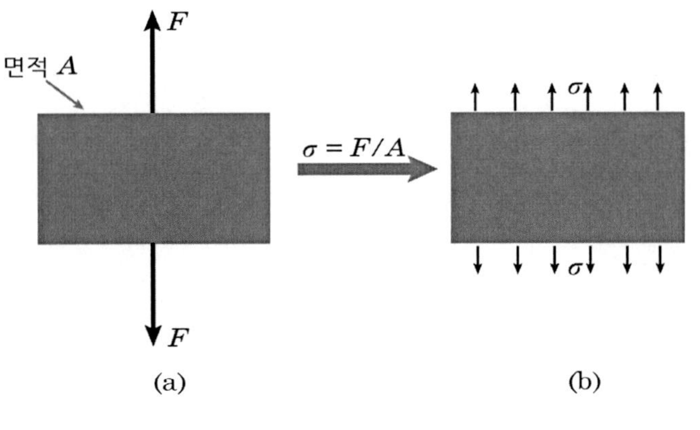

그림 1.2
(a)수직력과 (b)수직응력

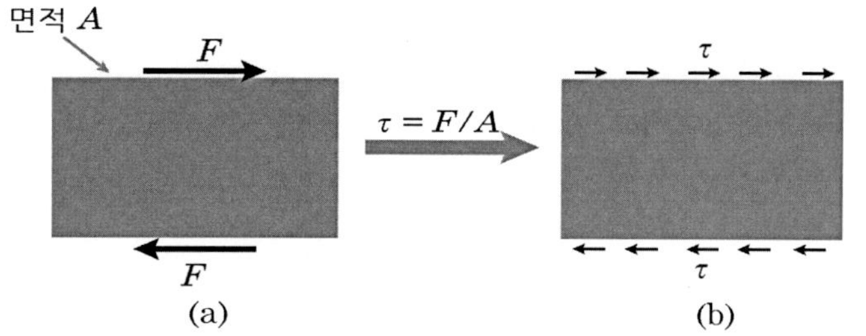

그림 1.3
(a)전단력과 (b)전단응력

유체를 액체와 기체로 구분할 수 있는데, 그림 1.4처럼, **액체는 일정한 부피를 가져 큰 용기에 담았을 때 자유표면을 가진다. 그러나 기체는 자유표면을 가지지 않고 주어진 공간을 전부 채운다.**

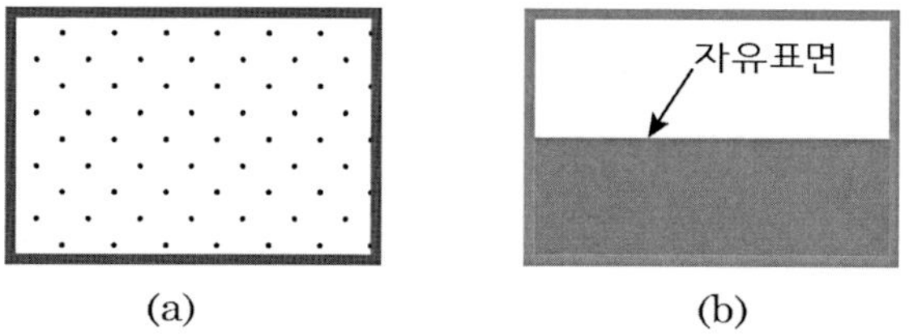

그림 1.4
(a)기체와 (b)액체

1.2 연속체 가정

유체역학, 열역학 등을 해석하는 방법에 따라 거시적(macroscopic)인 관점과 미시적(microscopic)인 관점으로 나눌 수 있다. 거시적인 관점은 물질과 물질의 성질은 공간상에 연속적으로 분포되어 있는 **연속체(continuum)**라고 가정하고 해석하는 것이다. 즉, 물질은 공간상에서 연속되어 있고, 공간상의 모든 점에서 속도, 온도, 밀도, 압력 등의 물리적인 성질이 유한한 값을 가진다고 가정하는 것이다. 이는 우리가 전자현미경 등을 사용하지 않고 육안으로 관찰할 때 나타나는 현상을 해석하는 것이라 생각하면 된다.

이에 반해, 물질을 분자구조까지 확대하여 미시적으로 관찰하면, 물질은 연속적이지 않다는 것을 우리는 이미 알고 있으며, 이때는 모든 공간상에서 속도, 온도, 밀도, 압력 등을 나타낼 수 없다. 이러한 미시적인 관점에서는 분자의 운동을 고려하여야하며 통계적(statistical) 방법을 사용하여 해석한다. **이 책에서는 분자들의 운동을** 통계적으로 다루는 미시적인 관점을 따르지 않고, **유체를 연속체로 가정하여 거시적으로 해석한다.**

일반적으로 **연속체 가정**(continuum assumption)은 다음처럼 유동문제의 **특성길이**(characteristic length) L_c가 유체의 **평균자유이동거리**(mean free path) λ보다 아주 클 때 가능하다.

$$\lambda \ll L_c$$

특성길이는 유동문제를 특징할 수 있는 대표적인 길이로서, 유동이 일어나는 관의 직경이나, 물체 주위의 유동인 경우 물체의 직경 등이 특성길이가 되고 일반적으로는 육안으로 보일 수 있는 길이이다. 평균자유이동거리는 유체입자들이 충돌하지 않고 이동하는 거리의 평균값을 나타낸다. 모든 유체 분자들은 불규칙한 운동을 하면서 충돌하는데, 충돌과 충돌사이에 이동하는 평균거리를 평균자유이동거리라 한다. 1기압, 상온에서 공기의 경우 평균자유이동거리는 0.05~0.07 μm 정도이며, 물의 경우는 이보다 훨씬 작고, 해석하려는 유동문제의 특성길이는 거의 대부분 1 mm보다는 크기 때문에 연속체 가정은 쉽게 충족된다. 그러나 지구에서 멀리 떨어진 곳이나 압력이 아주 낮은 희박한 기체를 다룰 경우는 연속체 취급을 할 수 없다. 연속체 가정에 대해서는 이 책의 후편인 "유체역학의 이해" 라는 책에서 보다 자세히 설명한다.

1.3 단위와 차원

질량 10 kg, 길이 10 m, 시간 10 s, 면적 10 m^2, 속도 10 m/s, 힘 10 N 등, 물리량을 나타날 때 단위를 사용한다는 것을 우리는 이미 알고 있을 뿐 아니라, 10 kg, 10 m, 10 m/s 등은 숫자는 같지만 그것이 서로 다르다는 것을(서로 차원이 다르다는 것을) 또한 알고 있다.

물리량을 나타낼 때 나라에 따라 서로 다른 단위를 사용하기도 한다. 예를 들어 미국에서는 길이를 나타낼 때 mile, ft 등의 단위를 사용하기 때문에 혼란스럽다. 따라서 혼란을 방지하기 위해 국제적으로 표준화된 단위가 필요하게 되어 국제회의에서 정한 단위계(unit system)가 **SI단위계**(Système International d'Unités, 또는 영어로 International System of Units)이다. 지금은 주로 미국에서 사용하는 단위계를 **BG단위계**(British Gravitational Units System)라고 한다. 그리고 우리나라에서는 SI단위가 사용되기 전에 사용한 중력단위계 또는 공학단위계를 아직 사용하기도 한다. 그러나 지금은 SI단위를 사용하는 것이 세계적인 추세일 뿐 아니라 사용하기도 훨씬 편리하여 이 책에서는 SI단위를 기본적으로 사용할 뿐 아니라, SI단위계에 근거하여 다음의 물리량, 단위 및 차원을 설명한다.

앞에서 나타낸 질량 10 kg, 길이 10 m, 시간 10 s, 면적 10 m^2, 속도 10 m/s, 힘 10 N 등의 물리량을 나타낼 때 사용된 단위 중, kg, m, s 등은 학자들이 기본적으로 정의한(그렇게 정한) 단위이다. 예를 들어, 빛이 진공 중에서 1/299792458 초 동안에 통과한 거리를 1 m로 정한다. 면적은 "길이×길이"로 이루어져 있어, 이미 정한 길이의 단위를 사용하여 m^2으로 나타내면 되지, 새롭게 면적의 단위를 정의하지는 않는다(예를 들면, 지구 표면적의 몇 분의 1을 1 "면적단위"라고 정의할 필요가 없다).

길이, 질량, 시간과 같이 기본적으로 정의할 필요가 있는 물리량을 기본물리량(base quantity)이라 하고, 면적, 속도처럼 기본물리량을 이용하여 나타낼 수 있는 물리량을 유도물리량(derived quantity)이라 한다. 기본물리량을 나타낼 때 사용하는 단위를 **기본단위**(base unit, primary unit)라고 하고, 유도물리량 나타낼 때 사용하는 단위를 **유도단위**(derived unit, secondary unit)라고 한다. 물리량을 나타날 때 단위 외에 차원(dimension)이라는 개념을 사용하기도 한다. 기본물리량은 **기본차원**(base dimension, primary dimension)을 나타낸다. 즉, 길이(length)라는 물리량은 length라는 차원을 가지고 이를 기호를 사용하여 표현하면, 길이는 L 의 차원을 가진다고 한다. SI에서 7개의 기본단위 및 차원을 정하였지만 유체역학 등의 역학에서 주로 필요한 기본차원은 질량, 길이, 시간 등의 3개 차원이다. 표 1.1에서 보듯이 질량, 길이, 시간의 차원을 각각 M, L, T라고 표시한다. 대부분의 물리량은 이 세 개의 차원으로 나타낼 수 있다. 앞에서 설명하였듯이 면적을 나타낼 때 새로운 차원이 필요한 것이 아니라 면적의 차원은 L^2이 되고 속도의 경우 L/T, 또는 LT^{-1}의 차원을 가지게 된다.

✦물리량의 기호는 기울임체(italic)를 사용 : m, F, a
차원과 단위의 기호는 정체를 사용 : M, L, T, m/s, N

- SI단위계 : M, L, T가 기본차원
- BG단위계, 중력단위계 : F, L, T가 기본차원. F : 힘

1.3.1 기본단위 및 기본차원

앞 절에서 설명하였듯이 SI단위계에서는 M, L, T를 **기본차원**으로 하고 있으며 나머지 물리량은 이 기본차원을 사용하여 나타낼 수가 있다. 이제 기본단위에 대해 알아보고자 한다.

길이(length)

길이의 SI단위는 metre(또는 meter)이고 기호로 나타낸 것이 m이다. 길이의 차원은 L로 표시한다. 빛이 진공 중에서 1/299792458초 동안에 통과한 거리를 1 m로 정하였다. 학생들은 SI단위가 무엇인지 알면 되지, 굳이 1 m의 정확한 정의를 기억하려고 할 필요는 없다. 질량 및 시간에 대해서도 마찬가지이다.

표 1.1
기본단위 및 기본차원(참고 SI brochure)

물리량(quantity) 및 차원(dimension)	단위 (unit)	단위의 기호 (symbol of unit)	차원의 기호 (symbol of unit)
길이(length)	metre	m	L
질량(mass)	kilogram	kg	M
시간(time)	second	s	T
전류(electric current)	ampere	A	I
온도(temperature)	kelvin	K	Θ
물질량(amount of substance)	mole	mol	N
광도(luminous intensity)	candela	cd	J

질량(mass)

질량(mass)의 SI단위는 kilogram이고 기호로 나타낸 것이 kg이다. 질량의 차원은 M으로 표시한다.

시간(time)

시간의 SI단위는 second이고 기호로 나타낸 것이 s이다. 차원은 T로 표시한다. 시간의 SI단위는 sec가 아니고 second 또는 s로 나타낸다는 것에 주의하라.

온도(temperature)

유체역학에서는 기본차원으로 잘 사용되지는 않지만 열전달 등에서 많이 사용되는 기본차원으로 온도가 있다.

- 온도의 차원은 Θ로 표시한다.
- **온도의 기준은 물의 삼중점(triple point)에서의 온도를 273.16 K로 정의한다.** 따라서 **온도의 기준점이 하나이다.**

✦K, kelvin : 온도의 단위
k, °K, Kelvin : 단위 아님
Kelvin : 사람 이름

■ 온도의 SI단위는 kelvin이고 기호로 나타낸 것이 K이다.

■ 주의해야 할 것은 Kelvin이라는 학자의 이름에서 따온 것이지만 SI단위는 kelvin 또는 K이지, Kelvin은 아니다. 또한 °K로 표시하면 안 된다.

■ K는 절대온도(absolute temperature)를 나타낸다.

■ SI단위는 아니지만 일상생활에서 많이 사용하는 온도의 단위로 섭씨(Celsius) 온도를 나타내는 ℃와 화씨(Fahrenheit) 온도를 나타내는 °F가 있다. 이전에는 표준대기압에서 물의 어는점과 끓는점을 각각 0℃ 및 100℃로 정의하고, 또는 32°F 및 212°F 로 정의하였다. 섭씨온도와 화씨온도는 2개의 온도 기준점을 가졌다. 그러나 지금은 앞에서 설명한대로 온도의 기준점이 하나임을 명심하여야 한다.

■ 섭씨온도와 화씨온도 사이에는 다음의 관계가 성립한다.

$$°\mathrm{F} = \frac{9}{5}℃ + 32, \qquad ℃ = \frac{5}{9}(°\mathrm{F} - 32) \tag{1.1}$$

■ 절대온도와 섭씨온도사이에는 다음의 관계가 성립한다.

$$\mathrm{K} = ℃ + 273.15 \tag{1.2}$$

■ 섭씨온도와 절대온도의 관계는 위와 같지만 온도차를 나타낼 때는 동일하다. 즉, 온도차 1 K는 온도차 1℃와 같다. 이와 같은 이유로, ℃는 SI단위는 아니지만 온도차를 나타낼 때 K대신에 사용되기도 한다.

1.3.2 유도단위 및 유도차원

앞에서도 설명하였듯이 유체역학 등의 역학에서 사용되는 SI단위계에서의 기본차원은 M, L, T이고 나머지 물리량들의 차원은 이들의 조합으로 나타낼 수 있다. 따라서 나머지 단위는 **유도단위** 또는 **2차단위**(secondary unit)이고 **유도차원** 또는 **2차차원**을 가진다. 역학에서 주로 사용되는 유도 물리량들을 표 1.2에 나타내고 있으며, 다음에서 이들의 단위와 차원이 어떻게 정의되는지에 대해 설명한다.

표 1.2
SI에서 사용하는 유도물리량, 유도단위 및 차원(참고 SI brochure)

유도 물리량(derived quantity)	단위의 기호 (symbol of unit)	차원의 기호 (symbol of unit)
면적(area)	m^2	L^2
부피(volime)	m^3	L^3
속도(velocity)	m/s	L/T
가속도(acceleration)	m/s^2	L/T^2
힘(force)	N	ML/T^2
모멘트(moment), 토크(torque)	Nm	ML^2/T^2
압력(pressure), 응력(stress)	Pa	M/LT^2
에너지, 일, 열량 (energy, work, amount of heat)	J	ML^2/T^2
동력(power)	W	ML^2/T^3
밀도(density)	kg/m^3	M/L^3
비체적(specific volume)	m^3/kg	L^3/M
점성계수(viscosity)	$N·s/m^2$ 또는 Pa·s	M/LT
동점성계수(kinematic viscosity)	m^2/s	L^2/T
표면장력(surface tension)	N/m	M/T^2

속력(speed), 속도(velocity)

✦속도 : 벡터
속력 : 스칼라

속도의 단위와 차원은 다음의 속도를 나타내는 식으로부터 구할 수 있으며, 속도의 SI단위는 m/s이고 차원은 L/T 또는 LT^{-1}이다. 속력은 크기만을 나타내는 스칼라이고 속도는 크기와 방향을 나타내는 벡터이다.

$$v = \frac{ds}{dt} \Rightarrow \mathrm{m/s} \Rightarrow \mathrm{L/T} \tag{1.3}$$

가속도(acceleration)

가속도의 단위와 차원은 다음 식으로부터 구할 수 있으며, 가속도의 SI단위는 m/s^2이고 차원은 L/T^2 또는 LT^{-2}이다.

$$a = \frac{dv}{dt} \Rightarrow \frac{\mathrm{m}}{\mathrm{s}^2} \Rightarrow \mathrm{L/T^2} \tag{1.4}$$

가속도 중에서 특별한 가속도로 중력가속도가 있다. 지구에서의 중력가속도를 g로 표시하며 다음과 같다.

$$g = 9.807\,\frac{\mathrm{m}}{\mathrm{s}^2} = 32.174\,\frac{\mathrm{ft}}{\mathrm{s}^2} \tag{1.5}$$

대부분 편의상

$$g = 9.8\,\frac{\mathrm{m}}{\mathrm{s}^2} = 32.2\,\frac{\mathrm{ft}}{\mathrm{s}^2} \tag{1.6}$$

으로 계산한다.

힘(force), 무게(weight)

힘의 단위와 차원은 다음 식으로부터 구할 수 있으며, 힘의 SI단위는 kg·m/s^{2}이고 차원은 ML/T^2 또는 MLT^{-2}이다.

$$F = ma \Rightarrow \frac{\mathrm{kg\cdot m}}{\mathrm{s}^2} \Rightarrow \mathrm{ML/T^2} \tag{1.7}$$

그러나 힘의 단위를 계속 kg·m/s^{2}이라고 쓰면 너무 불편하므로, 다음과 같이 정의한다.

$$\frac{\mathrm{kg\cdot m}}{\mathrm{s}^2} \equiv \mathrm{newton} \equiv \mathrm{N} \tag{1.8}$$

✦N, newton : 힘의 단위
n, Newton : 힘의 단위 아님

따라서 **힘의 SI단위는** newton **또는 N이다.** Newton의 이름에서 따온 newton과 N이지만 표기법은 다르다. 기호로 표시할 때는 대문자 N으로 나타내어야 하고, 소문자 n은 힘의 단위가 아니다. 그러나 Newton으로 표기하면 사람 이름을 나타내는 것이므로 힘의 단위를 표기할 때는 newton으로 소문자로 나타내어야 한다. SI단위계에서 힘은 기본차원이 아니고 질량으로부터 유도되는 차원이다.

위의 SI단위와 비슷하지만, cgs(cm, gram, second)단위계에서는 dyne이라는 힘의 단위를 사용하기도 하며, 다음과 같다.

$$\mathrm{dyne} \equiv \frac{\mathrm{g\cdot cm}}{\mathrm{s}^2} = 10^{-5}\,\mathrm{N}$$

공학단위계에서는 kg_f(또는 kgf)를 힘의 단위로 사용한다. MLT시스템의 관점에서 보아, 편의상 1 kg_f를 1 kg(kg_m 또는 kgm)의 질량이 지구상에서 중력가속도를 받을 때의 힘(무게)으로 정하면,

$$F = ma \Rightarrow 1\,\mathrm{kg_f} = 1\,\mathrm{kg} \times 9.8\frac{\mathrm{m}}{\mathrm{s}^2} = 9.8\frac{\mathrm{kg \cdot m}}{\mathrm{s}^2} = 9.8\,\mathrm{N}$$

이어서, 위의 식으로부터 단순하게

✦ $1\,\mathrm{kg_f} = 9.81\,\mathrm{N}$ 또는 편의상 $1\,\mathrm{kg_f} = 9.8\,\mathrm{N}$을 많이 사용한다.

$$1\,\mathrm{kg_f} = 9.8\,\mathrm{N} \tag{1.9}$$

이라는 식을 이용하기만 하면 된다. 그러나 N과 kg_f의 차이는 이런 단순한 것이 아니라, '무엇을 기본차원으로 하는가' 하는 근본적인 차이가 있다. 다음의 보충설명을 통하여 이에 대한 근본적인 차이점을 설명하고자 한다.

보충설명 ⊙ 공학단위계에서의 힘

✦ 공학단위에서 힘을 나타낼 때 kgf, kg_f 또는 Kg으로 나타내기도 한다.
공학단위에서 질량을 나타낼 때는 kgm 또는 kg_m으로 나타내기도 한다.
SI단위계에서 질량은 kg으로 나타내고 힘은 N으로 나타낸다.

공학단위계에서는 힘을 기본차원으로 생각하고, 질량을 2차 차원으로 생각한다. 앞에서도 언급하였듯이 중력단위계에서는 질량 대신 힘을 나타내는 F를 기본차원으로 생각하여 F, L, T를 기본차원으로 한다. 즉, 공학단위계에서는 우리가 많이 사용하는 무게(힘)의 단위인 kg_f를 기본단위로 생각하여, 지구에서 어떤 물체를 저울에 달아본 무게가 1 kg_f일 때, 이 물체의 질량을 1 kg_m(SI단위에서의 kg)라고 정하는 것이다. 이것을 다음과 같이 나타낼 수 있다.

$$1\,\mathrm{kg_m} = \frac{1\,\mathrm{kg_f}}{g} = \frac{1\,\mathrm{kg_f}}{9.8\frac{\mathrm{m}}{\mathrm{s}^2}}$$

따라서 공학단위에서는 질량이 기본 단위가 아니고 힘에서 유도되는 단위이다.

달에서의 무게는 지구에서의 무게와 다르다. 무게는 힘을 나타내고, 이렇게 위치에 따라 바뀌는 물리량인 힘을 기본차원으로 사용하는 것은 좋은 습관이 아니다. 따라서 항상 일정한 기준을 가질 수 있는 질량을 기본차원으로 사용하는 SI단위를 사용하는 것이 보다 합리적이다. 그리고 SI단위 사용에 따른 편리한 점이 많으며, 이것에 대해서는 뒤에서 설명하기로 한다.

압력(pressure)

압력의 단위와 차원은 다음 식으로부터 구할 수 있으며, **압력의 SI단위는** pascal **또는** Pa**이다.** 차원은 M/LT^2 또는 $ML^{-1}T^{-2}$이다. Pa은 Pascal이라는 학자의 이름에서 따온 것이다.

$$p = \frac{F}{A} \Rightarrow \frac{\mathrm{N}}{\mathrm{m}^2} \Rightarrow M/LT^2 \tag{1.10}$$

그리고

$$\frac{\mathrm{N}}{\mathrm{m}^2} \equiv \mathrm{Pa}$$

이라 정의한다. 압력의 SI단위는 Pa이지만, 아직도 관례상 다른 단위를 많이 사용한다. Pa 이외의 압력의 단위로는 다음의 여러 가지 단위가 있다.

✦Aq : aqua, 물을 의미한다.

$$\mathrm{atm},\ \mathrm{bar},\ \frac{\mathrm{kg_f}}{\mathrm{cm}^2},\ \mathrm{mmHg},\ \mathrm{mH_2O(mAq)},\ \mathrm{psi}$$

여기서 atm은 표준 대기압을 의미하고, $\frac{\mathrm{kg_f}}{\mathrm{cm}^2}$은 공학단위를 나타내고, mmHg와 mH_2O(mAq와 같은 의미)는 각각 수은과 물의 높이로 압력을 나타낼 때 사용하는 단위이다. 그리고 psi는 lb_f/in^2을 나타낸다. 각각의 단위 사이에는 다음과 같은 관계가 성립한다.

$$1\,\mathrm{atm} = 1013\,\mathrm{hPa} = 101.3\,\mathrm{kPa} = 1.013 \times 10^5\,\mathrm{Pa} = 1.013\,\mathrm{bar}$$

$$1\,\mathrm{atm} = 1.033\frac{\mathrm{kg_f}}{\mathrm{cm}^2} = 10.33\,\mathrm{mAq} = 760\,\mathrm{mmHg} = 14.7\,\mathrm{psi}$$

$$1\,\mathrm{bar} = 10^5\,\mathrm{Pa}$$

에너지(energy), 일(work), 열량(amount of heat)

에너지, 일 또는 열량의 단위와 차원은 다음 식으로부터 구할 수 있으며, **에너지의 SI단위는** joule **또는** J**이다.** 차원은 ML^2/T^2 또는 ML^2T^{-2}이다.

$$W = FS \Rightarrow \mathrm{N \cdot m} \Rightarrow ML^2/T^2 \tag{1.11}$$

그리고

$$\mathrm{N \cdot m} \equiv \mathrm{J}$$

이라 정의한다. J는 Joule의 이름에서 따온 것이다. 공학단위계에서는 $kg_f \cdot m$을 사용하고

$$1\,\mathrm{kg_f \cdot m} \equiv 9.81\,\mathrm{J}\,(\text{또는 } 9.8\,\mathrm{J})$$

이다. 또한 열량을 나타날 때 많이 사용하는 cal는 다음과 같다.

$$1\,\mathrm{cal} = 4.2\,\mathrm{J}$$

동력(power)

✦동력 : P, L 또는 $\dot{W}$를 주로 사용한다.
압력 : 소문자 p를 사용한다.

동력(power, 또는 일률)의 단위와 차원은 다음 식으로부터 구할 수 있으며, **동력의 SI단위는 watt 또는 W이다. 차원은 ML^2/T^3 또는 ML^2T^{-3}이다.**

$$\dot{W} \Rightarrow \frac{\mathrm{J}}{\mathrm{s}} \Rightarrow ML^2/T^3 \tag{1.12}$$

그리고

$$\frac{\mathrm{J}}{\mathrm{s}} \equiv \mathrm{W}$$

이라 정의한다. W는 Watt의 이름에서 따온 것이다. 공학단위계에서는 $kg_f \cdot m/s$를 사용하고 SI단위와의 관계는 다음과 같다.

$$1\,\mathrm{kg_f \cdot m/s} \equiv 9.81\,\mathrm{W}\,(\text{또는 } 9.8\,\mathrm{W})$$

보충설명 ⑥ 동력의 다른 단위

동력의 또 다른 단위로, 마력이라는 단위가 있는데 그냥 우리말로 마력이라고 표시할 때는 두 개의 서로 다른 마력이 존재하기 때문에 주의가 필요하다. 마력은 HP와 PS가 있는데 각각 영어 horse power와 독일어 pferde stärke를 의미하며, 다음과 같이 약간 다르게 정의되고 있으므로 주의가 필요하다.

$$1\,\mathrm{HP} = 76\,\mathrm{kg_f \cdot m/s} = 746\,\mathrm{W} \Leftarrow 76 \times 9.81 = 746$$

$$1\,\mathrm{PS} = 75\,\mathrm{kg_f \cdot m/s} = 736\,\mathrm{W} \Leftarrow 75 \times 9.81 = 736$$

1.4 단위 환산

단위를 사용할 때 한 단위를 다른 단위로 바꾸어 나타내어야 할 때가 있다. 많은 학생들이 단위 환산을 잘 이해하지 못하고 모든 것을 표에 의존하려는 경향이 있어, 이에 대해 자세히 설명하고자 한다.

먼저 아주 간단한 문제를 생각해보자. 60 km/hr의 속도를 m/s의 단위로 바꾸면 얼마가 될까?

$$60\ \frac{\text{km}}{\text{hr}} \Rightarrow \square\ \frac{\text{m}}{\text{s}}$$

이러한 문제는 다음과 같이 나타내어 해결한다. 분자에 있는 km를 m로 바꾸어야 하며, 다음처럼 $\frac{1000\text{ m}}{1\text{ km}}$ 를 곱하면 된다. 그리고 분모의 hr를 s로 바꾸어야 하며, 다음처럼 $\frac{1\text{ hr}}{3600\text{ s}}$ 를 곱하면 된다. 그런 후 수식에서 중복되는 단위를 지우고 숫자를 계산하면 원하는 결과를 얻을 수 있다.

$$60\ \frac{\text{km}}{\text{hr}} = 60\ \frac{\cancel{\text{km}}}{\cancel{\text{hr}}} \times \frac{1000\text{ m}}{1\ \cancel{\text{km}}} \times \frac{1\ \cancel{\text{hr}}}{3600\text{ s}} = \frac{(60)(1000)}{3600}\ \frac{\text{m}}{\text{s}} = 16.67\frac{\text{m}}{\text{s}}$$

위와 같은 단위 환산법은 아주 간단하면서도 원리를 확실하게 이해해 두면 복잡한 경우라도 쉽게 단위를 환산할 수 있을 것이다.

예제 1.1 **400 g 질량의 물체가 50 cm/s^{2}의 가속도를 받을 때 물체가 받는 힘은 (a) 몇 kg$_f$인가? (b) 몇 N인가?**

풀이

(a) 이 문제는 (b)부터 먼저 구하는 것이 쉬우나, 교육의 목적으로 (a)부터 먼저 구해보자. SI단위를 사용하기 전, 즉 힘의 단위로 N이라는 단위를 정의하지 않았을 때, 공학단위를 사용한다고 생각해 보자.
Newton의 법칙 $F=ma$를 사용하면 쉽게 구할 수 있어야 한다. 그러나 단순히
$F=400\times 50=20000$
으로 계산하면 안 된다. 모든 공학 문제에서 무차원수가 아닌 이상 단위를 적어야 한다. 위의 단위가 무엇인지 잘 알 수 없다. 이런 문제에 조금 더 익숙한 사람은 다음과 같이 계산할 것이다. 400 g은 0.4 kg이고, 50 cm/s^{2}은 0.5 m/s^{2}이므로

$F=0.4\times0.5=0.2$

로 계산하고, 단위를 적어야 하므로 답을 0.2 kg_f라고 하면 틀린다. 앞에서 설명하였듯이 공학단위에서 무게와 질량사이의 관계는 지구상에서(즉, 중력 가속도가 9.8 m/s^{2}인 상태에서) 정의하였다. 즉, 다음과 같은 관계가 있다.

$$1\,\mathrm{kg}\times9.8\frac{\mathrm{m}}{\mathrm{s}^2}\Rightarrow1\,\mathrm{kg_f}$$

따라서 제대로 구하려면, 단위를 생략하지 않고 다음처럼 구한다.

$$F=0.4\,\mathrm{kg}\times0.5\,\mathrm{m/s^2}=0.2\,\frac{\mathrm{kg\cdot m}}{\mathrm{s}^2}$$

$$=0.2\,\frac{\mathrm{kg\cdot m}}{\mathrm{s}^2}\times\frac{1\mathrm{kg_f}}{9.8\,\mathrm{kg\cdot m/s^2}}=\frac{0.2}{9.8}\,\mathrm{kg_f}=0.0204\,\mathrm{kg_f}$$

그러므로 0.0204 kg_f가 정확한 답이 된다. 옛날에는 위 식에 사용된 단위환산인자

$g_c=9.8\dfrac{\mathrm{kg\cdot m/s^2}}{\mathrm{kg_f}}$를 아예 식에 포함시켜

$$F=\frac{ma}{g_c}$$

라고 표현하기도 하고, 앞의 문제를 처음부터

$$F=\frac{0.4\times0.5}{9.8}=0.0204\,\mathrm{kg_f}$$

로 계산하여 답을 계산하기도 하였다. 즉, $F=ma$ 대신에 $F=\dfrac{ma}{g_c}$라는 식을 사용하기도 하였으나 이것은 옳은 방법이 아니다.

(b) 이 문제를 SI단위로 풀면 간단하다.

$$F=0.4\,\mathrm{kg}\times0.5\,\mathrm{m/s^2}=0.2\,\mathrm{N}$$

으로 쉽게 구할 수 있다. 앞의 문제에서 각각의 항을 SI단위로 하면(즉, 0.4 kg, 0.5 m/s^2), 답도 SI단위가 된다는 것을 알 수 있다. 따라서 SI단위를 사용하면, 중간에 일일이 단위를 적지 않고,

$F=0.4\times0.5=0.2$

로 계산한 다음, 힘의 SI단위는 N이므로 답은 0.2 N이 된다. 이렇게 SI단위를 사용하면 문제를 쉽게 해결할 수 있다.

이제 (b)를 구한 후 (a)를 쉽게 구할 수 있다. 1 kg_f가 9.8 N이라는 것은 쉽게 알 수 있으므로, 단순한 단위 환산문제가 되어,

$$0.2\,\mathrm{N}=0.2\,\mathrm{N}\times\frac{1\,\mathrm{kg_f}}{9.8\,\mathrm{N}}=\frac{0.2}{9.8}\,\mathrm{kg_f}=0.0204\,\mathrm{kg_f}$$

로 공학단위로 답을 구할 수 있다. 따라서 (a)의 문제라도 SI단위로 고쳐 답을 구한 다음 그 답을 단위 환산하여 구하는 것이 편리하고 실수할 확률이 줄어들게 된다.

⊕ 보충설명

BG단위계에서 환산인자는

$$g_c=32.2\frac{\mathrm{lbm\cdot ft/s^2}}{\mathrm{lbf}}$$

이다.

1.5 차원 동일성 원리

앞에서 모든 물리량은 기본차원으로 나타낼 수 있다는 것에 대해 설명하였다. Fourier의 **차원 동일성 원리**(principle of dimensional homogeneity)는 모든 물리량으로 이루어진 이론식 또는 실험식에서의 각 항의 차원은 같아야 한다는 것이다. 아주 간단한 예를 들면, 2 m + 3 m = 5 m로 계산할 수 있지만, 2 m + 3 kg은 각 항의 차원이 달라 계산할 수 없다. 다음과 같은 간단한 Newton의 운동 제 2법칙을 나타내는 식,

$$F = ma$$

에서 양변의 차원은 MLT^{-2}으로 동일하다. 그리고 다음과 같은 Bernoulli 방정식

$$p_1 + \frac{\rho V_1^2}{2} + \rho g z_1 = p_2 + \frac{\rho V_2^2}{2} + \rho g z_2$$

에서, 각 항의 차원은 $ML^{-1}T^{-2}$으로 동일하다는 것을 알 수 있다.

만약 이론적으로 유도한 식 또는 실험식의 각 항의 차원이 동일하지 않다면 유도 과정이 잘못되었거나 실험식을 잘못 나타낸 것이다.

1.6 SI 접두어, 단위 요약

SI단위계에서는 접두어를 사용하여 편리하게 나타낼 수가 있다. 표 1.3에 SI에서 사용하는 접두어를 나타내고 있다. 접두어를 이용하여 1기압을 나타내면 다음과 같이 여러 가지로 나타낼 수 있다.

$$1\,\text{atm} = 1.013 \times 10^5\,\text{Pa} = 101.3\,\text{kPa} = 0.1013\,\text{MPa}$$

표 1.3
SI에서 사용하는 접두어(prefixes)

곱(factor)	이름	기호	곱(factor)	이름	기호
10^{1}	deca	da	10^{-1}	deci	d
10^{2}	hecto	h	10^{-2}	centi	c
10^{3}	kilo	k	10^{-3}	milli	m
10^{6}	mega	M	10^{-6}	micro	μ
10^{9}	giga	G	10^{-9}	nano	n
10^{12}	tera	T	10^{-12}	pico	p

지금까지 단위에 대해 설명하였으며, 다음에 단위와 관련하여 중요한 사항을 요약하여 정리하였다.

- SI단위에서는 M, L, T를 기본차원으로 한다.
- 단위와 차원은 보통체를 사용하고, 물리량의 기호는 기울임체를 사용한다.
- 물리적인 식에서 각각의 항을 SI 기본단위로 하여 계산하면, 그 결과 값에도 해당 SI단위를 붙이면 된다.
- 사람의 이름에서 따온 유도단위를 나타낼 때는 newtons, joules 등과 같이 소문자로 표시한다. 그러나 이를 기호로 나타낼 때는 N, J 등처럼 대문자로 나타낸다.

1장 연습 문제

1.1 유체를 어떻게 정의하는가?

1.2 다음의 온도를 섭씨온도는 화씨온도로, 화씨온도는 섭씨온도로 나타내어라.

(a) 20 ℃

(b) 20 °F

1.3 200 K를 섭씨온도와 화씨온도로 나타내어라.

1.4 SI 단위에서 온도의 기준점은 몇 개이고 얼마인가?

1.5 섭씨온도와 화씨온도가 같은 온도일 때가 있는가? 있다면 몇 ℃일 때인가?

1.6 다음을 모두 SI단위로 나타내어라.

(a) $60\,\mathrm{kg_f}$

(b) $3\,\dfrac{\mathrm{kg_f}}{\mathrm{cm^2}}$

(c) 50 mmHg

(d) $10\,\mathrm{kg_f \cdot m}$

(e) $30\,\mathrm{kg_f \cdot m/s}$

1.7 질량이 50 g인 물체에 10 cm/s^2의 가속도가 생기게 하려면 얼마의 힘을 가하여야 하는가?

1.8 동력의 단위인 HP와 PS를 마력이라고 번역하는데 주의가 필요하고, 실제로는 크기가 다르다. 1 PS는 몇 HP인가?

유체의 특성

학습목표

이 장의 학습 및 강의 목표는 다음과 같은 사항을 학생들이 완전하게 이해하는 것이다.

- 밀도, 비중, 점성 등 유체의 특성에 대한 이해.
- Newton의 점성법칙.
- 이상기체법칙.
- 음속.
- 표면장력과 모세관현상.
- 증기압과 공동현상.

2.1 서론

이 장에서는 유체가 가지는 기본적인 특성에 대하여 설명한다. 유체역학의 여러 가지 이론에 대하여 설명하기에 앞서 유체의 기본적인 성질에 대하여 설명할 필요가 있다. 이러한 유체의 기본적인 성질에는 밀도와 비중이 있으며 이들 개념을 이해하여야 한다. 그리고 유체역학의 해석에서 아주 중요한 역할을 하는 것이 점성이고, 점성과 관련하여 중요한 Newton의 점성법칙에 대하여 설명한다. 유체가 기체일 때 가장 많이 사용하는 상태방정식이 이상기체 방정식이고 이것에 대하여 자세히 설명한다. 또한 이 장에서 표면장력과 모세관현상에 대해서도 설명한다. 증기압과 공동현상에 대해서도 이 장에서 설명한다.

2.2 밀도, 비중 및 비중량

2.2.1 밀도

유체의 성질을 나타내는 가장 중요한 개념이 밀도와 비중이다. **밀도**(density)는 단위부피당 질량을 나타낸다. 밀도를 보통 ρ로 표시하며 다음과 같다.

$$\rho = \frac{m}{\mathrm{V}} \tag{2.1}$$

✦이 책에서는 속도와 체적을 나타낼 때 기호를 구분하여 다음처럼 나타내기로 한다.
V, v : 속도
V : 부피(체적)
v : 비체적(단위질량당 체적)

여기서 m은 질량, V는 부피를 나타낸다. 밀도가 균일하지 않은 경우는 다음처럼 나타내기도 한다.

$$\rho = \lim_{\Delta \mathrm{V} \to 0} \frac{\Delta m}{\Delta \mathrm{V}} \tag{2.2}$$

식 (2.1)은 밀도가 균일할 때이고 식(2.2)는 밀도가 균일하지 않을 때 한 점에서의 밀도를 나타내는 식이다.

위의 식으로부터 **밀도의 SI단위는** kg/m^{3}임을 알 수 있다. 일반적으로 밀도는 온도와 압력에 따라 변한다. 즉, 밀도는 온도와 압력의 함수이다. 그러나 액체의 경우 밀도는 압력에 따라 크게 변하지 않고, 기체의 경우에는 압력의 변화에 따라 밀도가 상당히 많이 변하며, 뒤에서 설명하겠지만 대부분의 기체는 이상기체 취급하여 이상기체 상태방정식에서 구할 수 있다.

2.2.2 비중

물질의 **비중**(specific gravity)은 보통 S로 표시하며, 물질의 밀도와 4℃ 물의 밀도의 비로 정의한다. 이를 식으로 나타내면 다음과 같다.

$$S = \frac{\rho}{\rho_{\text{water, 4℃}}} \tag{2.3}$$

비중은 두 밀도의 비이기 때문에 무차원수이고 단위계와는 무관한 값을 가진다. 예를 들어 4℃ **물의 비중은 1이고, 밀도는** 1000 kg/m^3**이다**. 물의 밀도는 4℃에서 최대이고, 20℃에서는 999 kg/m^3이며, 온도가 올라갈수록 밀도는 조금씩 줄어든다. 별도로 정확한 물의 밀도가 주어지지 않았을 경우 물의 밀도를 1000 kg/m^3이라 생각하고 문제를 풀어도 오차는 아주 작다.

✦물의 비중은 1이고 밀도는 $1\frac{\text{g}}{\text{cm}^3} = 1000\frac{\text{kg}}{\text{m}^3}$ 이다.

■ 물의 비중 1, 물의 밀도 1000 kg/m^3

2.2.3 비중량

BG단위계 또는 공학단위계를 주로 사용할 때, **비중량**(specific weight)을 보통 γ로 나타내고 단위부피당 무게로 정의한다.

$$\gamma = \frac{W}{V} \tag{2.4}$$

여기서 W는 무게를 나타낸다. $W = mg$이므로,

$$\gamma = \rho g \tag{2.5}$$

임을 쉽게 알 수 있다. 비중량은 식 (2.4)에서 보듯이 단위부피당 무게, 즉 힘의 단위를 기본으로 정의되는 것이므로, SI단위를 사용하는 지금은 될 수 있는 한 사용하지 않는 것이 좋다. 어떤 식에서 ρg가 같이 나타난다 하더라도 그대로 ρg로 나타내는

것이 바람직하지 γ로 표시하는 것을 추천하지 않는다. SI단위로 통일하기 전에 무게를 기본으로 하는 단위에서 사용하는 개념이고 지금은 별로 의미가 없는 용어이다.

밀도, 비중, 비중량은 서로 연관되어 있어, 하나의 값을 알면 식을 이용하면 다른 값들을 쉽게 구할 수 있다.

보충설명 ⊙ 밀도와비체적

✦밀도와 비체적은 서로 역수관계이며, 유체역학에서는 주로 밀도를 사용하고 열역학에서는 주로 비체적을 사용한다.

열역학에서 밀도 대신에 비체적(specific volume)을 주로 사용한다. 비체적은 소문자 v로 나타내고 다음과 같이 단위질량당 부피로 정의된다.

$$\mathrm{v} = \frac{V}{m} \tag{2.6}$$

따라서 비체적과 밀도는 다음관계가 성립한다.

$$\mathrm{v} = \frac{1}{\rho} \tag{2.7}$$

2.3 점성

유체가 얼마나 끈적끈적한지를 나타내는 것이 점성이고 유체의 유동성을 나타내는 척도이다. 유체의 점성은 유체역학에서 상당히 중요한 역할을 한다. 유체가 균일하지 않은 속도로 흐를 때, 유체의 점성으로 인하여 이웃한 유체입자는 서로에게 마찰력, 즉 전단력을 가하게 된다. 단위면적당의 전단력을 전단응력(shear stress)이라 하며, 유체의 **속도기울기**와 관련이 있다.

✦책에 따라 속도기울기라는 용어 대신 속도구배라는 용어를 사용하기도 한다.

유체의 점성을 설명하기에 앞서 **고체**에 전단응력이 작용하는 경우를 생각해보자. 그림 2.1(a)처럼 고체에 전단응력이 작용하면 고체는 전단변형이 일어나고 평형상태에 도달하여 시간이 지나더라도 더 이상 변형이 일어나지 않는다. 이 때 전단변형을 γ라 하고 다음처럼 정의된다.

✦x가 아주 작을 때 $\tan x \simeq x$로 나타낼 수 있다. 전단변형은 일반적으로 아주 작다.

$$\gamma = \tan \Delta\phi \simeq \Delta\phi$$

실험에 의하면 고체의 경우 전단응력은 전단변형에 비례한다고 알려져 있다.

$$\tau \propto \gamma \quad \Rightarrow \tau \propto \Delta\phi$$

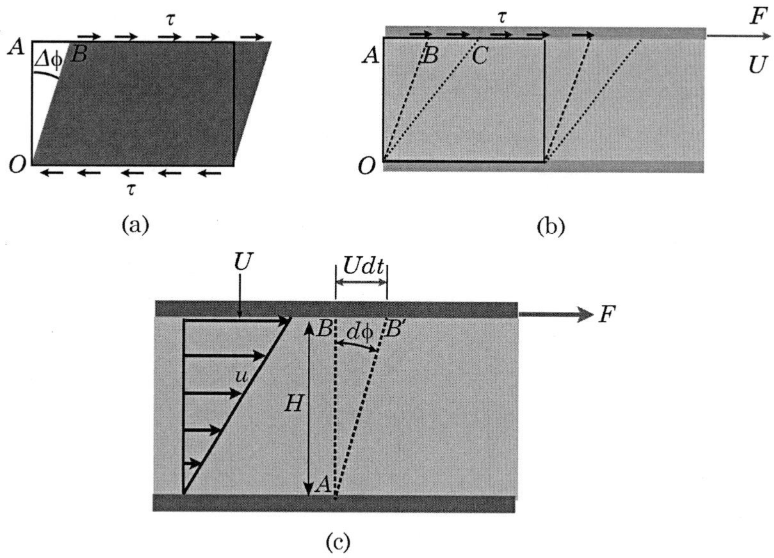

그림 2.1
(a)고체의 전단변형, (b)계속 변하는 유체의 전단변형, (c)미소한 시간 dt시간 동안의 전단변형

그림 2.1(b)처럼 H의 거리가 있는 두 개의 아주 큰 평행평판 사이에 **유체**가 있을 때, 아래 평판은 고정한 채로 위 평판에 힘 F를 계속 가하면, 고체와 달리 평형상태에 머무는 것이 아니라 전단변형은 시간이 지남에 따라 계속 증가하게 되고 유체는 계속 움직이게 되고, 위 평판은 일정한 속도 U로 계속 움직이게 된다. 평판 사이의 유체의 속도를 측정하여 보면 **대부분의 유체**에서 그림 2.1(c)에서 보듯이 다음과 같은 선형적인 속도분포를 가진다.

$$u = \frac{U}{H} y$$

이 식을 미분하면 속도기울기는 다음과 같다.

$$\frac{du}{dy} = \frac{U}{H}$$

고체의 경우 전단응력이 전단변형에 비례하지만, 유체의 경우 전단응력이 전단변형률 $\dot{\gamma}$에 비례하는 것으로 실험에서 알려져 있고 다음처럼 나타낼 수 있다.

$$\tau \propto \dot{\gamma}$$

전단변형률 $\dot{\gamma}$은 다음과 같이 정의된다.

$$\dot{\gamma} \equiv \lim_{\Delta t \to 0} \frac{\Delta \phi}{\Delta t} = \frac{d\phi}{dt}$$

그림 2.1(c)에서 미소하게 짧은 시간 dt동안 유체가 이동한 거리를 점선으로 나타내었고 전단변형률 $\dot{\gamma}$은 다음과 같이 나타낼 수 있다.

$$\dot{\gamma} = \frac{d\phi}{dt} = \frac{Udt/H}{dt} = \frac{U}{H} = \frac{du}{dy}$$

따라서 유체유동에서 전단변형률은 속도기울기를 나타낸다는 것을 알 수 있다. 따라서 전단응력은 다음처럼 나타낼 수 있다.

$$\tau \propto \dot{\gamma} \quad \Rightarrow \tau \propto \frac{du}{dy}$$

이 식처럼 전단응력이 속도기울기에 비례하는 유체를 **Newton유체**(Newtonian fluid)라고 하고 물, 공기, 기름 등 대부분의 유체는 Newton유체이다.
전단응력이 속도기울기에 비례할 때 비례상수를 μ라고 하면 식은 다음처럼 나타낼 수 있다.

$$\tau = \mu \frac{du}{dy} \tag{2.8}$$

이 식을 **Newton의 점성법칙**(Newton's law of viscosity)이라고 한다. 점성과 관련된 중요한 사항들은 다음과 같다.

- τ는 전단응력이다. 전단응력의 단위는 단위면적당의 힘이므로 Pa(또는 N/m^2)이다.
- du/dy는 속도기울기이며 전단변형률(rate of shearing strain)을 의미한다. 앞에서 속도분포가 선형일 때를 예를 들어 설명하였지만, 그림 2.2처럼 속도분포가 선형이 아닐 때도 이 식은 성립한다. 물론 각각의 위치에서 기울기가 다르기 때문에 전단응력은 위치에 따라 다르다(예제 2.2 참조).

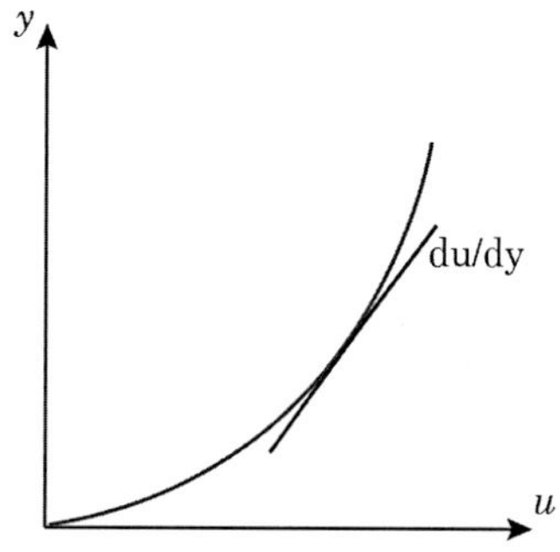

그림 2.2
속도분포 및 속도기울기

- μ는 **점성계수**(viscosity)이다. 점성계수를 **절대점성계수**(absolute viscosity) 또는 역학적 점성계수(dynamic viscosity)라고도 한다.
- 점성계수의 단위는 SI단위로 N·s/m^2 또는 Pa·s이다. 단위는 식 (2.8)으로부터 다음처럼 구할 수 있다.

$$\mu = \frac{\tau dy}{du} \Rightarrow \frac{\mathrm{Pa \cdot m}}{\mathrm{m/s}} = \mathrm{Pa \cdot s}$$

- 점성계수의 차원은 M/LT이다.
- Newton유체(Newtonian fluid) : 전단응력이 전단변형률(속도기울기)에 선형적으로 비례하는 유체를 Newton 유체라고 한다. 그림 2.3(a)에서 실선으로 나타나는 유체이다. 물, 기름, 공기 등 대부분의 유체는 Newton유체이다. 직선에서 기울기가 점성계수이고, 점성계수가 클수록 위에 위치한다.
- 비Newton유체(non-Newtonian fluid) : 전단응력이 전단변형률에 선형적으로 비례하지 않는 유체를 의미한다. 그림 2.3(b)에서 점선으로 나타나는 유체이다. 혈액, 샴푸, 치약 등이 비Newton유체이다. 비Newton유체를 세분하면 그림에 표시된 것과 같지만 그렇게 자세히 알 필요는 없다.
- 점성계수는 온도의 영향을 많이 받는다. 액체의 점성계수는 온도가 증가함에 따라 감소하고 기체의 점성계수는 온도가 증가함에 따라 증가한다(그림 2.4).

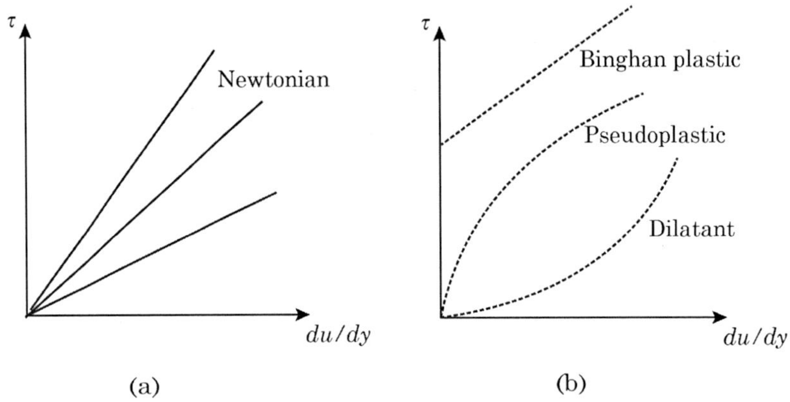

그림 2.3
(a)Newton유체,
(b)비Newton유체

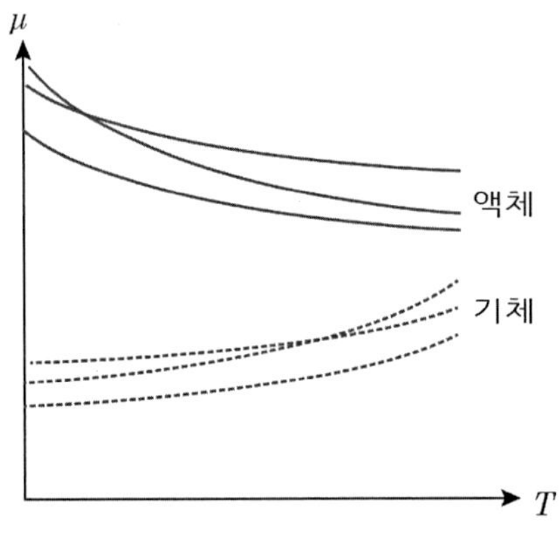

그림 2.4
온도에 따른 액체와 기체의 점성계수

점성계수를 밀도로 나눈 것을 **동점성계수**(kinematic viscosity)라고 하며 ν로 표시한다. 동점성계수는 유체역학이나 열전달 등에서 자주 나타나며 이 또한 물리적으로 의미가 있는 물성치이다.

$$\nu = \frac{\mu}{\rho} \tag{2.9}$$

■ 동점성계수의 단위는 m^2/s이다. 단위는 위의 식으로부터 정의된다.

$$\nu = \frac{\mu}{\rho} \Rightarrow \frac{N \cdot s/m^2}{kg/m^3} = \frac{kg\frac{m}{s^2}s/m^2}{kg/m^3} = \frac{m^2}{s}$$

- 동점성계수의 차원은 L^2/T 이다.
- 점성계수의 cgs(cm, g, s) 단위는 poise 또는 P로 표시한다.

  1 poise = 0.1 Pa·s(보충설명 참조)
- 동점성계수의 cgs(cm, g, s) 단위는 stokes 또는 St로 표시한다.

  1 stoke = 10^{-4} m^2/s(보충설명 참조)

물과 공기를 포함하는 대표적인 기체의 점성계수와 동점성계수를 표 2.1와 표 2.2에 나타내고 있다.

표 2.1
물의 점성계수, 동점성계수(1기압, 15℃)

점성계수($N \cdot s/m^2$)	동점성계수(m^2/s)
1.14×10^{-3}	1.14×10^{-6}

표 2.2
기체의 점성계수, 동점성계수(1기압, 20℃)

기체	점성계수($N \cdot s/m^2$)	동점성계수(m^2/s)
공기	1.81×10^{-5}	1.51×10^{-5}
수소	8.84×10^{-6}	1.05×10^{-4}
헬륨	1.94×10^{-5}	1.15×10^{-4}
산소	2.04×10^{-5}	1.53×10^{-5}
질소	1.76×10^{-5}	1.52×10^{-5}
이산화탄소	1.47×10^{-5}	8.03×10^{-6}

보충설명 ⊕ **poise와 stoke**

점성계수와 동점성계수의 단위는 $N \cdot s/m^2$, m^2/s이지만 관례상 다음과 같은 cgs(cm, g, s) 단위를 사용해 왔다. 점성계수의 단위로 사용하는 P와 동점성계수의 단위로 사용하는 St는 다음과 같이 정의된다.

$$\frac{\text{dyne}\cdot\text{s}}{\text{cm}^2} \equiv \text{P} : \text{poise}$$

$$\frac{\text{cm}^2}{\text{s}} \equiv \text{St} : \text{stokes}$$

여기서 1 dyne은 cgs 단위로 계산한 것으로, 1 g의 질량이 1 cm/s^2의 가속도를 받을 때의 힘이므로

$$1\,\text{dyne} = 1\,\text{g}\,\frac{\text{cm}}{\text{s}^2}$$

이고 단위 환산을 하면 1 dyne = 10^{-5} N이다. 따라서 이것을 대입하면, 1 P = 0.1 $N \cdot s/m^2$이고, 1 St = 0.0001 m^2/s이다.

예제 2.1 어떤 유체의 점성계수가 0.5 Pa·s이고 비중이 0.8이다. 이 유체의 동점성계수를 SI단위 및 stokes단위로 구하라.

풀이

동점성계수는 다음과 같다.

$$\nu = \frac{\mu}{\rho} = \frac{0.5}{(0.8)(1000)} = 0.000625\,\mathrm{m^2/s}$$

동점성계수를 계산할 때 사용한 점성계수 및 밀도를 SI단위로 사용하여 계산하였으므로, 구한 결과인 0.000625에 동점성계수의 SI단위인 $\mathrm{m^2/s}$를 쓰면 된다. 단위를 일일이 대입하여 확인해 볼 수도 있다. 단위환산을 하면 stokes 단위로도 구할 수 있다.

$$\nu = 0.000625\,\mathrm{m^2/s} = 6.25\,\mathrm{cm^2/s} = 6.25\,\mathrm{stokes}$$

예제 2.2 그림 E2.2처럼 두 평행 평판 사이에 물이 흐르고 있으며, 물의 속도분포가 $u = 4U\left(\frac{y}{H} - \frac{y^2}{H^2}\right)$이다. H는 평판 사이의 간격이고 y는 아래 평판으로 부터의 거리를 나타낸다.

(a) $y = 0$인 벽면에서, (b) $y = 0.25H$, (c) $y = 0.5H$인 곳에서의 전단응력의 크기를 구하라.

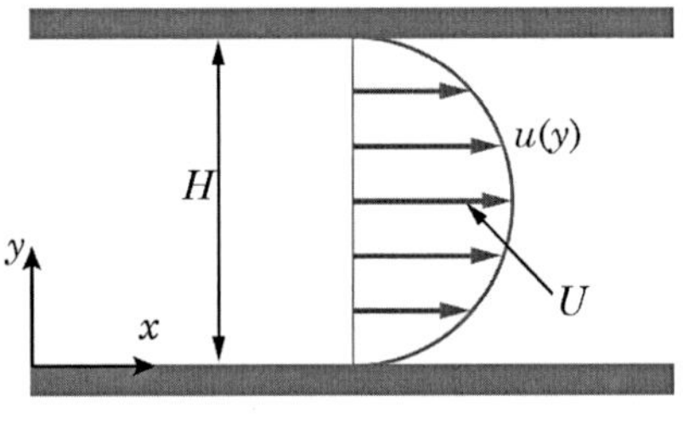

그림 E2.2
두 평판 사이의 속도분포

풀이

(a) $\tau = \mu\frac{du}{dy} = \frac{4\mu U}{H}\left(1 - \frac{2y}{H}\right)$ 이므로 $y = 0$: $\tau = \frac{4\mu U}{H}$

(b) $y = 0.25H$: $\tau = \frac{4\mu U}{H}(1 - 2\times 0.25) = \frac{2\mu U}{H}$

(c) $y = 0.5H$: $\tau = 0$

◎ 보충설명

속도분포가 선형이 아닐 때도 Newton의 점성법칙은 성립한다. 위치에 따라 속도기울기가 다르기 때문에 전단응력도 위치에 따라 달라진다. 속도분포가 포물선이므로 전단응력은 그것을 미분한 속도기울기와 관련이 있어 전단응력분포는 선형이다. 평판 사이의 중앙부분($y = 0.5H$)에서 $\tau = 0$이다. 이 위치에서는 속도기울기가 0이고 위와 아래 유체 층의 속도가 같아서 아래 위 유체층의 마찰이 없기 때문이다.

예제 2.3 그림 E2.3처럼 반지름이 10 mm인 축이 길이가 40 cm인 원통형 베어링에서 회전하고 있다. 축과 베어링 사이의 틈은 0.2 mm이고 점성계수가 0.8 Pa·s인 윤활유로 채워져 있다. 축이 500 rpm으로 회전하고 있을 때, 틈 사이의 속도분포를 선형으로 가정하여, (a) 축에 작용하는 전단응력을 구하라. (b) 축에 작용하는 토크를 구하라.

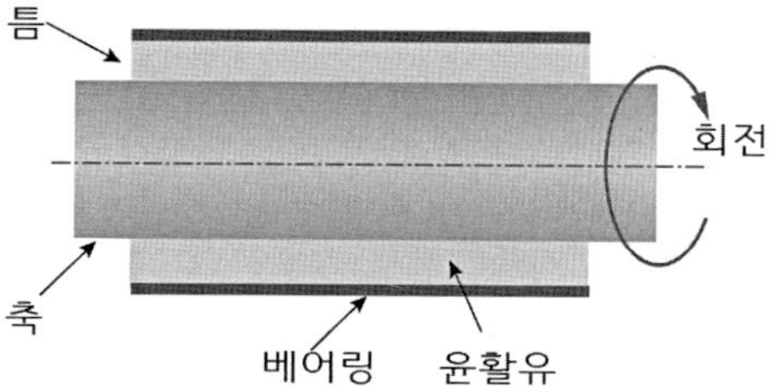

그림 E2.3
축과 베어링 틈에서의 유동

풀이

(a) 먼저 축 표면의 회전속도를 구해야 한다. 500 rpm을 SI 단위로 환산하면 다음과 같다.

$$\omega = 500\,\text{rpm} = 500 \times \frac{2\pi}{60} = 52.36\,\text{rad/s}$$

축 표면의 회전속도는

$$u = R\omega = (0.01)(52.36) = 0.5236\,\text{m/s}$$

이다. 속도분포가 선형이기 때문에 축에 작용하는 전단응력은 다음과 같다.

$$\tau = \mu \frac{du}{dy} = (0.8)\frac{0.5236}{0.0002} = 2094\,\text{N/m}^2$$

(b) 축에 작용하는 토크는 축에 작용하는 힘 곱하기 반지름이다, 축에 작용하는 힘은 전단응력에 면적을 곱한 것이다. 따라서 토크는 다음과 같다.

$$T = RF = R\tau A \quad = (0.01)(2094)(2\pi \times 0.01 \times 0.4) = 0.526\,\text{N·m}$$

⊕ 보충설명

축과 베어링 사이는 원통좌표계인 반경방향으로 r을 사용하여야 하나, 틈이 아주 작을 때는 틈 사이의 공간좌표를 직교좌표계인 y를 사용할 수 있고, 속도분포는 선형으로 볼 수 있다.

2.4 이상기체

이상기체에 대하여 간단하게 설명하면 다음과 같다.

- **이상기체**(ideal gas) : 분자가 차지하는 부피를 무시할 수 있고, 분자 사이에 작용하는 힘을 무시할 수 있는 가상적인 기체를 이상기체라 한다.
- 온도가 높을수록, 압력이 낮을수록 이상기체에 가깝다.

■ 대기압, 상온에서 공기를 포함한 대부분의 기체는 이상기체 취급할 수 있다.

■ 이상기체의 상태방정식은 다음과 같다.

$$pV = n\overline{R}\,T \tag{2.10}$$

여기서 V는 부피, n은 기체의 몰량, T는 절대온도를 나타내고 SI단위에서는 각각 m^3, kmol, K를 사용하는 것이 편하다.

✦ SI단위에서 몰량의 기본단위는 mol이지만, 질량의 기본단위가 kg이기 때문에 계산에서는 kmol을 사용하는 것이 편하다.

■ $\overline{R}$: **일반기체상수**(universal gas constant)이며 기체의 종류와 무관하게 다음과 같이 일정한 값을 가진다.

$$\overline{R} = 8314\,\frac{\mathrm{J}}{\mathrm{kmol\cdot K}} = 8.314\,\frac{\mathrm{kJ}}{\mathrm{kmol\cdot K}} \tag{2.11}$$

보충설명 ◎ **SI 단위가 아닌 일반기체상수**

SI단위가 아닌 일반기체상수의 값을 나타낸 것으로 대표적인 것이 0.082라는 것이 있는데 이것을 사용할 때는 주의가 필요하다. 이 값을 사용할 때는 일반기체상수의 단위를 제대로 이해하고 있어야 한다.

$$\overline{R} = 0.082\,\frac{l\cdot\mathrm{atm}}{\mathrm{mol\cdot K}}$$

위의 값으로 계산할 때는 압력의 단위로 atm, 부피의 단위로 l, 몰의 단위로 반드시 mol을 사용하여야만 한다. 예제 2.4의 보충설명에서 자세히 설명한다.

M을 분자량이라고 하면,

$$n = \frac{m}{M}$$

이므로

$$pV = \frac{m}{M}\overline{R}\,T = m\frac{\overline{R}}{M}T$$

이다.

기체상수(gas constant) R을 다음처럼 정의한다.

$$R = \frac{\overline{R}}{M} \tag{2.12}$$

따라서 이상기체의 상태방정식은 다음과 같이 나타낼 수도 있다.

$$p\mathrm{V} = mRT \tag{2.13}$$

일반기체상수는 기체의 종류와 무관하게 일정하지만 기체상수는 기체의 종류에 따라 다른 값을 가진다. 식 (2.13)의 양변을 m으로 나누어 상태방정식을 다음처럼 나타낼 수 있다.

$$p\mathrm{v} = RT \tag{2.14}$$

여기서 v는 비체적을 나타낸다. 유체역학에서는 비체적 대신 밀도를 주로 사용하기 때문에 위의 식에 $\mathrm{v} = 1/\rho$을 대입하면 상태방정식을 다음처럼 나타낼 수도 있다.

$$p = \rho RT \tag{2.15}$$

표 2.3에 공기를 포함한 대표적인 기체의 분자량과 기체상수를 나타내고 있다. 각각의 기체에 대한 기체상수는 식 (2.12)에 따라 일반기체상수를 분자량으로 나눈 것임에 주의하라. 따라서 분자량이 가장 작은 수소의 기체상수가 가장 크다는 것을 알 수 있다. 기체상수의 단위는 J/kg·K로 나타낼 수 있다.

표 2.3
기체의 분자량 및 기체상수

기체	분자량	기체상수(J/kg·K)
공기	28.97	286.9
수소	2.016	4124
헬륨	4.003	2077
질소	28.013	296.8
산소	31.999	259.8
이산화탄소	44.01	188.9

예제 2.4 질소 2 kg이 온도 30℃이고 부피가 5 m^3인 용기에 있을 때, 이 용기의 압력은 얼마인가?

풀이

질소의 분자량은 28이므로, 질소의 기체상수는 다음과 같다.

✦ 질소의 분자량은 정확하게는 28.013이지만 28을 사용해도 충분하다.

$$R = \frac{\overline{R}}{M} = \frac{8314}{28} = 296.9$$

따라서 압력은 다음과 같다.

$$p = \frac{mRT}{V} = \frac{(2)(296.9)(30+273.15)}{5} = 36000\ \text{Pa} = 36\,\text{kPa}$$

⊕ 보충설명

질량, 부피, 온도 등의 단위를 SI 단위를 사용하였으므로, 계산 결과 압력의 단위는 Pa이다. 따라서 압력은 36000 Pa이다.

질소 2 kg은 2/28 kmol이므로 다음처럼 구할 수도 있다.

$$p = \frac{n\overline{R}T}{V} = \frac{\left(\frac{2}{28}\right)(8314)(30+273.15)}{5} = 36000\ \text{Pa} = 36\,\text{kPa}$$

만약 $\overline{R} = 0.082$ 를 사용하면, 압력은 atm, 부피는 l, n은 mol을 사용하여야 한다. 질소 2 kg은 2000/28 mol이므로 다음처럼 구하여야 한다.

$$p = \frac{n\overline{R}T}{V} = \frac{\left(\frac{2000}{28}\right)(0.082)(30+273.15)}{5000} = 0.3551$$

압력의 단위는 무엇일까? $\overline{R} = 0.082$ 를 사용하면, 압력의 단위는 atm이라는 것을 기억하고 있어야 한다. 따라서 답은 0.3551 atm이다. 이것을 Pa로 환산하면 36 kPa이다. 즉, SI단위를 사용하지 않을 때에는 압력, 부피, 몰 등의 단위를 무엇을 사용해야 하는지도 알아야 한다.

2.5 압축성

기체에 작용하는 압력이 높으면 기체는 쉽게 압축되고, 압력이 낮아지면 기체는 팽창한다. 액체의 경우 압축 및 팽창하는 정도가 기체에 비해 작지만 역시 압축되고 팽창한다. 이렇게 유체에 큰 압력이 가해질 때 압축되는 정도를 나타내는 것을 **압축률**(compressibility)이라고 하며, 다음과 같이 나타낼 수 있다.

$$\beta = -\frac{1}{V}\frac{dV}{dp} \tag{2.16}$$

여기서 V는 유체의 부피를 나타낸다. 유체의 압력이 증가하면 부피가 감소하여

$\frac{dV}{dp}$는 음이고, 압축률을 양으로 나타내는 것이 편하기 때문에 식에서 음의 부호를 사용한다. 압축률은 압력이 가해졌을 때 부피 감소율을 나타낸다. 따라서 압축률이 작을수록 압축이 잘 되지 않는다.

일반적으로 재료역학 등에서 압축률 대신 압축률의 역수인 **체적탄성계수**(bulk modulus of elasticity)를 많이 사용한다.

$$E \equiv \frac{1}{\beta} = -V\frac{dp}{dV} = -v\frac{dp}{dv} \tag{2.17}$$

여기서 대문자 V는 부피(체적)를 소문자 v는 비체적을 나타낸다. 유체역학에서는 비체적 대신에 밀도를 주로 사용하고, $v = 1/\rho$이므로, 체적탄성계수는 다음처럼 나타낼 수도 있다.

$$E = \rho\frac{dp}{d\rho} \tag{2.18}$$

체적탄성계수의 단위는 압력의 단위와 같고 SI단위로는 Pa이다. 체적탄성계수는 근사적으로 다음과 같이 구할 수도 있다.

$$E \cong V\frac{\Delta p}{\Delta V} \tag{2.19}$$

고체 및 액체에서는 체적탄성계수를 이용하는 경우가 많다. 액체는 쉽게 압축이 되지 않는 **비압축성**(incompressible) 유체이다. 온도의 변화가 아주 크지 않은 비압축성 유체의 유동에서는 밀도가 일정하다. 기체는 일반적으로 압축이 쉽게 되는 **압축성**(compressible) 유체이다. 그러나 온도의 변화가 그리 크지 않은 기체의 유동에서, **속도가 그렇게 크지 않을 경우**(Ma < 0.3인 경우), **기체를 비압축성 유체 취급**하여 해석한다.

✦ 마하수 Ma = 속도/음속으로 정의된다.

기체의 경우 상태가 바뀔 때, 밀도는 압력에 상당히 영향을 받는다. 열역학에서 상세히 다루겠지만, 등온 과정과 등엔트로피 과정에서 압력과 밀도의 관계는 다음과 같다.

■ 등온 과정(isothermal process):

$$pv = \text{constant} \ : \frac{p}{\rho} = \text{constant} \tag{2.20}$$

■ 등엔트로피 과정(isentropic process):

$$p\mathrm{v}^k = \mathrm{constant} \quad : \frac{p}{\rho^k} = \mathrm{constant} \tag{2.21}$$

여기서 k는 비열비이고 정압비열 c_p와 정적비열 c_v의 비이다. 즉,

$$k = \frac{c_\mathrm{p}}{c_\mathrm{v}} \tag{2.22}$$

이다. 표 2.4에 1기압 20℃에서의 공기를 포함한 여러 기체의 비열비를 나타내고 있다.

표 2.4
기체의 비열비(1기압, 20℃)

기체	비열비(k)
공기	1.40
수소	1.41
헬륨	1.66
산소	1.40
질소	1.40
이산화탄소	1.30

등온과정과 등엔트로피 과정에서의 이상기체의 체적탄성계수는 다음과 같이 나타낼 수 있다.

■ 등온과정(isothermal process): $E = p$ (2.23)

■ 등엔트로피 과정(isentropic process): $E = kp$ (2.24)

보충설명 ⑥ 등온과정, 등엔트로피과정

등온과정에서는, $\frac{p}{\rho} = C$ 이다(즉, $p = C\rho$). 따라서

$$E = \rho\frac{dp}{d\rho} = \rho C = \rho\frac{p}{\rho} = p$$

이다.

등엔트로피 과정에서는, $\frac{p}{\rho^k} = C$ (즉, $p = C\rho^k$)이다. 따라서

$$E = \rho\frac{dp}{d\rho} = \rho Ck\rho^{k-1} = \rho\left(\frac{p}{\rho^k}\right)k\rho^{k-1} = kp$$

이다.

예제 2.5 **부피가 0.2 m^3이고, 체적탄성계수가 900 MPa인 고체의 부피가 0.198 m^3이 되게 하려면 필요한 압력은 약 얼마인가?**

풀이

$E \cong V \dfrac{\Delta p}{\Delta V}$ 이므로

$$\Delta p = E \frac{\Delta V}{V} = (900\,\mathrm{MPa})\left(\frac{0.2 - 0.198}{0.2}\right) = 9\,\mathrm{MPa}$$

이다.

2.6 음속

유체에서의 미소한 압력변화는 주위로 전파되어 간다. 스피커에서의 진동에 의한 압력변화는 일정한 속도로 전파된다. 이 미소한 압력변화의 전파속도를 **음속**(acoustic velocity 또는 speed of sound)이라하고 a로 표시한다.

■ 음속의 일반적인 정의는 다음과 같다.

$$a = \sqrt{\left.\frac{dp}{d\rho}\right|_s} \tag{2.25}$$

여기서 s는 엔트로피를 나타내며, 아래에 s를 나타낸 것은 등엔트로피 과정을 의미한다.

고체나 액체에서의 음속은 체적탄성계수를 이용하여 나타낼 수 있다. 식 (2.25)에 식 (2.18)을 대입하면 다음과 같다.

$$a = \sqrt{\frac{E}{\rho}} \tag{2.26}$$

기체에서의 음속은 등엔트피 과정에서의 압력과 밀도의 관계식을 이용하여 구할 수 있다. 식 (2.24)에서 $E = kp$이므로

$$a = \sqrt{\frac{kp}{\rho}}$$

이고, 대부분의 기체는 이상기체 취급할 수 있다. 이상기체의 상태방정식 $p = \rho RT$

를 이용하면 기체의 경우에 대한 음속을 유도할 수 있다.

기체의 경우 음속은 다음 식으로 나타낼 수 있다.

$$a = \sqrt{kRT} \tag{2.27}$$

- 위의 식에서의 온도는 절대온도를 사용하여야 한다.
- 기체의 온도가 높을수록 기체에서의 음속은 증가한다는 것을 알 수 있다.
- 공기 중에서보다 액체 중에서의 음속이 훨씬 더 크다.

예제 2.6 **(a) 온도가 −10℃인 공기에서의 음속은 얼마인가? 공기의 기체상수는 287 J/kg·K, 비열비는 1.4이다. (b) 체적탄성계수가 2.15×10^9 Pa인 물에서의 음속을 구하라.**

풀이

(a) 온도 -10℃인 공기에서의 음속은 다음과 같다.

$$a = \sqrt{kRT} = \sqrt{(1.4)(287)(-10+273.15)} = 325\,\mathrm{m/s}$$

(b) 물에서의 음속은 다음과 같다.

$$a = \sqrt{\frac{E}{\rho}} = \sqrt{\frac{2.15\times10^9}{1000}} = 1466\,\mathrm{m/s}$$

보충설명

공기에서의 음속보다 물에서의 음속이 훨씬 크다는 것을 알 수 있다.

2.7 표면장력과 모세관 현상

2.7.1 표면장력

공기 중에서 물방울은 구의 모양을 가지고 있다. 물방울이 연잎 위에 놓여 있을 때 물방울은 연잎을 적시지 않고 동그란 모양을 유지한다. 그러나 물방울이 유리나 나무로 된 표면에 놓여 있을 때는 물방울은 동그란 모양을 유지하지 못하고 표면을 적신다. 빨대를 이용해 음료수가 든 잔에 넣어 두었을 때, 음료수가 빨대 속으로 약간 빨려 올라가 있는 것을 보았을 것이다. 이와 같은 현상은 액체의 표면에 작용하는 **표면장력**(surface tension)의 효과로 나타나는 것이다. 표면장력은 액체분자 사이의 응집력의 결과로 나타난다. 비누 막이나 물방울의 모양을 유지하기 위하여 힘이 작용하며 **표면에 작용하는 단위길이당 힘**을 표면장력 σ라 한다.

$$\sigma = \frac{F}{l} \tag{2.28}$$

표면장력의 단위는 N/m이고, 또한 표면장력은 어떤 힘이 표면에 작용하여 **표면적을 늘릴 때 단위 표면적을 늘리는데 필요한 에너지**로 정의하기도 한다. 표면장력의 효과로 나타나는 현상으로는 물방울, 비눗방울, 모세관현상 등이 있다.

물방울과 비눗방울

표면장력 때문에 물방울 및 비눗방울의 모양은 구(sphere) 모양이 된다. 이때, 표면장력 때문에 비눗방울 및 물방울 내부의 압력이 외부의 압력보다 높다. 비눗방울 및 물방울 내부와 외부의 압력차는 표면장력에 의한 힘과 평형을 이룬다. 비눗방울과 물방울에 압력차에 대한 식은 약간 다르다.

비눗방울인 경우는, 비누 막의 두께가 있어 비누 막의 안 표면과 바깥 표면의 양쪽에 표면장력이 작용하여, 그림 2.5(a)와 같이 비눗방울의 반으로 이루어진 자유물체도의 단면에 대한 힘의 평형은 다음과 같다.

$$(p_{\mathrm{i}} - p_{\mathrm{o}})\pi R^2 = (2 \times 2\pi R)\sigma$$

여기서 R은 비눗방울의 반지름이고, 비눗방울의 단면에서 표면장력이 작용하는 길이는 $2 \times 2\pi R$이고, 따라서 표면장력에 의한 힘은 $(2 \times 2\pi R)\sigma$이다. 압력차에 의하여 수직방향으로 작용하는 힘은 원칙적으로 적분하여 구하여야 하지만, 재료역학에서 구에 작용하는 응력을 구할 때의 결과를 이용하면, 구를 수직방향으로 투영시킨 단면인 원의 면적(πR^2)에 압력차를 곱하여, 압력차에 의한 힘, $(p_{\mathrm{i}} - p_{\mathrm{o}})\pi R^2$을 구할 수 있다. 앞의 식으로부터 압력차와 표면장력과는 다음과 같은 관계가 성립한다는 것을 알 수 있다.

$$(p_{\mathrm{i}} - p_{\mathrm{o}}) = \frac{4\sigma}{R} \tag{2.29}$$

물방울인 경우, 물방울의 반으로 이루어진 자유물체도를 생각해보자. 자유물체도에 작용하는 힘은 그림 2.5(b)에 나타내고 있으며, 비눗방울과는 달리 물방울의 표면은 공기와 접하는 외부 한쪽에만 작용한다. 힘의 평형은 다음과 같다.

$$(p_i - p_o)\pi R^2 = 2\pi R\sigma$$

따라서 압력차와 표면장력과는 다음과 같은 관계가 성립한다.

$$(p_i - p_o) = \frac{2\sigma}{R} \tag{2.30}$$

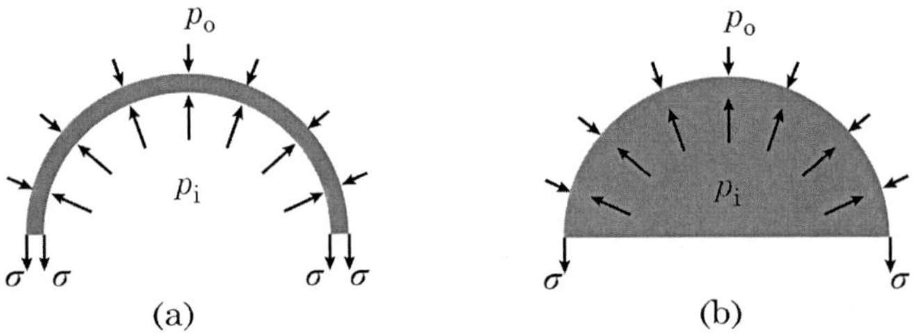

그림 2.5
(a)비눗방울과 (b)물방울에서의 표면장력

2.7.2 모세관현상

물방울이 연잎 위에 놓여 있을 때는 동그란 모양을 하고 있고, 유리 위에 놓여 있을 때는 동그란 모양을 유지하지 못하고 평평해진다. 이러한 차이는 액체와 고체면 사이에 작용하는 힘의 차이로 나타난다. **접촉각**(angle of contact)은 액체면의 접선이 고체면과 이루는 각으로 정의된다. 그림 2.6(a)는 접촉각 θ가 90°보다 작을 때이고, 액체분자들 사이에 작용하는 응집력이 액체와 고체면 사이에 작용하는 부착력보다 작을 때 물방울은 동그란 모양을 유지하지 못하고 평평해지고, 이때 액체가 고체 표면을 "적신다(wet)"라고 표현한다. 그림 2.6(b)는 접촉각 θ가 90°보다 클 때이고, 액체 분자들 사이에 작용하는 응집력이 액체와 고체면 사이에 작용하는 부착력보다 클 때 물방울은 동그란 모양을 유지하고, 이때 액체가 고체 표면을 "적시지 않는다(non-wet)"라고 표현한다.

그림 2.6
접촉각,
(a) $\theta < 90°$, (b) $\theta > 90°$

그림 2.7에서 보듯이 아주 작은 유리관이 액체 속에 수직으로 놓여 있는 경우를 생각해 보자. 접촉각이 90°보다 작을 때, 액체는 유리관 속에 어느 정도 높이로 올라가 있는 것을 확인할 수 있다. 이와 같은 현상을 **모세관현상**(毛細管現象; capillarity)이라 한다. 액체가 올라간 높이 h는 그림 2.7의 오른쪽에 나타낸 올라간 액체에 대한 자유물체도를 고려하여, 다음과 같이 힘의 평형으로부터 구할 수 있다. 올라간 물의 무게 $W = \rho g \pi R^2 h$가 표면장력에 의한 힘의 수직방향성분 $2\pi R \sigma \cos\theta$와 평형을 이루게 된다.

$$\rho g \pi R^2 h = 2\pi R \sigma \cos\theta$$

여기서 R은 관의 반지름이다. 위 식으로부터 다음의 결과를 얻을 수 있다.

$$h = \frac{2\sigma\cos\theta}{\rho g R} \tag{2.31}$$

- 관의 반지름이 작을수록 반비례하여 액체는 높이 올라간다.
- 올라가는 높이는 표면장력에 비례한다는 것도 알 수 있다.
- 식에서 접촉각이 90°보다 크면 $\cos\theta < 0$이 되어 $h < 0$ 이 되고, 액체는 관 속을 올라가는 것이 아니라 그림 2.8처럼 관속에서의 액체표면은 내려간다. 수은이 이와 같은 경우이다.

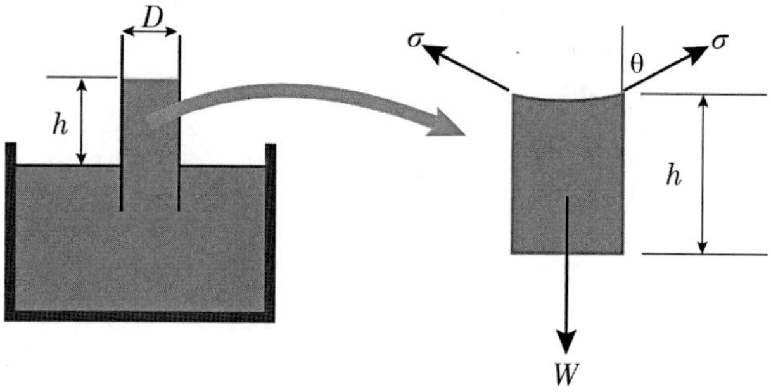

그림 2.7
모세관현상

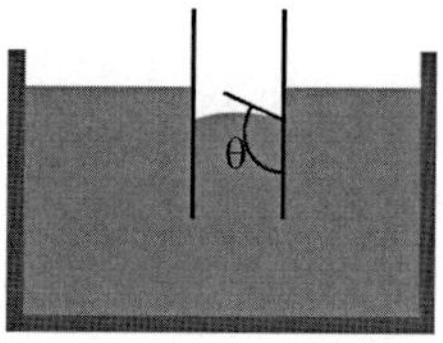

그림 2.8
접촉각이 90°보다 큰 경우의 모세관 현상

예제 2.7 (a) 지름이 2 mm인 가는 원형관이 물속에 수직으로 잠겨 있을 때 물이 올라가는 높이는 얼마인가? 표면장력은 0.09 N/m이고, 접촉각은 10°이다. (b) 지름이 4 mm이면 올라가는 높이는 얼마인가?

풀이

(a) 지름이 2 mm일 때

$$h=\frac{2\sigma\cos\theta}{\rho gR}=\frac{2(0.09)\cos(10^\circ)}{(1000)(9.8)(0.001)}=0.018\ \mathrm{m}=1.8\,\mathrm{cm}$$

(b) 지름이 4 mm일 때 반지름에 반비례하므로 올라가는 높이는 반이 된다.

$h=0.9\,\mathrm{cm}$

◎ 보충설명

계산할 때 모든 항들이 SI단위로 되어 있으므로 계산결과에 길이의 SI단위인 m을 붙이면 된다. (b)에서 올라가는 높이는 관의 지름에 반비례하므로, 계산하지 않고도 0.9 cm임을 알 수 있다.

2.8 증기압 및 공동현상

✦ 정확하게는 표 2.5에서 보듯이 물은 101.35kPa일 때 100℃에서 끓는다.

물은 1기압일 때 100℃에서 끓는다(비등한다). 어떤 압력에서 비등이 일어나는 온도를 **포화온도**(saturation temperature)라고 한다. 압력에 따라 물이 끓는 온도를 측정하여 나타낸 것이 표 2.5이다. 1기압에서의 포화온도는 100℃이고 이보다 낮은 압력에서의 포화온도는 100℃보다 낮다. 높은 산 위에 올라가면 기압이 낮아져서, 물은 100℃보다 낮은 온도에서 끓는다. 극단적으로 압력이 4.31 kPa 이하가 되면 상온인 30℃에서도 물이 끓는다.

표 2.5
물의 포화온도 및 포화압력(노승탁, 1993)

포화압력 (kPa)	1.23	2.34	4.25	7.38	12.35	19.94	31.19	47.39	70.14	101.35
포화온도 (℃)	10	20	30	40	50	60	70	80	90	100

표에서 보면 압력이 주어지면 물이 끓는 온도(포화온도)가 정해진다. 마찬가지로 온도가 주어지면 물이 끓는 압력이 정해지고 이것을 **포화압력**(saturation pressure)이라고 한다. 표 2.5에서 보면 100℃에서의 포화압력은 101.35 kPa이고 90℃에서의 포화압력은 70.14 kPa이다. 앞에서도 언급하였듯이 압력 101.35 kPa에서의 포화온도는 100℃이고, 압력 70.14 kPa에서의 포화온도는 90℃이므로 포화압력과 포화온도는 서로 연관되어 있고, 그림 2.9는 물의 포화압력-포화온도 선도(포화증기압곡선)

를 나타내는 것이다. **증기압**(vapor pressure)은 주어진 온도에서 액체와 상평형을 이루는 증기의 압력을 나타내며 포화압력과 같다. 그림에서 보듯이 101.35 kPa, 60℃에서 101.35 kPa인 정압과정에서 물을 가열하면 물(a) → 물과 수증기(b) → 수증기(c)로 바뀌게 된다. 그림에서의 곡선 위 상태(예를 들어 101.35 kPa, 100℃)에서는 물과 수증기가 같이 존재하는 상태이다. 이제 다른 관점에서 살펴보면, 101.35 kPa, 60℃에서 60℃인 등온과정에서 압력이 낮아진다면 물(a) → 물과 수증기(d) → 수증기(e)로 바뀌게 된다. 유체역학에서는 지금처럼 일정한 온도에서 액체의 압력이 낮아지면 수증기 상태로 바뀔 수 있는 현상이 관심의 대상이다.

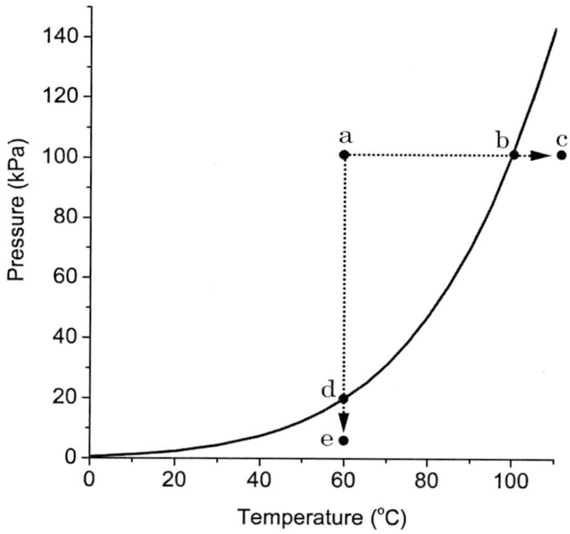

그림 2.9
물의 포화압력-포화온도

액체의 유동에서 어떤 곳에서의 **압력(정압)이 작동온도에서의 포화증기압보다 낮으면**(물인 경우의 예를 들면 20℃에서 2.34 kPa보다 낮으면) **액체가 비등하여 수증기가 발생하는 현상**을 **공동현상**(cavitation)이라 한다. 펌프를 이용하는 경우 압력이 가장 낮은 곳인 펌프의 입구, 또는 터빈의 임펠러 끝 부분 등에서 공동현상이 일어날 수 있다. 공동현상이 일어나면 소음과 진동, 부식 등 유체유동에서 바람직하지 않은 현상이 발생하므로 공동현상을 피하여야 한다.

2장 연습 문제

2.1 다음 물리량의 차원은 무엇인가?

(a) 힘

(b) 밀도

(c) 점성계수

(d) 표면장력

2.2 다음 물리량의 SI 단위는 무엇인가?

(a) 힘

(b) 밀도

(c) 점성계수

(d) 표면장력

2.3 비중이 1.2이고 부피가 5 m^3인 고체의 무게는 얼마인가?

2.4 비중이 0.9이고 점성계수가 0.02 Pa·s이다. 동점성계수는 얼마인가?

2.5 비중량이 1200 N/m^3이고 동점성계수가 0.005 m^2/s이다. 점성계수는 얼마인가?

2.6 아래쪽 평판은 고정되어 있고 위쪽 평판은 2 m/s의 속도로 움직이는 두 평행 평판 사이에 점성계수가 0.04 Pa·s인 Newton 유체가 있다. 평판 사이의 간격은 5 mm이다. 위쪽 평판에 작용하는 전단응력은 얼마인가?

2.7 그림 P2.7처럼 두 평행 평판 사이에 물이 흐르고 있으며, 물의 속도분포가 $u = U[1-(2y/H)^2]$이다. H는 평판 사이의 간격이고 y는 두 평판의 중앙으로부터의 거리를 나타낸다. $y = 0.2H$인 곳에서의 전단응력의 크기를 구하라.

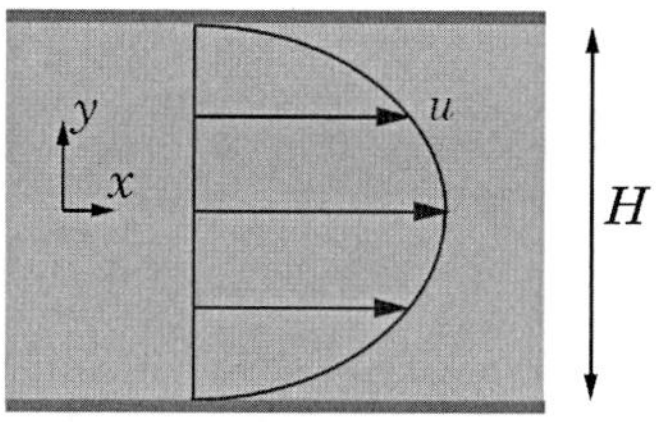

그림 P2.7

2.8 그림 P2.8처럼 수평 원형 관에서의 점성계수가 μ인 유체의 속도분포가 $u = U[1-(r/R)^2]$이다. R은 반지름이고 r은 중심에서의 거리이다. $r = 0.4R$인 곳에서의 전단응력의 크기를 구하라.

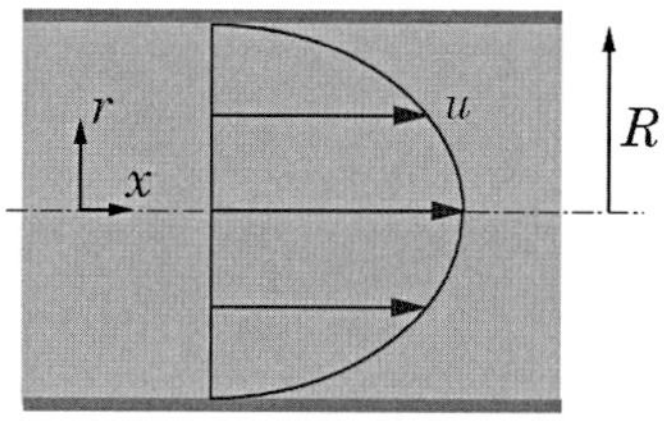

그림 P2.8

2.9 그림 P2.9처럼 반지름이 10 mm인 축이 길이가 40 cm인 원형 관 속에 장치되어 있다. 축과 원형 관 사이의 틈은 0.2 mm이고 점성계수가 0.8 Pa·s인 윤활유로 채워져 있다. 축을 축 방향으로 5 m/s의 일정한 속도로 잡아당길 때, 축을 잡아당기는 힘 F는 약 얼마인가?

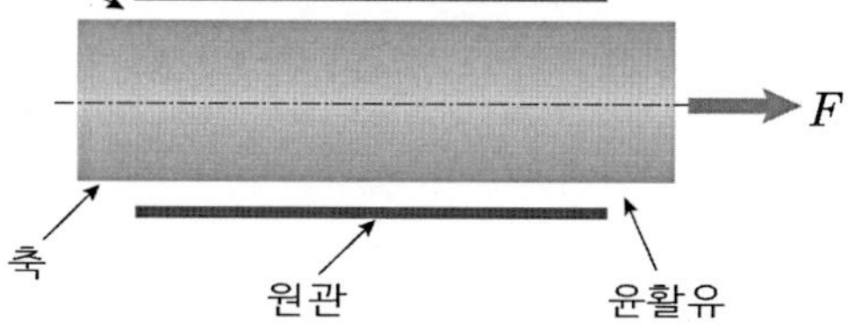

그림 P2.9

2.10 점성계수가 μ이고 속도가 U인 유동 속에 평판이 평행하게 놓여 있을 때, 평판 바로 위의 속도분포 u가 다음 식으로 나타낼 수 있을 때, 평판 위에서의 전단응력을 나타나내는 식을 구하라. $\frac{u}{U} = \frac{3}{2}\left(\frac{y}{\delta}\right) - \frac{1}{2}\left(\frac{y}{\delta}\right)^3$

여기서 y는 평판 위쪽으로의 거리이고, δ는 경계층의 두께이다. 경계층의 두께에 대해서는 9장에서 설명한다.

2.11 반지름이 10 mm인 축이 길이가 40 cm인 원통형 베어링에서 회전하고 있다. 축과 베어링 사이의 틈은 0.2 mm이고 축이 500 rpm으로 회전하고 있을 때, 축에 작용하는 토크가 2 N·m일 때 윤활유의 점성계수를 구하라. 틈 사이의 속도분포를 선형으로 가정하라.

2.12 어떤 기체 2 kg이 온도 50℃이고 부피가 4 m^3이고 압력이 42 kPa인 용기에 있을 때, 이 기체의 분자량은 얼마인가?

2.13 어떤 기체가 온도 100℃이고 부피가 5 m^3이고 압력이 120 kPa인 용기에 있을 때, 용기 속 기체의 질량은 얼마인가? 단, 기체상수는 287 J/kg·K이다.

2.14 어떤 온도와 압력에서 수소 1 kg의 부피가 4 m^3일 때, 동일한 온도와 압력에서 산소 1 kg의 부피는 얼마인가?

2.15 비열비가 1.4인 어떤 기체를 압력이 200 kPa 상태에서 등엔트로피 과정으로 압축할 때 체적탄성계수를 구하라.

2.16 비열비가 1.4인 어떤 기체를 압력이 200 kPa 상태에서 등온 과정으로 압축할 때 체적탄성계수는 얼마인가?

2.17 온도 -10℃인 공기에서 마하 0.6으로 날아가는 비행기의 속도는 얼마인가? 기체상수는 287 J/kg·K, 비열비는 1.4이다.

2.18 체적탄성계수가 4×10^8 Pa이고 비중이 0.9인 액체에서의 음속을 구하라.

2.19 비열비 k, 분자량 M인 이상기체 A에서의 음속 a_{A}와 비열비 $2k$, 분자량 $8M$인 이상기체 B의 음속 a_{B}의 비 $a_{\mathrm{A}}/a_{\mathrm{B}}$는 얼마인가?

2.20 20 ℃일 때 어떤 기체에서의 음속이 a_1 이라면 80 ℃일 때 음속은 얼마인가? 단, 비열비는 동일하다.

2.21 반지름이 5 cm이고 표면장력이 0.07 N/m인 물방울의 내부와 외부의 압력차를 구하라.

2.22 반지름이 5 cm이고 표면장력이 0.07 N/m인 비누방울의 내부와 외부의 압력차를 구하라.

유체정역학

학습목표

이 장의 학습 및 강의 목표는 다음과 같은 사항을 학생들이 완전하게 이해하는 것이다.

- 한 점에서의 압력과 Pascal의 법칙.
- 정지 유체에서의 압력변화.
- 절대압력과 계기압력.
- 마노미터에서의 압력차 계산.
- 액체에 잠긴 평면과 곡면에 작용하는 힘.
- 부력.
- 강체 운동중인 유체에서의 압력분포.

3.1 서론

유체정역학(fluid statics)은 유체가 정지해 있거나, 움직이더라도 인접한 입자의 상대운동이 없는 유체 유동을 다루는 유체역학의 한 분야를 의미한다. 정지해 있거나 상대운동이 없는 경우는 마찰에 의한 전단응력이 없다. 유체의 입자 표면에 작용하는 힘은 압력에 의한 것이다. 그리고 유체입자 전체에는 중력이 작용한다. 이 장에서는 정지 상태인 유체의 압력 변화, 유체 중에 잠긴 물체에 유체가 가하는 힘 등에 관하여 설명한다. 유체역학에서 액체인 경우는 대부분 물을 다루는 것이기 때문에, 유체가 액체일 때의 유체정역학을 **정수력학**(hydrostatics)이라고 한다.

3.2 한 점에서의 압력, Pascal의 법칙

유체 속에 어떤 면이 놓여 있다면, 유체에 의해 힘이 작용하게 되는데, 마찰력이 없는 경우(즉, 전단응력이 없는 경우) 유체가 면에 작용하는 힘은 수직력뿐이다. **전단응력이 없는 경우 압력(pressure)은 유체가 가하는 단위면적당 수직력으로 정의한다.** 압력은 그림 3.1(a)에 보듯이 모든 면에 대해 수직으로 작용한다.

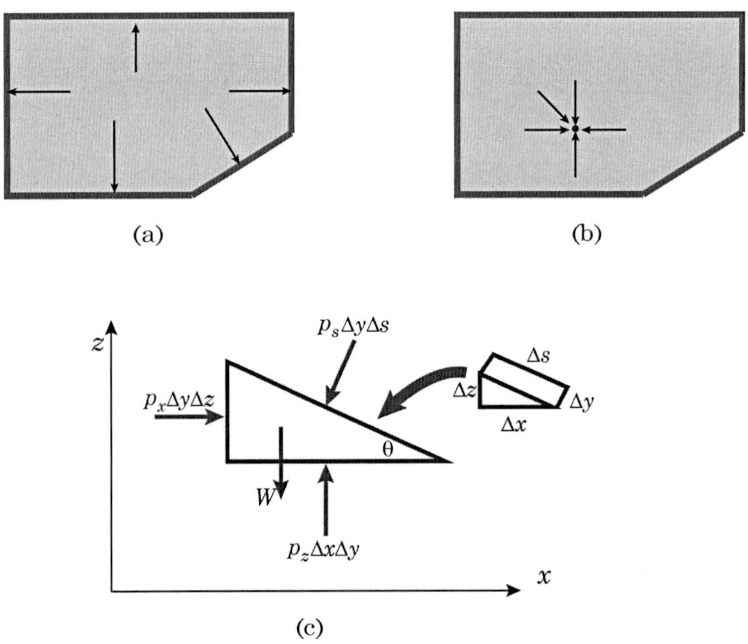

그림 3.1
(a)벽면에서의 압력, (b)한 점에서의 압력, (c)쐐기 모양의 유체 요소에 작용하는 힘

정지 유체 또는 전단응력이 없는 운동중인 유체에서, 그림 3.1(b)에서 보듯이 한 점에서의 압력은 방향과 무관하게 동일하다. 즉, **전단응력이 없는 경우 한 점에서의 유체의 압력은 모든 방향에 같은 크기로 작용한다.** 이것은 그림 3.1(c)에 나타내고 있는 쐐기 모양의 유체 요소에 작용하는 힘을 고려하여 설명할 수 있다. 각각의 변의 길이가 Δx, Δy, Δz인 쐐기 모양의 유체 요소에 Newton의 제2법칙을 적용하면 다음과 같다.

$$\sum F_x = ma_x \ \Rightarrow p_x \Delta y \Delta z - p_s \sin\theta \Delta y \Delta s = \rho \frac{\Delta x \Delta y \Delta z}{2} a_x$$

$$\sum F_z = ma_z \ \Rightarrow p_z \Delta x \Delta y - p_s \cos\theta \Delta y \Delta s - \rho \frac{\Delta x \Delta y \Delta z}{2} g = \rho \frac{\Delta x \Delta y \Delta z}{2} a_z$$

여기서 p_x, p_z, p_s는 각각의 표면에서 평균압력을 나타내고, ρ는 유체의 밀도를 나타내고, Δs는 빗변의 길이를 나타낸다. $\rho \frac{\Delta x \Delta y \Delta z}{2} g$는 쐐기 모양의 유체 요소의 무게 W를 나타낸다. 그림에서 알 수 있듯이,

$$\Delta s \sin\theta = \Delta z \ , \ \Delta s \cos\theta = \Delta x$$

이므로 앞의 식들은 다음과 같이 간단히 나타낼 수 있다.

$$p_x - p_s = \frac{1}{2} \rho \Delta x a_x$$

$$p_z - p_s = \frac{1}{2} \rho \Delta z (a_z + g)$$

한 점에서의 압력을 알아보기 위하여, θ는 그대로 유지한 채로 쐐기 모양을 아주 작게 하면(Δx, Δy, $\Delta z \rightarrow 0$), 다음을 얻는다.

$$p_x = p_z = p_s$$

각도 θ를 바꾸어도 같은 결과를 얻을 수 있으므로, 전단응력이 없는 경우 한 점에서의 유체의 압력은 방향과 무관하게 같은 크기를 가진다. 압력은 방향에 무관하게 같은 크기를 가지므로 **압력은 벡터가 아닌 스칼라**(scalar)이다. 만약 전단응력이 존재하게 되면 유체 요소의 표면에 전단력이 존재하게 되고 지금까지의 결과를 적용할

수 없다.

압력과 관련된 또 하나의 중요한 사항으로 Pascal의 법칙(Pascal' s law)인 **압력 전달에 관한 원리**(principle of transmission of fluid pressure)가 있는데, 다음과 같다.

밀폐된 용기 속의 한 곳에서 유체에 압력을 증가시키면 유체의 모든 부분에서 같은 크기의 압력이 증가한다.

흔히 이 원리를 혼동하는 경우가 있는데, 주의하여야 할 것은 **같은 용기 안의 한 곳에서의 압력이 다른 모든 곳에서의 압력과 같다는 것을 의미하지는 않는다.** 그림 3.2(a)처럼 용기 중의 압력은 일반적으로 위치에 따라 모두 다르다($p_1 \neq p_2 \neq p_3 \neq p_4 \neq p_5$). 용기 속의 유체가 **기체인 경우**는 압력차가 작으므로 모든 곳에서의 압력은 같을 수도 있다. 용기의 한 부분에서 압력을 가하면(증가시키면) 이 압력의 증가분(Δp)이 유체 전체에 골고루 작용한다는 것이다. 그러면 각 지점에서의 압력은 그림 3.2(b)처럼 된다는 의미이지, 압력 자체가 모두 같다는 것은 아니다. 이 원리를 이용한 것이 유압기(수압기) 등이다.

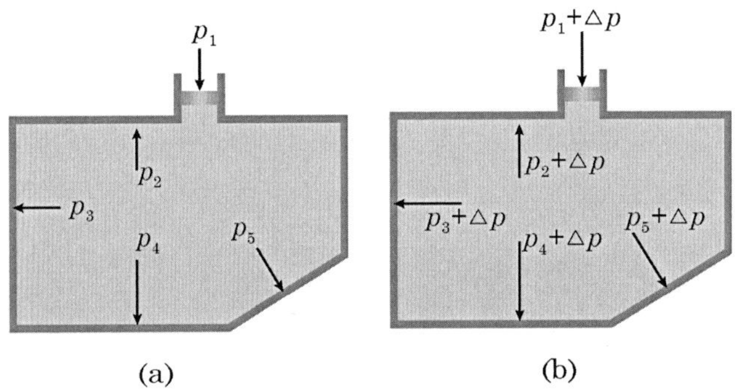

그림 3.2
Pascal의 법칙, (a)처음 압력, (b)Δp 증가 후의 압력

그림 3.3에서 1지점에 F_1을 가하면 1지점의 유체에 압력이 Δp 증가되고, 이 증가된 압력은 유체 전체에 골고루 전달되어 2지점의 유체에 증가된 압력은 Δp이므로,

$$\Delta p = \frac{F_1}{A_1} = \frac{F_2}{A_2} \tag{3.1}$$

가 성립한다. 여기서 A_1과 A_2는 1지점과 2지점에서의 피스톤의 단면적이다. 따라서 2지점에서의 힘(또는 무게)은

$$F_2 = F_1 \frac{A_2}{A_1}$$

가 되어 A_2/A_1가 1보다 훨씬 크다면 작은 힘으로 무거운 물체를 들어 올릴 수 있다.

그렇다면 유압기를 통하여 에너지가 창조되는 것일까? 그렇지는 않다. 1지점에서 피스톤이 움직인 거리가 l_1이라면, 2지점에서의 유체가 상승한 거리는 l_1이 아니다. 1지점에서 내려간 유체의 부피가 2지점에서 올라간 유체의 부피가 같아야 하므로 다음이 성립한다.

$$l_1 A_1 = l_2 A_2$$

2지점에서 움직인 거리 l_2는 $l_2 = l_1 \dfrac{A_1}{A_2}$ 이 되어 l_1보다 훨씬 작다. 따라서 1지점에서 한 일 W_1과 2지점에서 한 일 W_2는 다음과 같이 같다.

$$W_2 = F_2 l_2 = \left(\frac{A_2}{A_1}F_1\right)\left(\frac{A_1}{A_2}l_1\right) = F_1 l_1 = W_1$$

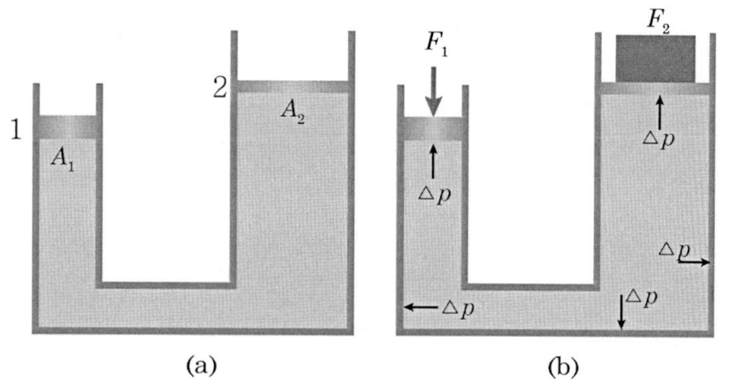

그림 3.3
유압기. (a)처음 상태, (b)증가된 압력

예제 3.1 **그림 3.3(a) 같은 유압기에서 왼쪽 실린더의 지름이 10 cm, 오른쪽 실린더의 지름이 50 cm이고, 처음에 평형을 유지하고 있다. (a) 그림 3.3(b)처럼 오른쪽 피스톤 위에 질량 50 kg의 물체를 들어올리기 위해 왼쪽 피스톤에 가하여야 하는 힘을 구하라. (b) 왼쪽 피스톤에 힘을 가하여 25 cm 아래로 움직였다면 오른쪽 물체가 상승한 높이는 얼마인가?**

풀이

(a) 증가된 압력은 유체 전체에 골고루 전달되므로 2지점의 유체에 증가된 압력은 Δp이고, 따라서

$$\Delta p = \frac{F_1}{A_1} = \frac{F_2}{A_2}$$

이고

$$F_1 = F_2\frac{A_1}{A_2} = mg\left(\frac{d_1}{d_2}\right)^2 = (50)(9.8)\left(\frac{0.1}{0.5}\right)^2 = 19.6\,\mathrm{N}$$

이다.

(b) $l_1 A_1 = l_2 A_2$ 이고 따라서

$$l_2 = l_1\frac{A_1}{A_2} = (25)\left(\frac{0.1}{0.5}\right)^2 = 1\,\mathrm{cm}$$

이다.

보충설명

질량 50 kg의 물체의 무게는 490 N이고 이것을 들어 올리는데 19.6 N의 작은 힘이 필요하지만 1 cm를 들어 올리려면 왼쪽에서 아래로 25 cm를 이동시켜야 한다.

3.3 정지 유체에서의 압력변화

유체 특히 액체에서의 압력은 위치에 따라 일정하지 않다는 것을 경험적으로 우리는 이미 알고 있다. 유체 속에서의 압력 변화를 알아보기 위해 먼저 유체에 작용하는 힘에 대해 알아보고, 정지 유체에 대한 압력변화를 알아보기로 한다.

3.3.1 유체에 작용하는 힘

유체 요소에 작용하는 힘은 표면력과 체적력으로 나눌 수 있다.

- **표면력**(surface force)은 유체 요소의 표면에 작용하는 힘으로 **압력에 의한 힘**과 **전단력**이 표면력이다.
- **체적력**(body force)은 유체 요소의 전체에 골고루 작용하는 힘으로, **중력에 의한 힘**과 **전자기력**이 체적력이다.

정지한 유체의 경우 전단력이 작용하지 않으므로 표면력은 압력에 의한 것뿐이다. 정지 유체에서의 압력변화를 알아보기 위하여 그림 3.4(a) 같은 아주 미소한 직육면체 형태의 유체 요소를 생각하여, 이 유체 요소에 작용하는 힘에 대해 먼저 알아보기로 한다.

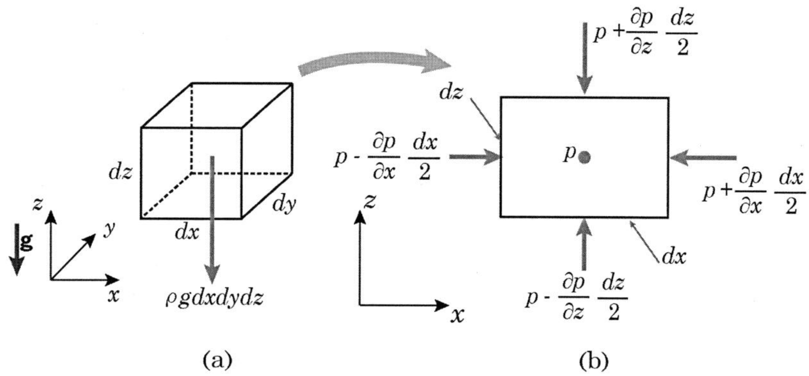

그림 3.4
(a)미소한 유체 요소에 작용하는 중력, (b)xz단면에서의 압력

중력에 의한 힘(체적력)

그림 3.4(a) 같은 아주 미소한 직육면체 형태의 유체 요소에 작용하는 중력에 의한 힘은 유체 요소의 무게이고, 이 미소한 유체 요소의 부피가 $dxdydz$이므로 무게는 그림에 표시된 $\rho gdxdydz$이다. 이 미소 유체 요소에 작용하는 중력에 의한 힘을 $\mathbf{F_g}$라고 하면, 다음과 같이 구할 수 있다.

$$\mathbf{F_g} = -\rho gdxdydz\,\mathbf{k} \tag{3.2}$$

성분별로 나타내면 다음과 같다.

$$F_{gx} = 0,\ F_{gy} = 0,\ F_{gz} = -\rho(dxdydz)g$$

압력에 의한 힘(표면력)

정지한 유체의 경우 전단력이 작용하지 않으므로 표면력은 압력에 의한 것뿐이다. 정지 유체에서의 압력을 알아보기 위하여 그림 3.4(a) 같은 아주 미소한 직육면체 형태의 유체 요소의 단면을 그림 3.4(b)의 xz좌표에 2차원으로 나타내고 있다.

압력에 의해 이 미소한 유체 요소에 작용하는 힘 $\mathbf{F_p}$는 다음처럼 구할 수 있다. 그림 3.4(b)에서 중앙에서의 압력이 p일 때, 오른쪽 면($x + \frac{dx}{2}$인 곳)에서의 압력은 그림에 나타낸 것처럼

$$p + \frac{\partial p}{\partial x}\frac{dx}{2}$$

로 나타낼 수 있다. 왼쪽 면($x - \frac{dx}{2}$인 곳)에서의 압력은 그림에 나타낸 것처럼

$$p - \frac{\partial p}{\partial x}\frac{dx}{2}$$

로 나타낼 수 있다. 다른 곳에서의 압력도 비슷하게 나타낼 수 있고, 그림에 나타내었다. 압력에 의해, 이 미소한 유체 요소에 작용하는 x방향 힘의 성분 F_{px}는 다음과 같다.

$$F_{px} = \left(p - \frac{\partial p}{\partial x}\frac{dx}{2}\right)dydz - \left(p + \frac{\partial p}{\partial x}\frac{dx}{2}\right)dydz = -\frac{\partial p}{\partial x}dxdydz$$

그리고 y 및 z방향에 작용하는 압력에 의한 힘 F_{py}, F_{pz}도 같은 방법으로 구하면 다음과 같다.

$$F_{py} = -\frac{\partial p}{\partial y}dxdydz$$

$$F_{pz} = -\frac{\partial p}{\partial z}dxdydz$$

압력에 의한 힘의 크기는 각 방향에 대한 압력의 기울기에 부피(위의 경우 $dxdydz$)를 곱하면 된다. 위의 식을 보면 압력에 의한 힘은 압력의 절대적인 크기가 아니라, 압력의 기울기(즉, 압력차)에 관계된다는 것을 알 수 있다. 힘은 벡터이므로, 압력에 의해 이 미소한 유체 요소에 작용하는 힘 $\mathbf{F_p}$는 다음과 같다.

$$\mathbf{F_p} = F_{px}\mathbf{i} + F_{py}\mathbf{j} + F_{pz}\mathbf{k} = -\left(\frac{\partial p}{\partial x}\mathbf{i} + \frac{\partial p}{\partial y}\mathbf{j} + \frac{\partial p}{\partial z}\mathbf{k}\right)dxdydz \qquad (3.3)$$

이제 ∇을 다음과 같이 정의한다.

$$\nabla = \frac{\partial}{\partial x}\mathbf{i} + \frac{\partial}{\partial y}\mathbf{j} + \frac{\partial}{\partial z}\mathbf{k}$$

그러면 압력에 의해 이 미소한 유체 요소에 작용하는 힘 $\mathbf{F_p}$는 다음과 같이 나타낼

수 있다.

$$\mathbf{F_p} = -\nabla p\,dxdydz \tag{3.4}$$

즉, 압력에 의해 작용하는 힘의 크기는 압력의 기울기와 관계된다.

단위 부피당 압력에 의한 힘을 $\mathbf{f_p}$ 단위 부피당 중력에 의한 힘을 $\mathbf{f_g}$라 하면 다음과 같다.

$$\mathbf{f_p} = \frac{\mathbf{F_p}}{dxdydz} = -\nabla p$$

$$\mathbf{f_g} = \frac{\mathbf{F_g}}{dxdydz} = -\rho g\mathbf{k}$$

따라서 정지 유체에서 미소한 직육면체 형태의 유체 요소에 작용하는 힘은 압력과 중력에 의한 힘이므로 다음과 같다.

$$\mathbf{F} = \mathbf{F_p} + \mathbf{F_g} = -(\nabla p + \rho g\mathbf{k})\,dxdydz \tag{3.5}$$

3.3.2 정지 유체에서의 압력분포

앞에서 미소한 유체 요소에 작용하는 힘을 구하였다. 그림 3.4(a)에서의 미소한 유체 요소에 대한 힘의 평형을 고려하면, 정지하고 있는 이 유체 요소에 작용하는 힘은 0이다. 즉,

$$\mathbf{F} = 0 \;\;\Rightarrow\;\; (\nabla p + \rho g\mathbf{k})\,dxdydz = 0 \tag{3.6}$$

의 관계가 성립한다. 이 식을 각 성분별로 표시하여 다음과 같은 결과를 얻는다.

$$F_x = 0 \;\Rightarrow\; \frac{\partial p}{\partial x} = 0 \tag{3.7}$$

$$F_y = 0 \;\Rightarrow\; \frac{\partial p}{\partial y} = 0 \tag{3.8}$$

$$F_z = 0 \Rightarrow \frac{\partial p}{\partial z} = -\rho g \tag{3.9}$$

일반적으로 압력은 위치의 함수일 수 있으므로

$$p = p(x, y, z) \tag{3.10}$$

와 같이 나타낼 수 있다(시간에 따라 압력이 바뀌지 않는 경우). 그런데 식 (3.7)과 식 (3.8)에서 정지 유체에서의 압력은 x와 y방향으로는 변하지 않아, x와 y의 함수가 아니다. 따라서 **정지 유체에서의 압력은 오직 z만의 함수이고 z방향으로만 변한다는 것을 알 수 있다.** 즉, **정지 유체에서의 압력은 수평방향으로는 변하지 않고 오직 수직방향으로만 변한다.** 따라서 식 (3.10)은 다음과 같이 나타낼 수 있다.

$$p = p(z) \tag{3.11}$$

압력이 z만의 함수이므로 식 (3.9)는 다음과 같이 바꾸어 나타낼 수 있다.

$$\frac{dp}{dz} = -\rho g \tag{3.12}$$

위의 식이 정지 유체에서 압력 변화를 나타내는 유일한 식이다.

밀도가 일정한 경우 압력분포

비압축성유체를 포함하여 밀도가 일정한 경우, 식 (3.12)를 적분하여 압력에 관한 식을 구할 수 있다. 적분하면,

$$p = -\rho g z + C$$

이고, 압력은 z가 증가할수록 선형적으로 감소한다는 것을 알 수 있다. 그림 3.5에서 두 높이 z_1, z_2에서의 압력을 각각 p_1, p_2라고 할 때,

$$p_1 - p_2 = \rho g (z_2 - z_1)$$

임을 쉽게 알 수 있다. 만약 $z_2 > z_1$ 이라면 $p_1 > p_2$ 이고, 두 높이차를 $h = z_2 - z_1$ 이라고 하면,

$$\Delta p = p_1 - p_2 = \rho g h \tag{3.13}$$

이고,

$$p_1 = p_2 + \rho g h, \quad p_2 = p_1 - \rho g h \tag{3.14}$$

로 나타낼 수 있어 아래쪽의 압력이 $\rho g h$만큼 높고 위쪽의 압력이 $\rho g h$만큼 낮다. 이와 같이 유체의 높이 차이에 의한 압력을 보통 **정수압**(hydrostatic pressure)이라 한다.

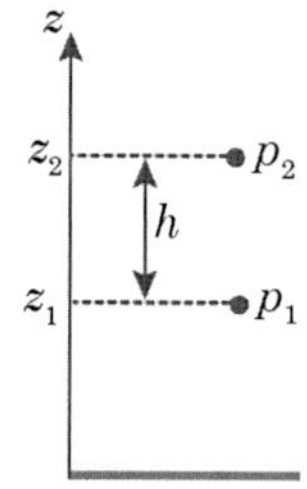

그림 3.5
높이와 압력

앞에서도 언급하였지만 정지 유체에서의 압력은 수평방향으로는 변하지 않고 오직 수직방향으로만 변한다. 유체의 압력은 유체를 담은 용기의 형태와는 무관하게 유체의 종류와 깊이에만 관계된다. 그림 3.6에서 같은 용기 속의 같은 깊이에 위치한 A, B에서의 압력뿐 아니라 다른 용기 속에 같은 깊이에 위치한 C에서의 압력은 모두 동일하다.

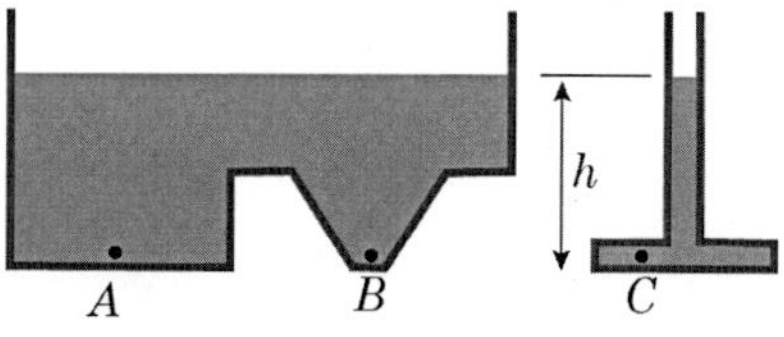

그림 3.6
같은 깊이에서의 압력

예제 3.2 **그림 3.6의 용기에 물이 깊이 50 cm 채워져 있다. (a) 바닥 A에서의 압력은 얼마인가? (b) 만약 물대신 비중 0.9인 액체가 채워져 있다면 압력은 얼마인가?**

풀이

(a) 표면에서의 압력은 대기압이고, 바닥은 아래에 위치하므로 바닥에서의 압력은 다음과 같다.

$$p = p_{\text{atm}} + \rho g h = 101.3\,\text{kPa} + (1000)(9.8)(0.5)\,\text{Pa}$$
$$= 101.3\,\text{kPa} + 4900\,\text{Pa} = 101.3\,\text{kPa} + 4.9\,\text{kPa} = 106.2\,\text{kPa}$$

(b) 비중이 0.9이므로 물의 밀도에 비중을 곱하면 된다.

$$p = p_{\text{atm}} + \rho gh = 101.3\,\text{kPa} + (0.9 \times 1000)(9.8)(0.5)$$
$$= 101.3\,\text{kPa} + 4410\,\text{Pa} = 101.3\,\text{kPa} + 4.41\,\text{kPa} = 105.7\,\text{kPa}$$

보충설명

일반적으로 압력은 절대압력으로 나타낸다. 만약 계기압력으로 구하라고 하면, 위 문제의 답은 각각 4.9 kPa, 4.41 kPa이 된다. 위에서 중력가속도를 9.81로 계산하면 답은 약간 달라진다. 이런 오차는 항상 포함하고 있다는 것을 알고 있어야 한다. 대기압은 변할 수 있지만 주어지지 않은 경우는 일반적으로 101.3 kPa로 한다.

밀도가 일정하지 않은 경우 압력분포

높이에 따라 밀도가 일정하지 않은 경우, 식 (3.12)를 적분하여 압력에 관한 식을 구할 수 있다. 밀도가 일정하지 않을 때는 식 (3.12)를 적분하기 위해서 일반적으로 밀도가 높이의 함수로 주어져야하며, 다음 식을 적분하여 구할 수 있다.

$$p = -\int \rho g dz \tag{3.15}$$

높이에 따라 밀도가 일정하지 않은 경우의 대표적인 경우가 고도차가 아주 큰 대기 중에서의 공기의 압력을 다룰 때이다. 일상적인 큰 방이나 탱크에서 공기의 압력을 다룰 때는 그 공간에서 밀도와 압력이 일정한 경우가 대부분이다. 높이에 따라 밀도가 일정하지 않은 경우는 작은 높이차가 아니라 아주 큰 높이차가 있는 대기를 다룰 때이다. 또한 해양의 어떤 부분(밀도약층)에서 깊이에 따른 밀도의 변화를 무시할 수 없는 구간이나, 태양에너지를 저장하는 태양 연못(solar pond) 등에서 밀도의 변화를 무시할 할 수 없는 경우를 다룰 때, 깊이에 따른 압력을 구하려면 식 (3.15)를 이용하여야 한다.

예제 3.3 **해양이나 태양 연못에서 밀도가 깊이에 따라 변하며, 밀도를 깊이에 따른 간단한 식으로 나타내기는 쉽지 않지만 다음처럼 3차 근사식, $\rho = \rho_0(1 + ah + bh^2 + ch^3)$ 으로 나타낼 수 있다. 액체의 깊이 h인 곳에서의 압력에 관한 식을 구하라. 단, a, b, c는 상수이고 수면에서의 압력은 p_0이고, 깊이 h는 수면에서 아래 방향의 깊이를 나타낸다.**

풀이

밀도가 일정하지 않으므로 다음의 식으로 적분하여 구하여야 한다.

$$p = -\int \rho g dz$$

z좌표는 수면에서 위 방향이고 깊이 h는 아래 방향이므로 $z = -h$ 이고, $dz = -dh$ 이다. 따라서

$$p = -\int \rho g dz = \int \rho g dh = \int \rho_0 (1 + ah + bh^2 + ch^3) g dh$$

$$= \rho_0 g \int (1 + ah + bh^2 + ch^3) dh = \rho_0 g \left(h + \frac{a}{2} h^2 + \frac{b}{3} h^3 + \frac{c}{4} h^4 \right) + C$$

$h = 0$일 때 $p = p_0$ 이므로 $C = p_0$ 이다. 따라서

$$p = p_0 + \rho_0 g \left(h + \frac{a}{2} h^2 + \frac{b}{3} h^3 + \frac{c}{4} h^4 \right)$$

⊕ 보충설명

밀도가 일정하지 않고 높이에 따라 변하는 경우는 식 (3.14)를 적용할 수 없고 적분하여 사용하여야 정확한 관계식을 구할 수 있다.

절대압력과 계기압력

어느 곳의 압력을 측정할 때 대부분의 경우 대기압과의 차를 측정하는 경우가 많다. 따라서 측정한 압력은 대기압과의 차를 나타내는 경우가 대부분이다. 대기압과의 차를 나타내는 이 압력을 **계기압력**(게이지 압력; gage pressure)이라고 하고 계기압력에 대기압을 더한 실제 유체의 압력을 **절대압력**(absolute pressure)이라고 한다. 책마다 다르지만, 이 책에서는 별도의 설명 없이 압력이라고 하면 절대압력을 나타낸다. 절대압력을 p로, 계기압력을 p_g로 표시하고, 국소 대기압을 p_{atm}으로 나타내면 이들 사이에는 다음과 같은 관계가 성립한다.

$$p_g = p - p_{atm} \tag{3.16}$$

따라서 계기압력이 200 kPa이고 국소 대기압이 100 kPa인 경우의 (절대)압력은 300 kPa이다. 여기서 주의해야 할 것은 **국소**(local) **대기압이란 압력을 측정하는 곳에서의 대기압**을 의미하며, 항상 101.3 kPa을 의미하는 것은 아니고 지역과 시간에 따라 달라지는 값이다. 물론 국소 대기압이 주어지지 않은 경우는 국소 대기압 대신 **표준 대기압** 101.33 kPa을 사용한다.

국소 대기압이 100 kPa이고 절대압력이 40 kPa인 곳에서 측정한 계기압력은 -60 kPa이다. 이 계기압력을 **부압**(suction pressure), 또는 **진공압력**(vacuum pressure) 60 kPa이라고 표현한다(또는 진공 60 kPa이라고 표현한다). 진공압력을 p_{vac}라고 나타내면, p_g

$= -60$ kPa과 $p_{vac} = 60$ kPa은 같은 뜻이다. 따라서 다음과 같은 관계가 성립한다.

$$p_{vac} = p_{atm} - p \tag{3.17}$$

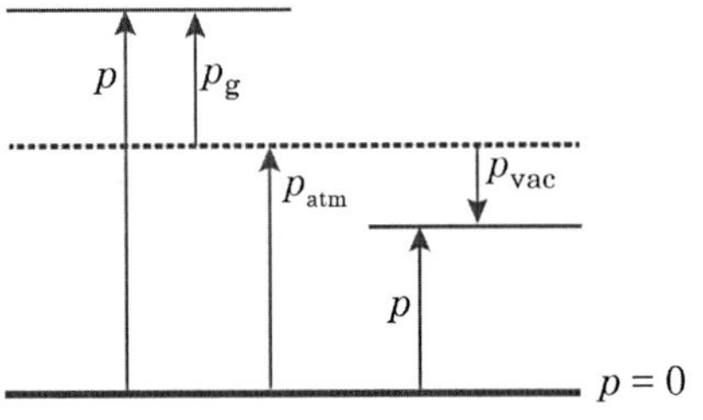

그림 3.7
계기압력, 진공

해수면에서의 대기압은 지역 및 시간에 따라 조금씩 다르기 때문에 과학 및 공학의 여러 응용 분야에서, 대기압에 관한 표준이 필요하게 되어 표준대기(U.S. standard atmosphere)를 정하게 되었다. 이 표준대기는 지구에서의 대기 상태를 평균적으로 나타낸 것이고 표 3.1에 나타내고 있다.

표 3.1
미국 표준대기의 물성치(해수면에서)

물성치	값
압력	101.33 kPa
온도	15℃
밀도	1.225 kg/m^3

예제 3.4 **(a) 계기압력이 40 kPa일 때 절대 압력은 얼마인가? (b) 진공 40 kPa일 때 절대 압력은 얼마인가? 단, 국소 대기압이 100 kPa이다.**

풀이

(a) $p_g = p - p_{atm}$ 이므로,

$$p = p_g + p_{atm} = 40 + 100 = 140 \text{ kPa}$$

(b) $p_{vac} = p_{atm} - p$ 이므로,

$$p = p_{atm} - p_{vac} = 100 - 40 = 60 \text{ kPa}$$

보충설명

대기압으로는 주어진 국소대기압을 사용하여야 한다.

3.4 마노미터

앞에서 설명한 정지 유체에서의 높이차에 의한 압력 변화를 이용하여, 용기나 관에서의 압력을 측정할 수가 있으며, 이와 같이 압력을 측정하는 장치를 **마노미터**(manometer) 또는 **액주계**(液柱計)라고 한다.

3.4.1 피에조미터

가장 간단한 형태의 압력측정 장치가 **피에조미터**(piezometer)이고, 이는 그림 3.8에서 보듯이 단순하게 용기나 원관에 구멍을 뚫어 수직 튜브(tube)를 연결해 놓은 것이다. 용기나 원관 속의 압력이 대기압보다 높은 경우 용기나 원관 속의 액체가 튜브로 흘러 들어와 일정한 높이를 차지하게 된다. 그림과 같은 경우 용기 속의 압력 p_{A}는 다음과 같이 구할 수 있다. $p_{\mathrm{A}} = p_{\mathrm{B}}$ 이고, $p_{\mathrm{B}} = p_{\mathrm{atm}} + \rho g h$ 이므로,

$$p_{\mathrm{A}} = p_{\mathrm{atm}} + \rho g h$$

를 얻을 수 있다. 용기 속의 계기압력 p_{Ag}는 다음과 같다.

$$p_{\mathrm{Ag}} = \rho g h$$

계기압력은 단순한 높이차로 구해진다. 일반적으로 피에조미터에서는 별도의 액체를 사용하지 않고 용기 속의 액체 높이를 이용하는 것이기 때문에 용기 속의 기체의 압력을 측정하기에는 적당하지 않다. 또한 용기 속의 유체가 액체이더라도 대기압보다 높은 압력만 측정할 뿐 아니라, 대기압보다 용기의 압력이 높더라도 측정하는 압력의 범위는 상당히 제한적이다.

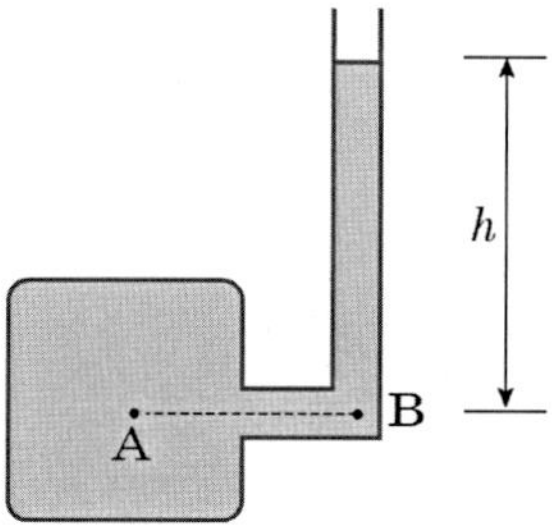

그림 3.8
피에조미터

3.4.2 U-관 마노미터

가장 많이 사용되는 마노미터 형태는 용기나 원관에 U 모양의 튜브를 연결한 형태의 U-관 마노미터(U자관 액주계)이다. 이 튜브 속에는 압력차를 측정하기 위한 유체를 포함하고 있는데 이를 계기유체(gage fluid)라고 한다.

그림 3.9(a)에 가장 간단한 형태의 U-관 마노미터를 보여주고 있으며, 용기나 원관 속의 압력은 다음과 같이 구한다. 제일 먼저 해야 할 일은 동일한 압력을 가지는 위치를 점선으로 연결하는 것이다. 그림 3.9(a)에서 A - 1, 2 - 3은 같은 유체에서 같은 높이에 위치하고 있으므로 서로 압력은 같다. 따라서

$$p_A = p_1 \, , \; p_2 = p_3$$

이고,

$$p_2 = p_1 + \rho_1 g h_1 = p_A + \rho_1 g h_1$$

$$p_3 = p_{atm} + \rho_2 g h_2$$

이므로

$$p_A + \rho_1 g h_1 = p_{atm} + \rho_2 g h_2$$

이다. 따라서 다음과 같은 결과를 얻을 수 있다.

$$p_A = p_{atm} + \rho_2 g h_2 - \rho_1 g h_1$$

이와 같이 압력 p_A를 구할 수도 있지만 보충설명의 방법으로 구하는 것이 훨씬 편하다.

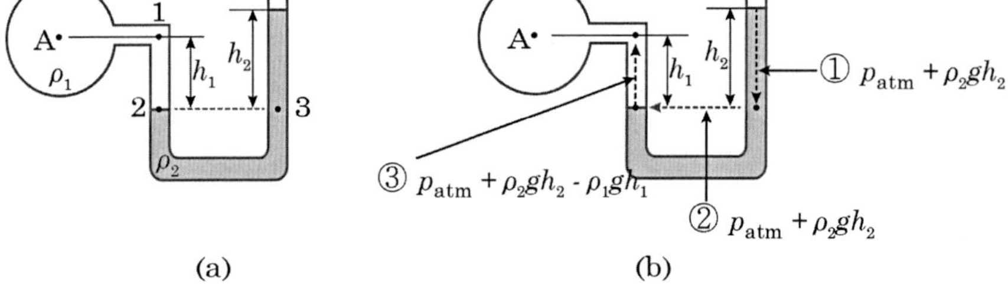

그림 3.9
U-관 마노미터, (a) $p_2 = p_3$로 계산, (b) 화살표 순서대로 계산

보충설명 ⊕ U-관 마노미터

앞의 설명에서는 $p_2 = p_3$ 를 이용하여, 압력을 단계적으로 구하였으나, 약간 익숙해지면 다음처럼 압력을 바로 구할 수도 있다. 제일 먼저 해야 할 것은 역시 압력이 같은 부분을 점선으로 연결하는 것이다. 그런 다음 A지점에서의 압력을 구하기 위해서는 반대쪽에서 시작하면 되고, 그림 3.9(b)에서 점선으로 표시된 방향으로 계산하면 된다. 즉, 오른쪽에서의 압력은 대기압이고,

① h_2만큼 아래 방향으로 내려오면, 그 높이에 해당하는 압력을 더하여 $p_{\text{atm}} + \rho_2 g h_2$가 되고,

② 수평으로 이동하기 때문에 $p_{\text{atm}} + \rho_2 g h_2$로 동일하고,

③ h_1만큼 위로 올라가면, 이 높이만큼의 압력을 빼서 $p_{\text{atm}} + \rho_2 g h_2 - \rho_1 g h_1$ 가 되고,

이것이 바로 p_{A}이다. 따라서 이것을 한꺼번에 한 줄로 적으면 다음과 같이 적을 수 있을 것이다.

$$p_{\text{atm}} + \rho_2 g h_2 - \rho_1 g h_1 = p_{\text{A}}$$

보다 복잡한 경우의 마노미터의 경우에도 위와 같은 방법으로 압력을 구하는 것이 더 좋은 방법이다.

압력차 마노미터

U-관 마노미터를 이용하여 한 쪽에서의 압력이 대기압으로 알려진 경우 용기 속의 압력을 측정할 수도 있지만, 두 용기 속의 압력차를 알아내는 데에도 사용될 수 있다. 이와 같이 압력차를 측정할 때 **압력차 마노미터**(시차액주계)라고 한다. 그림 3.10에서 두 용기 속의 압력차는 다음과 같이 구할 수 있다. 처음 할 일은 역시 압력이 같은 부분을 점선으로 연결하는 것으로 지금의 경우는 2지점과 3지점을 연결하면 된다. 그리고 1점에서 5점까지 ① ~ ④의 화살표 순서대로 진행하면서 단번에 다음과 같이 적을 수 있다.

$$p_{\text{A}} + \rho_1 g h_1 - \rho_2 g h_2 - \rho_3 g h_3 = p_{\text{B}}$$

따라서 압력차는

$$p_{\text{B}} - p_{\text{A}} = \rho_1 g h_1 - \rho_2 g h_2 - \rho_3 g h_3$$

로 구할 수 있다.

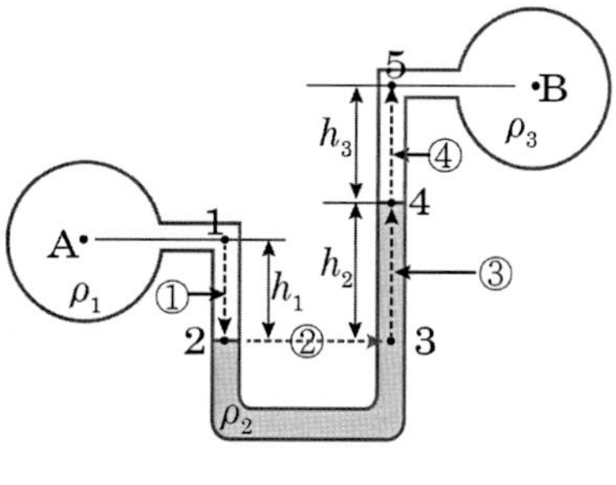

그림 3.10
압력차 마노미터

예제 3.5 **그림에서 $h_1 = 40\,\mathrm{cm}$, $h_2 = 20\,\mathrm{cm}$, $\rho_1 = 1200\,\mathrm{kg/m^3}$, $\rho_2 = 900\,\mathrm{kg/m^3}$일 때, 탱크의 공기압력을 구하라.**

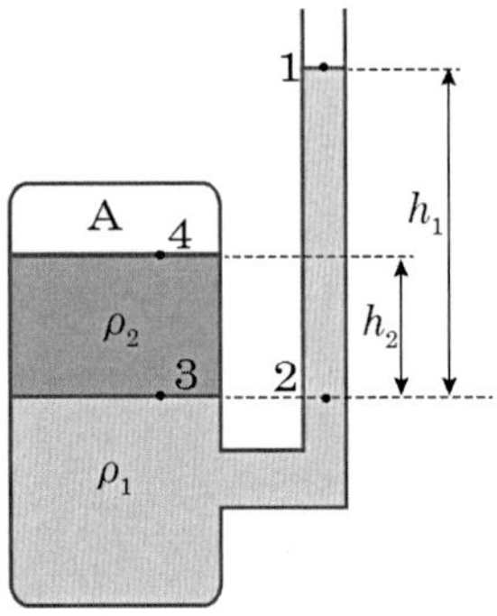

그림 E3.5
탱크에서의 압력 구하기

풀이

탱크에 공기가 있으므로 공기의 압력은 $p_{\mathrm{A}} = p_4$ 이다. 2-3에서의 압력은 같고, 따라서 오른쪽 1에서 4의 방향으로 진행하면서 압력을 구하면 된다.

$$p_{\mathrm{A}} = p_{\mathrm{atm}} + \rho_1 g h_1 - \rho_2 g h_2 = 101300 + (1200)(9.8)(0.4) - (900)(9.8)(0.2)$$
$$= 104240\,\mathrm{Pa} = 104.2\,\mathrm{kPa}$$

보충설명

탱크에 공기가 있고 공기의 밀도가 아주 작아, 용기에서의 공기의 높이차에 따른 압력 변화가 없어 $p_{\mathrm{A}} = p_4$ 이다. 높은 산에 올라간다든지 하면 압력차가 있지만, 지금처럼 용기에서의 압력을 다룰 때는 기체의 경우 높이차는 고려하지 않는다.

예제 3.6 **그림에서 $h_1 = 30\,\mathrm{cm}$, $h_2 = 40\,\mathrm{cm}$, $h_3 = 30\,\mathrm{cm}$, $h_4 = 20\,\mathrm{cm}$이고 비중 $S_1 = 1.2$, $S_2 = 1.4$, $S_3 = 0.8$, $S_4 = 1$일 때, $p_B - p_A$를 구하라.**

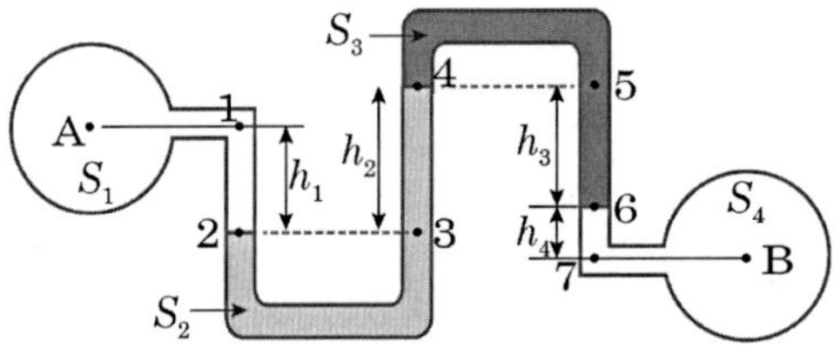

그림 E3.6
압력차 $p_B - p_A$ 구하기

풀이

처음 해야 할 것은 압력이 같은 부분을 점선으로 연결하는 것으로, 2-3과 4-5 지점을 연결하면 된다. 그리고 1점에서 7점까지 순서대로 진행하면서 단번에 다음과 같이 적을 수 있다.

$$p_A + \rho_1 g h_1 - \rho_2 g h_2 + \rho_3 g h_3 + \rho_4 g h_4 = p_B$$

따라서 다음처럼 구할 수 있다.

$$\begin{aligned} p_B - p_A &= \rho_1 g h_1 - \rho_2 g h_2 + \rho_3 g h_3 + \rho_4 g h_4 \\ &= \rho_{\text{water}} g (S_1 h_1 - S_2 h_2 + S_3 h_3 + S_4 h_4) \\ &= (1000)(9.8)(1.2\times 0.3 - 1.4\times 0.4 + 0.8\times 0.3 + 1\times 0.2) \\ &= (1000)(9.8)(0.24) = 2352\,\text{Pa} \end{aligned}$$

경사 마노미터

U-관 마노미터의 관 중 하나를 경사지게 만들어 사용하면 압력차를 조금 더 정확하게 측정할 수 있다. 이와 같이 경사진 마노미터를 **경사 마노미터**(inclined manometer)이라고 하며, 그림 3.11에 나타내고 있다. 그림에서 1점과 2점의 압력차는 $p_1 - p_2 = \rho g h$ 이고, $h = l \sin\theta$ 이다 즉,

$$l = \frac{h}{\sin\theta}$$

이므로 높이 h에 비해 관의 길이를 길게 할 수 있어 눈금을 자세히 매길 수 있어 압력차를 보다 정밀하게 측정할 수 있다.

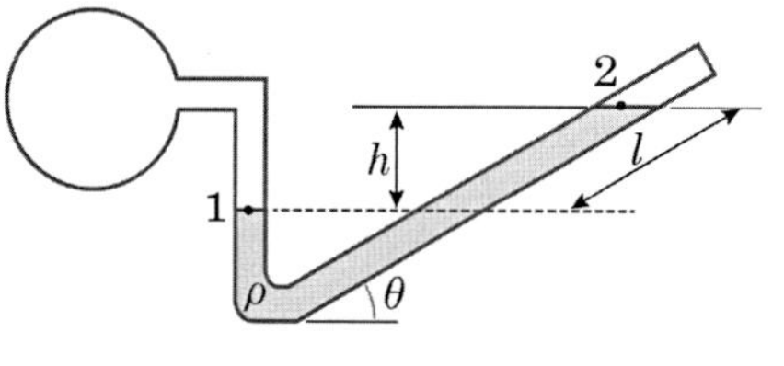

그림 3.11
경사 마노미터

3.5 압력계, 기압계

앞의 마노미터 이외에 여러 가지 압력을 측정하는 장치가 있으며, 가장 대표적인 것이 그림 3.12에 나타내고 있는 Bourdon **압력계**와 **압력변환기**(pressure transducer)이다. Bourdon 압력계는 속이 빈 금속관으로 된 Bourdon 관의 탄성을 이용하여 압력을 측정하는 방식이다. 또한 많이 사용되는 것으로 압력변환기가 있으며, 압력을 전기적인 신호로 변환하여 압력을 나타내는 방식으로 보다 정밀하게 압력을 측정할

수 있다. 그리고 대기압을 측정하는 장치를 **기압계**(barometer)라고 하며 Torricelli에 의해 처음으로 고안되었다. 매우 긴 관에 수은을 가득 채운 후 수은이 든 용기에 거꾸로 세우면 수은의 높이와 대기압이 평형을 이루는 높이까지 내려오게 된다. 그림 3.13에서 1점과 2점에서 압력을 고려하면 다음과 같은 관계가 있다.

$$p_{\text{atm}} = p_{\text{v}} + \rho g h$$

여기서 p_{v}는 수은의 증기압이다. 수은의 증기압은 상온에서 아주 작으므로 무시할 수 있어,

$$p_{\text{atm}} = \rho g h \tag{3.18}$$

의 관계가 성립하고, 높이를 측정하여 대기압을 구할 수 있다. 표준대기압에서 높이가 760 mm이어서 1기압을 760 mmHg로 나타낼 수 있고 1 atm = 760 mmHg 이다. 여기서 mmHg는 수은의 높이를 압력으로 나타낸 것으로 압력의 단위이고, torr로 표시하기도 한다.

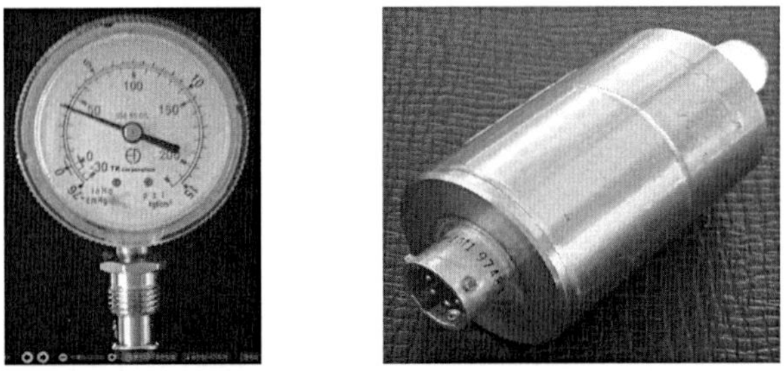

그림 3.12
Bourdon 압력계와 압력변환기

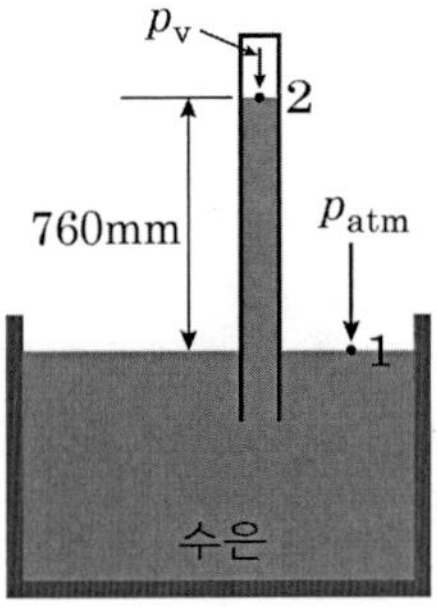

그림 3.13
수은기압계

3.6 평면에 작용하는 힘

3.6.1 수평면에 작용하는 힘

액체 속에 어떤 면이 잠겨있을 때 액체의 압력에 의해 면에 힘이 작용하게 된다. 그림 3.14(a)에서 용기의 밑면에는 일정한 압력이 작용하므로 밑면에 작용하는 힘은 쉽게 구할 수 있다. 용기 속 액체의 깊이가 h일 때, 밑바닥에서의 압력은

$$p = p_{\text{atm}} + \rho g h$$

로 쉽게 구할 수 있다. 여기서 $p_{\text{g}} = \rho g h$ 를 액체의 깊이에 의한 압력, 즉 계기압력이라고 하면, 그림에서 나타내었듯이 밑바닥에서의 압력은

$$p = p_{\text{atm}} + p_{\text{g}}$$

로 나타낼 수 있다. 따라서 이 압력에 의해 **밑면에 작용하는 힘은**

$$F_{\text{R}} = pA = (p_{\text{atm}} + p_{\text{g}})A = p_{\text{atm}}A + p_{\text{g}}A \tag{3.19}$$

로 구할 수 있다. 그러나 그림 3.14(b)처럼 대기압이 밑면의 외부에 작용하고 있는 경우, 대기에 의해 작용하는 힘 $p_{\text{atm}}A$를 F_{R}에서 뺀 힘이 밑면의 위 액체와 밑면 아래의 대기에 의해 작용하는 힘의 차이이고, 이를 F_{g}라고 하면,

✦ F_{g}: 액체의 정수력
순전히 액체의 높이만에 의한 힘
책에 따라 액체의 정수력을 전압력(total pressure)이라고 표현하는 경우가 있는데 압력과 혼돈하기 쉬우므로 될 수 있는 대로 전압력이라는 용어를 사용하지 않는 것이 좋다. 그리고 뒤에서 설명하겠지만, 전압 또는 전압력은 다른 의미로 사용된다.

$$F_{\text{g}} = F_{\text{R}} - p_{\text{atm}}A = p_{\text{g}}A = \rho g h A \tag{3.20}$$

이다. F_{g}는 순전히 액체만의 높이에 의해 작용하는 힘으로서 **액체만의 정수력** (hydrostatic force)을 나타낸다. F_{R}과의 혼돈을 막기 위해, **이 책에서 정수력이라고 했을 때는 대기압 효과를 뺀 F_{g}를 의미한다.**

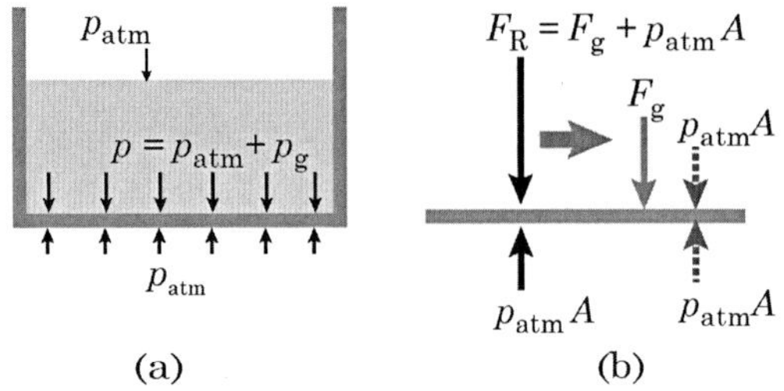

그림 3.14
(a)밑면에 작용하는 압력,
(b)밑면에 작용하는 힘

3.6.2 경사진 평면에 작용하는 힘 – 평면이 액체의 표면에 노출된 경우

정수력의 크기

수평면에 작용하는 정수력을 구할 때는 평면에서의 압력이 모두 같으므로 압력에 면적을 곱하여 작용하는 힘을 구할 수 있다. 그러나 수직면 또는 경사진 면에 작용하는 압력은 그림 3.15에서 보듯이 평면에서의 압력이 균일하지 않으므로 수직평면 또는 경사진 평면에 작용하는 평균압력에 면적을 곱하여 다음처럼 구할 수 있다.

$$F_g = p_{g,\,avg}A$$

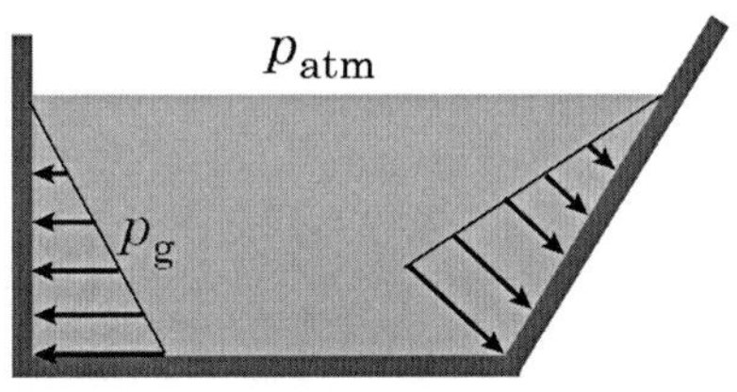

그림 3.15
평면에 작용하는 힘

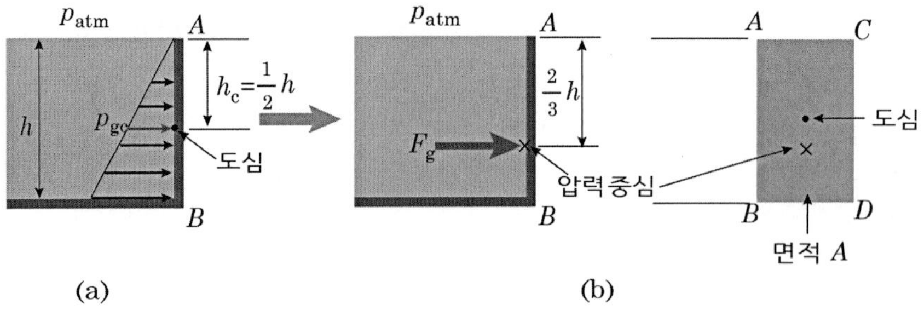

그림 3.16
(a)수직평면에 작용하는 압력,
(b)수직평면에서의 정수력과 압력중심

그림 3.15 또는 3.16(a)와 같이 직사각형의 수직평면(또는 경사진 평면)이 액체의 표면에 노출되어 있는 경우 액체만의 압력(계기압력)분포는 삼각형 모양이고, 그림 3.16(a)에서 보듯이 평균압력 $p_{g,avg}$는 수직평판의 도심(centroid)에서의 계기압력 p_{gc}이고($p_{g,avg} = p_{gc}$), 표면에서 $0.5h$인 곳에서의 압력이다. 따라서 액체에 의한 정수력의 크기는

$$F_g = p_{gc} A \tag{3.21}$$

이다.

정수력의 작용점

이 정수력의 작용점은 도심에 작용하지 않고, 압력 분포를 보면 아래쪽에 압력이 높으므로 이보다 아래쪽에 작용한다. 압력분포는 삼각형 분포이고 이 삼각형의 중심이 위에서 2/3위치에 위치하고 있어, 액체의 표면에서 $\frac{2}{3}h$인 지점에 작용하게 되고, 이 점을 **압력중심**(center of pressure)이라고 한다. 이 결과는 수직평면 또는 경사진 평면이 직사각형이고, 액체의 표면 노출되어 있는 경우 적용된다. 그렇지 않은 일반적인 경우는, 뒤에서 설명하는 해석방법을 사용하여야 한다.

예제 3.7 **그림과 같은 용기에 비중 0.9인 액체가 깊이 1 m로 채워져 있다. (a) 밑면(AB)에 작용하는 정수력, (b) 옆면(BC)에 작용하는 정수력과 작용점을 구하라. 이 용기의 폭은 2 m이다.**

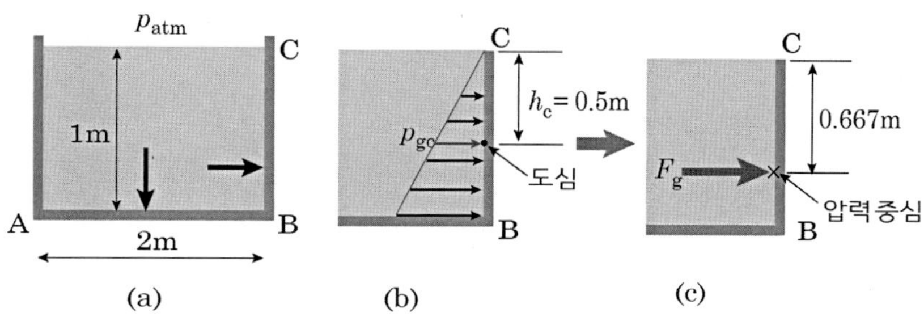

그림 E3.7
밑면과 옆면에서의 정수력

풀이

(a) 밑면에서의 압력은 균일하므로, 밑면에 액체에 의해 작용하는 정수력은 밑면에서의 계기압력에 면적을 곱한 것이다.

$F_g = p_g A = \rho g h A = (0.9 \times 1000)(9.8)(1)(2 \times 2) = 35280 \text{ N} = 35.3 \text{ kN}$

(b) 옆면에 작용하는 정수력은 옆면의 도심에서의 계기압력 p_{gc}에 면적을 곱한 것이다. 도심까지의 깊이는 50 cm이다.

$p_{gc} = \rho g h_c = (0.9 \times 1000)(9.8)(0.5) = 4410 \text{ Pa}$

$F_g = p_{gc} A = (4410)(1 \times 2) = 8820 \text{ N}$

옆면에 작용하는 정수력의 작용점은 깊이의 2/3 위치이므로, 표면에서 0.667 m 깊이에 위치한다.

예제 3.8 **그림과 같은 용기에 비중 0.9인 액체가 깊이 1 m로 채워져 있다. 옆면(BC)에 작용하는 정수력과 작용점을 구하라. 이 용기의 폭은 2 m이다.**

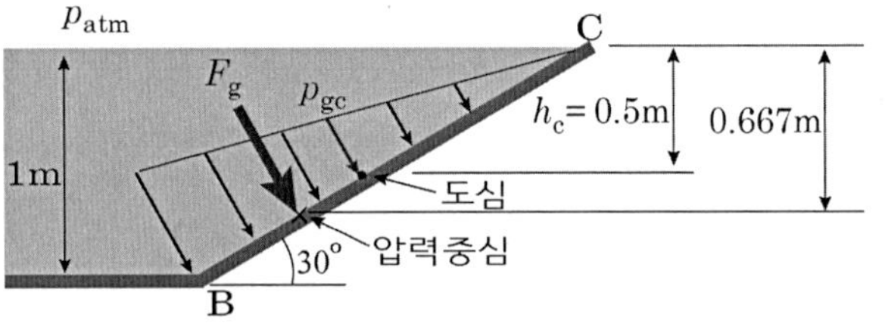

그림 E3.8
옆면에서의 정수력과 작용점

풀이

옆면에 작용하는 정수력은 옆면의 도심에서의 계기압력 p_{gc}에 면적을 곱한 것이다. 도심까지의 깊이는 50 cm이고, 예제 3.7의 (b)와 동일하다.

$p_{gc} = \rho g h_c = (0.9 \times 1000)(9.8)(0.5) = 4410 \text{ Pa}$

따라서

$$F_g = p_{gc} A = (4410)\left(\frac{1}{\sin 30^\circ} \times 2\right) = 17640 \text{ N}$$

이다.

옆면에 작용하는 정수력의 작용점은 예제 3.7의 (b)와 동일하게 깊이의 2/3 위치이므로, 표면에서 0.667 m 깊이에 위치한다.

보충설명

도심에서의 압력은 예제 3.7의 (b)와 동일하지만, 옆면의 면적이 2배이므로 작용하는 힘은 2배이다.

3.6.3 경사진 평면에 작용하는 힘 – 일반적인 경우

힘의 크기

그림 3.17처럼 직사각형이 아닌 일반적인 모양의 경사진 면에 작용하는 힘은 앞에서와 마찬가지로 압력이 균일하지 않으므로, 평면 전체에서의 평균압력에 면적을 곱하여 구할 수 있다. 그림 3.17처럼 임의의 모양을 가지고, 수평에서 θ의 각도로 기울어진 평면을 생각해 보자. 평면의 연장선이 액체 표면과 만나는 점을 원점 o로 잡고, 원점에서 평면 쪽으로 y축을 잡고, y축에 수직한 방향으로 x축을 잡는다. 이 평면에 작용하는 액체에 의한 정수력의 크기는 다음과 같다.

$$F_{\mathrm{g}} = p_{\mathrm{g,avg}} A$$

평균압력 $p_{\mathrm{g,avg}}$는 수직평판의 **도심**(centroid)에서의 계기압력 p_{gc}, 즉 $p_{\mathrm{g,avg}} = p_{\mathrm{gc}}$이므로, 액체에 의한 정수력의 크기는

$$F_{\mathrm{g}} = p_{\mathrm{gc}} A \tag{3.22}$$

이다(보충설명 참조). 위의 식을 다시 표현하면 다음과 같다.

액체에 의한 정수력의 크기는 도심에서의 액체의 정수압과 면적을 곱한 것이다.

여기서 액체에 의한 정수력이란 대기압효과를 제외한 액체만의 정수압(순전히 액체의 깊이에 의한 압력)이 평판에 가하는 힘을 나타낸다. 도심에서의 계기압력 p_{gc}는 다음으로 구할 수 있다.

$$p_{\mathrm{gc}} = \rho g h_{\mathrm{c}} = \rho g y_{\mathrm{c}} \sin\theta \tag{3.23}$$

정수력의 작용점

액체에 의한 압력이 균일하지 않기 때문에 액체의 정수력 F_{g}의 작용점은 도심이 아니다. F_{g}의 작용점 y_{p}는 다음과 같다(보충설명 참조).

$$y_{\mathrm{p}} = y_{\mathrm{c}} + \frac{I_{x\mathrm{c}}}{y_{\mathrm{c}} A} \tag{3.24}$$

- y_c : 도심까지의 거리
- y_p : 압력중심까지의 거리. 액체가 평면에 작용하는 힘의 작용점(x_p, y_p)을 **압력중심**(center of pressure)이라 한다.

✦ $I_x \equiv I_{yy}$ 면적 2차모멘트, 단면 2차모멘트, 면적 관성모멘트, 단면 관성모멘트 등으로 번역된다.

- $I_{xc} \equiv I_{yyc}$: 도심을 지나는 x축에 대한 **면적 2차모멘트**(second moment of area) 또는 **면적 관성모멘트**(area moment of inertia). 그림 3.18에 면적 2차모멘트를 나타내고 있다.
- 압력중심은 도심보다 $\dfrac{I_{xc}}{y_c A}$ 만큼 아래에 위치한다.

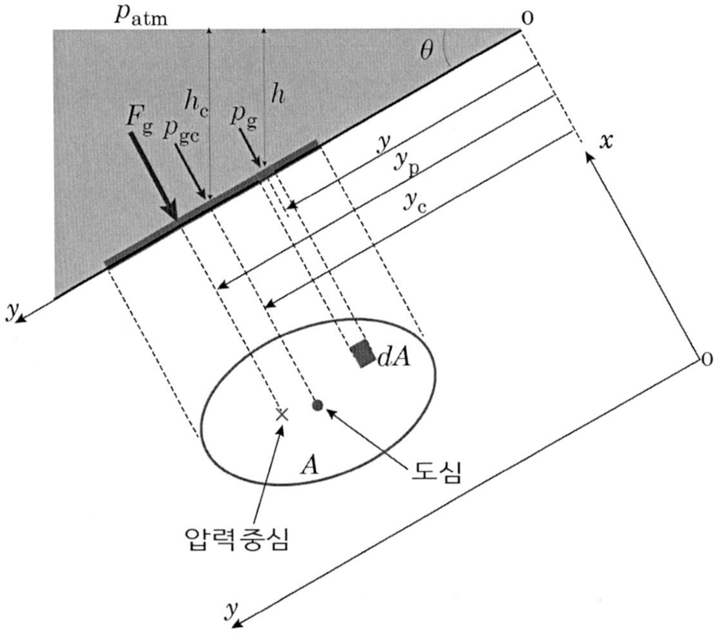

그림 3.17
경사진 평면에 작용하는 힘

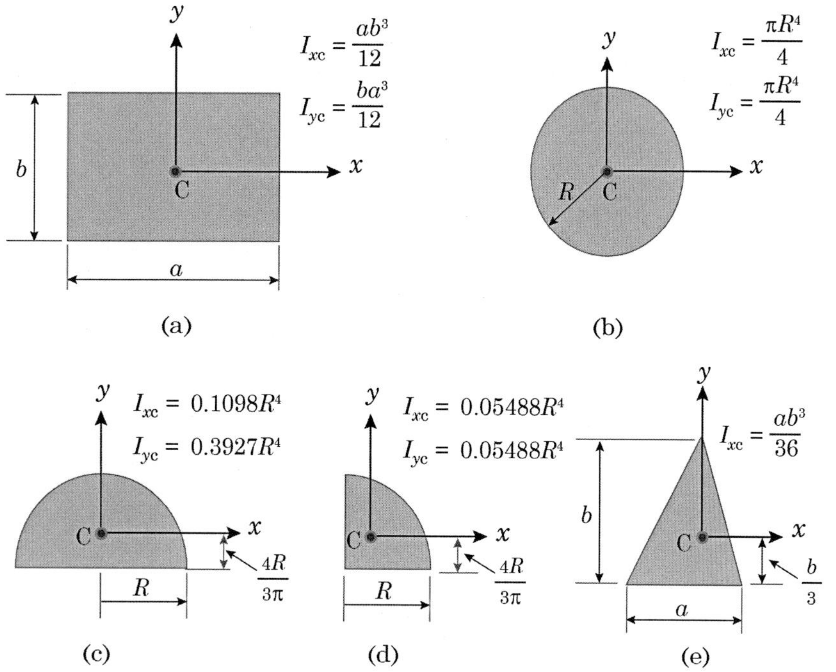

그림 3.18
면적 2차모멘트, (a) 직사각형, (b) 원, (c) 반원, (d) 1/4원, (e) 삼각형

보충설명 ⑥ 평면에 작용하는 힘

그림 3.17처럼 임의의 모양을 가지고, 수평에서 θ의 각도로 기울어진 평면을 생각해 보자. 평면의 연장선이 액체 표면과 만나는 점을 원점 o로 잡고, 원점에서 평면 쪽으로 y축을, y축에 수직한 방향으로 x축을 잡는다. 이평면에 작용하는 힘의 크기를 먼저 구하고 이 힘이 작용하는 작용점을 구하기로 한다.
먼저 액체에 의해 평면에 작용하는 **힘의 크기**를 구하기 위해, 계기압력을 사용하며 이 압력이 미소한 면적 dA에 작용하는 힘은 $dF_g = p_g dA$ 이고 이것을 전체 면적에 대해 적분하여야 하고 이 힘을 F_g라 하면,

$$F_g = \int_A p_g dA$$

이다. 그리고

$$p_g = \rho gh = \rho gy\sin\theta \tag{3.25}$$

이므로

$$F_g = \int_A \rho gy\sin\theta \, dA = \rho g\sin\theta \int_A y dA \tag{3.26}$$

위의 식에서 적분은 도심을 구하는 공식을 이용하면 간단하게 표시할 수 있다. 도심(centroid) 즉, 도형의 중심 또는 면적의 중심을 구하는 공식은 다음과 같다.

$$x_c = \frac{\int_A x\, dA}{A}, \quad y_c = \frac{\int_A y\, dA}{A} \tag{3.27}$$

여기서 x_c와 y_c는 도심의 좌표를 나타낸다. 위의 도심을 구하는 공식을 이용하면 식 (3.26)은 다음과 같이 된다.

$$F_g = \rho g \sin\theta \, y_c A \tag{3.28}$$

여기서 $h_c = y_c \sin\theta$ 라 두면, h_c는 도심까지의 깊이이고 식 (3.28)은 다음과 같이 표현된다.

$$F_g = \rho g h_c A$$

여기서 $p_{gc} = \rho g h_c$ 로 나타내면 이 압력은 도형의 중심에서의 계기압력으로 액체의 정수압을 나타낸다. 그러면 위의 식은 단순하게

$$F_g = p_{gc} A \tag{3.29}$$

로 나타낼 수 있다. 여기서 p_{gc}는 **도심에서의 계기압력**을 나타낸다.

압력이 일정하지 않은 경우 **힘의 작용점** y_p는 그림에 표시된 원점 o에 관한 모멘트를 이용하여 구할 수 있다. 미소한 면적에 작용하는 힘 $dF_g = p_g dA$ 의 o점에 관한 모멘트 dM은

$$dM = y \times (p_g dA)$$

이고, 이것을 전체 면적에 대해 적분한 것이 다음과 같이 o점에 관한 전체 모멘트가 된다.

$$M = \int_A dM = \int_A y p_g dA$$

이 전체 모멘트가 F_g의 o점에 관한 모멘트와 같다고 하여 합력의 작용점 y_p를 구한다. 즉,

$$M = y_p F_g = \int_A y p_g dA$$

이다. 따라서

$$y_p = \frac{\int_A y p_g dA}{F_g}$$

이다. 여기에 식 (3.25)와 식 (3.28)을 대입하면,

$$y_p = \frac{\int_A y \rho g y \sin\theta \, dA}{\rho g \sin\theta y_c A} = \frac{\int_A y^2 \, dA}{y_c A} \tag{3.30}$$

이다.

여기서 $\int_A y^2 \, dA$ 는 x축에 관한 **면적 관성모멘트**(moment of inertia of an area) 또는 **면적 2차모멘트**(second moment of an area)라고 하고 한다. 이를 기호로 I_x 또는 I_{yy}로 나타내고 아래 첨자 x는 x축을 의미하고 yy는 식에서의 y^2을 의미한다. 즉,

$$I_x \equiv I_{yy} \equiv \int_A y^2 \, dA \tag{3.31}$$

로 나타내면, 식 (3.30)은

$$y_p = \frac{I_x}{y_c A} \tag{3.32}$$

로 나타낼 수 있다. 평행축 정리(parallel axis theorem)는 다음과 같다.

$$I_x = I_{xc} + A y_c^2 \tag{3.33}$$

여기서 I_{xc}는 x축이 도심을 지날 때의 면적 2차 모멘트를 나타낸다. 이 식을 식 (3.32)에 대입하면,

$$y_p = y_c + \frac{I_{xc}}{y_c A} \tag{3.34}$$

를 얻을 수 있다. 면적 2차 모멘트에 관해서는 정역학, 재료역학 등의 책을 참조하면 더 자세히 알 수 있을 것이다. 몇 가지 도형에 대해서 도심을 지나는 면적 2차모멘트를 그림 3.18에 나타내고 있다. 위의 식을 살펴보면 $\frac{I_{xc}}{y_c A}$ 가 항상 양의 값을 가지므로 y_p의 값이 y_c의 값보다 항상 크기 때문에 액체가 평면에 작용하는 힘의 작용점은 도심보다 항상 아래에 위치하고 있다. 식 (3.34)를 다시 표현다면 다음과 같다.

압력중심은 도심보다 $\frac{I_{xc}}{y_c A}$ 만큼 아래에 위치한다.

힘의 작용점을 구하려면 y방향뿐 아니라 x방향에 대해서도 구해야 하며 위와 같은 방법으로 반복하여 구하면 다음과 같은 결과를 얻을 수 있다.

$$x_p = x_c + \frac{I_{xyc}}{y_c A} \tag{3.35}$$

여기서 I_{xyc}는 x, y축이 도심을 지날 때 $\int_A xydA$를 나타낸다. 공학에서 다루는 대부분의 평면은 y축에 대해 대칭인 경우가 많고, y축에 대해 대칭인 경우 I_{xyc}는 0이 되어 $x_p = x_c$ 이다.

예제 3.9 그림과 같은 용기에 물이 채워져 있다. 길이 2 m이고 폭이 3 m인 직사각형 평면 AB에 작용하는 (a) 물의 정수력과 (b) 작용점을 구하라.

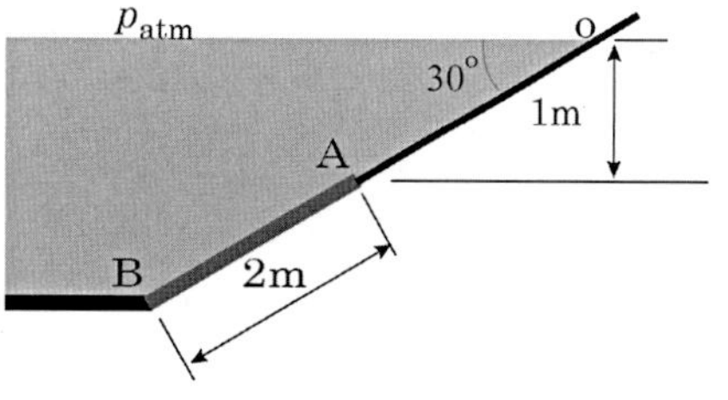

그림 E3.9
옆면에서의 정수력과 작용점 구하기

풀이

(a) AB 평면에 작용하는 힘은 평면의 도심에서의 계기압력 p_{gc}에 면적을 곱한 것이다. 도심까지의 깊이는 $1 + 1 \times \sin 30° = 1.5$ m이다.

$$p_{gc} = \rho g h_c = (1000)(9.8)(1.5) = 14700 \text{ Pa}$$

따라서

$$F_g = p_{gc} A = (14700)(2 \times 3) = 88200 \text{ N} = 88.2 \text{ kN}$$

이다.

(b) 힘의 작용점은 다음과 같이 구할 수 있다. 그림에서 o점에서 도심까지의 거리 $y_c = 3$ 이다.

$$I_{xc} = \frac{ab^3}{12} = \frac{(3)(2^3)}{12} = 2$$

$$y_p = y_c + \frac{I_{xc}}{y_c A} = 3 + \frac{2}{(3)(6)} = 3.11\,\text{m}$$

그림의 o점에서 3.11 m 떨어진 곳에 힘이 작용한다.

보충설명

힘의 작용점은 도심보다 아래에 위치한다는 것을 확인할 수 있다.

예제 3.10 예제 3.9에서 평면 AB가 반지름 1 m인 원형일 때 작용하는 (a) 물의 정수력과 (b) 작용점을 구하라.

풀이

(a) AB 평면에 작용하는 힘은 평면의 도심에서의 계기압력 p_{gc}에 면적을 곱한 것이다. 도심까지의 깊이는 예제 3.9와 동일하다.

$$p_{gc} = \rho g h_c = (1000)(9.8)(1.5) = 14700\ \text{Pa}$$

따라서

$$F_g = p_{gc}A = (14700)(\pi \times 1^2) = 46160\ \text{N} = 46.16\ \text{kN}$$

이다.

(b) 힘의 작용점은 다음과 같이 구할 수 있다. 그림에서 o점에서 도심까지의 거리 $y_c = 3$ 이다.

$$I_{xc} = \frac{\pi R^4}{4} = \frac{\pi \times 1^4}{4} = 0.785$$

$$y_p = y_c + \frac{I_{xc}}{y_c A} = 3 + \frac{0.785}{(3)(3.14)} = 3.08\,\text{m}$$

그림의 o점에서 3.08 m 떨어진 곳에 힘이 작용한다.

보충설명

역시 힘의 작용점은 도심보다 아래에 위치한다는 것을 확인할 수 있다. 예제 3.9의 경우보다는 조금 위에 작용한다는 것을 알 수 있고, 평면의 모양에 따라 달라진다는 것을 알 수 있다.

3.7 곡면에 작용하는 정수력

지금까지 액체 속에 잠긴 평면에 작용하는 힘에 대하여 설명하였다. **곡면에 작용하는 정수력**도 평면에 작용하는 힘을 구할 때처럼 미소한 면적에 작용하는 힘을 적분하여 구할 수 있으나 너무 복잡하여 이 방법을 사용하지 않고 다음과 같이 액체의 자유물체도를 이용하여 구할 수 있다.

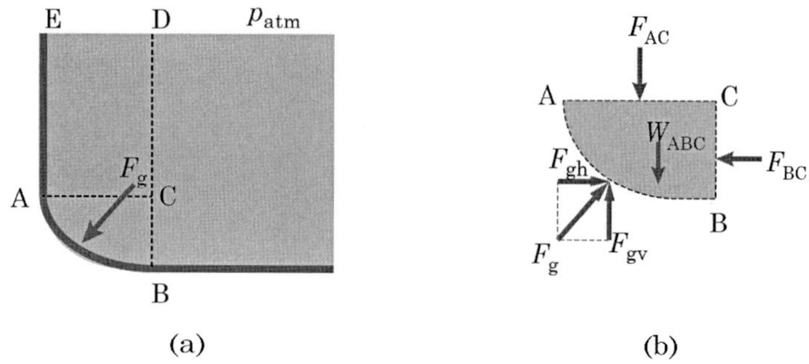

그림 3.19
(a)곡면에 작용하는 힘, (b)자유물체도

그림 3.19(a) 같은 곡면 AB에 작용하는 액체에 의한 정수력을 구하기 위해 그림 3.19(b) 같은 액체 덩어리 ABC의 자유물체도를 고려한다. 액체가 곡면에 F_g의 힘을 가하면, 작용 반작용에 의해 곡면은 액체 덩어리에 반대 방향으로 같은 크기의 F_g를 가한다. 이 힘의 수평방향 성분을 F_{gh}, 수직방향 성분을 F_{gv}로 나타낼 수 있다. 이 힘 외에 액체 덩어리 ABC에 작용하는 힘은, 이 액체 덩어리 주위의 액체가 가하는 힘, F_{AC} 및 F_{BC}와 중력에 의한 액체 덩어리 ABC의 무게 W_{ABC}가 있다. 이제 이들 힘의 평형을 고려하면 다음과 같다.

$$\text{수평방향}: F_h = 0 \Rightarrow F_{gh} = F_{BC} \tag{3.36}$$

$$\text{수직방향}: F_v = 0 \Rightarrow F_{gv} = F_{AC} + W_{ABC} \tag{3.37}$$

먼저 수평성분 F_{gh}는 F_{BC}와 같고, 이것은 액체가 평면 BC에 작용하는 힘이다. 따라서 다음과 같은 결론을 내릴 수 있다.

액체가 곡면에 작용하는 정수력의 수평성분은 곡면을 수평 방향으로 투영한 수직투영면에 작용하는 정수력과 같다(크기와 작용점이 같다).

수직성분 F_{gv}는 $F_{AC} + W_{ABC}$ 이고,

$$F_{AC} = \rho g H A_{AC} = W_{ACDE}$$

이다. 여기서 A_{AC}는 AC면의 면적이고 H는 표면까지의 높이이므로 W_{ACDE}는 AC면 위의 액체 무게를 나타낸다. 따라서

$$F_{gv} = W_{ACDE} + W_{ABC} = W_{ABDE} \tag{3.38}$$

로 나타낼 수 있고 W_{ABDE}는 곡면 위의 전체 액체 무게를 나타낸다. 따라서 다음과 같은 결론을 내릴 수 있다.

액체가 곡면에 작용하는 정수력의 수직성분은 곡면 위 액체의 전체 무게와 같다.

힘의 크기가 곡면 위 액체의 무게와 같으므로, 힘의 작용점은 다음과 같다. 정수력의 수직성분의 작용점은 곡면 위 액체의 무게 중심을 지난다.

곡면에 작용하는 힘의 수평성분과 수직성분을 구하면 F_g의 크기는 다음과 같이 구한다.

$$F_g = \sqrt{F_{gh}^2 + F_{gv}^2} \tag{3.39}$$

그림 3.20(a)와 같이 **액체 위에 곡면이 있는 경우**, 곡면에 작용하는 힘은 다음처럼 구할 수 있다. 그림 3.20(b)처럼 곡면 AB와 동일한 모양의 곡면 CD를 생각해 보면, 같은 깊이에서의 액체의 압력은 같으므로 그림에서의 압력 p의 크기는 같고 방향은 반대이다. 따라서 두 곡면에 작용하는 힘 F_{AB}와 F_{CD}의 크기는 같고 방향은 반대이다. 따라서 곡면 위에 가상적으로 이 액체 ABEF가 있다고 가정하여 힘을 구하면 된다. 앞의 결론을 다음과 같이 약간 수정하여 적용하면 된다.

- 크기 : 곡면에 작용하는 정수력의 수직성분은 곡면 위 액체(또는 가상액체)의 전체 무게와 같다.
- 작용점 : 정수력의 수직성분의 작용점은 곡면 위 액체(또는 가상 액체)의 무게 중심을 지난다.

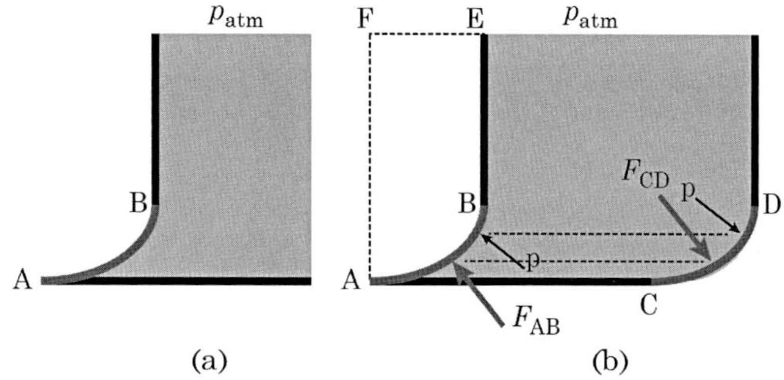

그림 3.20
(a)액체 위의 곡면 AB, (b)같은 모양의 곡면 AB와 CD에 작용하는 정수력

예제 3.11 **그림과 같은 1/4 원형의 곡면 AB에 물이 가하는 정수력의 (a) 수평성분, (b) 수직성분을 구하고, (c) 합력의 크기를 구하라. 곡면의 폭은 4 m이다.**

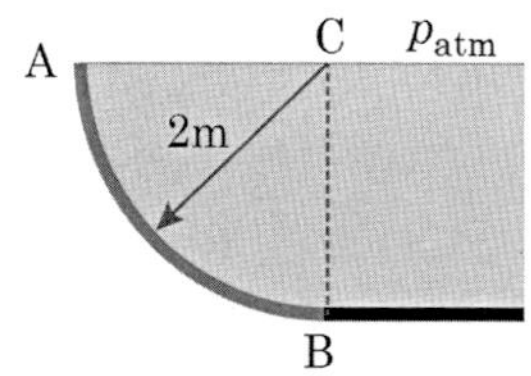

그림 E3.11
곡면에 작용하는 정수력

풀이

(a) AB 곡면에 작용하는 정수력의 수평성분은 그림에 나타낸, 수평방향으로 투영한 수직평면 BC에 작용하는 힘과 같다. BC 평면의 도심에서의 계기압력 p_{gc}에 면적을 곱한 것이다. 도심까지의 깊이는 1 m이다.

$$F_{gh} = p_{gc}A = (1000)(9.8)(1)(2\times 4) = 78400\,\text{N} = 78.4\,\text{kN}$$

(b) AB 곡면에 작용하는 정수력의 수직성분은 그림에 나타낸, AB 곡면 위의 물의 무게이다.

$$F_{gv} = W = \rho g \text{V} = (1000)(9.8)(\frac{\pi\times 2^2}{4}\times 4) = 123200\,\text{N} = 123.2\,\text{kN}$$

(c) 따라서 물이 곡면에 가하는 정수력의 크기는 다음과 같다.

$$F_g = \sqrt{F_{gh}^2 + F_{gv}^2} = \sqrt{78.4^2 + 123.2^2} = 146\,\text{kN}$$

예제 3.12 예제 3.11에서 (a) 수평분력의 작용점, (b) 수직분력의 작용점을 구하고, (c) 그림 E3.12에서 보듯이 B 부분이 경첩(hinge)으로 되어 있는 경우 곡면 AB를 고정하기 위해 곡면 AB의 A지점에 가하여야 하는 힘을 구하라.

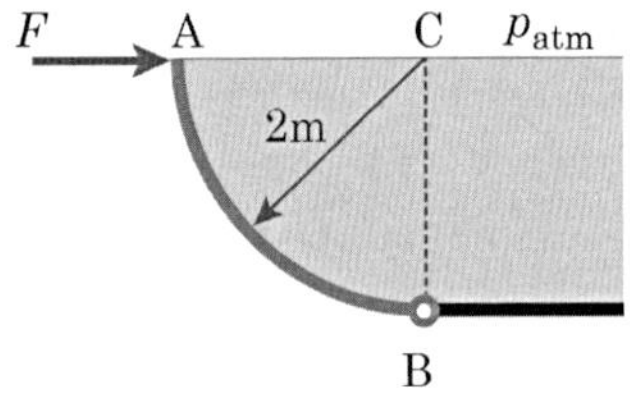

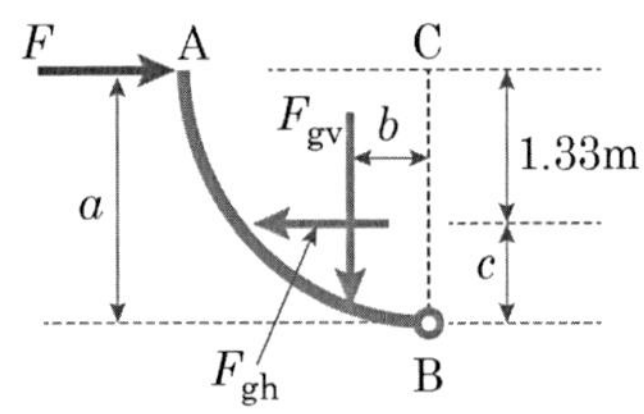

그림 E3.12
곡면에 작용하는 정수력과 고정하기 위한 힘

풀이

(a) 수평분력은 BC 평면에 작용하는 정수력과 같으므로 작용점은 표면에서 깊이의 2/3 위치에 작용한다. 따라서 $2\times 2/3=1.333\text{m}$ 깊이에 작용한다.

(b) 수직분력은 유체덩어리 ABC의 무게이므로, 1/4 원의 중심을 지나는 선에 작용하게 된다. 따라서 그림 3.18의 1/4원을 참조하면 다음과 같다.

$$b=\frac{4R}{3\pi}=\frac{(4)(2)}{3\pi}=0.849\,\text{m}$$

(c) 그림에서 B점에 관한 모멘트를 고려하면 다음과 같다.

$$Fa=F_{gv}b+F_{gh}c$$

따라서,

$$F=\frac{F_{gv}b+F_{gh}c}{a}=\frac{(123.2)(0.849)+(78.4)(0.667)}{2}=78.4\,\text{kN}$$

이다.

⊕ 보충설명

곡면이 회전하지 않으므로 B점에 관한 모멘트의 합은 0이다. 즉,

$$M=F_{gv}b+F_{gh}c-Fa=0$$

이다.

3.8 부력

물체가 유체 중에 잠겨 있을 때 또는 액체에 떠 있을 때 **부력**(buoyant force)이 작용한다. 부력은 유체가 물체에 작용하는 압력의 효과로 인해 유체가 물체에 작용하는 수직 위 방향의 힘을 의미한다. 부력에 관하여 이미 기원전에 Archimedes는 다음과 같이 말하였다.

유체에 잠긴 물체는 물체가 밀어낸(배제한) 유체의 무게와 같은 부력을 받는다.

이를 **아르키메데스의 원리**(Archimedes' principle)라고 하며 금관과 관련된 일화는 유명하다. 여기서 "물체가 밀어낸 유체의 무게"라는 것은 용기 속에 유체(이 경우 물과 같은 액체)를 가득 채우고 여기에 물체를 넣을 때 흘러내리는 액체의 무게를 의미하는 것으로 물체의 부피만큼의 액체의 무게를 나타낸다. 따라서 식으로 표현하면 다음과 같다.

$$F_B = \rho_f g V \quad (3.40)$$

여기서 F_B는 부력을, ρ_f는 유체의 밀도를 V는 물체의 부피를 나타내고, 따라서 $\rho_f g V$는 물체의 부피에 해당하는 만큼의 유체의 무게를 나타낸다. 유체에 완전히 잠겨 있는 경우 부력의 크기는 물체의 부피만큼의 유체의 무게이고 부력의 방향은 위 방향이다.

아르키메데스의 원리는 물체가 액체 위에 떠 있는 경우도 동일하게 적용될 수 있으며 식으로 나타내면 다음과 같다.

$$F_B = \rho_f g V_i \quad (3.41)$$

여기서 V_i는 액체 속에 잠긴(immersed) 부분의 부피를 나타낸다. 따라서 물체가 액체 위에 떠 있는 경우 부력의 크기는 액체 속에 잠긴 물체의 부피만큼의 액체의 무게이고, 역시 물체가 밀어낸(배제한) 액체의 무게와 같다. 식 (3.41)은 공기의 밀도가 액체의 밀도에 비해 아주 작아, 공기에 의한 부력은 생각하지 않은 것이다.

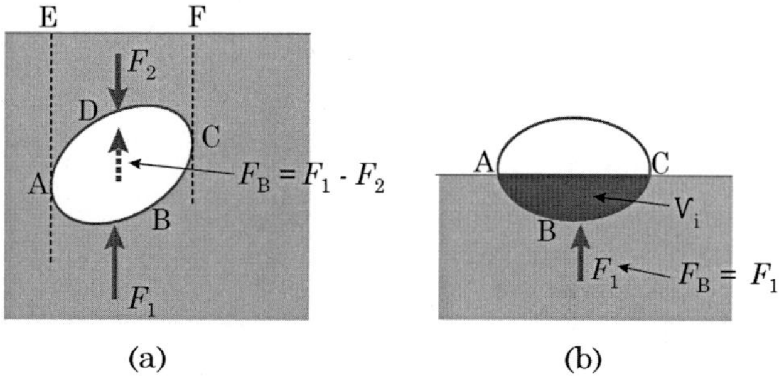

그림 3.21
(a)잠긴 물체와 (b)떠 있는 물체에 작용하는 부력

보충설명 ◎ Archimedes의 원리 증명

그림 3.21(a)처럼 물체가 유체 속에 잠겨있을 때 압력에 의한 힘을 나타내고 있다. 유체의 압력에 의해 물체에 작용하는 힘을 ABC곡면에 작용하는 힘 F_1과 ADC곡면에 작용하는 힘 F_2로 나누어 생각하면, F_1은 ABC곡면 위의 유체의 무게이고, F_2는 ADC곡면 위 유체의 무게이다. 즉,

$$F_1 = W_1 = \rho_f g \mathcal{V}_1$$

$$F_2 = W_2 = \rho_f g \mathcal{V}_2$$

이다. 여기서 $\mathcal{V}_1$과 $\mathcal{V}_2$는 각각 곡면 ABC와 곡면 ADC의 유체의 부피를 나타낸다. 압력에 의해 유체가 물체에 가하는 힘, 즉 부력은 이 두 힘의 차이이다. 부력 F_B는 $F_1 - F_2$와 같고 위쪽 방향이다. 즉,

$$F_B = F_1 - F_2 = W_1 - W_2 = \rho_f g(\mathcal{V}_1 - \mathcal{V}_2)$$

이고, $\mathcal{V} = \mathcal{V}_1 - \mathcal{V}_2$라 두면 이는 물체의 부피이다. 따라서 부력의 크기는 다음처럼 나타낼 수 있다.

$$F_B = \rho_f g \mathcal{V}$$

여기서 ρ_f는 유체의 밀도를 나타내고 따라서 $\rho_f g \mathcal{V}$가 나타내는 것은 물체의 부피에 해당하는 만큼의 유체의 무게를 나타낸다. 유체에 완전히 잠겨있는 경우 부력의 크기는 물체의 부피만큼의 유체의 무게이고 부력의 방향은 위 방향이다.

그림 3.21(b)처럼 물체가 액체 위에 떠있는 경우를 고려하자. 이 경우 액체가 곡면에 작용하는 힘 F_1은 아래 곡면 ABC에 작용하는 압력에 의한 것이고 이것이 부력 F_B이다. 앞에서 설명하였듯이 이와 같은 곡면에 작용하는 힘은 곡면 ABC위에 액체가 있다고 가정했을 때, 이 액체의 무게이므로, 액체 속에 잠긴(immersed) 부분의 부피를 $\mathcal{V}_i$라고 하면, 부력은 다음과 같다.

$$F_B = \rho_f g \mathcal{V}_i$$

따라서 물체가 액체 위에 떠 있는 경우 부력의 크기는 액체 속에 잠긴 물체의 부피만큼의 액체의 무게이고, 역시 물체가 밀어낸(배제한) 액체의 무게와 같다.

예제 3.13 **부피가 0.1 m^3인 물체가 물 속에 완전히 잠긴 상태에서, 줄에 매달려 있을 때, 줄에 걸리는 장력(즉, 물속에서의 무게)이 500 N이라면, 이 물체의 무게는 얼마인가?**

풀이

이 물체에 대한 자유물체도는 다음과 같다.

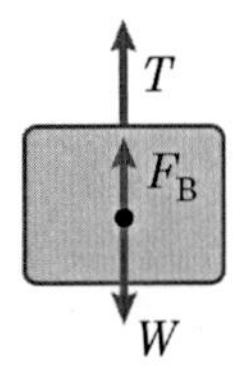

그림 E3.13
자유물체도

힘의 평형에서 다음과 같은 관계를 얻을 수 있다.

$$W = F_B + T$$

$$F_B = \rho_f g V = (1000)(9.8)(0.1) = 980 \text{ N}$$

따라서

$$W = F_B + T = 980 + 500 = 1480 \text{ N}$$

이다.

보충설명

이 물체의 질량은 1480/9.8 = 151 kg, 밀도는 151/0.1 = 1510 kg/m^{3}이고, 비중은 1510/1000 = 1.51이다.

예제 3.14 **액체보다 비중이 작은 고체로 된 물체는 액체에 떠 있게 된다. 비중 S_s 인 물체가 비중 S_f 인 물체에 떠 있을 때, 액체에 잠긴 부피와 전체 부피의 비를 구하라.**

풀이

물체가 액체에 떠 있는 경우 물체의 무게와 부력은 평형을 이룬다. 물체의 부피를 V, 물에 잠긴 부피를 V_i라 하면,

$$W = F_B \;\Rightarrow\; \rho_s g V = \rho_f g V_i$$

이므로, $S_s \rho_{water} g V = S_f \rho_{water} g V_i$이고, 따라서 다음과 같다.

$$\frac{V_i}{V} = \frac{S_s}{S_f}$$

보충설명

빙산이 바다물에 떠 있는 경우, 물의 비중은 1에 가깝고 빙산의 비중은 0.9에 가깝다. 따라서 이 경우, $\frac{V_i}{V} = \frac{S_s}{S_f} = \frac{0.9}{1} = 0.9$ 이고, 빙산의 90%는 물 아래에 잠기게 되고 10%만이 물 위에 보인다.

비중계

부력을 이용하여 액체의 비중을 측정하는 것이 **비중계**(hydrometer)이고, 그림 3.22에 개략적인 형태를 보여주고 있다. 비중계는 보통 굵은 유리관 부분과 가는 유리 자루(stem) 부분이 결합된 형태로 이루어져 있다. 굵은 부분의 아래에 무거운 물질을 넣어 액체 속에서 항상 이 부분이 아래로 향하도록 하였으며, 자루 부분에 새긴 눈금을 읽어 액체의 비중을 측정한다. 비중이 1인 액체에서는 눈금이 정확하게 1.0이 되도록 되어있다. 비중이 큰 액체 속에는 비중계가 조금 잠기고, 비중이 작은 액체 속에는 많이 잠기게 된다. 따라서 비중계 눈금의 숫자는 아래로 내려 갈수록 커진다.

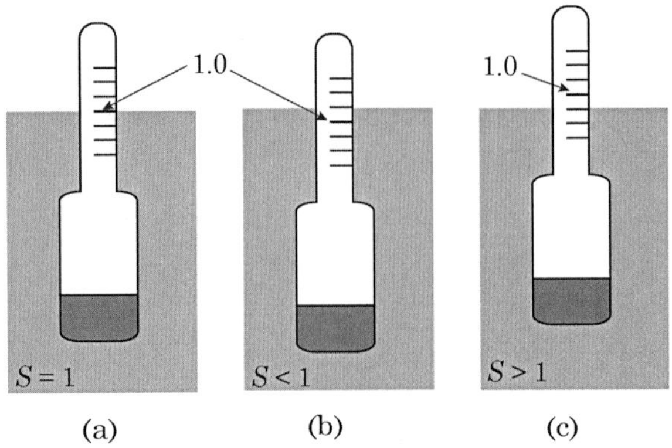

그림 3.22
비중계

3.9 강체 운동중인 유체에서의 압력분포

앞에서 정지하고 있는 유체의 압력분포와 잠긴 물체에 작용하는 힘에 대하여 설명하였다. 유체가 운동할 때 압력분포를 구하는 것은 일반적으로 쉽지않지만 **강체운동**(rigid body motion)을 하고 있는 경우는 압력분포를 비교적 쉽게 구할 수 있다. 일정한 속도 또는 일정한 가속도로 용기 전체가 움직일 때, 유체의 유동은 강제운동이고, 유체입자 사이에 상대운동이 없이 강체처럼 움직인다. 이 경우 유체에서 **전단응력이 존재하지 않는다.**

3.9.1 강체 직선 운동중인 유체

용기 속의 유체가 그림 3.23(b)처럼 직선방향으로 일정한 가속도로 가속되는 경우, 용기 속의 압력은 다음과 같다(보충설명 참조).

$$p = -\rho\left[a_x x + a_y y + (g + a_z)z\right] + p_0 \tag{3.42}$$

여기서 a_x, a_y, a_z는 가속도의 x, y, z성분이고 p_0는 좌표의 원점에서의 압력이다. 수평방향에 대해, 가속되는 방향으로 x좌표를 잡으면, $a_y = 0$ 이 된다. 따라서 $a_y = 0$인 경우(a_x, a_z가 있는 경우), 압력분포는

$$p = -\rho\left[a_x x + (g + a_z)z\right] + p_0 \tag{3.43}$$

이고, 그림 3.23(b)에서 액체의 자유표면의 기울기는 다음과 같다(보충설명 참조).

$$\frac{dz}{dx} = -\frac{a_x}{(g+a_z)} = \tan\theta \tag{3.44}$$

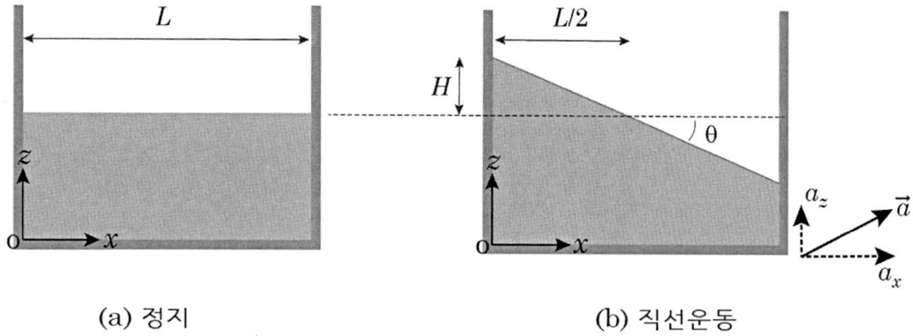

그림 3.23
(a)정지유체와 (b)일정한 가속도로 직선운동 중인 유체

보충설명 ⊕ **강체 운동중인 유체의 압력**

강체운동을 하고 있는 경우 유체에서의 압력분포를 알아보기 위하여 앞에서의 그림 3.4를 다시 참고하면, 전단응력이 작용하지 않으므로 미소한 유체의 입자에 작용하는 힘은 중력에 의한 힘과 압력에 의한 힘의 합이고, 식 (3.5)와 같고 다시 적으면 다음과 같다.

$$\mathbf{F} = -(\nabla p + \rho g\mathbf{k})\,dxdydz \tag{3.45}$$

유체입자가 움직이는 경우 Newton의 운동 제2법칙은

$$\mathbf{F} = m\mathbf{a}$$

이고, $m = \rho dxdydz$ 이므로 식 (3.45)에 대입하면 다음과 같다.

$$-(\nabla p + \rho g\mathbf{k})\,dxdydz = \rho dxdydz\,\mathbf{a}$$

따라서 다음과 같은 식을 구할 수 있다.

$$\nabla p + \rho g\mathbf{k} + \rho\mathbf{a} = 0 \tag{3.46}$$

위의 식은 전단응력이 없는 경우 유체의 운동방정식인 Euler 운동방정식이다.

용기 속의 유체가 직선으로 가속되는 경우, 식 (3.46)을 각 성분별로 나타내면 다음과 같다.

$$\frac{\partial p}{\partial x} = -\rho a_x \tag{3.47}$$

$$\frac{\partial p}{\partial y} = -\rho a_y \tag{3.48}$$

$$\frac{\partial p}{\partial z} = -\rho(g + a_z) \tag{3.49}$$

정상상태인 경우 압력은 일반적으로 다음과 같이 나타낼 수 있다.

$$p = p(x, y, z) \tag{3.50}$$

따라서 완전미분 dp는 다음과 같이 나타낼 수 있다.

$$dp = \frac{\partial p}{\partial x}dx + \frac{\partial p}{\partial y}dy + \frac{\partial p}{\partial z}dz \tag{3.51}$$

식 (3.51)에 식 (3.47), 식 (3.48)과 식 (3.49)를 대입하면,

$$dp = -\rho\left[a_x dx + a_y dy + (g + a_z)dz\right]$$

이고, 이를 적분하면 다음과 같다.

$$\int dp = -\rho\left[\int a_x dx + \int a_y dy + \int (g + a_z)dz\right]$$

부정적분이므로 적분상수 C가 필요하고 다음처럼 나타낼 수 있다.

$$p = -\rho\left[a_x x + a_y y + (g + a_z)z\right] + C$$

여기서 적분상수 C는 압력이 알려진 곳에서 구해진다. 좌표의 원점($x=0,\ y=0,\ z=0$)에서의 압력을 p_0라고하면, $C = p_0$이고 위 식에 대입하면

$$p = -\rho\left[a_x x + a_y y + (g + a_z)z\right] + p_0 \tag{3.52}$$

이다. 정지 유체에서 압력은 오직 z만의 함수이나, 이 경우 압력은 x, y, z의 함수임을 확인할 수 있다. 많은 경우 수평방향에 대해, 가속되는 방향으로 x좌표를 잡으면 $a_y = 0$ 이 된다.

y방향의 가속도 $a_y = 0$ 인 경우(a_x와 a_z의 가속도를 받는 경우)

$$p = -\rho\left[a_x x + (g + a_z)z\right] + p_0 \tag{3.53}$$

로 나타낼 수 있고, 압력은 x와 z의 함수이다.

일정한 가속도로 가속되는 용기 속의 유체는 그림에서 보듯이 표면이 기울어지게 된다. 원점을 표면의 중앙에 잡으면, 원점에서의 압력 p_0는 p_{atm}이다. 따라서 압력분포를 다시 나타내면 다음과 같다.

$$p = -\rho[a_x x + (g + a_z)z] + p_{\mathrm{atm}} \tag{3.54}$$

자유표면은 대기와 접하고 있으므로 표면의 모든 곳에서의 압력은 대기압과 같다. 따라서 표면의 직선의 방정식은 압력이 p_{atm}으로 일정한 선이고 다음과 같이 구한다.

$$p_{\mathrm{atm}} = -\rho[a_x x + (g + a_z)z] + p_{\mathrm{atm}} \tag{3.55}$$

따라서 표면의 직선의 방정식은 다음과 같다.

$$z = -\frac{a_x}{g + a_z}x \tag{3.56}$$

표면의 기울기는 다음으로 표시된다.

$$\frac{dz}{dx} = -\frac{a_x}{(g + a_z)} = \tan\theta \tag{3.57}$$

예제 3.15 그림 3.23에서 L = 50 cm인 용기가 x방향으로 3 m/s^{2}으로 가속되고 있다. 이때 액체의 최고 높이는 정지 상태보다 얼마나 상승하겠는가?

풀이

식 (3.44)로부터, 자유표면의 기울기는 다음과 같다.

$$\tan\theta = -\frac{a_x}{(g + a_z)} = -\frac{3}{9.8 + 0} = -0.306$$

따라서

$$|\tan\theta| = \frac{H}{L/2} \qquad \Rightarrow \qquad H = \frac{L}{2}|\tan\theta| = (25\,\text{cm})(0.306) = 7.65\,\text{cm}$$

이다.

보충설명

가속도 a_x가 양이면(오른쪽으로 가속되면) 그림 3.23처럼 기울기가 음이고 가속도 a_x가 음이면(왼쪽으로 가속되면) 기울기가 양이다.

3.9.2 강체 회전 운동중인 유체

원통형 용기 속의 유체가 직선으로 움직이지 않고, 그림 3.24와 같이 일정한 각속도 ω로 회전운동을 하는 경우 압력분포는 다음과 같다(보충설명 참조).

$$p = \frac{\rho\omega^2 r^2}{2} - \rho g z + p_0 \tag{3.58}$$

여기서 p_0는 좌표의 원점($r=0,\ z=0$)에서의 압력이다. 위 식을 사용하면 일정한 각속도로 회전하는 유체에서의 압력을 구할 수 있으며, 압력은 r과 z의 함수이다.

일정한 각속도로 회전하는 용기 속의 유체는 그림에서 보듯이 표면의 모양이 포물선 모양을 하고 있다. 포물선의 방정식은 다음과 같다.

$$z = \frac{\omega^2}{2g}r^2 + H_{\text{A}}$$

그림에서 유체의 높이차 H는 다음과 같다.

$$H = \frac{\omega^2 R^2}{2g} \tag{3.59}$$

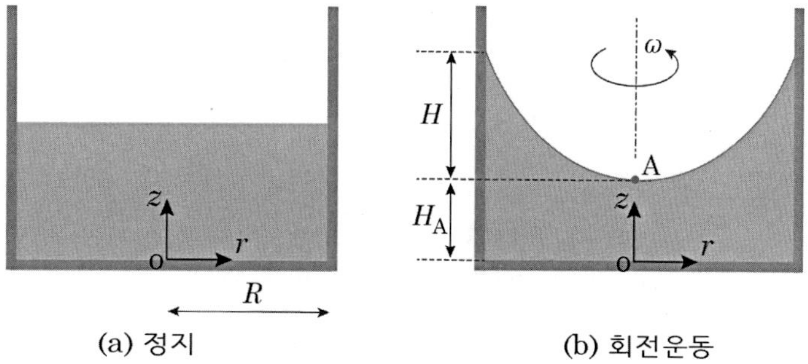

그림 3.24
(a)정지유체와 (b)일정한 각속도로 회전운동 중인 유체

보충설명 ⑥ 강체 회전 운동중인 유체의 압력

용기 속의 유체가 직선으로 움직이지 않고 그림 3.24와 같이 일정한 각속도 ω로 회전운동을 하는 경우에도 운동방정식은 역시 식 (3.46)을 적용할 수 있고 다시 적으면 다음과 같다.

$$\nabla p+\rho g\mathbf{k}+\rho\mathbf{a}=0 \tag{3.46}$$

이때는 직교좌표 대신 원통좌표를 사용하여야 한다. 그리고 θ방향으로 대칭이기 때문에 같은 압력의 값을 가질 것이므로 압력은 다음과 같이 반경방향 r과 축방향 z의 함수이다.

$$p=p(r,z) \tag{3.60}$$

이 경우 ∇p는 다음처럼 나타낼 수 있다.

$$\nabla p=\frac{\partial p}{\partial r}\mathbf{e}_r+\frac{\partial p}{\partial z}\mathbf{k} \tag{3.61}$$

여기서 $\mathbf{e}_r$은 r방향의 단위벡터이다. 일정한 각속도 ω로 회전하는 경우 구심력이 작용하고 이때의 가속도의 크기는 $r\omega^2$이고 회전축의 중심방향으로 작용한다. 따라서 가속도는 다음처럼 나타낼 수 있다.

$$\mathbf{a}=-r\omega^2\mathbf{e}_r \tag{3.62}$$

식 (3.46)은 다음처럼 표시할 수 있다.

$$\frac{\partial p}{\partial r}\mathbf{e}_r+\frac{\partial p}{\partial z}\mathbf{k}+\rho g\mathbf{k}-\rho r\omega^2\mathbf{e}_r=0 \tag{3.63}$$

각 성분별로 나타내면, 다음과 같다.

$$\frac{\partial p}{\partial r}=\rho r\omega^2 \tag{3.64}$$

$$\frac{\partial p}{\partial z}=-\rho g \tag{3.65}$$

압력은 r과 z의 함수. 즉 $p=p(r,z)$이므로 전미분 dp는 다음처럼 표시된다.

$$dp=\frac{\partial p}{\partial r}dr+\frac{\partial p}{\partial z}dz \tag{3.66}$$

위의 식에 식 (3.64)와 식 (3.65)를 대입하면,

$$dp=\rho r\omega^2dr-\rho gdz$$

이고, 적분하면 다음과 같다.

$$\int dp=\int\rho r\omega^2dr-\int\rho gdz$$

부정적분이므로 적분상수 C가 필요하여 다음처럼 나타낼 수 있다.

$$p=\frac{\rho\omega^2r^2}{2}-\rho gz+C \tag{3.67}$$

여기서 적분상수 C는 압력이 알려진 곳에서 구해진다. 좌표의 원점($r=0,\ z=0$)에서의 압력을 p_0라고하면, $C=p_0$이고 앞의 식에 대입하면 다음과 같다.

$$p=\frac{\rho\omega^2r^2}{2}-\rho gz+p_0 \tag{3.68}$$

위의 식을 사용하면 일정한 각속도로 회전하는 유체에서의 압력을 구할 수 있으며, 압력은 r과 z의 함수이다. 그림에서 A점($r=0,\ z=H_\mathrm{A}$)에서의 압력이 대기압이므로,

$$p_{\mathrm{atm}}=-\rho gH_\mathrm{A}+p_0 \;\Rightarrow\; p_0=p_{\mathrm{atm}}+\rho gH_\mathrm{A} \tag{3.69}$$

임을 알 수 있다.
일정한 각속도로 회전하는 용기 속의 유체는 그림에서 보듯이 표면의 모양이 포물선 모양을 하고 있다. 자유표면에서의 대기와 접하고 있으므로 표면의 모든 곳에서의 압력은 대기압과 같다. 따라서 표면의 곡선의 방정식은 압력이 $p = p_{atm}$으로 일정한 선이고 다음과 같이 구한다.

$$p = \frac{\rho\omega^2 r^2}{2} - \rho g z + p_0 = p_{atm}$$

이고, 따라서

$$z = \frac{\rho\omega^2 r^2}{2\rho g} + \frac{p_0 - p_{atm}}{\rho g} = \frac{\omega^2 r^2}{2g} + H_A \qquad (3.70)$$

이다. 위의 식에서 $r = R$일 때의 높이가 $\frac{\omega^2 R^2}{2g} + H_A$ 이므로 그림에서의 액체의 최대 높이차이 H는 다음과 같다.

$$H = \frac{\omega^2 R^2}{2g} \qquad (3.71)$$

예제 3.16 **그림 3.24에서 반지름 $R = 40$ cm인 용기가 50 rpm으로 회전하고 있다. 액체의 최고 높이와 최저 높이의 차이는 얼마인가?**

풀이

식 (3.59)로부터, 높이차는 다음과 같다.

$$H = \frac{\omega^2 R^2}{2g}$$

$50\,\mathrm{rpm} = 50 \times \frac{2\pi}{60} = 5.236\,\mathrm{rad/s}$ 이므로,

$$H = \frac{\omega^2 R^2}{2g} = \frac{(5.236)^2(0.4)^2}{(2)(9.8)} = 0.224\ \mathrm{m}$$

보충설명

각속도 ω의 SI단위는 rad/s이다. 따라서 50 rpm의 단위를 환산하여야 한다.

$$1\ \mathrm{rpm} = 1\frac{\mathrm{rev}}{\mathrm{min}} = 1\frac{\mathrm{rev}}{\mathrm{min}} \times \frac{2\pi\ \mathrm{rad}}{1\,\mathrm{rev}} \times \frac{1\,\mathrm{min}}{60\,\mathrm{s}} = \frac{2\pi}{60}\ \mathrm{rad/s}$$

여기서 1 rev는 1회전을 나타내고 2π rad이다. 따라서 rpm을 rad/s로 환산하기 위하여 $\frac{2\pi}{60}$를 곱하면 된다.

3장 연습 문제

3.1 그림 P3.1과 같은 유압기가 처음에 평형을 유지하고 있다. 오른쪽 피스톤 위에 질량 100 kg의 물체를 들어올리기 위해 왼쪽 피스톤에 가하여야 하는 힘이 50 N이라면 오른쪽 실린더와 왼쪽 실린더의 지름의 비를 구하라.

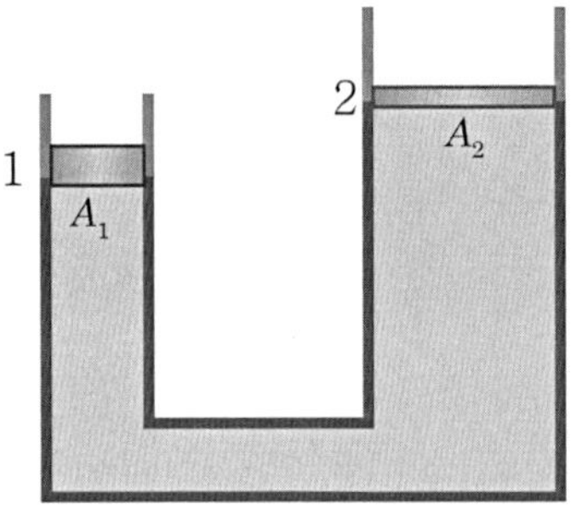

그림 P3.1

3.2 유체에서의 압력분포가 x, y, z를 m 단위로 했을 때, $p(x,y,z) = 200x + 100y^2 + 200z^2$ Pa 로 주어지는 압력장이 있다. $x = 1$, $y = 1$, $z = 1$ m인 지점에서 단위 부피당 유체의 압력에 의한 힘을 구하라.

3.3 국소 대기압이 99 kPa이고 절대압력이 2 $\mathrm{kg_f/cm^2}$이다. 계기(게이지)압력은 몇 kPa인가?

3.4 절대압력이 230 kPa이고 계기(게이지)압력이 1000 mmHg라면 이 곳에서의 국소 대기압은 얼마인가?

3.5 국소 대기압이 100 kPa인 곳에서 진공 40 kPa이라면, 절대압력은 얼마인가?

3.6 10 kPa의 압력을 중력가속도가 4.9 $\mathrm{m/s^2}$인 곳에서 비중이 2인 액체의 높이로 나타내면 얼마인가?

3.7 대기압이 100 kPa일 때, 비중 1.2인 액체의 깊이 5m인 지점에서의 (절대)압력은 얼마인가?

3.8 그림 P3.8 의 피에조미터에서 h = 4 m이고 액체의 비중이 0.9일 때, A점에서의 압력은 얼마인가? 대기압은 101kPa이다.

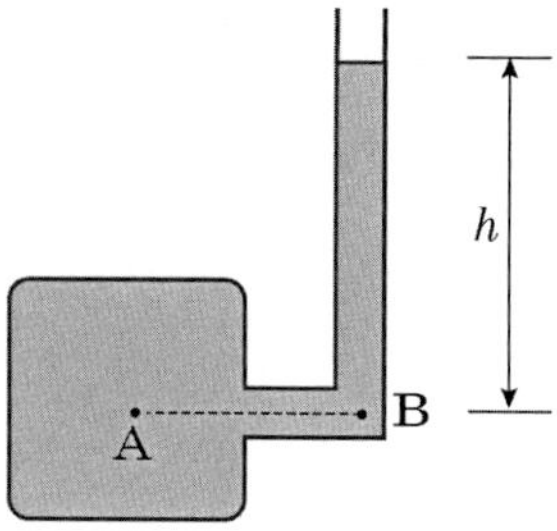

그림 P3.8

3.9 밀도가 깊이에 따라 $\rho = \rho_0(1+ah)$ 로 주어지는 액체의 깊이 h인 곳에서의 압력에 관한 식을 구하라. 단, a는 상수이고 수면에서의 압력은 p_0이다.

3.10 밀도가 깊이에 따라 $\rho = \rho_0(1+ah)$ 로 주어지는 액체의 깊이 5m인 곳에서의 압력을 구하라. 단, $\rho_0 = 1000\,\mathrm{kg/m^3}$, p_0 = 100 kPa, a = 0.01 $\mathrm{m^{-1}}$이다.

3.11 그림 P3.11의 U-미노미터에서 대기압이 100 kPa이고, h_2 = 50 cm, h_1 = 20 cm, 비중 S_1 = 0.9, S_2 = 1.2일 때 A에서의 압력은 약 몇 kPa인가?

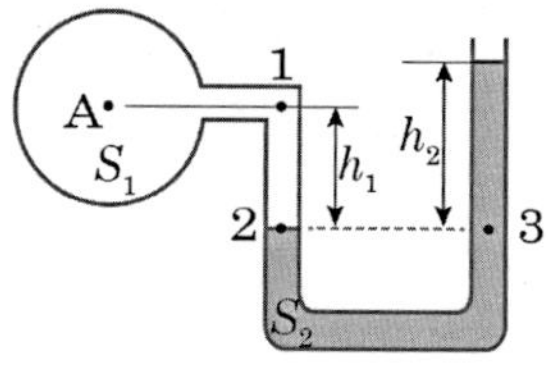

그림 P3.11

3.12 그림 P3.12와 같은 U-관 마노미터에서 대기압이 100 kPa이고, A에서의 압력이 110 kPa이다. h_1 = 30 cm, h_2 = 40 cm, 비중 S_1 = 1.1일 때 비중 S_2를 구하라.

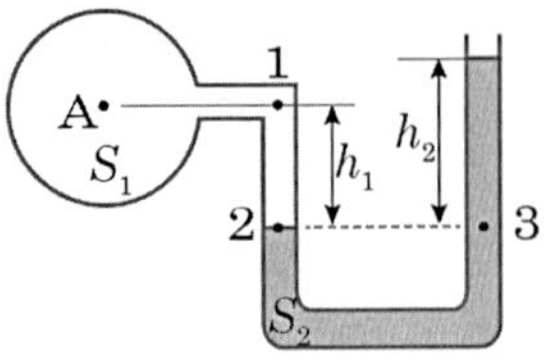

그림 P3.12

3.13 그림 P3.13에서 $h_1 = 45\,\text{cm}$, $h_2 = 20\,\text{cm}$, 비중 S_1 = 1.2일 때, 탱크의 공기압력이 105 kPa이라면 비중 S_2를 구하라.

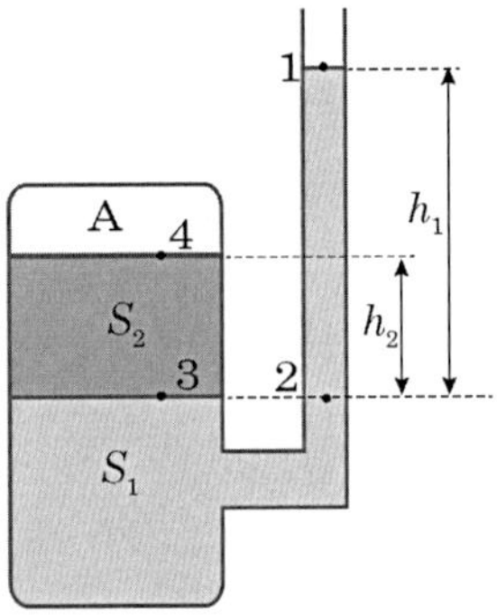

그림 P3.13

3.14 그림 P3.14에서 p_A = 202 kPa, p_B = 200 kPa, 비중 S_1=0.8, S_3=0.7, h_1= 20 cm, h_2= 30 cm, h_3=10 cm일 때, 비중 S_2을 구하라.

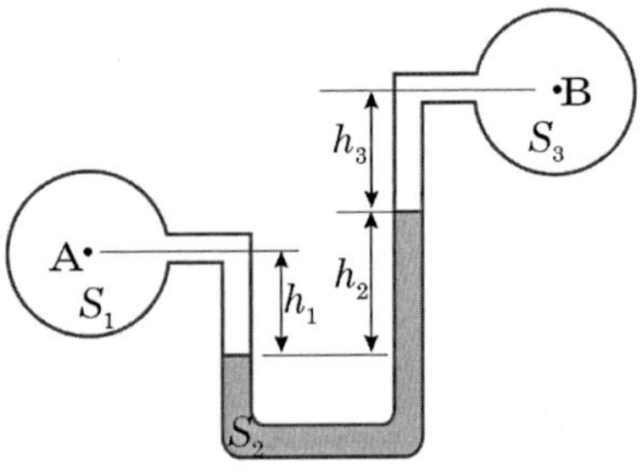

그림 P3.14

3.15 그림 P3.15와 같은 경사 미노미터에서 대기압이 101 kPa이고, p_A = 102 kPa, h_1 = 40 cm, 밀도 ρ_1 = 800 kg/m^3, ρ_2 = 1200 kg/m^{3}이고 θ=30º일 때 길이 l을 구하라.

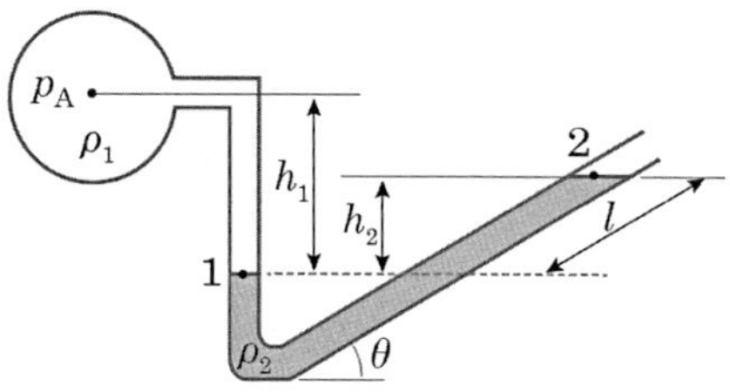

그림 P3.15

3.16 그림 P3.16에서 물의 깊이가 5 m이고, 평판 AB는 높이가 2 m이고 폭이 4 m이다. 평판 AB에 작용하는 물에 의한 정수력의 크기는 약 얼마인가?

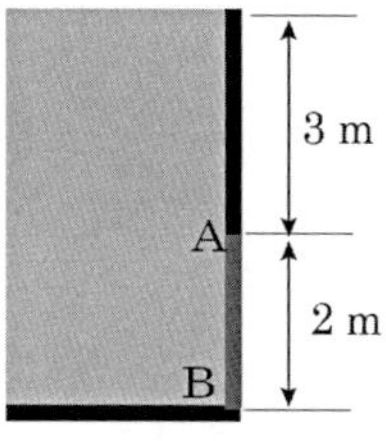

그림 P3.16

3.17 앞의 그림 P3.16에서 힘의 작용점(압력 중심)은 수면에서 약 얼마의 깊이에 있는가?

3.18 그림 P3.18에서 평판 AB는 높이가 3 m이고 폭이 2 m이다. 액체에 의한 정수력을 구하라. 그림에서 S는 비중을 나타낸다.

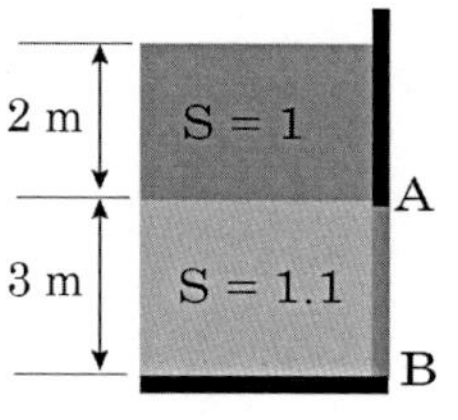

그림 P3.18

3.19 그림 P3.19에서 평판 AB는 높이가 2 m이고 폭이 5 m이다. 비중이 1.1인 액체에 의한 정수력은 약 얼마인가?

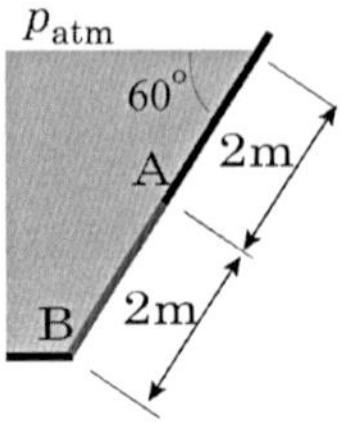

그림 P3.19

3.20 그림 P3.20에서 평판 AB는 높이가 3 m이고 폭이 2 m이다. 액체에 의한 정수력을 구하라. 그림에서 S는 비중을 나타낸다.

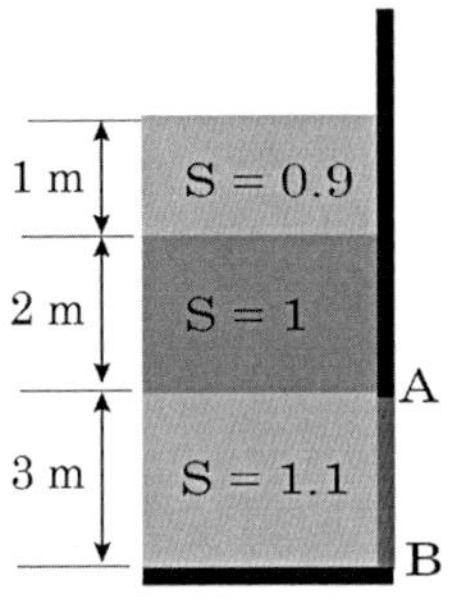

그림 P3.20

3.21 그림 P3.21에서 평판 AB의 B부분에 경첩(hinge)으로 되어있을 때 평판을 고정시키기 위해 평판 AB의 A지점에 가하여야 하는 힘을 구하라. 단, 액체의 비중은 1.1이고 평판의 폭은 5 m이다.

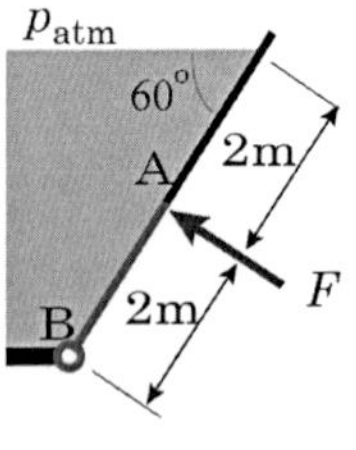

그림 P3.21

3.22 그림 P3.22와 같은 1/4 원형의 곡면 AB에 물이 가하는 정수력의 (a) 수평성분, (b) 수직성분, (c) 합력의 크기를 구하라. 곡면의 폭(그림의 단면에 대해 직각인 방향의 길이)은 2 m이다.

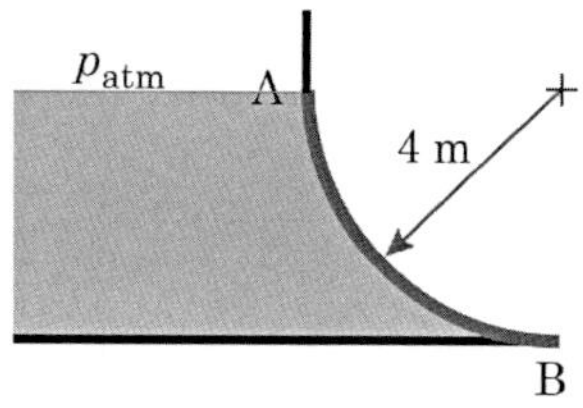

그림 P3.22

3.23 그림 P3.23과 같은 1/4 원형의 곡면 AB에 물이 가하는 정수력의 (a) 수평성분, (b) 수직성분을 구하고, (c) 합력의 크기를 구하라. 곡면의 폭은 2 m이다.

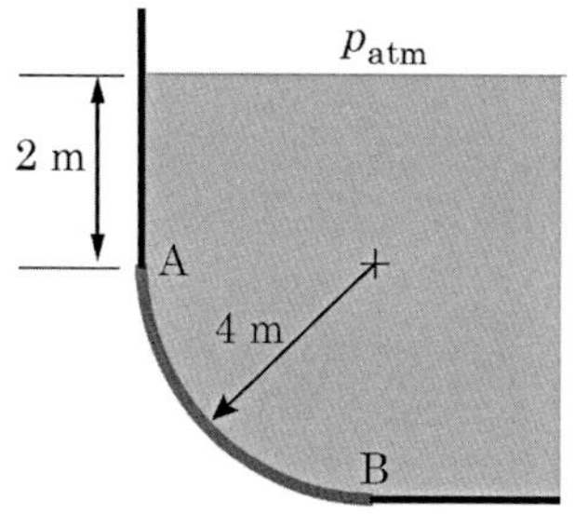

그림 P3.23

3.24 그림 P3.24처럼 반지름이 2 m이고, 폭(그림의 단면에 대해 직각인 방향의 길이)이 5 m인 반원형 관(half cylinder) 모양의 곡면 ABC에 물이 가하는 정수력의 수평성분의 크기는 얼마인가?

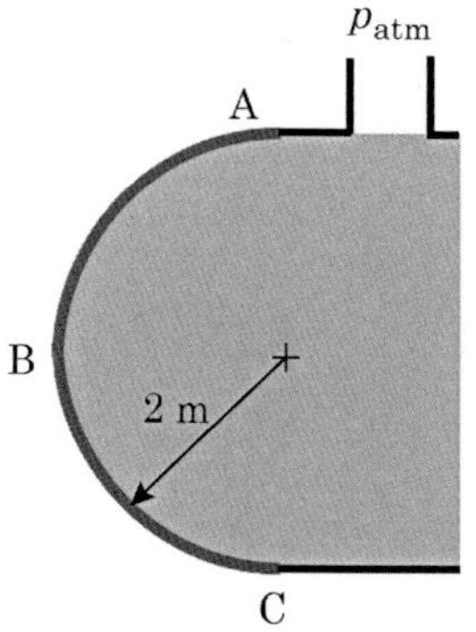

그림 P3.24

3.25 앞의 그림 P3.24에서, 곡면 ABC에 물이 가하는 정수력의 수직성분의 크기와 방향을 구하라.

3.26 그림 P3.26과 같이 반지름이 2이고, 폭이 5 m인 반원형 관(half cylinder) 모양의 곡면 ABC에 물이 가하는 정수력의 수평성분의 크기를 구하라.

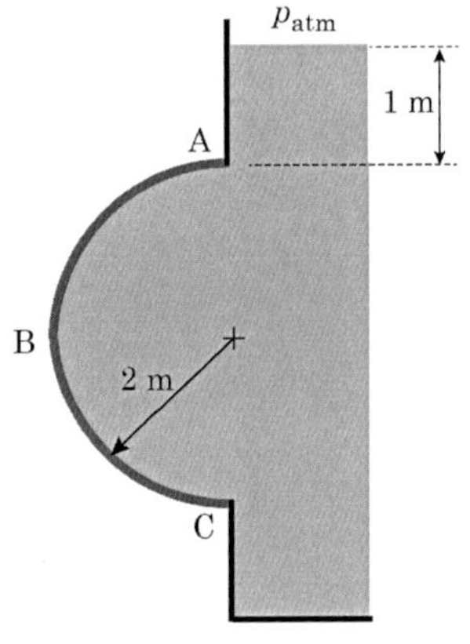

그림 P3.26

3.27 앞의 그림 P3.26에서 반원형 관(half cylinder) 모양의 곡면 ABC에 작용하는 정수력의 수직성분의 크기와 방향을 구하라.

3.28 그림 P3.28에 보여주고 있듯이, 반지름이 2 m이고, 폭(종이 면에 대해 직각인 방향의 길이)이 5 m인 반원형 관(half cylinder) 모양의 곡면 ABC에 물이 가하는 정수력의 수평성분의 크기를 구하고 연습문제 3.24와 비교하라.

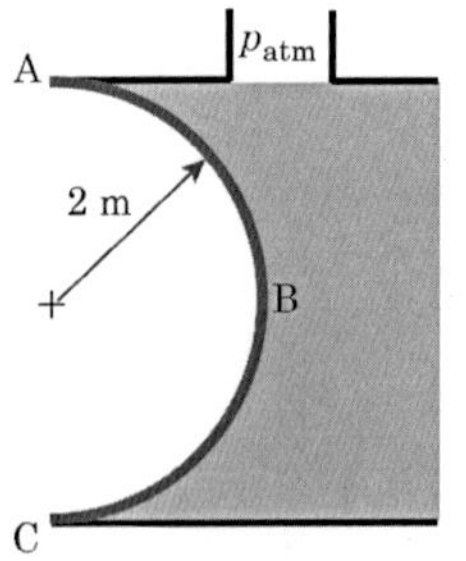

그림 P3.28

3.29 앞의 그림 P3.28에서 반원형 관(half cylinder) 모양의 곡면 ABC에 작용하는 정수력의 수직성분의 크기와 방향을 구하라. 앞의 연습문제 3.25와 비교하라.

3.30 그림 P3.30과 같이 반지름이 2 m이고, 폭(종이 면에 대해 직각인 방향의 길이)이 5 m인 반원형 관(half cylinder) 모양의 곡면 ABC에 물이 가하는 정수력의 수평성분의 크기를 구하고 연습문제 3.26과 비교하라.

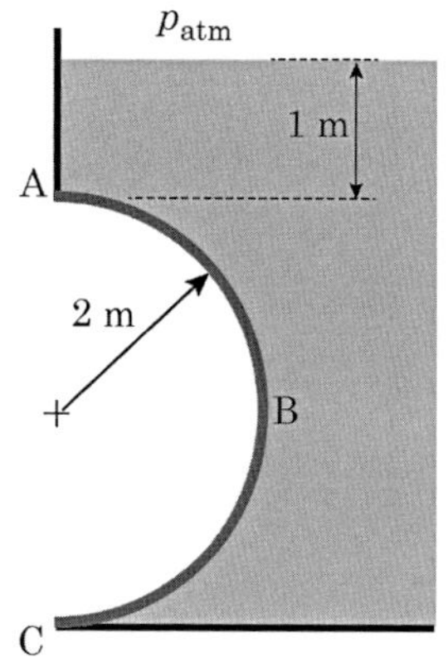

그림 P3.30

3.31 앞의 그림 P3.30의 반원형 관(half cylinder) 모양 곡면 ABC에 작용하는 정수력의 수직성분의 크기와 방향을 구하라. 앞의 연습문제 3.27 및 연습문제 3.29와 비교하라.

3.32 비중이 0.8인 고체로 된 물체가 4℃ 물 위에 떠 있다. 물에 잠긴 부피가 1000 cm^3일 때, 이 물체의 부피는 얼마인가?

3.33 고체로 된 물체가 4℃ 물 위에 떠 있다. 물에 잠긴 부피가 1000 cm^3일 때, 이 물체의 질량은 얼마인가?

3.34 비중이 0.8인 고체로 된 물체가 4℃ 물 위에 떠 있다. 물위에 떠 있는 부분의 부피는 전체 부피의 몇 %인가?

3.35 부피 0.1 m^3인 물체가 물에 완전히 잠겼을 때, 물속에서의 무게가 400 N이다. 이 물체의 비중을 구하라.

3.36 비중이 0.8인 고체로 된 물체가 비중이 1.2인 액체 위에 떠 있다. 물위에 떠 있는 부분의 부피는 전체 부피의 몇 %인가?

3.37 그림 P3.37처럼 어떤 액체에 비중계를 놓았을 때 비중이 1인 눈금보다 2 cm 아래로 내려가 정지하였다. 비중계의 전체 질량은 0.1 kg이고, 비중계의 눈금이 있는 유리관 단면적은 10 cm^2이다. 이 액체의 비중을 구하라.

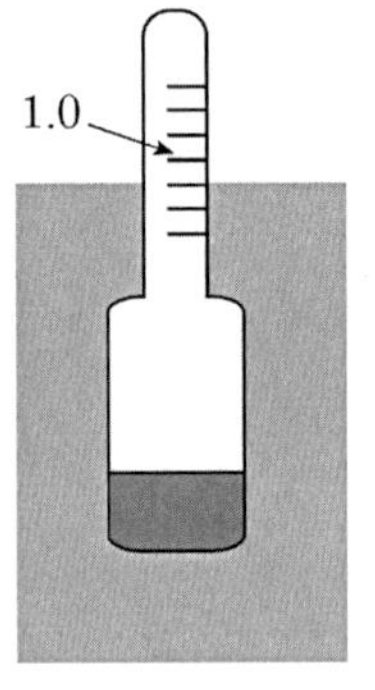

그림 P3.37

유체의 운동

학습목표

이 장의 학습 및 강의 목표는 다음과 같은 사항을 학생들이 완전하게 이해하는 것이다.

- 유선, 유적선, 유맥선의 이해.
- 1차원, 2차원, 3차원 유동의 구분.
- 정상유동과 비정상유동의 구분.
- Lagrnage 방법과 Euler 방법.
- 속도장으로 부터 가속도장의 계산.
- Bernoulli 방정식의 유도와 그 물리적인 의미.
- Bernoulli 방정식의 응용.

4.1 서론

이 장에서는 유체의 운동과 관련된 기본적인 사항에 대하여 설명한다. 유체의 운동은 고체의 운동과 달리 여러 입자들이 연속적으로 흐르는 유동을 한다. 유체의 유동을 나타내기 위해서는 유선, 유적선, 유맥선 등의 개념에 대한 이해가 필요하다. 고체의 운동을 표시하는 방법으로는 유체의 운동을 적절하게 표시하기 어렵고 지금까지와는 다른 방법으로 유체의 운동을 표시하여야 한다. 고체와 유체의 운동을 나타내는 방식인 Lagrange 방법과 Euler 방법에 대하여 설명한다. 유체의 유동에서 속도는 보통 Euler 방법으로 나타낸 속도장으로 나타내며, 속도장이 주어질 때 가속도장을 구하는 법에 대해서도 설명한다.

유체의 유동에서 압력과 속도, 위치에너지 등은 서로 밀접한 관계를 가지고 있고 서로 바뀔 수 있는 물리량이고 이와 관련된 식이 Bernoulli 방정식이다. 이 장에서는 Bernoulli 방정식을 유도하고 그 물리적인 의미를 설명하며, 또한 Bernoulli 방정식의 응용에 관해서도 설명한다.

4.2 Lagrange 기술과 Euler 기술

물체의 유동을 기술하는 방법에는 일반적으로 두 가지 방법이 있다. 먼저 그림 4.1처럼 아주 작은 쇠 구슬을 자유낙하 하는 경우를 생각해 보자. 특정 쇠 구슬의 아래 방향의 속도를 $u_{\rm p}$라고 하면(아래 방향을 +방향으로 한다), 그림 4.1(a)처럼 **쇠 구슬을 따라가면서 공의 속도를 시간에 따라 측정**하면, 시간에 따른 입자의 속도를 다음처럼 나타낼 수 있다.

$$\begin{aligned} &t=0\ ;\ u_{\rm p}=0 \\ &t=t_1;\ u_{\rm p}=u_{\rm p}(t_1) \\ &t=t_2;\ u_{\rm p}=u_{\rm p}(t_2) \qquad \Rightarrow \qquad t=t\ ;\ u_{\rm p}=u_{\rm p}(t) \\ &\qquad \vdots \end{aligned} \tag{4.1}$$

구슬의 가속도는 중력가속도 g와 같으므로 자유낙하 하는 쇠 구슬의 초기 속도가 0이라면 t초 후의 쇠 구슬의 속도를 측정하여(또는 이론적으로 구하여) 시간의 함수로 나타내면 다음과 같다.

$$u_p = u_p(t) = 9.8t \tag{4.2}$$

이렇게 물체를 따라가면서 시간의 함수 형태로 속도를 나타내는 것이 우리가 일반적으로 지금까지 알고 있는 속도를 나타내는 방법이고, Lagrange **방법**으로 속도를 기술한 것이다. 포탄이나 미사일의 속도 역시 시간이 지남에 따라 어떻게 변하는지를 실험 또는 이론적으로 나타낼 수 있고, Lagrange 방법으로 속도를 기술한 것이다. 식 (4.2)를 적분하면 t초 후의 구슬이 이동한 거리 s를 구할 수 있다.

$$s = s(t) = 4.9t^2 \tag{4.3}$$

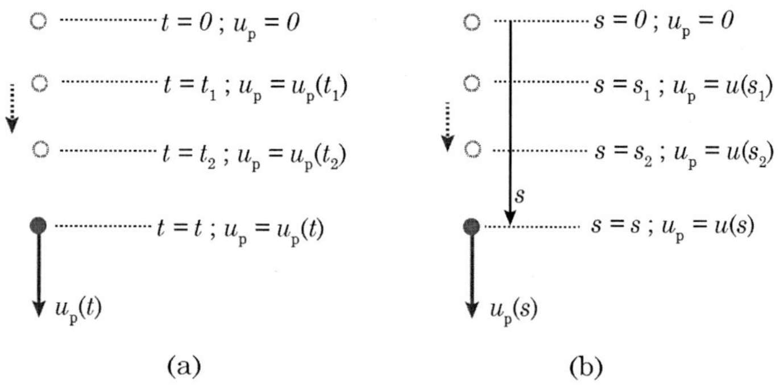

그림 4.1
자유낙하 하는 쇠 구슬

이제 식 (4.2)에서 시간의 함수로 표시된 쇠 구슬의 속도를 이동한 거리 s의 함수로 나타낼 수 있다. 그림 4.1(b)처럼 $s = s_1$, $s = s_2$, $\cdots$ 등의 여러 위치에 속도계를 설치하여 떨어지는 공이 지나갈 때 속도를 측정하는 것이다. 이렇게 속도를 측정하면 속도를 다음처럼 위치 s의 함수로 나타낼 수 있을 것이다.

$$\begin{aligned} &s = 0 \ ; \ u_p = 0 \\ &s = s_1 ; \ u_p = u_p(s_1) \\ &s = s_2 ; \ u_p = u_p(s_2) \qquad \Rightarrow \qquad s = s \ ; \ u_p = u_p(s) \\ &\quad \vdots \end{aligned} \tag{4.4}$$

실제 떨어지는 구슬의 속도를 측정하여(또는 이론적으로 구하면) 위치 s의 함수로 나타내면 다음과 같다.

✦식(4.2)와 식 (4.3)에서 t를 소거하면 $u = \sqrt{(2)(9.8)s}$를 얻을 수 있다

$$u_p = u_p(s) = 4.427\sqrt{s} \tag{4.5}$$

정해진 위치 s에서 쇠 구슬의 속도를 측정하여(이론적으로 구하여) 속도를 나타낼 수 있다. 식 (4.4) 또는 식 (4.5)에서 s는 실제로는 시간 t의 함수이고 정확하게는 다음처럼 나타낼 수도 있을 것이다.

$$u_{\mathrm{p}} = u_{\mathrm{p}}(s(t)) = 4.427\sqrt{s(t)} \tag{4.6}$$

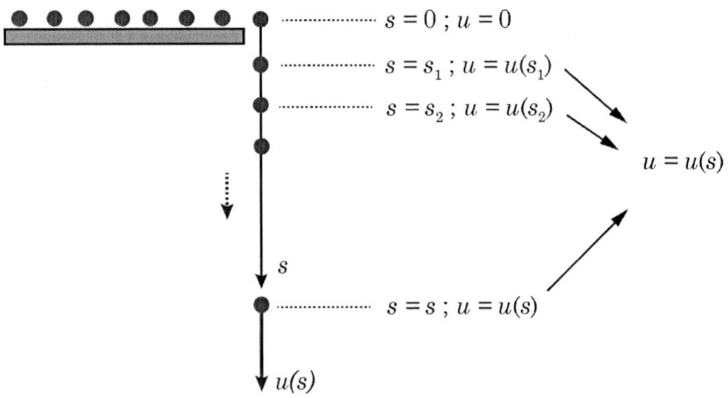

그림 4.2
어떤 주어진 시간에서 연속적으로 자유낙하 하는 여러 쇠 구슬

이제 보다 유체의 유동에 가까운 상황을 생각해 보기로 한다. 아주 많은 쇠 구슬이 연속적으로 자유낙하 하는 경우를 생각해 보자. 쇠 구슬을 유체입자라고 가정할 수도 있다. 이렇게 많은 쇠 구슬의 경우 속도를 나타내는 방법은 그림 4.2처럼 여러 위치($s = s_1, s_2, s_3, \cdots$)에서 쇠 구슬의 속도를 어떤 시간에 동시에 측정하는 방법이 있다. 즉, 특정한 쇠 구슬을 따라가면서 속도를 측정하는 것이 아니라, 그림 4.2에서 보듯이 어떤 주어진 시간 $t = t_a$일 때, 여러 위치($s = s_1, s_2, s_3, \cdots$)에서 속도를 측정하여 나타내면 다음과 같이 나타낼 수 있다. 이때 측정되는 쇠 구슬의 속도는 주어진 시간 $t = t_a$에서 서로 다른 여러 쇠 구슬의 속도들이다.

$$\begin{aligned} &t = t_a, s = 0\ ;\ u = 0 \\ &t = t_a, s = s_1;\ u = u(t_a, s_1) \qquad \Rightarrow \qquad u = u(t_a, s) \\ &t = t_a, s = s_2;\ u = u(t_a, s_2) \\ &\quad\vdots \end{aligned} \tag{4.7}$$

이제 여러 시간($t = t_a, t_b, t_c \ldots$)에 대해, 속도를 측정한 결과를 종합하면 일반적으로 시간과 거리의 함수 형태로 다음처럼 나타낼 수 있을 것이다.

$$
\begin{aligned}
&t = t_a\,; u = u(t_a, s) \\
&t = t_b\,; u = u(t_b, s) \qquad \Rightarrow \qquad u = u(t, s) \\
&t = t_c\,; u = u(t_c, s) \\
&\quad\vdots
\end{aligned}
\tag{4.8}
$$

식 (4.8)이 식 (4.4)와 다른 점은 다음과 같다. 식 (4.4)에서 쇠 구슬이 떨어진 거리 s는 식 (4.3)으로 나타나는 시간 t의 함수이고, 그림 4.1(a)에서 보듯이 거리 s에서 속도를 측정할 때의 시간이 모두 다르다($t = t_1,\ t_2,\ t_{3,}\ \cdots$). 그러나 식 (4.8)로 측정되는 쇠 구슬의 속도는 주어진 특정한 시간에($t = t_a$) 여러 쇠 구슬들의 속도를 동시에 측정하여 나타낸 것이다. 그리고 이것을 일반적으로 여러 시간 동안 측정하여 종합하여 나타내면, 어떤 임의의 시간 t일 때 여러 쇠 구슬들의 속도를 나타낼 수 있고, 식 (4.8)처럼 $u(t, s)$로 나타낼 수 있다. 즉, 여러 쇠 구슬들의 속도를 시간 t와 거리 s의 함수 형태로 나타낼 수 있다. 이처럼 여러 쇠 구슬(유체입자)들의 속도를 나타낼 때, 쇠 구슬의 따라가면서 속도를 나타내는 것이 아니라, 여러 고정된 위치들(공간)에서 시간이 지남에 따라 속도를 계속 측정하여 나타내는 방법이 Euler **방법**이고, 유체의 유동을 나타내는 데 적합하다.

떨어지는 쇠 구슬의 초기 속도가 일정하지 않다면 측정되는 쇠 구슬들의 속도는 시간에 따라 일반적으로 달라질 것이다. 만약 쇠 구슬의 초기 속도가 일정하다면(예를 들어 0이라면) 주어진 위치에서 측정되는 쇠 구슬들의 속도는 변하지 않고 일정할 것이다. 예를 들면 $s = s_1$위치에서 $t = t_a$시간에 측정되는 쇠 구슬의 속도나 $s = s_1$위치에서 $t = t_b$시간에 측정되는 쇠 구슬의 속도는 같다. 만약 쇠 구슬의 초기 속도가 0이라면, 식 (4.8)은 시간의 함수가 아니고 거리 s만의 함수이고 다음과 같이 나타낼 수 있다.

$$
u = u(s) = 4.427\sqrt{s} \tag{4.9}
$$

주어진 위치에서 속도를 측정할 때, 식 (4.9)처럼 시간이 지남에 따라 속도가 바뀌지 않고 일정한 경우, 뒤에서 더 상세히 설명하겠지만, 유체역학에서는 정상(steady) 유동이라고 하고, 주어진 위치에서의 속도가 시간에 따라 바뀌는 경우 비정상(unsteady) 유동이라고 한다. 식 (4.9)가 식 (4.5)와 같은 형태로 표시될 수 있다는 것을 상상할 수 있어야 한다. 하나의 쇠 구슬이 자유낙하 하여 거리 s에서 이르는 속도와, 또 다른 쇠 구슬이 자유낙하 하여 거리 s에서 이르는 속도는 결국 같기 때문이다. 그러나 식 (4.9)와 식 (4.5) 또는 식 (4.6)이 같은 것은 아니고, 다른 점은 다음과 같다. 식 (4.5) 또는 식 (4.6)에서는 특정입자의 시간의 경과에 따른 속도를 나타내는 것이고, 식 (4.9)는 여러 위치에서 여러 쇠 구슬들의 속도를 나타낸다는 것이다. 식 (4.5)는 기본적으로 Lagrange방법으로 속도를 시간의 함수로 나타낸 식인 식 (4.1)에서의 시간 t를 식 (4.3)을 이용하여 거리 s로 변환하여 나타낸 것이고, 식 (4.9)는 기본적으로 Euler방법으로 속도를 나타낸 식 (4.8)의 형태에서, 시간에 따라 속도가 변하지 않아 시간이 포함되지 않았을 뿐이다.

식 (4.9)로 표시되는 속도가 시간에 따라 바뀌지 않는 정상유동이라 하더라도 쇠 구슬(유체입자)을 따라가면서 속도를 측정하면(Lagrange 방법), 속도는 시간이 지남에 따라 일정하지 않고 변할 수 있다는 데 주의하라.

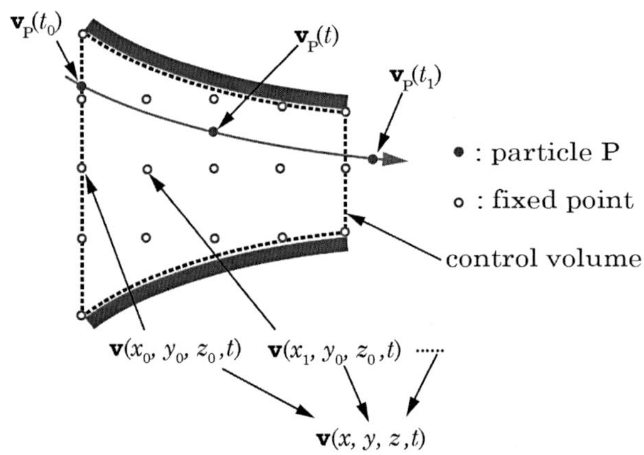

그림 4.3
Lagrange 기술 및 Euler기술에 의한 속도

이제 속도를 나타내는 방법에 대해 더욱 일반적일 때를 생각해 본다. 속도는 벡터이므로 직교좌표계에서는 일반적으로 다음처럼 나타낸다.

$$\mathbf{v} = u\mathbf{i} + v\mathbf{j} + w\mathbf{k}$$

먼저 **Lagrange 기술**(Lagrange description) 또는 Lagrange **관점**은 각각의 유체입자들의 움직임을 따라가면서 유체입자들의 속도, 가속도, 온도 및 압력 등의 물리적인 변수를 나타내는 방법으로, 주로 고체의 운동과 관련하여 물체의 속도나 가속도를 나타내는 방법과 같다. 그림 4.3처럼 특정한 유체입자 P를 따라가면서 속도를 측정한다고 하자. 강물 위를 떠내려가는 아주 조그만 공이라고 생각해도 좋다. 시간에 따른 입자의 속도는 다음과 같다.

$$
\begin{aligned}
t &= t_0\,;\ \mathbf{v}_{\mathrm{P}} = \mathbf{v}_{\mathrm{P}}(\mathrm{t}_0) \\
t &= t_1\,;\ \mathbf{v}_{\mathrm{P}} = \mathbf{v}_{\mathrm{P}}(t_1) \\
t &= t\ \ ;\ \mathbf{v}_{\mathrm{P}} = \mathbf{v}_{\mathrm{P}}(t)
\end{aligned} \tag{4.10}
$$

위와 같이 유체입자를 따라가면서 입자의 속도를 나타내는 것이 Lagrange 기술이다. 이 방식은 주로 고체 또는 일정한 질량의 **시스템**(system)을 다룰 때 사용하는 방법이다. 그러나 유체의 유동을 이렇게 나타내기는 상당히 어렵다. 유체의 경우 아주 많은 유체입자들이 연속적으로 움직이기 때문에 이 방법으로 기술하는 것은 적합하지 않다.

Euler 기술(Euler description) 또는 Euler **관점**은 주어진 공간에서 유체입자들의 속도, 가속도, 온도 및 압력 등의 물리적인 변수를 나타내는 방법이다. 그림 4.3에서 관심의 대상이 되는 영역, 즉 점선으로 표시된 검사체적(control volume)에서 흐르는 물의 속도를 측정한다고 생각해 보자. 예를 들어 고정된 한 점 (x_0, y_0, z_0)에서 시간에 따른 속도를 측정하면 $\mathbf{v}(t, x_0, y_0, z_0)$를 얻을 수 있고, 또 다른 고정된 한 점 (x_1, y_0, z_0)에서 시간에 따른 속도를 측정하면 $\mathbf{v}(t, x_1, y_0, z_0)$를 얻을 수 있고, 검사체적 내의 여러 고정점에서 얻은 결과를 종합하면, 속도를 다음처럼 성분별 또는 벡터로 얻을 수 있다.

$$
\begin{aligned}
u &= u(t, x, y, z) \\
v &= v(t, x, y, z) \qquad \Rightarrow \qquad \mathbf{v} = \mathbf{v}(t, x, y, z) \\
w &= w(t, x, y, z)
\end{aligned} \tag{4.11}
$$

✦CFD : Computational Fluid Dynamics, 전산유체역학

여기서는 이해를 돕기 위하여 측정한다고 하였지만, 이론적으로 또는 CFD 프로그램을 이용하여 속도를 구할 수도 있다. 이처럼 검사체적에서, 위치와 시간의 함수로 속도(그리고 가속도, 압력 등 물리량)를 나타내는 방법이 Euler 기술이다.

전체 관심 유동영역 또는 **검사체적**(control volume)을 유동장(flow field)이라 하고, 유동장 전체에서 Euler 기술로 속도를 나타낼 때, 속도는 식 (4.11)로 표시되고 **속도장**(velocity field)이라고 한다. 유체역학에서는 유체입자들을 따라가면서 속도 등을 나타내는 Lagrange 방식보다는 주어진 관심영역(검사체적)에서 속도를 나타내는 Euler 기술이 훨씬 편하다. 유체역학에서는 별도의 언급이 없으면 속도 등을 모두 Euler 기술로 나타낸다.

정상유동, 비정상유동

Euler 기술로 유체의 속도를 나타낼 때 시간에 따라 변하지 않을 때 **정상유동**(steady flow)이라고 하고, 시간에 따라 변하면 **비정상유동**(unsteady flow)이라 한다. 즉, Euler 기술로 유체의 속도장을 나타낼 때 속도가 시간의 함수가 아니면 정상유동이다. 단, 시간에 따라서 변하지 않는다는 것은 주어진 지점에서의 속도나 압력 등이 변하지 않는다는 것이지, 유체입자를 따라가면서 속도를 측정할 때, 유체입자의 속도가 시간에 따라 변하지 않고 일정하다는 것을 의미하는 것은 아니다. 즉, Euler 관점에서 보아 시간에 따라 변하지 않는 정상유동일지라도 Lagrange 관점에서 유체입자를 따라가면 유체입자의 속도는 시간에 따라 바뀔 수 있다. 이를 수학적으로 나타내면 정상유동은 다음과 같을 때이다.

$$\frac{\partial u}{\partial t}=0,\ \frac{\partial v}{\partial t}=0,\ \frac{\partial w}{\partial t}=0,\ \frac{\partial p}{\partial t}=0,\ \cdots,\ \frac{\partial (\,)}{\partial t}=0 \tag{4.12}$$

1차원, 2차원, 3차원 유동

Euler 기술로 유체의 유동을 나타낼 때 몇 개의 공간좌표가 필요한가에 따라 1차원, 2차원, 3차원유동으로 나눌 수 있다. 일반적으로 **유동은 3차원**(three-dimensional) **유동**이지만 때에 따라 유동을 1차원 또는 2차원 유동으로 나타낼 수도 있다.

예를 들어 한 방향으로는 속도나 압력 등이 변하지 않아, 유동을 나타낼 때 두 방향의 좌표만 필요하고, 나머지 한 방향의 좌표가 필요 없는 경우는 **2차원**(two-dimensional) **유동**이다. 일반적인 좌표계로 속도가 $\mathbf{v}=\mathbf{v}(t, x_1, x_2, x_3)$ 로 주어질 때는 3차원 유동이지만 x_3방향으로 속도가 변하지 않는다고 하면, $\frac{\partial \mathbf{v}}{\partial x_3}=0$ 이고, 속도는 $\mathbf{v}=\mathbf{v}(t, x_1, x_2)$ 로 나타낼 수 있고 2차원 유동이 된다. 속도장이 시간의 함수이든 아니든 상관없이(즉, 정상유동이든 비정상유동이든) 필요한 공간좌표의 수에 따라 몇 차원 유동인가가 정해진다.

속도, 압력 등의 유동 특성이 x_2, x_3 두 방향으로 변하지 않고($\frac{\partial \mathbf{v}}{\partial x_2}=0,\ \frac{\partial \mathbf{v}}{\partial x_3}=0$), 오직 한 방향으로만 변하면 속도는 $\mathbf{v}=\mathbf{v}(x_1,\ t)$로 나타낼 수 있고 **1차원**(one-dimensional) **유동**으로 나타낼 수 있다.

그림 4.4에서 위 평판은 일정한 속도 U로 계속 움직이고 아래 평판은 정지하고 있는 경우의 두 무한평판 사이의 유동을 나타낸다. 이 경우 속도 성분은 오직 x방향

성분인 u만 존재하고, x 및 z방향(xy평면에 수직인 방향)으로는 속도변화가 없다. 즉, $\frac{\partial u}{\partial x}=0$, $\frac{\partial u}{\partial z}=0$ 이어서 $u=u(y)$가 되어 u는 y만의 함수이다. 따라서 유동을 나타내는데 하나의 공간좌표가 필요하고 1차원 유동으로 해석할 수 있다.

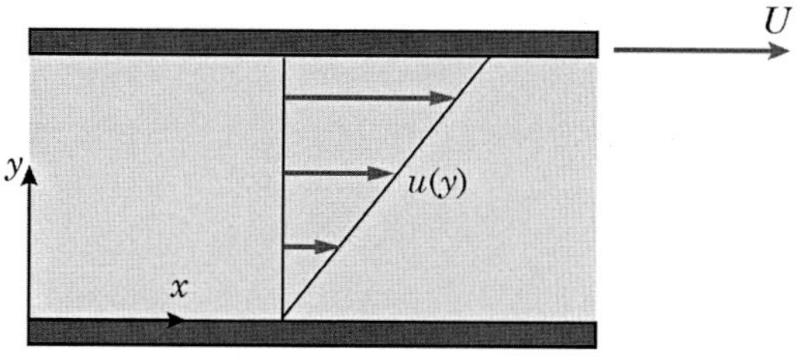

그림 4.4
1차원 유동의 예

그림 4.5는 두 무한평판 사이에서 압력차에 의해 유동이 생기는 경우이고, z방향으로는 속도변화가 없어, $\frac{\partial u}{\partial z}=0$ 이다. 그림 4.5(a)는 속도가 클 때의 일반적인 속도분포이고 $u=u(x,y)$로 나타낼 수 있어 2차원 유동이다. 그림 4.5(b)는 특히 압축성 유체의 해석에서 많이 사용하는 가정으로 속도분포를 각각의 단면에서 균일하다고 가정하여 $u=u(x)$로 취급하여 1차원 유동이라고 해석하는 것이다. 엄밀하게 유동 현상은 모두 3차원 현상이지만, 문제에 따라 충분한 타당성이 있는 경우에 1차원 또는 2차원 유동으로 해석하여도 정확한 결과를 얻는 경우가 많다. 뒤에서 상세히 다룰 것이지만, 유체의 유동은 기본적으로 3차원이기 때문에 3개의 운동량방정식이 필요하고, 다른 지배방정식과 연립하여 풀어야 해를 구할 수 있다. 그러나 많은 공학 문제에서 1차원 또는 2차원 유동으로 해석하여도 충분한 결과를 얻을 수 있다.

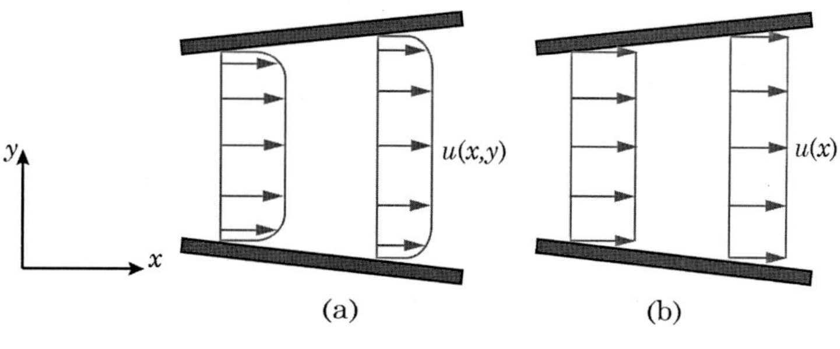

그림 4.5
(a) 2차원 유동, (b) 1차원 유동의 예

4.3 물질미분과 가속도장

유체의 유동을 Euler 기술로 나타내면, 속도는 일반적으로 식 (4.11)과 같은 속도장으로 주어진다. 유체역학에서는 속도장을 이론 또는 CFD를 이용하여 구하거나 실험으로 측정하여 구할 수 있다. 속도장을 알면 가속도장은 계산으로 구할 수 있다. 속도와 마찬가지로 가속도도 벡터이므로 가속도를 직교좌표계에서는 다음처럼 나타낸다.

$$\mathbf{a} = a_x \mathbf{i} + a_y \mathbf{j} + a_z \mathbf{k}$$

가속도 $\mathbf{a}$를 벡터 형태로 바로 구하는 것보다는, x 방향의 속도 $u = u(t, x, y, z)$를 이용하여 x 방향의 가속도 성분 a_x를 구하기로 한다. 먼저 du를 구하면,

✦ f가 x, y의 함수일 때, 즉 $f = f(x, y)$ 일 때 $df = \frac{\partial f}{\partial x}dx + \frac{\partial f}{\partial y}dy$ 이다.

$$du = \frac{\partial u}{\partial t}dt + \frac{\partial u}{\partial x}dx + \frac{\partial u}{\partial y}dy + \frac{\partial u}{\partial z}dz$$

이다. 이것을 dt로 나누면

$$a_x = \frac{du}{dt} = \frac{\partial u}{\partial t}\frac{dt}{dt} + \frac{\partial u}{\partial x}\frac{dx}{dt} + \frac{\partial u}{\partial y}\frac{dy}{dt} + \frac{\partial u}{\partial z}\frac{dz}{dt}$$

이고,

$$\frac{dx}{dt} = u, \ \frac{dy}{dt} = v, \ \frac{dz}{dt} = w$$

이므로,

$$a_x = \frac{du}{dt} = \frac{\partial u}{\partial t} + u\frac{\partial u}{\partial x} + v\frac{\partial u}{\partial y} + w\frac{\partial u}{\partial z} \tag{4.13a}$$

이다. 마찬가지 방법으로 다음을 구할 수 있다.

$$a_y = \frac{dv}{dt} = \frac{\partial v}{\partial t} + u\frac{\partial v}{\partial x} + v\frac{\partial v}{\partial y} + w\frac{\partial v}{\partial z} \tag{4.13b}$$

$$a_z = \frac{dw}{dt} = \frac{\partial w}{\partial t} + u\frac{\partial w}{\partial x} + v\frac{\partial w}{\partial y} + w\frac{\partial w}{\partial z} \tag{4.13c}$$

이 세 개의 식을 벡터로 나타내면 다음과 같다.

$$\mathbf{a} = \frac{d\mathbf{v}}{dt} = \frac{\partial \mathbf{v}}{\partial t} + u\frac{\partial \mathbf{v}}{\partial x} + v\frac{\partial \mathbf{v}}{\partial y} + w\frac{\partial \mathbf{v}}{\partial z} \tag{4.14}$$

속도가 $\mathbf{v} = \mathbf{v}(t, x, y, z)$로 주어지면 가속도도 역시 $\mathbf{a} = \mathbf{a}(t, x, y, z)$로 표시되고 **가속도장**이라고 한다. 가속도 $\mathbf{a} = \dfrac{d\mathbf{v}}{dt}$는 유체입자가 흘러가면서 받는 실질적인 가속도를 나타내며, Lagrange적인 방법으로 표현된 것이다. 속도 $\mathbf{v}$가 Euler 방법으로 나타낸 속도장으로 표시될 때는 식 (4.14)로 계산하여야 한다. 속도에 대한 미분 $\dfrac{d}{dt}$는 물질을 따라가면서 변화를 나타내는 실질미분으로 물질을 따라가면서 미분한다는 것을 명확하게 나타내기 위해 $\dfrac{d}{dt}$ 대신 $\dfrac{D}{Dt}$로 나타내기도 한다. 연산자 $\dfrac{D}{Dt}$를 **실질미분**(substantial derivative) 또는 **물질미분**(material derivative)이라 하고 직교좌표계에서 다음처럼 정의한다.

$$\frac{D}{Dt} = \frac{\partial}{\partial t} + u\frac{\partial}{\partial x} + v\frac{\partial}{\partial y} + w\frac{\partial}{\partial z} \tag{4.15}$$

따라서 식 (4.14)를 다음처럼 나타내기도 한다.

$$\mathbf{a} = \frac{D\mathbf{v}}{Dt} = \frac{\partial \mathbf{v}}{\partial t} + u\frac{\partial \mathbf{v}}{\partial x} + v\frac{\partial \mathbf{v}}{\partial y} + w\frac{\partial \mathbf{v}}{\partial z} \tag{4.16}$$

가속도의 각각의 항을 설명하면 다음과 같다.

- $\dfrac{D\mathbf{v}}{Dt}$는 **물질가속도**(material acceleration) 또는 **실질가속도**(substantial acceleration)라고 하며, 유체입자를 따라가면서 가속도를 측정하는 것으로, 주어진 위치에서 실제적인 유체입자의 가속도를 나타내고 단순히 가속도라고 하면 물질가속도를 의미한다.
- $\dfrac{\partial \mathbf{v}}{\partial t}$는 **국소가속도**(local acceleration)라고 하며, 유체입자를 따라가지 않고 고정

된 위치에서 속도의 변화율을 나타내는 것으로 국소가속도가 0이면 정상(steady) 유동이고 국소가속도가 0이 아니면 비정상(unsteady) 유동이다.

■ $u\dfrac{\partial \mathbf{v}}{\partial x}+v\dfrac{\partial \mathbf{v}}{\partial y}+w\dfrac{\partial \mathbf{v}}{\partial z}$는 **대류가속도**(convective acceleration 또는 advective acceleration)라고 하며, 유체입자가 한 위치에서 다른 위치로 이동하면 속도가 바뀌기 때문에 생기는 가속도이다.

예제 4.1 **속도장이 다음처럼 주어질 때, $x=0.2$, $y=0.3$에서의 가속도를 구하라. x, y의 단위는 m이고, v의 단위는 m/s이다.**

$$\mathbf{v}=(2x+1)\mathbf{i}-(2y+1)\mathbf{j}$$

풀이

속도가 벡터로 주어져 있어 식 (4.16)을 사용하여 가속도 $\mathbf{a}$를 구할 수도 있지만, 각각의 성분을 이용하여 구하기가 쉽다. 속도 성분은 다음과 같다.

$$u=2x+1\,,\ v=-2y-1$$

식 (4.13)을 사용하여 x, y방향의 가속도를 다음처럼 구할 수 있다.

$$a_x=\frac{\partial u}{\partial t}+u\frac{\partial u}{\partial x}+v\frac{\partial u}{\partial y}=0+(2x+1)(2)+(-2y-1)(0)=4x+2$$

$$a_y=\frac{\partial v}{\partial t}+u\frac{\partial v}{\partial x}+v\frac{\partial v}{\partial y}=0+(2x+1)(0)+(-2y-1)(-2)=4y+2$$

따라서 가속도는 다음과 같다.

$$a_x=(4)(0.2)+2=2.8\ \mathrm{m/s^2}$$

$$a_y=(4)(0.3)+2=3.2\ \mathrm{m/s^2}$$

벡터로 나타내면 다음과 같다.

$$\mathbf{a}=a_x\mathbf{i}+a_y\mathbf{j}=2.8\mathbf{i}+3.2\mathbf{j}$$

⊕ 보충설명

Euler 방법으로 나타낸 속도에서 속도가 시간의 함수가 아닌 정상유동이라 하더라도 가속도는 0이 아니다. 즉, 식에서 t가 없다고 해서 $\dfrac{d\mathbf{v}}{dt}=0$ 이 성립하지 않는다. 속도가 Lagrange 관점에서 주어지는 경우가 아닌 Euler 관점으로 주어지는 속도장이면 위의 미분은 식 (4.13)처럼 계산하여야 한다. 다음의 예제에서 Euler 기술과 Lagrange 기술로 나타낸 속도를 비교하여 설명할 것이다.

예제 4.2 **그림 E4.2처럼 물이 자유낙하 할 때 물의 속도 w를 위치 z의 함수로 측정하면(Euler 방법) 다음 식으로 표시된다.**

$$w=\sqrt{V^2+19.6z} \tag{1}$$

여기서 V는 $z=0$에서의 물의 속도이고, z좌표는 아래 방향이 +방향이다. 식에서 속도는 m/s, z는 m 단위이다. 물의 가속도를 구하라. $t=0$일 때 $z=0$의 위치에 있는 어떤 유체 입자를 따라가면서 Lagrange 방법으로 속도를 측정하니 다음 식으로 나타낼 수 있다.

$$w_{\mathrm{p}} = V + 9.8t \tag{2}$$

$V=2$ m/s 일 때, (a) 식 (1)로부터 유체의 가속도를 구하라. (b) 식 (2)로부터 유체의 가속도를 구하라.

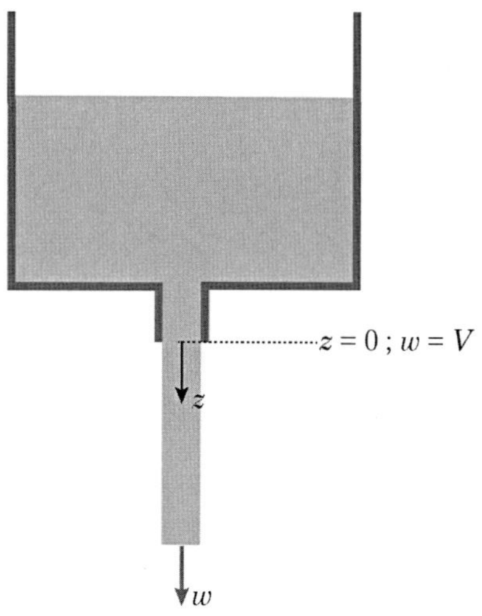

그림 E4.2
자유낙하 하는 물

풀이

(a) 식 (4.13c)로부터 가속도를 구할 수 있고, 1차원 유동이므로 다음처럼 구할 수 있다.

$$a_z = \frac{\partial w}{\partial t} + w\frac{\partial w}{\partial z} = 0 + \left(\sqrt{V^2+19.6z}\right)\left(\frac{19.6}{2}\frac{1}{\sqrt{V^2+19.6z}}\right) = 9.8\,\mathrm{m/s^2}$$

(b) 식 (2)를 시간에 대해 직접 미분하면 가속도를 구할 수 있다.

$$a_z = \frac{dw_{\mathrm{p}}}{dt} = 9.8\,\mathrm{m/s^2}$$

보충설명

물이 자유낙하 하는 경우 유체입자가 받는 가속도는 중력가속도라는 것을 이미 알고 있을 것이다. Euler 방법으로 나타낸 속도 (1)에서 구한 유체의 가속도와 Lagrange 방법으로 나타낸 속도 (2)로부터 구한 유체의 가속도가 같다는 것에 주목하라. 식 (1)에 시간 t가 나타나지 않는 정상유동이지만 가속도는 0이 아니라, 유체는 낙하하면서 가속도를 받는다. 유체의 속도가 Euler 방법으로 나타낸 속도로부터 가속도를 구할 때는 식 (4.13)을 사용하여야 한다. 이 예제(b)의 경우가 지금까지 우리가 알고 있던 가속도를 구하는 식이다.

4.4 유선, 유적선, 유맥선

유체의 유동을 나타낼 때 유선, 유적선 및 유맥선의 용어를 사용하여 설명할 수 있으며, 각각의 정의는 다음과 같다.

- **유선(streamline)** : 어떤 순간에 속도벡터에 접하는 선.
- **유적선(pathline)** : 시간의 경과에 따라 유체입자가 실제 지나간 자취를 연결한 선.
- **유맥선(streakline)** : 어떤 주어진 공간의 한 점을 통과한 모든 입자들의 순간적인 궤적.

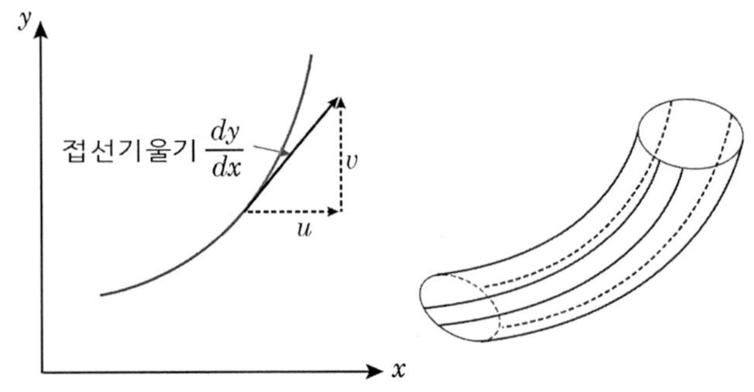

그림 4.6
(a) 유선의 정의 및 (b) 유관

유선을 다시 설명하면, 유선이 주어졌을 때 유선에 접하는 접선이 속도벡터의 방향을 나타낸다. 즉, 그림 4.6(a)에서 유선에 접하는 선이 속도벡터의 방향이고 유선상의 한 점에서 유선의 기울기(dy/dx)는 다음처럼 속도벡터의 기울기(v/u)와 같다.

$$\frac{dy}{dx} = \frac{v}{u} \Rightarrow \frac{dx}{u} = \frac{dy}{v}$$

이것을 3차원으로 확장한 것이 유선의 정의식이며, 다음과 같다.

$$\frac{dx}{u} = \frac{dy}{v} = \frac{dz}{w} \tag{4.17}$$

앞의 세 선에 대해 다음처럼 설명할 수 있다.

- 비정상 유동일 때는 유선, 유적선, 유맥선이 모두 다르나, 정상유동일 때는 모두 같다.

- 유선을 접하는 선이 속도벡터이므로, 유동의 방향은 유선의 접선방향이고 유선을 가로지르는 유동은 없다.
- 여러 유선으로 이루어진, 그림 4.6(b)에 나타낸 **유관**(stream tube)을 가로지르는 유동이 없다.
- 유체입자가 지나간 실제 흔적이 유적선이다. 배를 유체입자라고 생각했을 때 배가 지나간 실제 흔적이 유적선이다. 유적선은 눈에 보이지 않는다. 시간이 지나감에 따라 지나간 궤적을 선으로 이었다고 했을 때 이 선이 유적선이다.
- 담배를 한자리에서 고정하고 피운다고 할 때, 눈에 보이는 담배 연기 모양 또는 사진을 찍었을 때 나타나는 담배 연기 모양이 유맥선이다. 이 담배 연기의 입자들은 모두 공간상의 한 점에서 통과한 것으로 어느 한순간 모든 입자의 순간적인 궤적이다.
- 만약 담배 연기 모양이 시간이 지남에 따라 변하지 않는다면(정상유동이라면), 연기 입자를 쭉 따라가면(어느 시간 동안) 이 입자는 유맥선을 따라감을 알 수 있고, 따라서 담배 연기 모양은 유적선이 되고, 유맥선과 일치한다. 또한, 연기 입자의 속도는 이 선을 따라 항상 접선방향으로 운동하므로, 유선이 된다. 따라서 정상상태에서는 이 담배 연기 모양은 유선, 유적선, 유맥선으로 모두 같다.

예제 4.3 **유선의 방정식이 $x^2+y^2=C$로 주어질 때, $x=1$, $y=2$인 곳에서의 속도벡터의 방향을 구하라.**

풀이

유선의 정의식으로부터, $\frac{v}{u}=\frac{dy}{dx}$ 이고, $x^2+y^2=C$를 x에 대해 미분하면,

$$2x+2y\frac{dy}{dx}=0 \text{이므로,}$$

$$\frac{dy}{dx}=-\frac{x}{y}=-\frac{1}{2}$$

이다. 따라서,

$$\tan\theta=\frac{v}{u}=\frac{dy}{dx}=-\frac{1}{2} \text{이고,}\ \theta=-26.6^\circ$$

이고 속도벡터의 방향은 다음 그림과 같다.

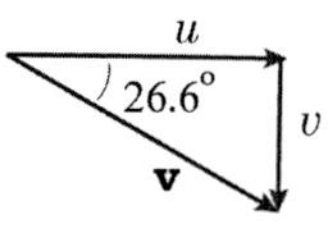

그림 E4.3
속도벡터의 방향

보충설명

속도벡터의 방향이 유선의 기울기와 같다.

예제 4.4 **속도분포가 $u = 2x$, $v = -2y$ 로 주어진다. $x > 0,\ y > 0$일 때 유선의 방정식을 구하라.**

풀이

유선의 정의식으로부터,

$$\frac{dx}{u} = \frac{dy}{v} \quad \Rightarrow \quad \frac{dx}{2x} = \frac{dy}{-2y} \quad \Rightarrow \quad \frac{dx}{x} = -\frac{dy}{y}$$

적분하면 다음과 같다.

$$\int \frac{dx}{x} = -\int \frac{dy}{y} \quad \Rightarrow \quad \ln x = -\ln y + C_1 \quad \Rightarrow \quad \ln xy = C_1$$

여기서 C_1은 적분 상수이다. 또한, 위의 식은 다음처럼 표시되고 유선의 방정식이다.

$$xy = C \qquad (1)$$

유선을 그림으로 나타내면 그림 E4.4와 같다.

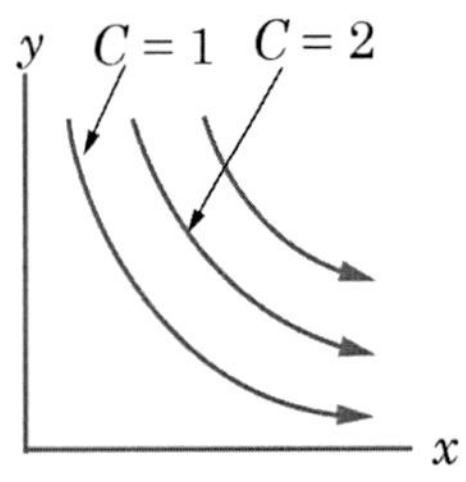

그림 E4.4
유선

보충설명

유선의 방정식은 식 (1)이다. 유선의 식에서는 유동의 방향을 알 수 없고, 속도에서 유동의 방향을 알 수 있다. 즉, $x > 0$일 때 $u = 2x > 0$ 이므로 오른쪽으로 유동한다. 이렇게 유동의 방향은 속도 u와 v의 부호를 보고 판단하여야 한다.

4.5 Bernoulli 방정식과 응용

4.5.1 Bernoulli 방정식

✦Bernoulli : 베르누이

비점성(무마찰), 정상유동에서 유선을 따라 흐르는 비압축성유체는 다음과 같은 Bernoulli 방정식이 성립한다(보충설명 참조).

$$p_1 + \frac{1}{2}\rho V_1^2 + \rho g z_1 = p_2 + \frac{1}{2}\rho V_2^2 + \rho g z_2 \tag{4.18}$$

여기서 아래 첨자 1과 2는 유선상의 임의의 두 점을 나타낸다. 위의 식에서 1점과 2점은 임의로 선택할 수 있으므로 유선의 모든 점에서 다음 식이 성립하여야 한다.

$$p + \frac{1}{2}\rho V^2 + \rho g z = \text{일정} \tag{4.19}$$

식 (4.18) 또는 식 (4.19)를 **Bernoulli 방정식**(Bernoulli equation)이라고 하며 다음 조건을 만족할 때 성립하는 식이다.

- 마찰이 없고
- 비압축성
- 정상유동
- 유선을 따라

Bernoulli 방정식의 각 항은 압력을 나타내고 있으며, 각 항의 의미는 다음과 같다.

- **정압**(static pressure): p를 정압이라 하고 일반적인 압력을 의미한다.
- **동압**(dynamic pressure): $\frac{1}{2}\rho V^2$을 동압이라 한다.
- **정수압**(hydraulic pressure): $\rho g z$를 정수압이라 한다.

위의 식에서 보면 정압과 동압, 정수압의 합은 일정하다는 것을 나타내고, 압력에너지, 운동에너지, 위치에너지는 서로서로 바뀔 수 있다는 것을 의미한다.

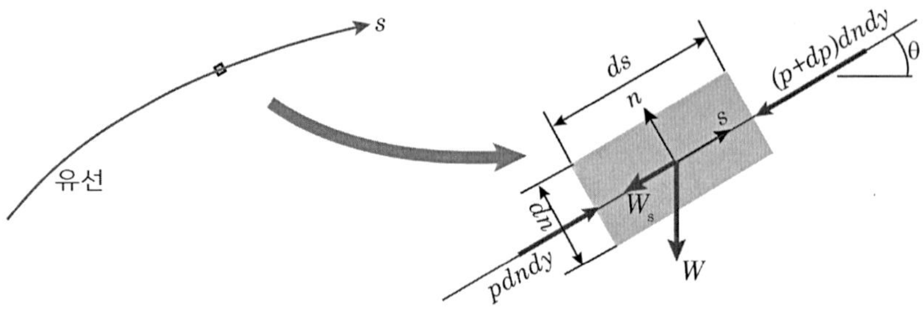

그림 4.7
유선상의 유체입자 및 자유물체도

보충설명 ◎ Bernoulli 방정식의 유도

그림 4.7과 같이 유선을 따라 흐르는 작은 유체입자를 고려한다. 오른쪽에는 작은 유체입자의 자유물체도를 확대하여 그림에 표시하고 있다. 유선방향으로의 좌표를 s라고 표시한다. **비점성(무마찰), 정상유동**에서 **유선을 따라** 흐르는 유체입자에 관한 속도와 압력은 다음과 같이 표시할 수 있다.

$$V = V(s)$$

$$p = p(s)$$

이 유체입자에 대하여 Newton의 운동 제2 법칙을 적용하면 다음과 같다.

$$F_s = ma_s \tag{4.20}$$

여기서 F_s는 작용하는 모든 힘의 s방향 성분의 합을 나타내고 a_s는 s방향의 가속도를 나타낸다.

$$a_s = \frac{dV}{dt} = \frac{dV}{ds}\frac{ds}{dt} = V\frac{dV}{ds} \tag{4.21}$$

유체입자에 작용하는 압력에 의한 유선방향의 힘은 다음과 같다.

$$F_{ps} = pdndy - (p+dp)\,dn\,dy = -dp\,dn\,dy \tag{4.22}$$

여기서 dy는 유체입자의 폭이고, 중력에 의한 유체입자의 무게의 유선방향 성분은

$$W_s = -\rho g \sin\theta\, ds\, dn\, dy \tag{4.23}$$

이다. 따라서 유체입자에 작용하는 힘과 가속도를 대입하여 정리하면 다음과 같은 운동방정식을 얻는다.

$$-\rho g ds \sin\theta - dp = \rho V dV \tag{4.24}$$

위의 식은 다음처럼 표시된다.

$$dp + \rho V dV + \rho g ds \sin\theta = 0$$

또한,

$$ds \sin\theta = dz$$

이므로, 앞의 식은 다음과 같이 표현된다.

$$dp + \rho V dV + \rho g dz = 0 \tag{4.25}$$

이 식은 다음과 같이 나타낼 수 있다.

$$\frac{dp}{\rho} + VdV + gdz = 0 \tag{4.26}$$

유선을 따라, 1지점과 2지점에 대하여 적분하면,

$$\int_1^2 \left(\frac{dp}{\rho} + VdV + gdz\right) = 0$$

이고, 다음과 같이 나타낼 수 있다.

$$\int_1^2 \frac{dp}{\rho} + \frac{V_2^2 - V_1^2}{2} + g(z_2 - z_1) = 0 \tag{4.27}$$

위의 식은 압축성 유체에 대해서도 성립한다.

비압축성유체에 대해서는 ρ가 일정하므로 적분하면,

$$\frac{p_2 - p_1}{\rho} + \frac{V_2^2 - V_1^2}{2} + g(z_2 - z_1) = 0$$

이고, 다음처럼 나타낼 수 있다.

$$p_1 + \frac{1}{2}\rho V_1^2 + \rho g z_1 = p_2 + \frac{1}{2}\rho V_2^2 + \rho g z_2 \tag{4.28a}$$

임의로 1점과 2점을 선택할 수 있으므로 다음과 같은 의미이다.

$$p + \frac{1}{2}\rho V^2 + \rho g z = \text{일정} \tag{4.28b}$$

예제 4.5 **(a) 고무호스에서 물이 5 m/s의 속도로 수직 위 방향으로 분출되고 있다. 최대상승 높이는 얼마인가? (b) 5 m/s의 속도로 45° 위 방향으로 분출되고 있다. 최대상승 높이는 얼마인가? 마찰은 무시하라.**

풀이

(a) Bernoulli 방정식은 다음과 같다.

$$p_1 + \frac{1}{2}\rho V_1^2 + \rho g z_1 = p_2 + \frac{1}{2}\rho V_2^2 + \rho g z_2$$

1, 2지점에서의 압력은 대기압으로 같고, 2지점에서의 속도는 0이다. 따라서

$$\frac{1}{2}\rho V_1^2 = \rho g z_2$$

이므로,

$$z_2 = \frac{V_1^2}{2g} = \frac{5^2}{(2)(9.8)} = 1.28\,\mathrm{m}$$

이다.

(b) 2지점에서 속도의 수직성분은 0이고, 마찰이 없으므로, 2지점에서의 수평속도는 원래 속도의 수평성분과 같고,

$$V_2 = V_1 \cos 45^\circ = 3.536\,\mathrm{m/s}$$

이다. 따라서

$$\frac{1}{2}\rho V_1^2 = \frac{1}{2}\rho V_2^2 + \rho g z_2$$

이므로,

$$z_2 = \frac{V_1^2}{2g} - \frac{V_2^2}{2g} = \frac{5^2 - 3.536^2}{(2)(9.8)} = 0.638\,\mathrm{m}$$

이다.

예제 4.6 (a) 그림과 같은 큰 용기에 물이 4 m의 높이로 차 있다. 관을 나가는 물의 속도를 구하라. 모든 마찰을 무시하라. (b) 만약 물의 높이가 8 m라면 물의 속도는 얼마인가?

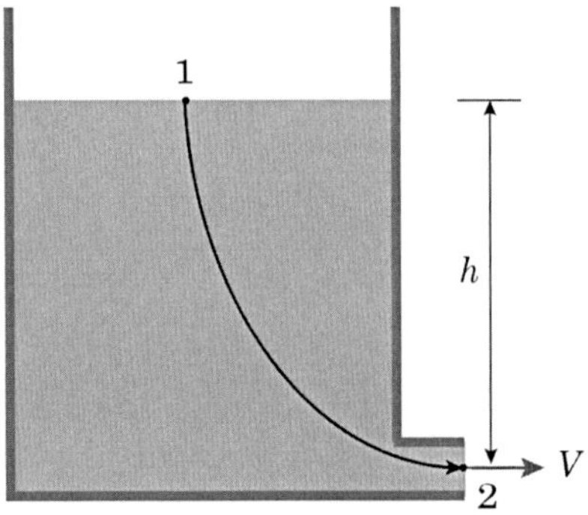

그림 E4.6

풀이

그림에 표시된 유선의 1,2점에 대해 Bernoulli 방정식을 적용한다.

$$p_1 + \frac{1}{2}\rho V_1^2 + \rho g z_1 = p_2 + \frac{1}{2}\rho V_2^2 + \rho g z_2$$

$p_1 = p_2 = p_{atm}$ 이고, $V_1 \ll V_2$이므로, V_1^2은 무시한다. 그러므로

$$\rho g z_1 = \frac{1}{2}\rho V_2^2 + \rho g z_2$$

이고, 따라서

$$V_2 = \sqrt{2g(z_1 - z_2)} = \sqrt{2gh}$$

이다.

(a) $h = 4$를 대입하면, $V_2 = \sqrt{(2)(9.8)(4)} = 8.85\,\mathrm{m/s}$ 이다.

(b) $h = 8$를 대입하면, $V_2 = \sqrt{(2)(9.8)(8)} = 12.52\,\mathrm{m/s}$ 이다.

보충설명

이 문제는 모든 마찰을 무시하였을 경우이다. 속도가 $\sqrt{h}$ 에 비례하므로 높이가 8 m일 때의 속도는 4 m일 때의 속도에 $\sqrt{2}$ 배 한, $8.85 \times \sqrt{2} = 12.52$ 으로 구할 수도 있다.

전압과 정체압

정압과 동압, 정수압의 합을 **전압**(전압력; total pressure)이라고 하고 p_t로 나타낸다.

✦ 전압 : 정압 + 동압 + 정수압
정체압 : 정압 + 동압
책에 따라 전압=정체압으로 사용하는 때도 있는데 옳지 못하다. 전체 유동이 같은 기준 높이에서 이루어질 때, 또는 위치에너지를 무시할 수 있는 기체의 유동에서만 유용한 표현이므로 정확한 표현이라 보기 어렵다.

$$p_t = p + \frac{1}{2}\rho V^2 + \rho g z \tag{4.29}$$

그림 4.8처럼 유체가 V의 속도로 움직이다가 물체를 만나면 물체의 끝부분에 속도가 0이 되는 점이 있고 이점을 **정체점**(stagnation point)이라고 한다. 1점에서의 속도와 압력을 각각 V와 p로 나타내고, 정체점 0점에서의 속도와 압력을 V_0, p_0라 하면, $V_0 = 0$이므로, 1점과 0점을 잇는 유선을 따르는 Bernoulli 방정식은 다음과 같다.

$$p + \frac{1}{2}\rho V^2 = p_0 \tag{4.30}$$

이때의 압력 p_0를 **정체압**(stagnation pressure)이라고 하며 정압과 동압의 합이다. 책에 따라 전압을 정체압과 같게 설명하는 때도 있는데, 같은 높이에서 유체의 흐름을 다룰 때나, 기체의 유동에서처럼 높이차에 의한 정수압의 차이가 무시될 때(즉, 정수압을 무시할 수 있을 때) 성립하는 표현이다.

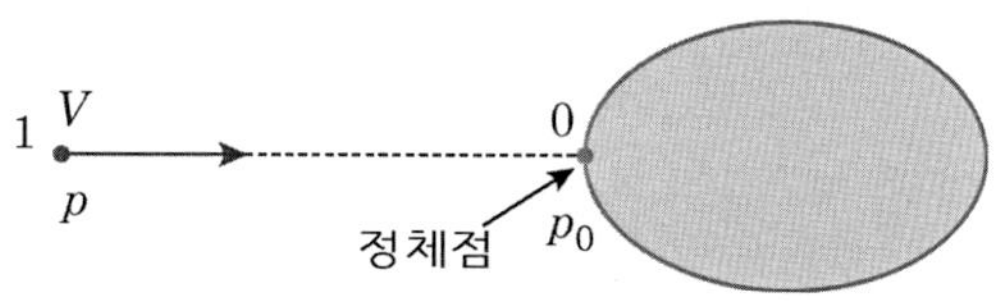

그림 4.8
정체점

예제 4.7 **기준 높이보다 4 m 높은 곳에서 10 m/s의 속도로 물이 흐르고 있을 때의 정압이 200 kPa 이라면, 이곳에서의 (a) 정체압은 얼마인가? (b) 전압은 얼마인가?**

풀이

(a) 정체압은 다음과 같다.

$$p_0 = p + \frac{1}{2}\rho V^2 = 200000 + \frac{1}{2}(1000)(10^2) = 250000\,\text{Pa} = 250\,\text{kPa}$$

(b) 전압은 다음과 같다.

$$p_t = p + \frac{1}{2}\rho V^2 + \rho g z = p_0 + \rho g z$$
$$= 250000 + (1000)(9.8)(4) = 289200\,\text{Pa} = 289\,\text{kPa}$$

4.5.2 Bernoulli 방정식의 응용

Pitot관

✦ Pitot : 피토

유체가 흐르는 곳에서의 정체압을 측정하고, Bernoulli 방정식을 이용하여 흐르는 유체의 국소(local) 유속을 측정할 수 있으며, 이러한 장치로는 Pitot관과 Pitot정압관이 있다.

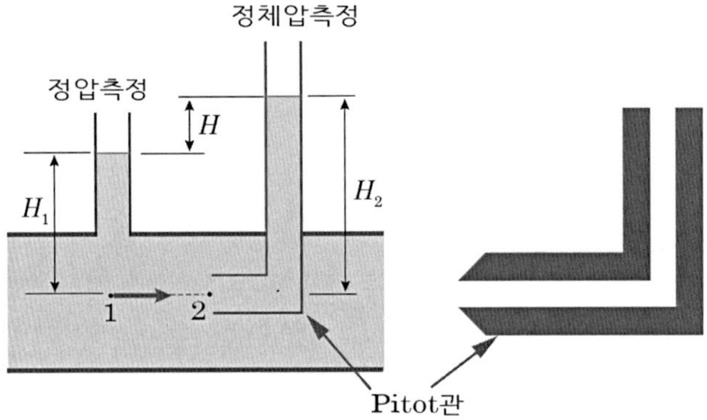

그림 4.9
Pitot관과 정체압 측정

그림 4.9의 오른쪽에 표시된 관이 Pitot관으로 관의 입구가 유동에 수직으로 되어 있어, 관의 입구에서 유체의 속도는 0이고 이곳에서의 압력은 정체압이다. Pitot관을 이용하여 정체압을 측정할 수 있다. 그림에서 유동에 수직으로 연결된 관에서는 정압을 측정하고, $V_2 = 0$이므로 2점에서의 압력은 정체압이고 $p_2 = p_0$이다. 따라서 식 (4.30)이 성립하고 다시 나타내면 다음과 같다.

$$p_1 + \frac{1}{2}\rho V_1^2 = p_0 \quad \Rightarrow \quad p_0 - p_1 = \frac{1}{2}\rho V_1^2$$

그림 4.9에서 두 연결관이 모두 대기에 노출된 경우, 압력차 $p_0 - p_1$은 유체의 높이차 H를 측정하여 다음처럼 구할 수 있다.

$$p_0 - p_1 = \rho g H$$

앞의 두 식을 같게 두면, 1점에서의 속도 V_1을 다음처럼 구할 수 있다.

$$V_1 = \sqrt{2gH} \tag{4.31}$$

Pitot관은 정체압을 측정하여 결과적으로 국소 유속을 측정하는 장치이다. 수면이 대기 중에 노출되어 흐르는 경우는 Pitot관만을 사용하여 유체의 국소 속도를 계산할 수 있으며, 연습문제에서 이것에 대해 다룬다.

Pitot-정압관

그림 4.9와 같이 별도의 관을 사용하여 정압과 정체압을 측정하지 않고, 하나의 장치에서 정압과 정체압을 동시에 측정하도록 고안한 장치가 Pitot-정압관(Pitot-static tube)이고 그림 4.10에 나타내고 있으며, 전체적으로 이중 원형관이 90°로 굽은 형태를 가지며, 0지점에서 정체압을 측정하고, 1지점에서 정압을 측정한다. 두 압력 사이의 관계는 다음과 같다.

$$p_1 + \frac{1}{2}\rho V_1^2 = p_0$$

따라서

$$V_1 = \sqrt{\frac{2(p_0 - p_1)}{\rho}} = \sqrt{\frac{2\Delta p}{\rho}} \tag{4.32}$$

로 속도를 구할 수 있다. Pitot-정압관은 정압과 정체압을 동시에 측정하여 결과적으로 국소 유속을 측정하는 장치이다.

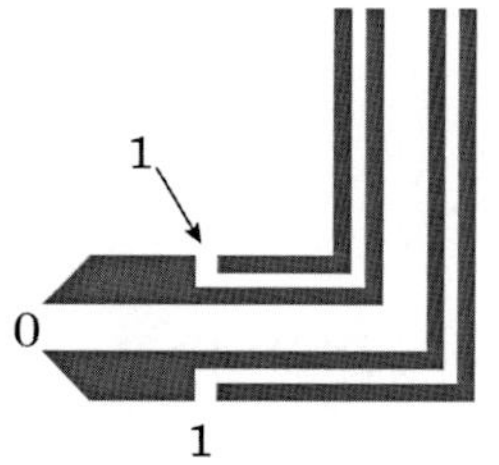

그림 4.10
Pitot정압관

예제 4.8 그림 4.9에서 유체가 흐르고 있고, 두 연결관이 모두 대기에 노출되어 있으며 H가 20 cm일 때, (a) 유체가 물일 때, (b) 유체가 비중이 0.8일 때, 1점에서의 속도를 구하라.

풀이

식 (4.31)으로부터 (a) 및 (b)의 답은 모두

$$V_1 = \sqrt{2gH} = \sqrt{(2)(9.8)(0.2)} = 1.98 \text{ m/s}$$

이다.

보충설명

밀도나 비중과 무관한 식이므로 흐르는 유체의 종류와는 상관없이 속도는 오직 H에 따라 달라진다. 따라서 유체의 종류와 상관없이 1점에서의 속도는 1.98 m/s로 같다.

예제 4.9 Pitot-정압관으로 측정한 두 압력차가 20 kPa이다. (a) 공기가 흐를 때, (b) 물이 흐를 때 속도를 구하라. 공기의 밀도는 1.23 kg/m^{3}이다.

풀이

식 (4.32)에 의해 유체의 속도를 구할 수 있다.

(a) 공기

$$V = \sqrt{\frac{2\Delta p}{\rho}} = \sqrt{\frac{(2)(20000)}{1.23}} = 180 \text{m/s}$$

(b) 물

$$V = \sqrt{\frac{2\Delta p}{\rho}} = \sqrt{\frac{(2)(20000)}{1000}} = 6.32 \text{m/s}$$

보충설명

압력차를 식에 대입할 때, 압력에 대한 SI단위를 사용하여 20000Pa을 사용하여야 한다. 그러면 계산 결과에 속도의 SI단위인 m/s를 붙이면 된다. 공기와 물의 밀도 차이가 크게 나기 때문에 같은 압력차에 대해 속도는 크게 달라진다.

유량 측정

Bernoulli 방정식을 이용하여 관의 유동에서 유량을 측정할 수 있다. **체적유량**(volume flow rate) Q와 **질량유량**(mass flow rate) $\dot{m}$을 다음과 같이 정의한다.

$$Q = AV, \quad \dot{m} = \rho AV \tag{4.33}$$

여기서 A는 관의 단면적이고, V는 평균속도 또는 균일한 속도이고 ρ는 밀도를 나타낸다. 체적유량은 단위시간당 단면적을 통과하는 유체의 체적을 나타내고 단위는 m^3/s이다. 질량유량은 단위시간당 단면적을 통과하는 유체의 질량을 나타내고 단위는 kg/s이다.

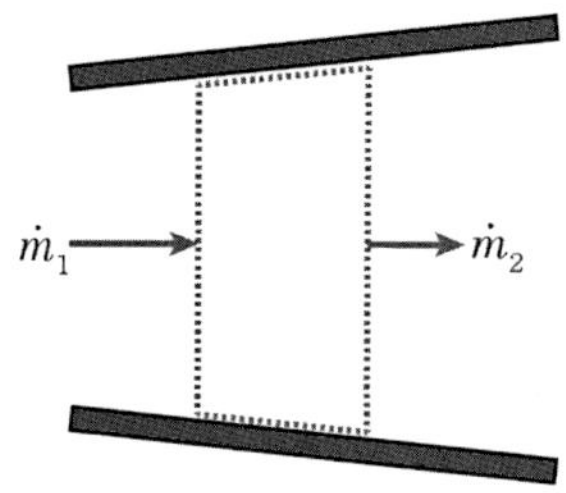

그림 4.11
단면적이 변하는 관에서의 1차원 유동

그림 4.11에서 단면적이 변하는 관에서 정상유동일 때 1지점과 2지점 사이의 유체의 질량은 늘어나지도 줄지도 않고 일정하게 유지되므로 1지점에서의 질량유량과 2지점에서의 질량유량은 같아야 하고 다음처럼 나타낼 수 있다.

$$\dot{m}_1 = \dot{m}_2 \quad \leftrightarrows \quad \rho_1 A_1 V_1 = \rho_2 A_2 V_2 \tag{4.34}$$

밀도가 일정한 비압축성 유동에서는 $\rho_1 = \rho_2$ 이므로, 다음이 성립한다.

$$Q_1 = Q_2 \quad \leftrightarrows \quad A_1 V_1 = A_2 V_2 \tag{4.35}$$

식 (3.34)는 질량보존을 나타내고 **연속방정식**(continuity equation)의 일종이다. 연속방정식에 대해서는 5장에서 보다 자세히 설명한다.

Bernoulli 방정식을 이용하여 유량을 구하는 대표적인 것이 **벤튜리 유량계**(venturi meter)이다. 이외에 노즐 유량계, 오리피스 유량계 등이 있으며 원리 및 구하는 식의 형태는 거의 같다. 그림 4.12에 벤튜리 유량계를 보여주고 있으며, 관의 중간에 연결하여 유량을 측정하는 장치이다. 벤튜리의 중앙 부분의 단면적이 가장 작은 부분이 목(throat)이다. 유동 손실을 무시하고, 1점과 2점 사이에 Bernoulli 방정식과 연속방정식을 이용하여 목 부분의 평균속도를 구하여 유량을 다음과 같이 구한다.

- Bernoulli 방정식 : $p_1 + \frac{1}{2}\rho V_1^2 = p_2 + \frac{1}{2}\rho V_2^2$
- 연속방정식 : $A_1 V_1 = A_2 V_2 \Rightarrow V_1 = \frac{A_2}{A_1} V_2 = \left(\frac{d}{D}\right)^2 V_2$

위의 두 식으로부터 다음과 같이 목에서의 이론적인 속도를 구할 수 있다.

$$V_2 = \sqrt{\frac{2(p_1 - p_2)}{\rho\left[1 - (A_2/A_1)^2\right]}} = \sqrt{\frac{2(p_1 - p_2)}{\rho\left[1 - (d/D)^4\right]}} \tag{4.36}$$

위의 속도를 이용하여 구하는 이론적인 유량 Q_{th}는 $A_2 V_2$이므로 다음과 같다.

✦ 아래 첨자 th : theoretical (이론적인)

$$Q_{\mathrm{th}} = A_2\sqrt{\frac{2(p_1 - p_2)}{\rho\left[1 - (A_2/A_1)^2\right]}} = A_2\sqrt{\frac{2(p_1 - p_2)}{\rho\left[1 - (d/D)^4\right]}} \tag{4.37}$$

실제 유량 Q_{actual}은 약간의 마찰손실을 포함하고 있으므로 마찰을 무시한 이론적인 유량과 차이가 나고 다음처럼 구할 수 있다.

$$Q_{\mathrm{actual}} = C_{\mathrm{d}}A_2\sqrt{\frac{2(p_1 - p_2)}{\rho\left[1 - (A_2/A_1)^2\right]}} = C_{\mathrm{d}}A_2\sqrt{\frac{2(p_1 - p_2)}{\rho\left[1 - (d/D)^4\right]}} \tag{4.38}$$

여기서 C_{d}는 벤튜리의 **송출계수**(유량계수; discharge coefficient)이고 대부분의 난류유동에서는 1에 가깝다. 식에서의 기호는 다음과 같고 그림에서 확인할 수 있다.

- A_1 : 관의 단면적
- D : 관의 지름
- A_2 : 목의 단면적
- d : 목의 지름

압력차 $p_1 - p_2$는 그림에서 보듯이 게이지액체(계기액체; gage liquid)의 높이차를 측정하여 구할 수 있다.

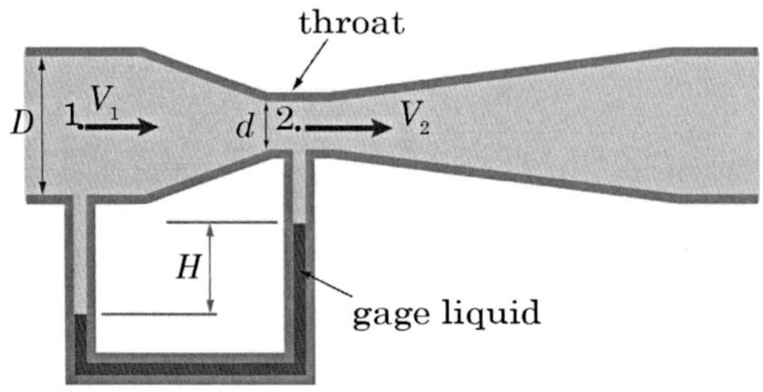

그림 4.12
벤튜리 유량계

예제 4.10 다음 그림의 벤튜리에서 D = 20 cm, d = 10 cm, H = 30 cm이고 벤튜리의 송출계수(유량계수)가 0.95일 때, 유량은 얼마인가?

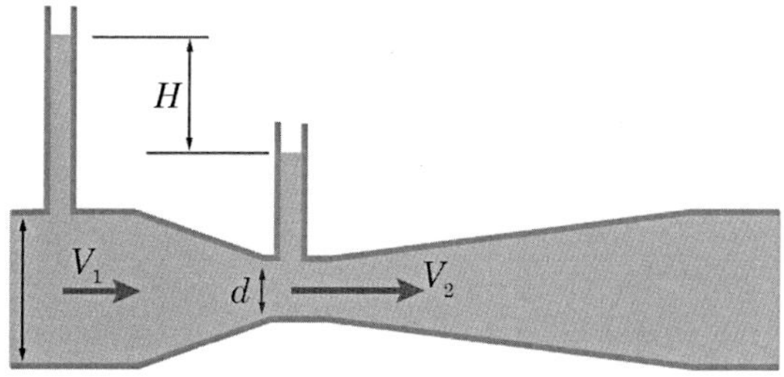

그림 E4.10
벤튜리 유량계

풀이

유동 손실을 무시하고, 1점과 2점 사이에 Bernoulli 방정식과 연속방정식을 이용하여 목 부분의 평균속도를 구하여 유량을 구하면 식 (4.38)이다.

$$Q_{\text{actual}} = C_{\text{d}} A_2 \sqrt{\frac{2(p_1 - p_2)}{\rho[1-(d/D)^4]}}$$

그리고

$$p_1 - p_2 = \rho g H$$

이므로 대입하면, 다음과 같다.

$$Q_{\text{actual}} = C_{\text{d}} \frac{\pi d^2}{4} \sqrt{\frac{2gH}{1-(d/D)^4}} = (0.95)\frac{(\pi)(0.1^2)}{4}\sqrt{\frac{2(9.81)(0.3)}{1-(0.5)^4}} = 0.0187 \text{ m}^3\text{/s}$$

4.5.3 수력기울기선, 에너지선

식 (4.19)를 ρg로 나누어 다음과 같이 Bernoulli 방정식을 나타낼 수도 있다.

$$\frac{p}{\rho g} + \frac{V^2}{2g} + z = h_{\text{t}} = \text{일정} \tag{4.39}$$

위 식의 각 항은 길이 차원을 가지며 다음과 같이 정의한다.

- **압력수두**(pressure head): $\dfrac{p}{\rho g}$를 압력수두 또는 압력헤드라고 하며, 압력을 유체의 높이로 나타낸 것이다. 또는 **정압수두**(static pressure head)라고도 한다.
- **속도수두**(velocity head): $\dfrac{V^2}{2g}$을 속도수두라고 하며, 유체의 속도에너지를 유체의 높이로 나타낸 것이다.

✦ head : 수두(水頭) 또는 헤드라고 하며 액체의 높이를 나타낸다.

- **위치수두**(elevation head): z를 위치수두라고 하며, 유체의 높이를 나타내고 유체가 가지는 위치에너지를 나타낸다.
- **전수두**(total head): $h_t = \dfrac{p}{\rho g} + \dfrac{V^2}{2g} + z$를 전수두라고 하며 압력수두, 속도수두 및 위치수두의 합이다.
- **피에조미터수두**(piezometric head): $\dfrac{p}{\rho g} + z$를 피에조미터수두라 하고, 압력수두와 위치수두의 합이다. 유체가 흐르는 위치에 피에조미터를 설치했을 때 피에조미터에 액체가 올라가는 부분까지의 높이를 나타낸다.

식 (4.39)의 각 항은 길이 차원을 가지기 때문에 액체의 높이로 나타낼 수 있다. 식 (4.39)는 **마찰이 없는 정상, 비압축유동**의 경우, 전수두는 **유선을 따라서** 일정하다는 것을 나타낸다. 유동의 흐름에서 이와 같은 전수두를 선으로 나타낸 것이 **에너지선**(Energy Line; EL) 또는 에너지기울기선(Energy Grade Line; EGL)이고 피에조미터수두를 연결한 선을 **수력기울기선**(Hydraulic Grade Line; HGL)이라고 한다. 그림 4.13에 에너지선과 수력기울기선을 나타내고 있다.

✦수력기울기선을 책에 따라 수력구배선이라고도 한다.

마찰이 없는 경우에는 전수두는 일정하고, 그림처럼 에너지선은 수평이다. 압력수두와 위치수두의 합인 피에조미터수두는 총수두에서 속도수두를 뺀 것이고, 이것을 높이로 나타낸 것이 수력기울기선이다. 만약 그림에서 유체의 진행 방향으로 관의 지름이 점차 커진다면 수력기울기선은 어떻게 될까 생각해 보라. 유체의 진행 방향으로 속도가 작아지고, 따라서 속도수두는 점차 작아지고, 에너지선은 일정하므로, 일정한 에너지선에서 속도수두를 뺀 수력기울기선은 높아진다.

마찰손실이 있다면 전수두는 일정하지 않아, 에너지선은 수평이지 않고 유동이 진행하는 방향으로 에너지선은 낮아지게 된다.

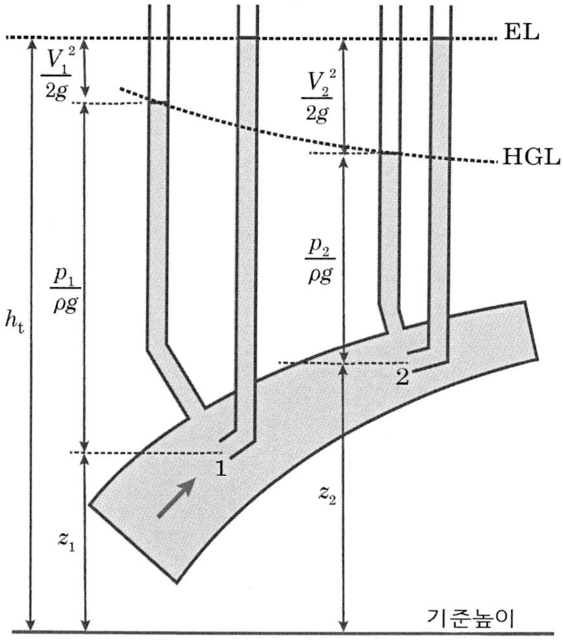

그림 4.13
에너지선과 수력기울기선

4장 연습 문제

4.1 어떤 2차원 유동장에서 x방향 속도 $u = t + Axy$ 이고 y방향 속도 $v = Bx + Cy$로 주어져 있다. 가속도 a_x와 a_y를 구하라. *A, B, C*는 상수이다.

4.2 비정상 상태일 때는 유선, 유적선, 유맥선이 모두 다르고, 정상상태일 때는 모두 같은가?

4.3 유선의 정의식을 적어라.

4.4 유선의 방정식이 $xy = 1$로 주어질 때, $x = 2$, $y = 0.5$인 곳에서의 유선의 기울기는 얼마인가?

4.5 속도분포가 $u = 3xy^2$, $v = -y^3$으로 주어진다. 유선의 방정식을 구하라.

4.6 베르누이 방정식을 적용할 수 있는 조건을 모두 나타내어라.

4.7 고무 호스에서 물이 수직 상방향으로 분출되고 있다. 물이 올라간 최대상승높이가 1m 일 때 고무 호스에서 분출되는 물의 속도는 얼마인가? 마찰은 무시하라.

4.8 고무 호스에서 물이 수직 상방향으로 분출되고 있다. 분출되는 물의 속도가 2 m/s일 때와 4 m/s일 때 물이 올라간 최대상승높이의 비는 얼마인가? 모든 손실은 무시하라.

4.9 고무 호스에서 물이 V의 속도로 수직 위 방향으로 분출되고 있다. 물이 H만큼 올라갔을 때 물의 속도가 원래 속도의 반이 되었다면, V와 H의 관계식을 구하라.

4.10 그림 P4.10에서 물이 나가는 속도가 V일 때, 물이 나가는 속도가 $2V$가 되려면 높이는 몇 배가 되어야 하는가?

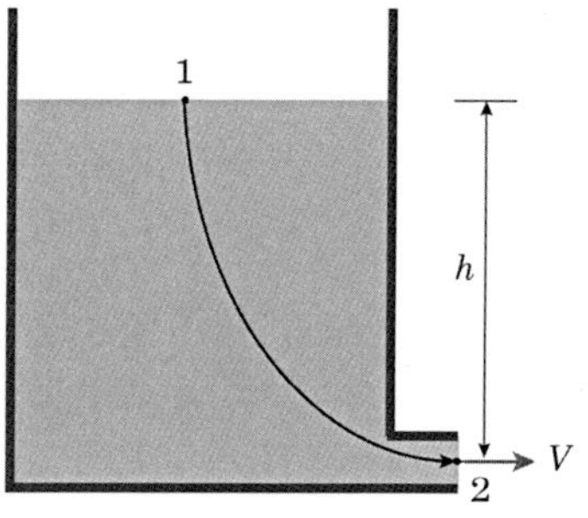

그림 P4.10

4.11 그림 P4.11에서 물이 구멍을 통하여 분출될 때 L을 구하는 식을 구하라. 단, 모든 손실은 무시하라.

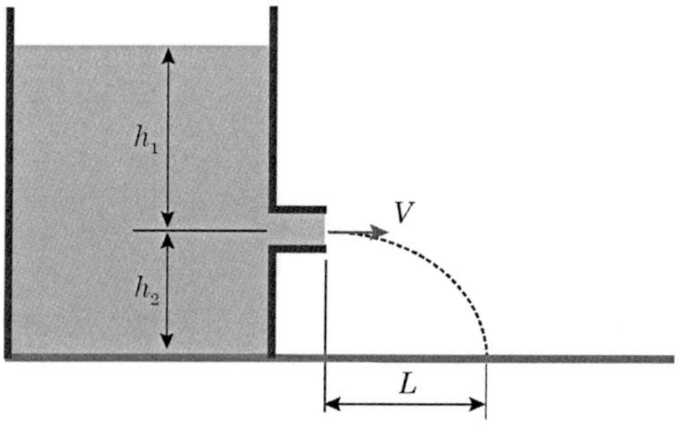

그림 P4.11

4.12 그림 P4.12처럼 단면적이 아주 큰 탱크에서 밀도가 ρ_1, ρ_2인 두 액체가 층을 이루고 있을 때, 아래에서 액체가 분출되는 속도를 구하는 식은? 단, 모든 손실은 무시하라.

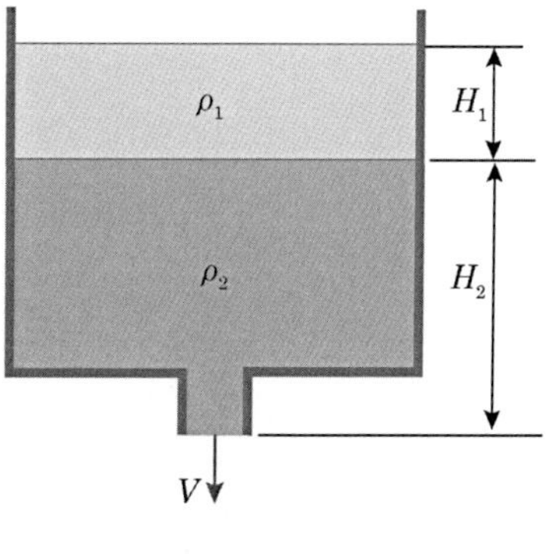

그림 P4.12

4.13 어떤 곳에서 흐르는 물의 압력(정압)이 200 kPa이고, 정체압이 210 kPa 일 때, 물의 속도는 얼마인가?

4.14 비중이 0.9인 액체가 흐르는 곳에서 피토정압관으로 측정한 두 압력차가 10 kPa이다. 액체의 속도는 얼마인가?

4.15 그림 P4.15처럼 아주 큰 탱크에서 사이펀을 통하여 물이 흐르고 있다. 물의 속도를 구하는 식은? 모든 손실은 무시하라.

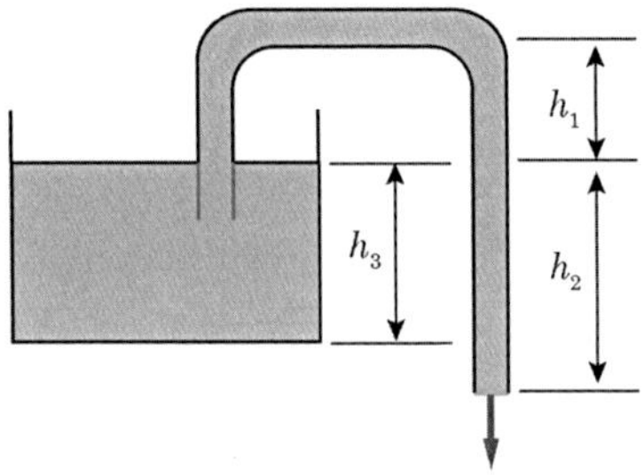

그림 P34.15

4.16 지름이 변하는 원형관에서 높이가 2 m인 한 지점에서 지름은 40 cm이고, 그 곳에서 물의 속도가 2 m/s이고 압력이 200 kPa이다. 높이가 2.2 m인 다른 지점에서 원형관의 지름이 20 cm라면 이 곳에서의 압력은 얼마인가? 단, 모든 마찰 손실은 무시하라.

4.17 그림 P4.17처럼 깊이 h인 곳에서 물이 흐르는 속도 V를 구하는 식을 나타내어라.

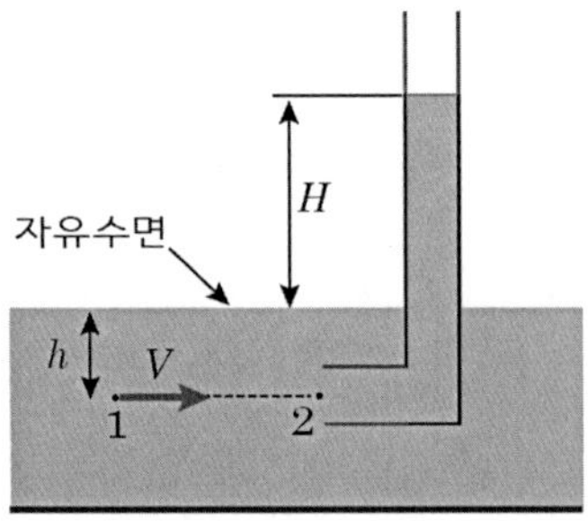

그림 P4.17

4.18 다음 베르누이 방정식에서 각각의 항의 차원은 무엇인가?

$$p+\frac{1}{2}\rho V^2+\rho g z=\text{일정}$$

4.19 고무 호스에서 물이 V의 속도로 수직 상방향으로 분출되고 있다. 물이 원래 속도의 반이 되는 높이를 구하는 식을 구하라.

4.20 고무 호스에서 물이 4 m/s의 속도로 수평에 대해 60° 상방향으로 분출되고 있다. 최대 상승높이는 얼마인가? 마찰은 무시하라.

4.21 그림 P4.21처럼 큰 탱크에서 지름이 D인 원형의 구멍을 통하여 분출될 때 물줄기는 점차 가늘어 진다. 물줄기의 지름 d를 H, h, D의 함수 형태로 나타내어라. 단, 모든 손실은 무시하고 물줄기의 단면은 완전한 원형으로 가정하라.

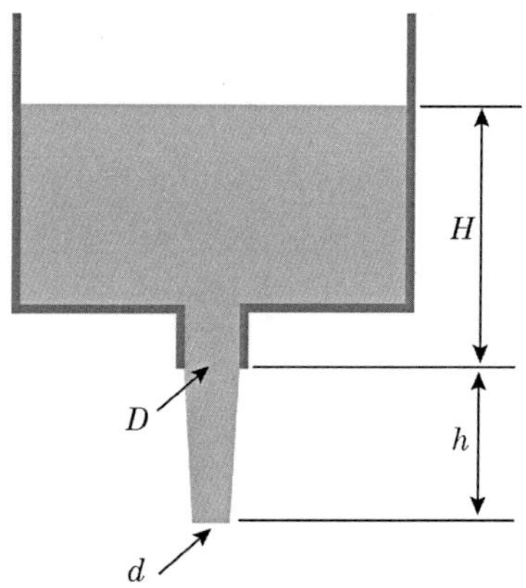

그림 P4.21

4.22 그림 P4.22처럼 지름이 d인 물 제트가 수직 상방향으로 분출되어 지름이 D인 원형 판에 부딪혀 사방으로 균일한 속도로 퍼져 나간다. H와 물제트의 속도 V의 관계식을 구하라. 단, 모든 마찰은 무시하고, 필요하다면 $H \gg h$라고 생각하라.

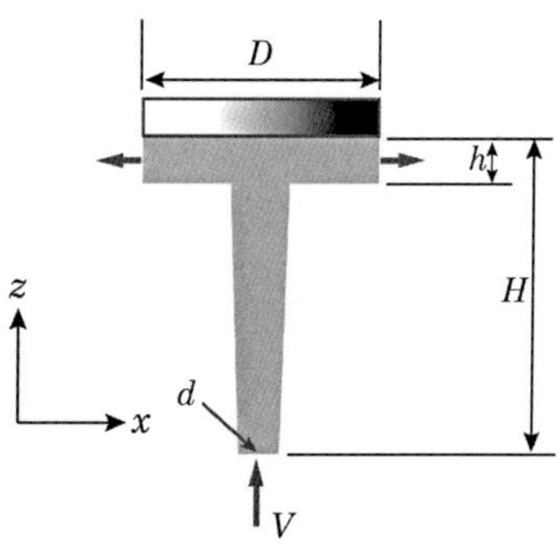

그림 P4.22

4.23 그림 P4.23처럼 수평에 대하여 $\theta = 15°$ 의 각도로 오른쪽으로 기울어진 원형관의 끝에 노즐이 부착되어 있다. 노즐은 대기에 노출되어 있고, 노즐 끝에서의 분출 속도는 9 m/s이다. 관의 지름은 30 cm이고 노즐 출구(2 지점)에서의 지름은 10 cm이다. 1 지점과 2 지점사이의 거리 L = 1 m 일 때, 1 지점에서의 압력은 얼마인가? 단, 모든 마찰 손실은 무시하라.

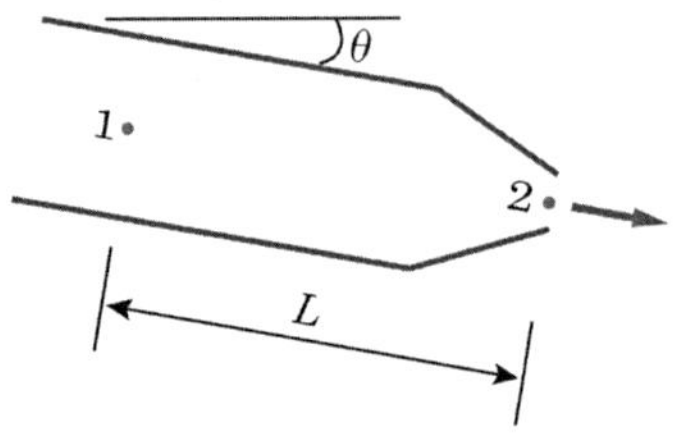

그림 P4.23

4.24 그림 P4.24처럼 밀도가 ρ_1 인 유체가 흐르고 있고, 밀도가 ρ_2 인 유체를 이용하여 압력차를 측정하고 있다. (a) 1점과 2점에서의 압력차 Δp를 구하라. (b) 1점에서의 유체의 속도 V를 구하라.

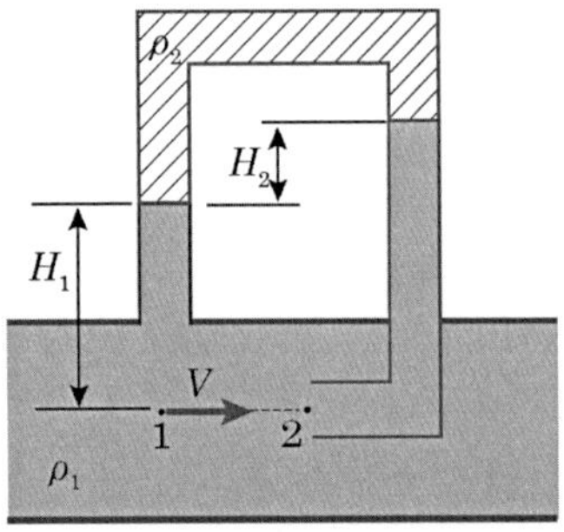

그림 P4.24

4.25 연습문제 4.24에서 밀도가 ρ_1 인 유체의 비중이 1.2, 밀도가 ρ_2 인 유체의 비중이 0.9이고, H_1= 40 cm, H_2= 20 cm일 때,

(a) 1점과 2점에서의 압력차 Δp를 구하라.

(b) 1점에서의 유체의 속도 V를 계산하라.

4.26 그림 P4.26의 벤튜리 유량계에 비중 0.9인 유체가 흐른다. 계기액체(gage liquid)의 비중은 3.0이다. D = 20 cm, d = 10 cm, H = 40 cm이고 벤튜리 유량계의 송출

계수(유량계수)가 0.95일 때, 유량은 얼마인가?

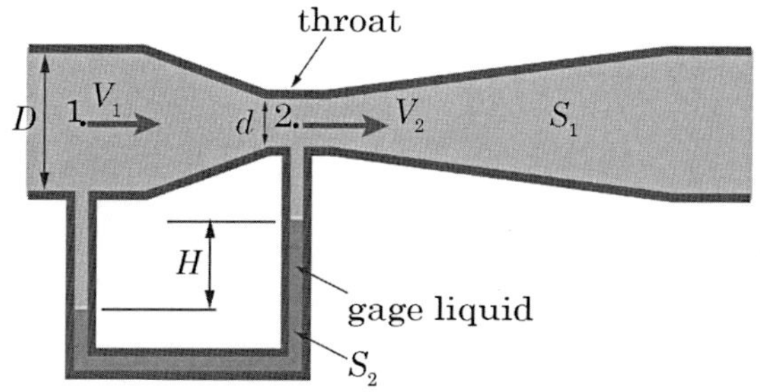

그림 P4.26

4.27 그림 P4.27의 벤튜리에서 D = 20 cm, d = 10 cm, H = 30 cm이고 벤튜리의 송출계수(유량계수)가 0.95일 때, 유량은 얼마인가?

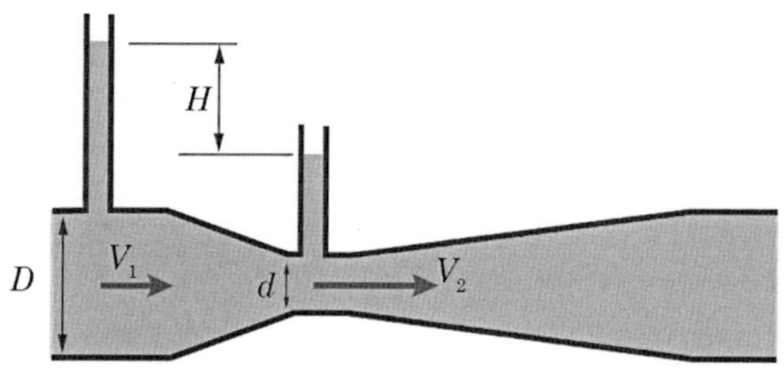

그림 P4.27

4.28 그림 P4.28의 노즐 유량계에 물이 흐른다. 계기액체(gage liquid)의 비중은 2.5이다. D = 30 cm, d = 20 cm, H = 10 cm이고 노즐 유량계의 송출계수(유량계수)가 0.92일 때, 유량은 얼마인가?

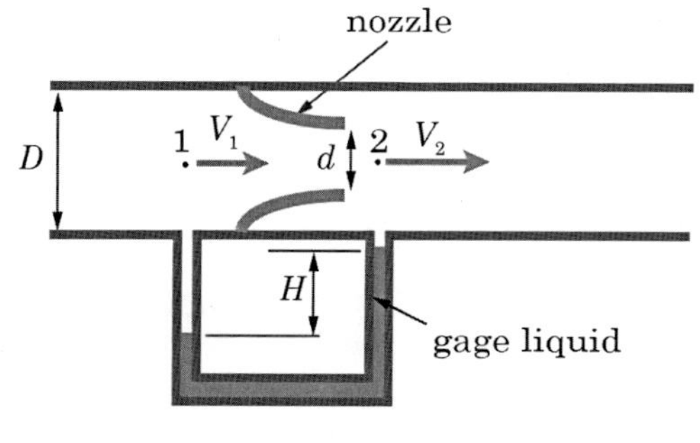

그림 P4.28

CHAPTER 05

유한 검사체적 해석 – 연속방정식, 에너지 방정식

학습목표

이 장의 학습 및 강의 목표는 다음과 같은 사항을 학생들이 완전하게 이해하는 것이다.

- 시스템과 검사체적의 차이.
- Reynolds 수송정리.
- 유한 검사체적에 대한 연속방정식.
- 유한 검사체적에 대한 에너지 방정식.

5.1 서론

이 장에서는 시스템과 검사체적에 대한 차이점에 대하여 설명한다. 그리고 시스템에 대한 물리적인 관계식을 검사체적에 대한 물리적인 관계식으로 바꾸어 주는 Reynolds 수송정리에 대하여 설명한다. 아주 미소하게 작지는 않은 어느 정도의 크기를 가지는 유한 검사체적에 대한 질량보존과 에너지 보존을 적용한 연속방정식과 에너지 방정식에 대하여 설명한다.

5.2 시스템과 검사체적

앞에서 유체의 유동을 기술하는 방법으로 Lagrange 기술과 Euler 기술 두 가지 방법이 있다고 설명하였다. 이와 연관하여 시스템과 검사체적의 두 가지 개념을 설명한다.

시스템(system)은 관심의 대상이 되는 일정 질량의 유체를 의미한다. 열역학에서의 밀폐계(closed system)를 유체역학에서는 단순히 시스템(또는 계)이라고 한다. 일반적으로 유체가 흘러가면서 시스템의 형태는 바뀌면서 이동하게 된다. 시스템적 해석은 Lagrange 기술을 이용한 것이다.

검사체적(control volume)은 열역학에서의 개방계(open system)를 의미하며, 관심의 대상이 되는 공간상의 주어진 부분을 나타낸다. 강물의 속도를 측정한다고 할 때, 관심 대상이 되는(측정하고자 하는) 공간이 검사체적이다. 검사체적의 표면을 통하여 유체가 유입되고 유출될 수 있고, 검사체적 밖의 유체는 관심 대상이 아니다. 검사체적 해석은 Euler 기술을 이용하는 것이고, 유체역학에서는 검사체적을 설정하여 해석하는 방법을 주로 사용한다.

그림 5.1에 점선으로 표시한 부분이 관심의 대상이 되는 검사체적이고, 실선으로 표시한 부분이 시스템이며 일정한 질량을 가진다. 유체역학에서 시스템은 시간이 지남에 따라 보통 이동하고 검사체적은 정지한 경우가 대부분이지만, 검사체적이 이동할 수도 변형될 수도 있다. 비행기의 제트 엔진이 검사체적일 때, 검사체적은 움직인다. 풍선을 검사체적으로 삼으면, 풍선 안의 공기가 빠져나갈 때, 검사체적(풍선)의 모양은 시간이 지남에 따라 변하게 된다.

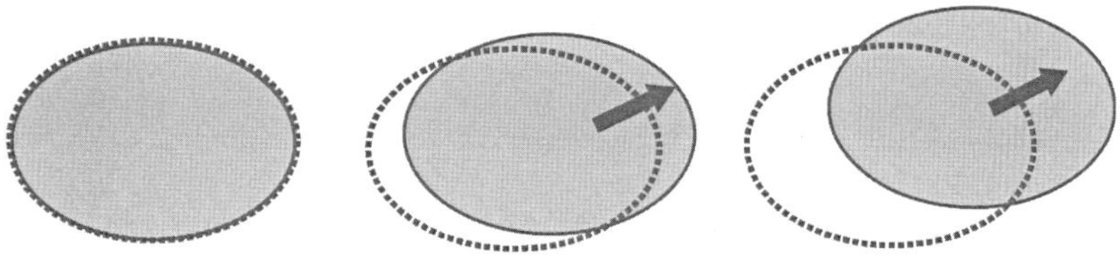

그림 5.1
검사체적과 시스템

5.3 유량 및 물리량의 유동률

유체역학에서는 검사체적을 설정하여 해석하는 방법을 주로 사용하기 때문에 검사체적의 표면을 통하여 유체가 들어오거나 나간다. 표면을 통해 유동하는 질량 및 물리량을 어떻게 계산하는지를 알아야 유동 문제를 해석할 수 있다. 단위시간 동안 어떤 면적을 흐르는 체적을 **체적유량**(volume flow rate)이라 하고 일반적으로 체적유량을 단순히 **유량**(flow rate)이라 하고 보통 Q로 나타낸다. 속도가 균일한 경우 유량을 구하는 식을 구하는 것이 가장 간단하고 이해하기 쉽다.

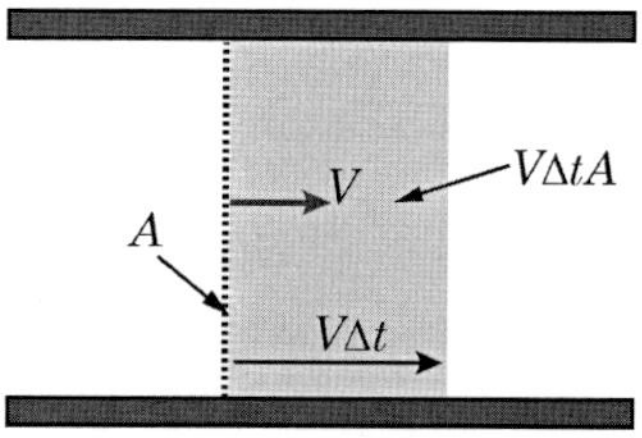

그림 5.2
Δt 시간 동안 어떤 면적을 통과한 유체의 체적

균일한 속도 및 성질

흐르는 단면 전체에서 속도, 밀도 등의 물리적인 성질이 균일할 때를 생각하자. 그림 5.2의 면적이 A인 단면을 통해 단면에 수직인 균일한 속도 V로 유체가 흐르는 경우, Δt 시간 동안 유체가 이동한 거리는 $V\Delta t$이므로 단면을 통과한 유체의 체적 $\Delta \forall$는 다음과 같다.

✦ V : 속도
$\forall$: 체적

$$\Delta \forall = V\Delta tA \tag{5.1}$$

단위시간 동안 어떤 면적을 흐르는 체적으로 체적유량을 정의하므로, 체적유량은 다음처럼 나타낼 수 있다.

$$Q = \lim_{\Delta t \to 0} \frac{\Delta V}{\Delta t} = \lim_{\Delta t \to 0} \frac{V \Delta t A}{\Delta t} = VA \tag{5.2}$$

즉, 면적에 수직인 균일한 속도 V로 유동할 때 유량은 속도에 면적을 곱하면 된다. 유량의 단위는 m^3/s이다. 위 식은 면적에 수직인 균일한 속도 V로 유동할 때 유량을 구하는 식이지만, 속도 V가 평균속도일 때도 위의 식으로 유량을 구하면 된다.

단위시간 동안 어떤 면적을 흐르는 질량을 **질량유량**(mass flow rate)이라 하고 보통 $\dot{m}$으로 나타낸다. Δt 시간 동안 단면을 통과한 유체의 질량 Δm은 체적에 밀도를 곱하면 되므로 다음과 같다.

$$\Delta m = \rho \Delta V = \rho V \Delta t A \tag{5.3}$$

체적유량과 비슷하게 질량유량 $\dot{m}$을 수식으로는 다음처럼 정의한다.

$$\dot{m} = \lim_{\Delta t \to 0} \frac{\Delta m}{\Delta t} = \lim_{\Delta t \to 0} \frac{\rho V \Delta t A}{\Delta t} = \rho VA = \rho Q \tag{5.4}$$

즉, 면적에 수직인 균일한 속도 V로 유동하고 밀도도 면적 전체에서 균일할 때, 질량유량은 체적유량에 밀도를 곱하면 된다. 질량유량의 단위는 kg/s이다.

✦ B : 종량적 성질 또는 물리량
b : 단위질량당 물리량으로 결과적으로 강성적(intensive) 물리량이다.

일반적으로 질량에 따라 달라지는 어떤 종량적(extensive) 성질 또는 물리량을 B로 나타내면, 단위시간 동안 어떤 면적을 흐르는 물리량을 이 물리량의 유동률이라 하고 $\dot{B}$으로 나타내면, 유량 및 질량유량과 비슷한 방법으로 구할 수 있다. 종량성(extensive) 성질 또는 물리량으로는 질량, 에너지, 운동량 등이 있다. 단위질량당 물리량을 b로 나타내면, Δt 시간 동안 단면을 통과한 물리량 ΔB는 질량에 b를 곱하면 되므로 다음과 같다.

$$\Delta B = b \Delta m = b \rho V \Delta t A \tag{5.5}$$

물리량의 유동률 $\dot{B}$을 수식으로는 다음처럼 정의한다.

$$\dot{B} = \lim_{\Delta t \to 0} \frac{\Delta B}{\Delta t} = \lim_{\Delta t \to 0} \frac{b \rho V \Delta t A}{\Delta t} = b \rho VA = \dot{m} b \tag{5.6}$$

즉, 면적에 수직인 균일한 속도 V로 유동하고 밀도와 b도 면적 전체에서 균일할 때, 물리량의 유동률은 단위질량당 물리량인 b에 질량유량을 곱하면 된다.

균일하지 않은 속도 및 성질

속도, 밀도 등의 물리적인 성질이 흐르는 단면 전체에서 균일하지 않은 일반적일 때의 유량 및 물리량의 유동률을 그림 5.3을 이용하여 구할 수 있다. 그림 5.3(a)의 면적이 A인 단면을 통한 유동에서 속도의 방향 및 크기가 균일하지 않을 때는 일반적으로 적분하여 구하여야 한다. 그림 5.3(a)의 미소 면적 dA를 통과하는 유량을 살펴보기 위하여, 그림 5.3(b)에 미소 면적 dA를 확대하여 Δt 시간 동안 미소 면적 dA를 통과한 체적을 나타내고, 5.3(c)에 미소 면적 dA에서의 속도벡터 및 성분을 나타내고 있다. 그림에서 V는 속도벡터의 크기이다. 즉, $V = |\mathbf{v}|$이다. 그림 5.3(b)에서 보듯이 Δt 시간 동안 dA를 통과한 유체의 체적은 ABCD의 체적이다. 그림에서 보듯이 이 체적은 ABDE의 체적과 같고, 따라서 미소 면적dA를 통과한 유체의 미소 체적 $d\mathcal{V}$는 다음과 같다.

$$d\mathcal{V} = V_{\mathrm{n}} \Delta t \, dA \tag{5.7}$$

V_{n}은 그림 5.3(c)에 나타내고 있는 것처럼 단면에 수직한 속도성분의 크기(즉, $V_{\mathrm{n}} > 0$)를 나타낸다. 이 미소 면적dA를 통과한 미소 체적유량 dQ는 다음과 같다.

$$dQ = \lim_{\Delta t \to 0} \frac{d\mathcal{V}}{\Delta t} = \lim_{\Delta t \to 0} \frac{V_{\mathrm{n}} \Delta t \, dA}{\Delta t} = V_{\mathrm{n}} dA \tag{5.8}$$

전체 면적 A를 통과한 체적유량 Q는 면적 전체에서 적분함으로써 다음처럼 구할 수 있다.

$$Q = \int_A dQ = \int_A V_n dA \tag{5.9}$$

같은 방법으로 $d\dot{m} = \rho V_{\mathrm{n}} dA$ 이고 $d\dot{B} = b\rho V_{\mathrm{n}} dA$이므로, 질량유량 $\dot{m}$과 물리량의 유동률 $\dot{B}$ 은 다음처럼 구할 수 있다.

$$\dot{m} = \int_A \rho V_n dA \quad (5.10)$$

$$\dot{B} = \int_A b\rho V_n dA \quad (5.11)$$

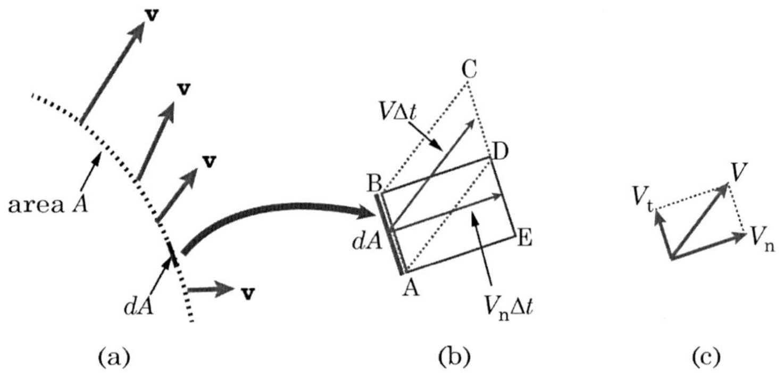

그림 5.3
(a) 면적 A에서의 속도, (b) Δt 시간 동안 미소 면적 dA를 통과한 체적, (c) 미소 면적 dA에서의 속도벡터 및 성분

5.4 Reynolds 수송정리

Newton의 운동법칙 등 일반적인 물리법칙은 Lagrange 기술에 따라 시스템에 대하여 나타낸 것이다. 그러나 유체의 유동을 나타낼 때는 시스템에 대한 Lagrange 기술보다는 Euler 기술에 따라 검사체적에 관하여 나타내는 것이 편리하다. 시스템에 대한 식을 검사체적에 대한 식으로 변환시켜주는 관계식이 **Reynolds 수송정리**(Reynolds transport theorem)이고 다음처럼 유도할 수 있다.

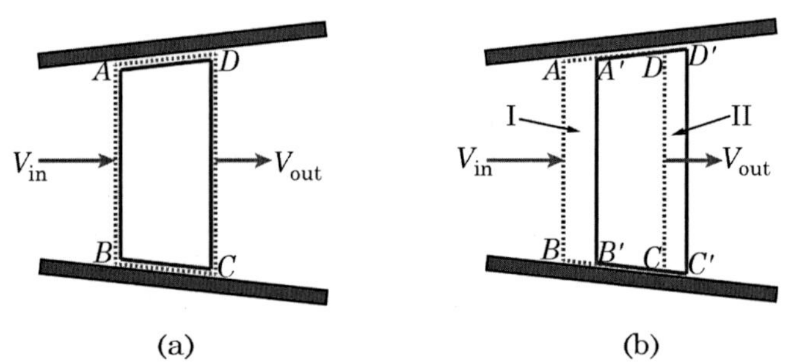

그림 5.4
1차원 균일유동일 때, (a) 시간 t와 (b) 시간 $t+\Delta t$일 때 검사체적과 시스템

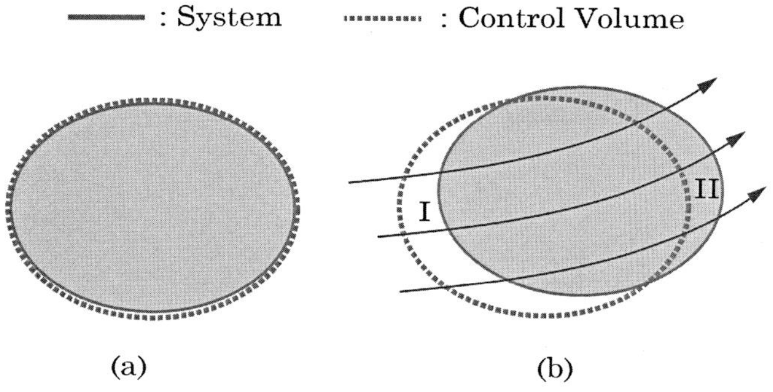

그림 5.5
일반적인 유동일 때, (a) 시간 t와 (b) 시간 $t+\Delta t$일 때 검사체적과 시스템

Reynolds 수송정리를 설명하기 위해 그림 5.4에 나타낸 1차원 균일유동과 그림 5.5에 일반적인 유동에 대한 검사체적과 시스템을 고려하여 설명한다. 1차원 균일유동은 속도, 밀도 등의 물리적인 성질이 흐르는 단면 전체에서 균일하고 유동의 진행방향으로만 속도, 밀도 등의 물리적인 성질이 바뀌는 유동을 나타낸다. 그림 5.4(a)와 그림 5.5(a)에 시간 t일 때 점선으로 표시된 검사체적과 실선으로 표시된 시스템을 나타내고 있으며, 이때 검사체적과 시스템은 일치한다. 그림 5.4(b)와 그림 5.5(b)에 시간 $t+\Delta t$일 때 검사체적과 시스템을 나타내고 있으며 시스템과 시스템에 포함된 유체는 검사체적을 약간 벗어나 있음을 알 수 있다. 앞에서도 설명하였듯이 B를 어떤 종량적 물리량(질량, 운동량, 에너지 등)이라고 하고, 시스템이 가진 물리량 B의 시간에 따른 변화율은 다음처럼 정의된다.

$$\frac{dB_{sys}}{dt} = \lim_{\Delta t \to 0} \frac{B_{sys}(t+\Delta t) - B_{sys}(t)}{\Delta t} \tag{5.12}$$

여기서 사용된 기호는 다음과 같다.

- $B_{sys}(t)$: 시간 t일 때 시스템이 가지는 물리량.
- $B_{sys}(t+\Delta t)$: 시간 $t+\Delta t$일 때 시스템이 가지는 물리량.

그림 5.4(a)와 그림 5.5(a)를 참조하면, 시간 t일 때 시스템과 검사체적은 일치하므로 다음과 같은 관계가 성립한다.

$$B_{sys}(t) = B_{cv}(t) \tag{5.13}$$

시간 $t+\Delta t$일 때 시스템과 검사체적은 일치하지 않고, 그림 5.4(b)를 보면 검사체적은 ABCD 그대로인 데 반하여 시스템은 A'B'C'D'로 이동한다. 일반적인 유동을 나타내는 그림 5.5(b)에서도 시간 $t+\Delta t$일 때 시스템과 검사체적은 일치하지 않는다는 것을 알 수 있고, 다음과 같은 관계가 성립한다는 것을 알 수 있다.

$$B_{sys}(t+\Delta t)=B_{cv}(t+\Delta t)+\Delta B_{II}-\Delta B_{I} \tag{5.14}$$

식 (5.13)과 식 (5.14)에 사용된 기호는 다음과 같다.

- $B_{cv}(t)$: 시간 t일 때 검사체적의 물질이 가지는 물리량.
- $B_{cv}(t+\Delta t)$: 시간 $t+\Delta t$일 때 검사체적의 물질이 가지는 물리량.
- ΔB_{II} : 그림 5.4(b)와 그림 5.5(b)의 오른쪽 II 부분의 물질이 가지는 물리량으로 검사체적을 나간 물리량을 나타낸다. 그림 5.4(b)의 오른쪽 II 부분은 사다리꼴 CDD'C이다.
- ΔB_{I} : 그림 5.4(b)와 그림 5.5(b)의 왼쪽 I 부분의 물질이 가지는 물리량으로 검사체적으로 들어온 물리량을 나타낸다. 그림 5.4(b)의 오른쪽 I 부분은 사다리꼴 ABB'A'이다.

식 (5.13)과 식 (5.14)를 식 (5.12)에 대입하면, 다음과 같다.

$$\frac{dB_{sys}}{dt}=\lim_{\Delta t\to 0}\left[\frac{B_{cv}(t+\Delta t)-B_{cv}(t)}{\Delta t}+\frac{\Delta B_{II}}{\Delta t}-\frac{\Delta B_{I}}{\Delta t}\right] \tag{5.15}$$

여기서,

$$\lim_{\Delta t\to 0}\frac{B_{cv}(t+\Delta t)-B_{cv}(t)}{\Delta t}=\frac{\partial B_{cv}}{\partial t} \tag{5.16}$$

이고,

$$\lim_{\Delta t\to 0}\frac{\Delta B_{II}}{\Delta t}=(\dot{B})_{out}\ , \qquad \lim_{\Delta t\to 0}\frac{\Delta B_{I}}{\Delta t}=(\dot{B})_{in} \tag{5.17}$$

으로 나타내면, 식 (5.15)는 다음처럼 나타낼 수 있다.

$$\frac{dB_{sys}}{dt}=\frac{\partial B_{cv}}{\partial t}+(\dot{B})_{out}-(\dot{B})_{in} \tag{5.18}$$

✦아래 첨자는 다음과 같다.
sys : system
cv : control volume
in : inlet
out : outlet

이 식이 Reynolds **수송정리**이다. 이와 관련하여 설명하면 다음과 같다.

- B는 물리량(질량, 운동량, 에너지 등)을 나타낸다.
- 아래 첨자 sys는 system(계)을, cv는 control volume(검사체적)을 나타낸다. 따라서 B_{sys}는 시스템의 물리량을 B_{cv}는 검사체적 내 물질의 물리량을 나타낸다.
- 좌변의 시스템에 대한 미분 식은 Lagrange 방법이고 우변은 Euler 방법으로 나타낸 것이다.
- 아래 첨자 in은 유입되는 곳을 나타내고 out은 유출되는 곳을 나타낸다.
- $\dot{B}$ 은 단위시간 동안 면적을 통해 이동하는 물리량 B의 양을 나타내고 물리량 B의 유동률이라 한다. $(\dot{B})_{in}$ 은 검사표면을 통해 흘러들어오는 전체 유동률이고 물리량 B의 전체 유입률이라 하고, $(\dot{B})_{out}$은 검사표면을 통해 흘러나가는 전체 유동률이고 물리량 B의 전체 유출률을 의미한다. 따라서 $(\dot{B})_{out}-(\dot{B})_{in}$ 은 검사표면을 통한 물리량 B의 순(net) 유동률을 나타낸다.
- 식 (5.18)은 1차원 균일유동 및 일반적인 유동 모두에 대해 적용되는 식이다. 다만 식에 나타나는 $\dot{B}$ 은 1차원 균일유동과 일반적인 유동에서 달리 표현되고, 뒤에서 설명한다.
- 유입되고 유출되는 곳이 여러 곳인 경우, 굳이 식에서 Σ기호를 나타내지 않아도 물리량 B의 유동률을 모두 합하면 된다. 즉, $\Sigma(\dot{B})_{out}-\Sigma(\dot{B})_{in}$ 처럼 나타내지 않더라도 $\dot{B}$ 은 전체 면적을 통한 B의 유동률을 나타낸다.

식 (5.18)을 다시 표현하면 다음과 같다.

시스템에서의 물리량 B의 변화율은 검사체적에서의 물리량 B의 변화율과 검사표면을 통한 물리량 B의 순 유동률과 같다.

균일한 속도 및 성질

속도, 밀도 등의 물리적인 성질이 흐르는 단면 전체에서 균일할 때 면적을 통한 물리량 B의 유동률을 식 (5.6)으로 나타낼 수 있으므로 입구와 출구에서의 전체 유동률을 다음과 같이 나타낼 수 있다.

$$(\dot{B})_{out}=\dot{m}_{out}b_{out},\qquad (\dot{B})_{in}=\dot{m}_{in}b_{in} \tag{5.19}$$

식 (5.18)에 이것을 대입하면 균일유동에 대한 Reynolds 수송정리를 다음처럼 나타낼 수 있다.

$$\frac{dB_{\text{sys}}}{dt} = \frac{\partial B_{\text{cv}}}{\partial t} + (\dot{m}b)_{\text{out}} - (\dot{m}b)_{\text{in}} \tag{5.20}$$

검사체적으로 유입 및 유출되는 곳이 여러 곳일 때 다음처럼 수정하여 나타내는 책도 있다.

$$\frac{dB_{\text{sys}}}{dt} = \frac{\partial B_{\text{cv}}}{\partial t} + \sum (\dot{m}b)_{\text{out}} - \sum (\dot{m}b)_{\text{in}} \tag{5.21}$$

그렇지만 식 (5.19) 또는 식 (5.20)의 $\dot{m}_{\text{out}} b_{\text{out}}$는 출구 전체에서의 유출률을, $\dot{m}_{\text{in}} b_{\text{in}}$은 입구 전체에서의 유입률을 나타내기 때문에 굳이 식에서 Σ기호를 나타내지 않아도 되므로, 그냥 식 (5.20)을 사용하면 된다.

균일하지 않은 속도 및 성질

속도, 밀도 등의 물리적인 성질이 흐르는 단면 전체에서 균일하지 않을 때 면적을 통한 물리량 B의 유동률을 식 (5.11)로 나타낼 수 있으므로 입구와 출구에서의 유동률을 다음과 같이 나타낼 수 있다.

$$(\dot{B})_{\text{out}} = \int_{A_{\text{out}}} b\rho V_{\text{n}}\, dA, \quad (\dot{B})_{\text{in}} = \int_{A_{\text{in}}} b\rho V_{\text{n}}\, dA \tag{5.22}$$

여기서 A_{out}은 출구 면적을 A_{in}은 입구 면적을 나타낸다. 식 (5.18)에 이것을 대입하면 Reynolds 수송정리를 다음처럼 나타낼 수 있다.

$$\frac{dB_{\text{sys}}}{dt} = \frac{\partial B_{\text{cv}}}{\partial t} + \int_{A_{\text{out}}} b\rho V_{\text{n}}\, dA - \int_{A_{\text{in}}} b\rho V_{\text{n}}\, dA \tag{5.23}$$

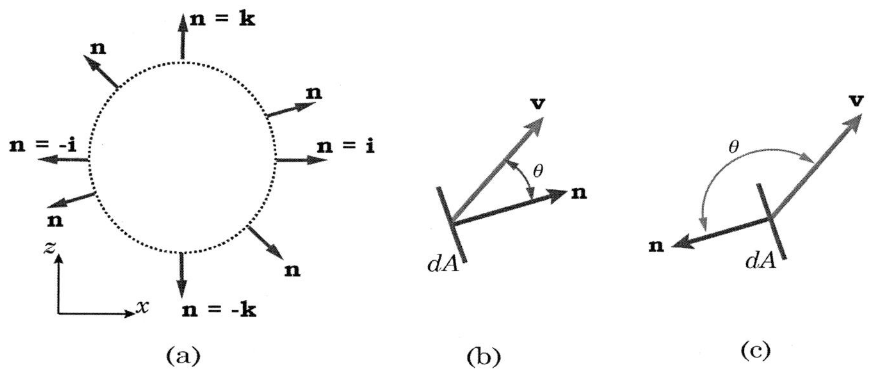

그림 5.6
(a) 단위 법선벡터 $\mathbf{n}$, (b) 출구 단면에서의 법선벡터, (c) 입구 단면에서의 법선벡터

✦법선벡터는 표면의 바깥 또는 안쪽을 나타낼 수 있으나, 이 책에서는 바깥으로 정의한다. 그리고 법선벡터를 $\mathbf{n}$으로 나타낼 때는 크기가 1인 단위 법선벡터를 나타낸다.

식 (5.23)의 적분에 포함되는 V_n 대신 법선벡터를 사용하여 달리 표현할 수 있다. 단위 **법선벡터**(normal vector) $\mathbf{n}$은 물체 또는 검사체적의 표면에 직각이고 바깥 방향인 크기가 1인 벡터로 정의한다. 즉, $|\mathbf{n}| = 1$이다. 그림 5.6(a)에 단위 법선벡터를 나타내고 있고, 법선벡터 $\mathbf{n}$은 표면의 위치에 따라 다르다는 것을 알 수 있다. 그림에서 보듯이 x방향에 직각인 표면에서는 표면의 방향에 따라 $\mathbf{n} = \mathbf{i}$ 또는 $\mathbf{n} = -\mathbf{i}$이고, z방향에 직각인 표면에서는 표면의 방향에 따라 $\mathbf{n} = \mathbf{k}$ 또는 $\mathbf{n} = -\mathbf{k}$이다.

그림 5.6(b)의 출구 단면에서는

$$\mathbf{v}\cdot\mathbf{n} = |\mathbf{v}||\mathbf{n}|\cos\theta = |\mathbf{v}|\cos\theta = V\cos\theta = V_n$$

이고, 그림 5.6(c)의 입구 단면에서는

$$\mathbf{v}\cdot\mathbf{n} = |\mathbf{v}||\mathbf{n}|\cos\theta = |\mathbf{v}|\cos\theta = V\cos\theta = -V_n$$

이므로, 식 (5.22)의 V_n 대신 이것을 대입하면 다음과 같다.

$$(\dot{B})_{out} = \int_{A_{out}} b\rho\mathbf{v}\cdot\mathbf{n}dA\ ,\ (\dot{B})_{in} = -\int_{A_{in}} b\rho\mathbf{v}\cdot\mathbf{n}dA \tag{5.24}$$

따라서

$$(\dot{B})_{out} - (\dot{B})_{in} = \int_{A_{in}} \rho b\mathbf{v}\cdot\mathbf{n}dA + \int_{A_{out}} b\rho\mathbf{v}\cdot\mathbf{n}\mathbf{n}dA = \int_{cs} \rho b\mathbf{v}\cdot\mathbf{n}dA \tag{5.25}$$

이다. 여기서 cs는 검사표면(control surface)을 나타내고 입구 면적과 출구 면적 전체를 나타낸다. 식 (5.18)에 식 (5.25)을 대입하면, Reynolds 수송정리를 다음처럼 나타낼 수도 있다.

✦CS : control surface

$$\frac{dB_{sys}}{dt} = \frac{\partial B_{cv}}{\partial t} + \int_{cs} b\rho \mathbf{v} \cdot \mathbf{n} dA \tag{5.26}$$

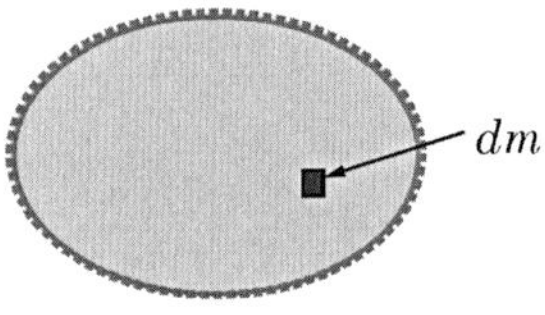

그림 5.7
시스템 또는 검사체적에서의 미소 질량 dm

시스템 또는 검사체적에서 밀도 또는 성질이 균일할 때, 시스템 또는 검사체적의 물리량 B는 단순히 $mb = \rho \mathcal{V} b$로 구할 수 있지만, 밀도 또는 성질이 균일하지 않은 경우 B는 다음처럼 구한다. 그림 5.7에 보여주고 있는 검사체적 또는 시스템에서의 미소 질량 dm이 가지는 물리량은 $dB = bdm$이다. 이 미소 질량 dm이 차지하는 미소 체적을 $d\mathcal{V}$라고 하면, $dm = \rho d\mathcal{V}$이고, $dB = b\rho d\mathcal{V}$이다. 이것을 시스템 또는 검사체적 전체에 대해 적분하면 시스템 또는 검사체적 전체의 물리량 B가 된다.

$$B_{sys} = \int_{sys} b\rho d\mathcal{V}, \; B_{cv} = \int_{cv} b\rho d\mathcal{V} \tag{5.27}$$

식 (5.27)을 식 (5.26)에 대입하면 일반적인 Reynolds 수송정리를 얻을 수 있으며 다음과 같다.

$$\frac{dB_{sys}}{dt} = \frac{\partial}{\partial t}\left(\int_{cv} b\rho d\mathcal{V}\right) + \int_{cs} b\rho \mathbf{v} \cdot \mathbf{n} dA \tag{5.28}$$

5.5 유한 검사체적에 대한 연속방정식

물리 현상에서 가장 기본적인 법칙이 시스템의 질량은 일정하다는 **질량보존**(conservation of mass)의 법칙이다. 즉, 시스템의 질량 m_{sys}은 일정하다는 것이고 수식으로 나타내면 다음과 같다.

$$m_{sys} = \text{일정}$$

이것을 미분으로 나타내면 다음과 같다.

$$\frac{dm_{\mathrm{sys}}}{dt} = 0$$

유체역학에서 일정 질량의 시스템(유체 덩어리)은 일반적으로 모양을 바꾸면서 움직이므로, 이 법칙을 모양을 바꾸면서 움직이는 시스템에 적용하기는 쉽지 않다.

일반적인 연속방정식

Reynolds 수송정리를 이용하면 시스템에 적용되는 앞의 식을 검사체적에 대한 식으로 바꿀 수 있다. $B = m$(그리고 필요하면 $b = 1$)을 대입하면, 식 (5.18)로부터,

$$\frac{\partial m_{\mathrm{cv}}}{\partial t} + \dot{m}_{\mathrm{out}} - \dot{m}_{\mathrm{in}} = 0 \qquad (5.29)$$

이고, 위 식을 검사체적에 대한 **연속방정식**(continuity equation)이라고 한다. 여기서 m_{cv}은 검사체적 내의 유체의 질량이고 앞에서도 설명하였듯이 $\dot{m}$은 질량유량(mass flow rate)이다. 위의 식을 다시 표현하면 다음과 같다.

> **검사체적 유체의 질량의 변화율에 유출되는 질량유량을 더하고 유입되는 질량유량을 뺀 것은 0이다.**

여기서 질량유량은 식 (5.4)와 식 (5.10)으로 표시되고 다시 적으면 다음과 같다.

균일한 속도 : $$\dot{m} = \rho VA \qquad (5.30a)$$

균일하지 않은 속도 : $$\dot{m} = \int_A \rho V_{\mathrm{n}} dA \qquad (5.30b)$$

식 (5.29)를 변형하면

$$\frac{\partial m_{\mathrm{cv}}}{\partial t} = \dot{m}_{\mathrm{in}} - \dot{m}_{\mathrm{out}} \qquad (5.31)$$

이므로, 위의 식을 다시 표현하면 다음과 같다.

검사체적내 유체의 질량의 변화율은 유입되는 질량유량과 유출되는 질량유량의 차와 같다.

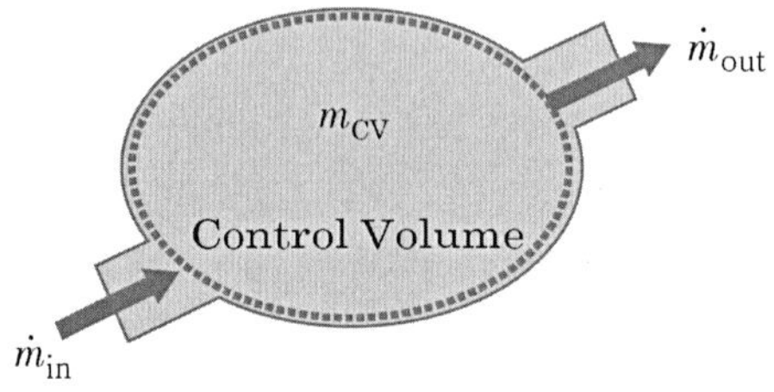

그림 5.8
검사체적에서의 연속방정식 - 질량보존

연속방정식의 다른 표현

앞의 연속방정식은 유동의 형태에 따라 다른 형태로 표시되기도 한다. 다음에 여러 가지 형태의 연속방정식을 나타낸다.

정상(steady) 유동

유동이 시간에 따라 변하지 않는 정상 유동이면, 검사체적 내의 질량은 시간에 따라 변하지 않으므로 $\dfrac{\partial m_{\text{cv}}}{\partial t} = 0$이고, 식 (5.31)은 다음과 같이 된다.

✦첨자 1 : in
첨자 2 : out을 나타낸다.

$$\dot{m}_{\text{in}} = \dot{m}_{\text{out}} \quad \Rightarrow \quad \dot{m}_1 = \dot{m}_2 \tag{5.32}$$

이는 검사체적으로 유입되는 질량유량과 유출되는 질량유량은 같고 일정하다는 것을 나타낸다. 일반적으로 관의 유동에서 1지점과 2지점의 유량을 따질 때가 많아 in 대신 1을 out 대신 2라는 첨자를 사용하는 경우가 편리할 때가 많다.

정상(steady) 유동, 균일속도 및 균일 성질

정상 유동이고, 속도와 밀도가 흐르는 단면 전체에서 균일할 때 식 (5.32)는 다음처럼 나타낼 수 있다.

$$\rho_1 V_1 A_1 = \rho_2 V_2 A_2 \tag{5.33}$$

위의 식은 또한 다음과 같이 나타낼 수 있다.

$$\rho VA = \text{constant} \tag{5.34}$$

또는, 이 식을 미분하면 다음과 같다.

$$d(\rho VA) = 0 \tag{5.35}$$

각각의 항으로 분리하면,

$$d\rho VA + \rho dVA + \rho VdA = 0$$

이므로, ρAV로 나누면 다음과 같다.

$$\frac{d\rho}{\rho} + \frac{dV}{V} + \frac{dA}{A} = 0 \tag{5.36}$$

정상(steady) 유동, 균일속도 및 밀도가 일정

정상(steady) 유동, 균일속도 및 밀도가 일정하면(비압축성 유동) $\rho_1 = \rho_2$이므로 식 (5.33)을 다음과 같이 나타낼 수 있다.

$$V_1A_1 = V_2A_2 \tag{5.37}$$

위 식은 정상유동, 비압축성유동에 대한 검사체적에서의 연속방정식이다.

입구와 출구가 여러 곳인 경우

그림 5.9와 같이 입구와 출구가 여러 곳인 검사체적에 대한 연속방정식은 다음과 같이 Σ기호를 사용하여 나타낼 수도 있다.

$$\frac{\partial m_{\text{cv}}}{\partial t} + \sum \dot{m}_{\text{out}} - \sum \dot{m}_{\text{in}} = 0 \tag{5.38}$$

그러나 앞의 Reynolds 수송정리의 $\dot{B}$ 에서도 설명하였듯이, $\dot{m}_{\text{out}}$은 출구 전체에서의 질량유량을, $\dot{m}_{\text{in}}$은 입구 전체에서의 질량유량을 나타내기 때문에 굳이 식에서 Σ기호를 나타내지 않아도 되므로, 그냥 식 (5.29)를 사용하면 된다.

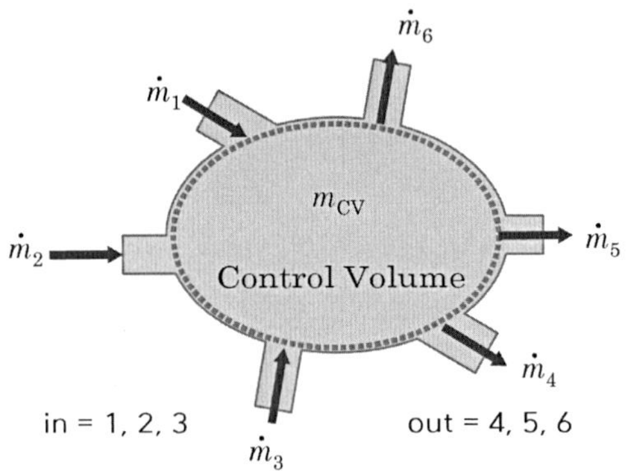

그림 5.9
검사체적에서의 여러 곳에서 유입 및 유출

적분형 연속방정식

식 (5.28)에 $B = m$, $b = 1$을 대입하고, $\frac{dm_{sys}}{dt} = 0$을 적용하면, 검사체적에 대한 가장 일반적으로 나타낸 적분형 연속방정식을 얻을 수 있다.

$$\frac{\partial}{\partial t}\left(\int_{cv} \rho d\mathrm{V}\right) + \int_{cs} \rho \mathbf{v} \cdot \mathbf{n} dA = 0 \tag{5.39}$$

예제 5.1 **지름이 20 cm인 관과 지름이 10 cm인 관이 연결되어 있다. 지름이 20 cm인 관에서 정상유동일 때, 물의 평균속도가 3 m/s라면, (a) 지름이 10 cm인 관에서 물의 평균속도는 얼마인가? (b) 체적유량을 구하라.**

풀이

(a) 정상유동, 비압축성유동에 대한 검사체적에서의 연속방정식은 식 (5.37)이므로,

$$V_1 A_1 = V_2 A_2 \Rightarrow V_2 = V_1 \frac{A_1}{A_2} = V_1 \left(\frac{D_1}{D_2}\right)^2 = (3)\left(\frac{20}{10}\right)^2 = 12 \text{ m/s}$$

이다.

(b) 유량은 다음과 같다.

$$Q = A_1 V_1 = \frac{\pi D_1^2}{4} V_1 = \frac{\pi (0.2^2)}{4}(3) = 0.0942 \text{ m}^3/\text{s}$$

예제 5.2 **뚜껑이 열린 용기에 물이 들어가고, 나온다. 입구관의 지름은 20 cm이고 출구관의 지름은 10 cm이다. 0.1 m/s의 균일한 속도로 물이 들어가고 0.2 m/s의 균일한 속도로 물이 나간다. (a) 용기 속의 질량 증가율을 구하라. (b) 용기의 수평 단면적이 0.1 m^2일 때 용기 속에 있는 물의 상승속도를 구하라.**

풀이

(a) 연속방정식인 식 (5.31)로부터,

✦첨자 1 : in
첨자 2 : out을 나타낸다.

$$\frac{\partial m_{cv}}{\partial t} = \dot{m}_1 - \dot{m}_2$$

이고, 입구와 출구에서 속도분포가 균일하므로,

$$\dot{m}_1 = \rho A_1 V_1 = (1000)\frac{\pi(0.2)^2}{4}(0.1) = 3.14\ \mathrm{kg/s}$$

$$\dot{m}_2 = \rho A_2 V_2 = (1000)\frac{\pi(0.1)^2}{4}(0.2) = 1.57\ \mathrm{kg/s}$$

이고,

$$\frac{\partial m_{cv}}{\partial t} = \dot{m}_1 - \dot{m}_2 = 3.14 - 1.57 = 1.57\,\mathrm{kg/s}$$

이다. 따라서 용기 속의 물은 초당 1.57 kg 증가한다.

(b) 용기 속의 물의 질량은 $m_{cv} = \rho A h$이므로

$$\frac{\partial m_{cv}}{\partial t} = \frac{\partial(\rho A h)}{\partial t} = \rho A \frac{\partial h}{\partial t} = 1.57\,\mathrm{kg/s}$$

이므로,

$$\frac{\partial h}{\partial t} = \frac{1.57}{\rho A} = \frac{1.57}{(1000)(0.1)} = 0.0157\,\mathrm{m/s}$$

이다. 따라서 용기속의 물의 높이는 초당 1.57 cm의 속도로 올라간다.

보충설명

이 문제는 유입되는 물과 유출되는 물의 양이 다르다. 따라서 검사체적(용기) 속의 유체의 질량은 시간에 따라 변하는 비정상 상태의 문제이다. 따라서 연속방정식으로 식 (5.31)을 사용하여야 한다. 그리고 위의 식에서 사용한 단위는 모두 SI단위로 하였기 때문에 답에서도 SI단위를 숫자 뒤에 붙이면 된다. 높이 h는 시간 t만의 함수이므로 식에서 $\frac{\partial h}{\partial t}$ 대신에 $\frac{dh}{dt}$로 나타낼 수도 있다.

예제 5.3 **반지름이 R인 원형관에 균일한 속도 U로 물이 들어가, 다음과 같은 속도분포로 관의 끝에서 물이 나간다. 정상상태일 때, 물이 들어오는 속도를 구하라.**

$$u = u_0\left[1 - \left(\frac{r}{R}\right)^2\right]$$

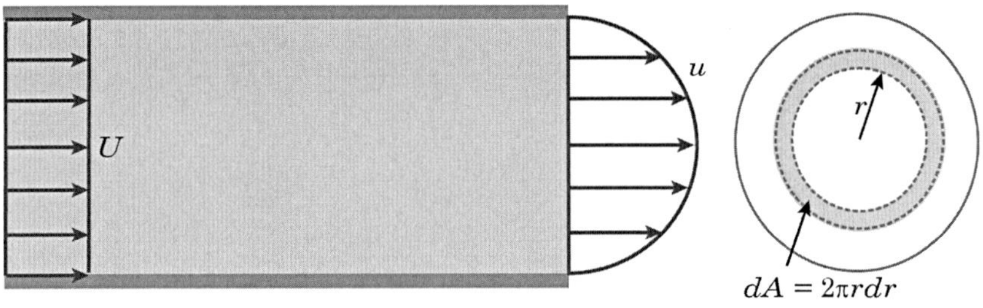

그림 E5.3
입구와 출구에서의 속도분포

풀이

정상상태이므로 연속방정식은 다음과 같다.

$$\dot{m}_1 = \dot{m}_2$$

이다. 입구에서 속도분포가 균일하므로,

$$\dot{m}_1 = \rho A_1 V_1 = \rho \pi R^2 U$$

이고, 출구에서는 속도분포가 균일하지 않으므로

$$\dot{m}_2 = \int \rho V_n \, dA$$

이다. $V_n = u$이고 원형 관일 때 $dA = 2\pi r dr$이므로,

$$\dot{m}_2 = \int_0^R \rho u (2\pi r dr) = \int_0^R \rho u_0 \left[1 - \left(\frac{r}{R}\right)^2\right] 2\pi r dr$$

$$= 2\pi \rho u_0 \int_0^R \left[1 - \left(\frac{r}{R}\right)^2\right] r dr = \frac{\rho u_0 \pi R^2}{2}$$

따라서 $\dot{m}_1 = \dot{m}_2$으로부터,

$$U = \frac{u_0}{2}$$

이다.

보충설명

실제로 속도분포 u는 원형 관에서의 층류 속도분포이고, 속도 U는 평균속도이다. 원형 관에서의 평균속도는 중심에서의 속도(최고속도) u_0의 1/2이다. 연습문제에서 다루겠지만, 두 무한평판 사이의 포물선 속도분포에서의 평균속도는 중심에서의 속도(최고속도) u_0의 2/3이다. 즉, $U = \frac{2}{3} u_0$이다.

움직이는 검사체적에 대한 연속방정식

검사체적이 움직이는 경우에는 검사체적이 정지하고 있다고 생각하고, 검사체적으로 들어오고 나가는 속도를 검사체적에 대한 상대속도로 하면 된다. 예를 들어, 그림 5.10(a)처럼 검사체적이 $V_{\mathrm{cv}} = 10\,\mathrm{m/s}$ 로 움직일 때, 그림 5.10(b)처럼 검사체적이 정지하고 있다고 생각하고, 다음을 사용하여 입구와 출구에서의 유량을 계산하면 된다.

$$V_{\mathrm{r}1} = V_1 - V_{\mathrm{cv}} = 30 - 10 = 20\,\mathrm{m/s}$$

$$V_{\mathrm{r}2} = V_2 - V_{\mathrm{cv}} = 20 - 10 = 10\,\mathrm{m/s}$$

즉, 질량유량을 계산할 때 다음과 같은 상대속도를 사용한다.

$$V_{\mathrm{r}} = V - V_{\mathrm{cv}} \tag{5.40}$$

균일한 속도 : $$\dot{m}_{\mathrm{r}} = \rho A V_{\mathrm{r}} \tag{5.41a}$$

균일하지 않은 속도 : $$\dot{m}_{\mathrm{r}} = \int_A \rho V_{\mathrm{r,n}} dA \tag{5.41b}$$

여기서 V_{r}은 상대속도의 크기이고, $V_{\mathrm{r,n}}$은 단면에 수직인 방향의 V_{r}의 크기이다. 위의 식으로 유량을 구하여, 검사체적에 상대적인 연속방정식을 사용해야 한다.

적분으로 나타낸 식 (5.39) 대신에 역시 상대속도 $\mathbf{v}_{\mathrm{r}}$ 을 사용하여 나타낸 다음 식을 사용하면 된다.

$$\frac{\partial}{\partial t}\left(\int_{\mathrm{cv}} \rho d\mathcal{V}\right) + \int_{\mathrm{cs}} \rho \mathbf{v}_{\mathrm{r}} \cdot \mathbf{n} dA = 0 \tag{5.42}$$

여기서 $\mathbf{v}_{\mathrm{r}}$ 은 상대속도를 나타내고 그림 5.10(c)를 참조하면 된다.

- $\mathbf{v}_{\mathrm{r}} = \mathbf{v} - \mathbf{v}_{\mathrm{cv}}$.
- $\mathbf{v}_{\mathrm{r}}$: 상대속도, $\mathbf{v}$: 절대속도, $\mathbf{v}_{\mathrm{cv}}$: 검사체적의 속도.
- $V_{\mathrm{r}} = |\mathbf{v}_{\mathrm{r}}| = |\mathbf{v} - \mathbf{v}_{\mathrm{cv}}|$

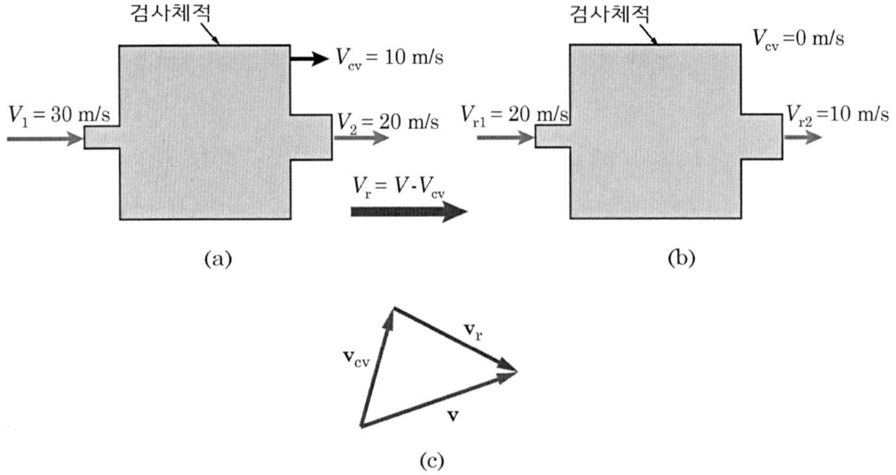

그림 5.10
(a) 움직이는 검사체적, (b) 정지한 검사체적에 대한 상대운동 (c) 일반적인 벡터로 표시된 상대속도

예제 5.4 그림처럼 어떤 용기가 1 m/s의 속도로 움직일 때, 입구에서 2 m/s의 균일한 속도(절대속도)로 물이 들어간다. 입구 관의 지름은 10 cm이고 출구 관의 지름은 20 cm이다. 출구 관에서 균일한 속도로 물이 나갈 때, 이 속도(절대속도)를 구하라.

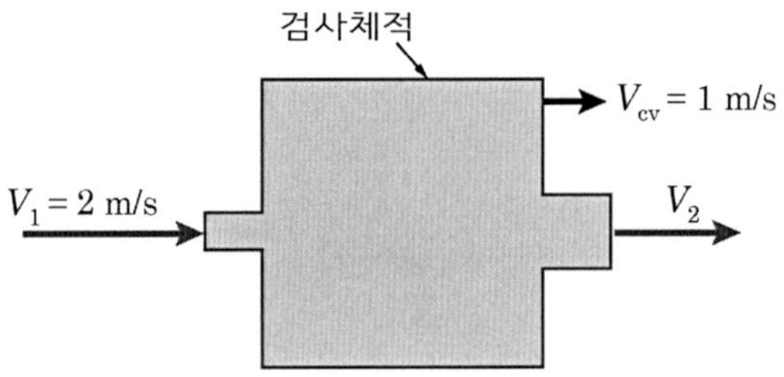

그림 E5.4
등속도로 움직이는 검사체적

풀이

들어오는 물은 전부 나가야 하므로, 연속방정식으로부터,

$$Q_1 = Q_2$$

이다. 입구에서의 상대속도는 $V_{r1} = V_1 - V_{cv} = 2 - 1 = 1$ m/s이므로,

$$A_1 V_{r1} = A_2 V_{r2}$$

$$V_{r2} = \frac{A_1}{A_2} V_{r1} = \left(\frac{10}{20}\right)^2 (1) = 0.25\,\mathrm{m/s}$$

이다. 그러므로

$$V_2 = V_{r2} + V_{cv} = 0.25 + 1 = 1.25\,\mathrm{m/s}$$

이다.

보충설명

검사체적이 움직이므로 입구와 출구에서의 속도를 상대속도를 사용하여야 한다. 그렇지 않고, 단순히

$$V_2 = \frac{A_1}{A_2} V_1 = \left(\frac{10}{20}\right)^2 (2) = 0.5\,\mathrm{m/s}$$

로 하면 틀린 답을 구하게 된다. 움직이는 검사체적에서 연속방정식을 생각할 때, 반드시 상대속도를 사용하여야 한다.

5.6 유한 검사체적에 대한 에너지 방정식

에너지는 다른 형태로 변환될 수는 있어도 없어지거나 만들어지지는 않는다는 것을 경험으로 알아내었으며, 이를 **에너지보존법칙**(law of conservation of energy)이라고 한다. 즉 고립시스템에서 에너지는 변환될 수 있어도, 전체의 에너지는 일정하다는 것을 나타낸다. 이와 같은 에너지보존법칙을 기초로 한 법칙이 열역학 제1법칙이다. 열역학 제1법칙은 기본적으로는 밀폐시스템에 대한 것이지만 개방시스템에 대해서도 열역학 제1법칙을 나타낼 수 있다. 열역학 제1법칙은 열역학 과목에서 자세히 설명하고 있으므로, 여기서는 열역학 1법칙을 간단히 소개하고 보충설명을 하고자 한다.

5.6.1 밀폐시스템에 대한 열역학 제1법칙

그림 5.11 미소한 상태 변화할 때, 시스템으로 전달된 열을 δQ, 시스템이 한 일을 δW, 이때 시스템의 에너지 증가를 dE로 나타내면, 열역학 제1법칙은 다음과 같이 표현된다.

$$\delta Q - \delta W = dE \tag{5.43}$$

위의 식은 가장 기본적인 열역학 제1법칙이고, 다음과 같이 표현할 수 있다.

시스템으로 전달된 열과 시스템이 한 일의 차는 시스템의 에너지 증가와 같다.

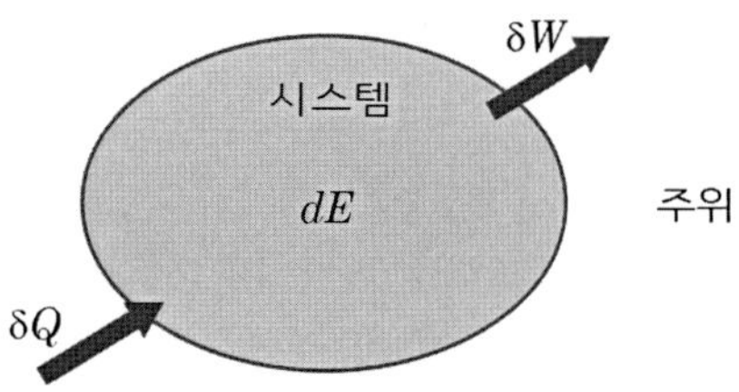

그림 5.11
열역학 제1법칙

미소한 상태 변화할 때 열역학 제1법칙과 관련하여 다음과 같이 정리할 수 있다.

- 시스템으로 들어오는 열량(δQ)은 시스템이 외부에 하는 일(δW)과 시스템의 내부 에너지 상승(dE)의 합과 같다는 것으로 에너지 보존을 나타내고 있다.
- 일, 열과 에너지는 서로 대등한 관계로서 서로 변환이 가능하다는 것을 나타낸다.
- 열역학 제1법칙에서는 에너지 변환의 방향성을 나타내지는 않는다. 열역학 제2법칙에서 에너지 변환의 방향성을 나타낸다.
- 미소한 에너지를 나타낼 때 d를 사용하고, 열 및 일에서는 각각 δ를 사용한 것에 주의하라. 이는 일과 열이 상태량이 아니라 경로에 의존하는 것임을 나타내기 위함이다.
- 시스템의 에너지는 내부에너지, 위치에너지 및 운동에너지로 구성된다 ($E = U + E_p + E_k$).

상태 1에서 상태 2로 변할 때 열역학 제1법칙은 식 (5.43)을 적분하여 구할 수 있고 다음과 같다.

✦ $\int_1^2 dE = E_2 - E_1$

$$Q_{12} = E_2 - E_1 + W_{12} \tag{5.44}$$

여기서, $Q_{12} = \int_1^2 \delta Q$ 이고 $W_{12} = \int_1^2 \delta W$ 이다. 열과 일은 상태량이 아니고 따라서 점함수가 아니라, 완전미분이 아니므로 $Q_2 - Q_1$, $W_2 - W_1$으로 나타낼 수 없다.

5.6.2 검사체적에 대한 열역학 제1법칙 - 에너지 방정식

✦ 열역학에서의 개방시스템은 유체역학에서 검사체적이다.

열역학	유체역학
밀폐시스템	시스템
개방시스템	검사체적

개방시스템(검사체적)에 대한 열역학 제1법칙은 기본적으로는 에너지 보존을 나타내기는 하지만 검사체적의 입구와 출구에서 물질이 이동하므로 밀폐시스템에 대한 열역학 제1법칙과는 약간 다르게 표현된다. 공학적인 응용에서, 개방시스템 내부의 상태가 시간에 따라 바뀌지 않는 정상상태(steady state)이고 또한 시스템으로 유입 및 유출되는 물질의 유동이 시간에 따라 바뀌지 않는 정상유동(steady flow)인 경우가 대부분이다. 시스템에 대한 열역학 제1법칙을 Reynolds 수송정리를 이용하여 변화하여 검사체적에 대한 열역학 제1법칙을 유도할 수도 있지만, 여기서는 모든 열역학 책에서 다룬 결과를 인용하여 설명한다.

검사체적(개방계)에서는 경계면을 통한 일이나 열의 이동 이외에, 물질이 경계면을 통하여 들어오고 나가므로 이때 에너지를 가지고 들어오거나 가지고 나간다. 이때의 에너지는 내부에너지, 운동에너지, 위치에너지 이외에 유동일(팽창 및 압축과 관련된 일)을 포함하게 된다. 그림 5.12의 입구에서 유체가 압력 p_1의 상태로 밀고 들어올 때 일을 하게 되고 이 일을 유동일이라 한다. 단위질량당 내부에너지 즉, 비내부에너지(specific internal energy)는 $\tilde{u}$이고, 단위 질량당 유동일은 pv이다. 이 둘을 합한 $\tilde{u}+pv$를 비엔탈피(specific enthalpy) $\tilde{h}$로 정의한다. 따라서 경계면을 통하여 물질이 검사체적(개방계)으로 들어오고 나갈 때의 에너지는 엔탈피, 운동에너지 및 위치에너지 형태라고 생각하면 된다.

유한한 크기의 검사체적에서 에너지 방정식(열역학 제1법칙)을 이용하여 문제를 푸는 경우는 정상상태, 정상유동인 경우가 대부분이다. 정상상태, 정상유동인 검사체적(개방계)에 대한 열역학 1법칙(에너지 보존법칙)은 검사체적의 에너지는 일정하고, 물질이 검사체적의 경계면을 통하여 이동하는 경우이므로, 다음과 같은 에너지 평형으로 나타낼 수 있다.

에너지 유입률 = 에너지 유출률

그림 5.12 보듯이 입구와 출구에서 균일한 속도 및 성질을 가지는 경우, 에너지 유입률은 검사표면을 통해 유입되는 열전달률 $\dot{Q}$과 물질이 들어오면서 가지고 들어오는 에너지 유입률의 합이고 다음과 같이 나타낼 수 있다.

$$\text{에너지 유입률} = \dot{Q} + \dot{m}\left(\tilde{h}_1 + \frac{1}{2}V_1^2 + gz_1\right)$$

에너지 유출률은 검사표면을 통해 전달되는 동력(일률) $\dot{W}_s$와 물질이 나가면서 가지고 나가는 에너지 유출률의 합이고 다음과 같이 나타낼 수 있다.

$$\text{에너지 유출률} = \dot{W}_s + \dot{m}\left(\tilde{h}_2 + \frac{1}{2}V_2^2 + gz_2\right)$$

따라서 정상상태, 정상유동이고 입구와 출구에서 균일한 속도 및 성질을 가지는 경우 개방시스템(검사체적)에 대한 열역학 제1법칙은 다음과 같다.

$$\dot{Q} + \dot{m}\left(\tilde{h}_1 + \frac{1}{2}V_1^2 + gz_1\right) = \dot{W}_s + \dot{m}\left(\tilde{h}_2 + \frac{1}{2}V_2^2 + gz_2\right) \tag{5.45}$$

아래첨자 1은 유입되는 곳을 2는 유출되는 곳을 각각 나타낸다.

식 (5.45)에서 질량유량으로 나누면 다음과 같다.

$$\frac{\dot{Q}}{\dot{m}}+\tilde{h}_1+\frac{1}{2}V_1^2+gz_1=\frac{\dot{W}_s}{\dot{m}}+\tilde{h}_2+\frac{1}{2}V_2^2+gz_2$$

단위질량유량당 열전달률 q와 단위질량유량당 동력(또는 단위질량당 일) w_s를 다음과 같이 정의한다.

$$q=\frac{\dot{Q}}{\dot{m}}, \quad w_s=\frac{\dot{W}_s}{\dot{m}} \tag{5.46}$$

그러면 다음과 같이 나타낼 수 있고, 역시 **개방시스템(검사체적)에 대한 열역학 제1법칙의 한 형태이다.**

$$q+\tilde{h}_1+\frac{1}{2}V_1^2+gz_1=w_s+\tilde{h}_2+\frac{1}{2}V_2^2+gz_2 \tag{5.47}$$

위 식에서 q와 w_s를 포함한 각 항의 단위는 J/kg이고 단위질량당 에너지를 나타내고, 위 식은 그림 5.13을 참고하면 이해하기 쉽다.

식 (5.45)와 식 (5.47)과 관련하여 다음과 같이 설명할 수 있다.

- $\dot{Q}$: 외부에서 검사체적으로 전달된 열전달률, 단위는 W
- $\dot{W}_s$: 검사체적에서 축을 통하여 외부로 행한 또는 외부에서 받은 일률(동력), 단위는 W
- q : 단위질량유량당 열전달률, $q=\frac{\dot{Q}}{\dot{m}}$, 단위는 J/kg
- w_s: 단위질량유량당 동력(또는 단위질량당 일), $w_s=\frac{\dot{W}_s}{\dot{m}}$, 단위는 J/kg
- 아래첨자 1은 유입되는 곳을 2는 유출되는 곳을 각각 나타낸다.
- 열역학 제 1법칙은 에너지 보존법칙을 의미하고 유체역학에서는 검사체적에 대한 열역학 제1법칙을 약간 변형한 형태로 사용하며 에너지 방정식(energy equation)이라고도 한다.

앞의 식들은 다음처럼 표현할 수 있다.

검사표면을 통해 유입되는 열전달률과 유체가 가지고 들어오는 에너지 유입률의 합은 검사표면을 통해 유출되는 동력(일률)과 유체가 가지고 나가는 에너지 유출률의

합과 같다.

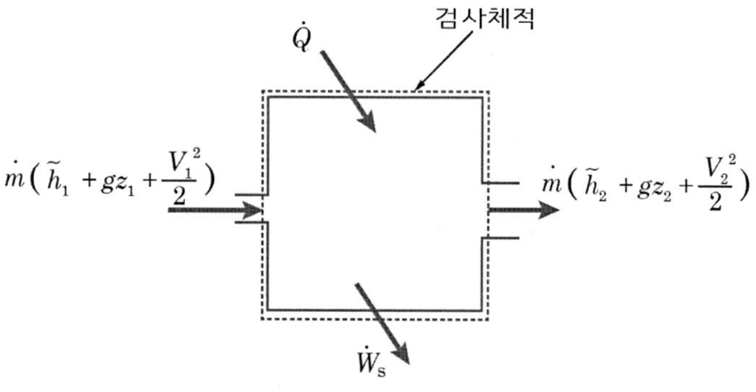

그림 5.12
검사체적에서의 에너지 유입 및 유출

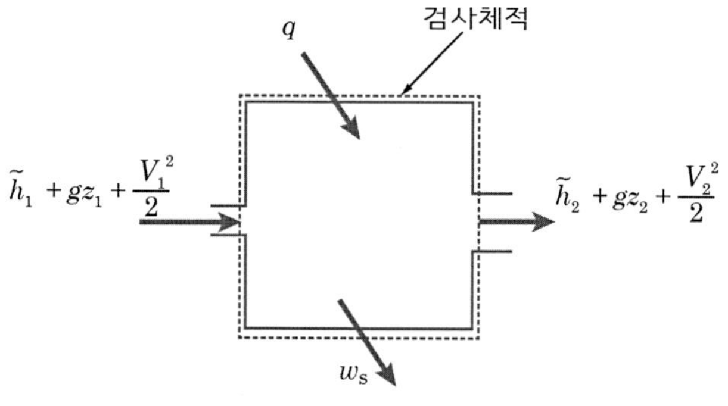

그림 5.13
검사체적에서의 단위질량당 에너지 유입 및 유출

유체역학에서는 검사체적에 대한 열역학 제1법칙을 약간 변형한 형태로 사용하며, 다음과 같이 나타낸다(보충설명 참조).

$$\frac{p_1}{\rho g} + \frac{V_1^2}{2g} + z_1 - h_L - h_{tb} + h_p = \frac{p_2}{\rho g} + \frac{V_2^2}{2g} + z_2 \tag{5.48}$$

✦ 아래 첨자는 다음을 나타낸다.
L : Loss
tb : turbine
p : pump

여기서 h_L은 **수두손실**(head loss) 또는 손실수두, h_{tb}는 **터빈수두**(turbine head), h_p는 **펌프수두**(pump head)를 나타낸다. 위의 식은 마찰과 열손실 그리고 펌프나 터빈 등에 의한 에너지 전달이 있는 경우 정상유동, 비압축성유동에 대한 **에너지 방정식**(energy equation)의 한 형태로 기계에너지 방정식(mechanical energy equation)이라고도 한다. 또는 Bernoulli 방정식과 유사한 형태이고 보다 일반적인 경우에 적용되므로, **확장 Bernoulli 방정식**(extended Bernoulli equation)이라고도 한다.

펌프나 터빈이 없을 때는 에너지 방정식은 다음과 같이 나타낼 수 있다.

$$\frac{p_1}{\rho g}+\frac{V_1^2}{2g}+z_1-h_{\mathrm{L}}=\frac{p_2}{\rho g}+\frac{V_2^2}{2g}+z_2 \tag{5.49}$$

✦ 아래 첨자는 다음을 나타낸다.
t : total

전수두를 사용하여 식 (5.49)를 다시 나타내면 다음과 같다.

$$h_{\mathrm{t1}}-h_{\mathrm{L}}=h_{\mathrm{t2}} \tag{5.50}$$

위의 식들은 유동이 1지점에서 2지점으로 흐르는 경우이다. 흐르는 방향으로 손실이 있으므로 $h_{\mathrm{t1}}>h_{\mathrm{t2}}$ 이다. 따라서 유체가 관에서 흐르고 있고 관에 펌프나 터빈이 존재하지 않을 경우, 전수두를 계산하여 전수두가 큰 쪽에서 작은 쪽으로 유체가 흐른다. A, B 두 지점에서 전수두를 계산하여 다음과 같이 나타낼 수 있다.

- $h_{\mathrm{tA}}>h_{\mathrm{tB}}$: A → B로 흐른다.
- $h_{\mathrm{tA}}<h_{\mathrm{tB}}$: B → A로 흐른다.

보충설명 ⓞ 에너지 방정식과 Bernoulli 방정식

비엔탈피 $\tilde{h}$는 다음과 같이 정의된다.

$$\tilde{h}=\tilde{u}+p\mathrm{v}=\tilde{u}+\frac{p}{\rho}$$

여기서 $\tilde{u}$는 비내부에너지이고, 이것을 식 (5.47)에 대입하면,

$$q+\tilde{u}_1+\frac{p_1}{\rho_1}+\frac{1}{2}V_1^2+gz_1=w_{\mathrm{s}}+\tilde{u}_2+\frac{p_2}{\rho_2}+\frac{1}{2}V_2^2+gz_2$$

이고, 비압축성유동인 경우 $\rho=\rho_1=\rho_2$ 이므로

$$q+\tilde{u}_1+\frac{p_1}{\rho}+\frac{1}{2}V_1^2+gz_1=w_{\mathrm{s}}+\tilde{u}_2+\frac{p_2}{\rho}+\frac{1}{2}V_2^2+gz_2$$

이다.

비압축성 유동에서 축일이 없는 경우($w_{\mathrm{s}}=0$),

$$q+\tilde{u}_1+\frac{p_1}{\rho}+\frac{1}{2}V_1^2+gz_1=\tilde{u}_2+\frac{p_2}{\rho}+\frac{1}{2}V_2^2+gz_2$$

이고, 다시 정리하면, 다음과 같다.

$$\frac{p_1}{\rho}+\frac{1}{2}V_1^2+gz_1-\left(\tilde{u}_2-\tilde{u}_1-q\right)=\frac{p_2}{\rho}+\frac{1}{2}V_2^2+gz_2 \tag{5.51}$$

마찰이 없는 경우의 비압축성유동에 대해 Bernoulli 방정식은 다음과 같다.

$$p_1 + \frac{1}{2}\rho V_1^2 + \rho g z_1 = p_2 + \frac{1}{2}\rho V_2^2 + \rho g z_2$$

밀도로 나누면 다음과 같다.

$$\frac{p_1}{\rho} + \frac{1}{2}V_1^2 + gz_1 = \frac{p_2}{\rho} + \frac{1}{2}V_2^2 + gz_2 \tag{5.52}$$

따라서 마찰이 있는 경우의 에너지 방정식인 식 (5.51)과 식 (5.52)을 비교하면, $\tilde{u}_2 - \tilde{u}_1 - q$ 는 마찰손실과 열전달에 의한 단위질량당 에너지 손실이고 e_{loss} 로 나타낸다.

$$\tilde{u}_2 - \tilde{u}_1 - q = e_{\text{loss}}$$

따라서 마찰과 열손실이 있는 경우의 비압축성유동에 대하여 식 (5.51)을 다음과 같이 나타낼 수 있다.

$$\frac{p_1}{\rho} + \frac{1}{2}V_1^2 + gz_1 - e_{\text{loss}} = \frac{p_2}{\rho} + \frac{1}{2}V_2^2 + gz_2$$

그리고 **축일이 있는 경우**의 에너지 방정식은 다음과 같이 나타낼 수 있다.

$$\frac{p_1}{\rho} + \frac{1}{2}V_1^2 + gz_1 - e_{\text{loss}} = w_{\text{s}} + \frac{p_2}{\rho} + \frac{1}{2}V_2^2 + gz_2 \tag{5.53}$$

일반적으로 축일은 펌프나 터빈에 의한 것이다. 시스템 또는 검사체적이 외부로 일을 하는 경우 +, 외부에서 시스템 또는 검사체적으로 일을 하는 경우 −로 일을 정의한다. 펌프는 외부에서 유체로 일을 하는 경우이고 터빈은 유체가 외부로 일을 하는 것이므로 다음과 같이 축일을 나타낸다.

$$w_{\text{s}} = w_{\text{tb}} - w_{\text{p}}$$

여기서 w_{tb}는 단위질량당 터빈 일, w_{p}는 단위질량당 펌프 일을 나타내고 이것을 식 (5.53)에 대입하면 다음과 같다.

$$\frac{p_1}{\rho} + \frac{1}{2}V_1^2 + gz_1 - e_{\text{loss}} - w_{\text{tb}} + w_{\text{p}} = \frac{p_2}{\rho} + \frac{1}{2}V_2^2 + gz_2$$

중력가속도 g로 나누면

$$\frac{p_1}{\rho g} + \frac{V_1^2}{2g} + z_1 - \frac{e_{\text{loss}}}{g} - \frac{w_{\text{tb}}}{g} + \frac{w_{\text{p}}}{g} = \frac{p_2}{\rho g} + \frac{V_2^2}{2g} + z_2$$

이다. 여기서

$$h_{\text{L}} = \frac{e_{\text{loss}}}{g}\ ,\ h_{\text{tb}} = \frac{w_{\text{tb}}}{g}\ ,\ h_{\text{p}} = \frac{w_{\text{p}}}{g} \tag{5.54}$$

라 두면, 위의 식은 다음과 같이 나타낼 수 있다.

$$\frac{p_1}{\rho g} + \frac{V_1^2}{2g} + z_1 - h_{\text{L}} - h_{\text{tb}} + h_{\text{p}} = \frac{p_2}{\rho g} + \frac{V_2^2}{2g} + z_2 \tag{5.55}$$

위의 식은 에너지 방정식인 식 (5.47)을 또 다른 형태로 표시한 것으로 Bernoulli 방정식과 비슷한 형태로 표시된다.

펌프, 터빈의 동력과 효율

식 (5.46)과 식 (5.54)로부터 펌프수두, 터빈수두와 펌프동력, 터빈동력의 관계는 다음과 같이 나타낼 수 있다.

$$\dot{W}_{\mathrm{p,\,id}} = \dot{m} g h_{\mathrm{p}} = \rho g Q h_{\mathrm{p}} \tag{5.56}$$

$$\dot{W}_{\mathrm{tb,id}} = \dot{m} g h_{\mathrm{tb}} = \rho g Q h_{\mathrm{tb}} \tag{5.57}$$

식 (5.56)과 식 (5.57)로 구한 펌프동력과 터빈동력은 앞의 기계적 에너지 방정식에서 유체유동의 관점에서만 계산한 것으로, 펌프나 터빈 자체에서의 손실은 고려하지 않은 이론적인 것이다. 즉, 에너지방정식에서의 손실수두는 관 및 부품에서의 모든 손실을 포함한 것이고, 펌프나 터빈 자체에서의 손실은 포함하지 않은 것이다. 앞에서 구한 펌프동력이나 터빈동력은 유체가 펌프나 터빈을 지나면서 얻거나 잃은 순수한 **수동력**(water power, hydraulic power)을 의미하고 이론적이고 이상적인 동력을 나타내고, 아래첨자 id는 ideal을 나타낸다. 따라서 실제 펌프나 터빈에서의 축을 통하여 전달되는 동력인 **축동력**(shaft power) $\dot{W}_{\mathrm{p}}$와 $\dot{W}_{\mathrm{tb}}$는 펌프나 터빈에서의 유체와의 마찰에 의한 손실 및 기타 기계적인 손실을 고려한 효율을 고려해야 한다. 터빈효율과 펌프효율은 다음과 같다.

✦ $\dot{W}_{\mathrm{p,id}}$, $\dot{W}_{\mathrm{tb,id}}$: 이론동력
$\dot{W}_{\mathrm{p}}$, $\dot{W}_{\mathrm{tb}}$: 실제동력

$$\eta_{\mathrm{tb}} = \frac{\dot{W}_{\mathrm{tb}}}{\dot{W}_{\mathrm{tb,id}}} \tag{5.58}$$

$$\eta_{\mathrm{p}} = \frac{\dot{W}_{\mathrm{p,id}}}{\dot{W}_{\mathrm{p}}} \tag{5.59}$$

위 식에서 터빈의 경우 터빈의 효율 때문에 실제로 유체로부터 얻을 수 있는 동력은 이론적인 동력보다 작다. 그러나 펌프의 경우 펌프에서 공급하는 동력 전부가 유체에 전달되지 못하므로 효율의 정의가 터빈의 경우와는 반대로 정의된다.

관의 중간에 송풍기(fan)가 있을 때, 송풍기의 원리는 펌프와 같으므로 위 식에서 송풍기수두를 h_{p}라 두고 계산하면 된다. 또는 송풍기수두를 h_{f}라고 나타내면 위의

모든 식에서 아래첨자 p를 f로 대체하면 된다.

예제 5.5 **그림처럼 큰 댐의 아래에 터빈이 설치되어 있다. 댐의 수면과 터빈 출구의 중심선까지의 높이차 H는 80m이고, 출구관의 지름은 1.2 m, 출구에서의 유속은 5 m/s이고 대기 중으로 방출된다. 터빈 이외에서의 모든 손실을 무시할 때, (a) 터빈의 이론적인 동력(수동력)을 구하라. (b) 터빈의 효율이 90%일 때 터빈을 통하여 얻을 수 있는 터빈동력(축동력)을 구하라.**

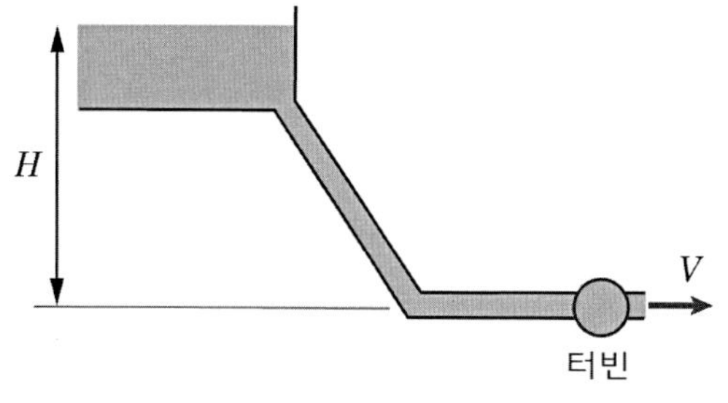

그림 E5.5

풀이

(a) 마찰손실을 무시하고, 터빈이 있으므로 에너지 방정식(확장 Bernoulli 방정식)은 식 (5.48)로부터 다음과 같다. 1지점은 댐의 수면이고 2지점은 터빈의 출구이다.

$$\frac{p_1}{\rho g}+\frac{V_1^2}{2g}+z_1-h_{\mathrm{tb}}=\frac{p_2}{\rho g}+\frac{V_2^2}{2g}+z_2$$

1지점과 2지점에서 대기와 접하므로 $p_1=p_2=p_{\mathrm{atm}}$ 이고, $V_1 \ll V_2$이므로, V_1^2은 무시한다. 따라서,

$$z_1-h_{\mathrm{tb}}=\frac{V_2^2}{2g}+z_2$$

이고,

$$h_{\mathrm{tb}}=z_1-z_2-\frac{V_2^2}{2g}=80-\frac{5^2}{(2)(9.8)}=78.7\ \mathrm{m}$$

이다. 식 (5.57)에서

$$\dot{W}_{\mathrm{tb,id}}=\dot{m}\,g\,h_{\mathrm{tb}}=\rho gQh_{\mathrm{tb}}$$
$$=(1000)(9.8)(\pi\times0.6^2\times5)(78.7)=4359000\,\mathrm{W}=4359\,\mathrm{kW}$$

이다.

(b) 식 (5.58)로부터,

$$\dot{W}_{\mathrm{tb}}=\eta_{\mathrm{tb}}\dot{W}_{\mathrm{tb,id}}=(0.9)(4359)=3923\,\mathrm{kW}$$

이다.

보충설명

h_{tb}는 수두이므로 단위가 m이다. h_{tb}를 계산할 때, 출구에서의 속도수두 $V_2^2/2g$을 고려하여야 한다. 터빈의 효율 때문에, 물이 잃은 에너지 손실은 4359 kW이지만, 터빈이 얻은 동력은 3923 kW이다. 즉, 터빈에서의 에너지 손실이 4359 − 3923 = 436 kW이다. 이 손실은 터빈 내에서의 마찰손실, 유량손실 및 기계적인 손실 등이 포함된 것이다. 실제 터빈 이외의 부분에서의 마찰손실이 고려된다면 얻을 수 있는 동력은 더 작을 것이며, 다음 예제를 참고하기 바란다.
1점에서의 속도는 수면의 속도이므로 무시하였지만 2점에서의 속도는 관의 출구에서 속도이므로 무시할 수 없다. 즉, 식에서 $\dfrac{V_2^2}{2g}$이 포함되었다.

예제 5.6 **터빈 이외에서의 모든 손실수두가 7 m일 때, 예제 5.5를 다시 하라.**

풀이

(a) 다른 것은 예제 5.5와 같지만, 마찰손실을 고려하여 h_L을 생략하면 안 된다.

$$z_1 - h_L - h_{tb} = \frac{V_2^2}{2g} + z_2$$

$$h_{tb} = z_1 - z_2 - \frac{V_2^2}{2g} - h_L = 78.7 - 7 = 71.7\ \mathrm{m}$$

식 (5.57)에서

$$\dot{W}_{tb,id} = \dot{m}\,g\,h_{tb} = \rho g Q h_{tb}$$

$$= (1000)(9.8)(\pi \times 0.6^2 \times 5)(71.7) = 3971000\ \mathrm{W} = 3971\ \mathrm{kW}$$

이다.

(b) $\dot{W}_{tb} = \eta_t\,\dot{W}_{tb,id} = (0.9)(3971) = 3574\ \mathrm{kW}$

이다.

보충설명

이 문제에서 터빈 이외에서의 손실이 있지만, (a)에서의 답 3971 kW는 이론적인 동력, 즉, 수동력이고, 실제 터빈에서 얻을 수 있는 터빈동력(축동력)은 터빈의 효율을 고려한 3574kW가 된다. 터빈에서의 손실은 3971 − 3574 = 397 kW이다. 예제 5.5의 결과와 비교하여 제대로 이해해야 한다.

운동에너지 수정계수(보정계수)

에너지 방정식에서 사용된 속도는 1지점과 2지점에서의 평균속도 또는 균일한 속도를 나타낸다. 속도분포가 균일하지 않을 때, 다음과 같이 수정하여 사용한다.

$$\frac{p_1}{\rho g} + \alpha_1 \frac{V_1^2}{2g} + z_1 - h_L - h_{tb} + h_p = \frac{p_2}{\rho g} + \alpha_2 \frac{V_2^2}{2g} + z_2 \tag{5.60}$$

여기서 α를 **운동에너지 수정계수**(운동에너지 보정계수; kinetic energy correction factor) 또는 **운동에너지계수**(kinetic energy coefficient)라고 하며 다음과 같이 정의한다.

$$\alpha = \frac{\int_A v^3 dA}{V^3} \tag{5.61}$$

- v : 균일하지 않은 속도분포
- V : 평균속도

✦ 완전발달유동에 대해서는 뒤에서 설명한다.

원형 관에서의 유동인 경우, 운동에너지 수정계수는 완전발달 층류유동에서는 2이고 완전발달 난류유동의 경우 1에 가까운 값을 가진다. **관에서의 대부분의 유동은 난류이므로 보통 운동에너지 수정계수를 무시하고 사용한다.** 그리고 층류일 때, 다른 항에 비하여 속도에너지의 크기가 아주 작아 수정하지 않아도 오차가 작으므로 보통 운동에너지 수정계수를 무시하고 사용한다.

5장 연습 문제

5.1 지름이 점점 증가하는 원형관의 한 지점에서 물의 속도가 4 m/s이다. 지름이 2배인 곳에서의 물의 속도는 얼마인가?

5.2 지름이 20 cm인 원형관에서 물의 질량유량이 40 kg/min이라면 평균속도는 얼마인가?

5.3 부피가 2 m^3인 빈 탱크에 지름이 10 cm인 원형 관를 통하여 평균속도 2 m/s의 속도로 물이 흘러 들어간다. 탱크를 가득 채우는데 필요한 시간은 얼마인가?

5.4 지름이 40 cm인 원형 관에 흐르는 공기의 온도가 100 ℃이고 압력이 200 kPa이다. 질량유량이 2 kg/s일 때 공기의 속도를 구하라. 공기의 기체상수는 287 $\frac{\mathrm{J}}{\mathrm{kg \cdot K}}$ 이다.

5.5 그림 P5.5와 같은 탱크에 물이 1과 2 지점에서 흘러 들어가고 3 지점에서 흘러나온다. 1, 2, 3에 연결된 관은 각각 직경이 D_1, D_2, D_3 이다. 1, 2에서의 물의 평균속도가 V_1, V_2 일 때, 3에서의 물의 평균속도를 구하라.

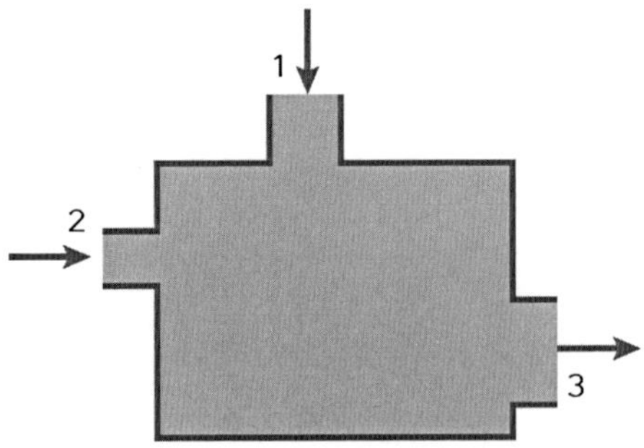

그림 P5.5

5.6 직경이 D_1 인 원형 관를 통하여 물이 V의 속도로, 위가 개방된 직경이 D_2 인 원통형 용기에 흘러 들어간다. 용기 속에 있는 물의 상승속도를 구하라.

5.7 뚜껑이 열려 있는 탱크에 지름이 20 cm인 원형 관을 통하여 2 m/s의 평균속도로 비중이 0.9인 액체가 흘러 들어가고, 지름이 10 cm인 원형 관을 통하여 3 m/s의 평균속도로 흘러 나간다. 탱크 속 액체의 질량 증가율을 구하라.

5.8 그림 P5.8처럼 간격이 $2H$인 두 무한 평판 사이에 유체가 흐르고 있고, 속도분포가 $u = u_0\left[1-\left(\frac{y}{H}\right)^2\right]$ 으로 주어진다. y는 두 무한 평판사이의 중심에서 위 방향으로의 거리이다. 폭 b 사이를 지나는 유량과 평균속도를 구하는 식을 나타내어라.

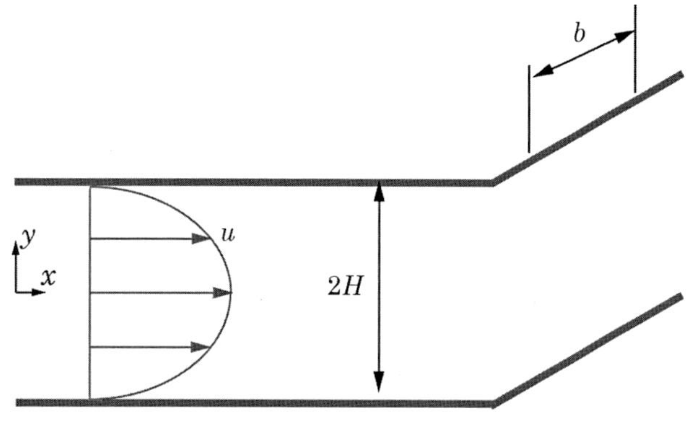

그림 P5.8

5.9 수평 원형관에서 지름이 $D = D_0(1+ax)$로 변한다. 여기서 x는 축방향 좌표이다. $x=0$에서의 평균속도가 V_0일 때, $x=L$위치에서의 평균속도를 구하라.

5.10 그림 P5.10처럼 큰 탱크에 처음에 높이 $H = 2$ m 까지 물이 차 있다가 단면적 $A_h = 0.004\,\mathrm{m}^2$ 인 아래의 구멍을 통하여 물이 흘러 나간다. 탱크의 단면적, 즉 물의 표면적 $A = 2\,\mathrm{m}^2$ 이다. 시간이 지난 후 $h = 1.2$ m까지 물이 줄어들었다. 물의 높이가 2 m에서 1.2 m로 줄어들 때까지의 시간을 구하기 위해 정확한 방법은 아니지만, 단순하게 다음과 같은 방법으로 구해 보기로 한다. (a) 물의 높이가 2 m일 때의 물의 유출 속도, (b) 물의 높이가 1.2 m일 때의 물의 유출 속도를 구하라. (c) 이 두 속도의 단순한 평균을 사용하여 물의 높이가 2 m에서 1.2 m로 줄어들 때까지의 대략적인 시간을 구하라. 단, 모든 손실은 무시하라. (d) 이 문제의 (c)를 정확하게 구하기 위해서는 미분방정식을 풀어야 하고 이 책의 후편인 "유체역학 ②, 유체역학의 이해"의 연습문제 4.7에서 다루고 있으며, 시간 t 후의 높이 h는 다음과 같다.

$h = H\left[1 - \frac{1}{\sqrt{2}}\left(\frac{A_h}{A}\right)\frac{t\sqrt{g}}{\sqrt{H}}\right]^2$. 이것을 사용하여 물의 높이가 2 m에서 1.2 m로 줄어들 때까지의 시간을 구하여 (c)의 결과와 비교하라.

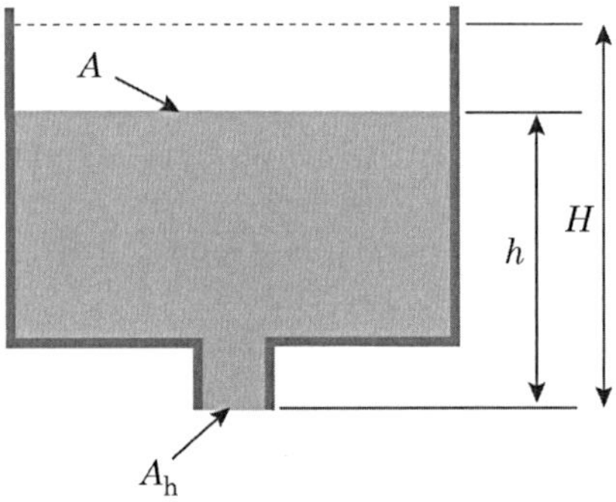

그림 P5.10

5.11 터빈의 입구관에서의 절대압력이 500 kPa이고, 터빈 출구관의 절대압력은 50 kPa이다. 터빈을 통과하는 물의 유량은 5 m^3/s이다. 출구관의 중심선은 입구관의 중심선보다 2 m 아래에 위치하고 있다. 입구관과 출구관의 직경은 동일하다. 모든 손실을 무시하였을 때 얻을 수 있는 이론적인 최대 터빈의 출력은 약 얼마인가?

5.12 연습문제 5.11에서 실제 터빈의 효율이 90%라면 실제 터빈이 얻은 출력은 얼마인가?

5.13 큰 댐의 아래 부분에 터빈이 설치되어 있다. 댐의 수면과 터빈 출구의 중심선까지의 높이 차는 100m이고, 출구관의 지름은 1.2 m, 출구에서의 유속은 6 m/s이고 대기 중으로 방출된다. 모든 손실을 무시했을 때 최대로 얻을 수 있는 터빈의 이론 동력은 약 몇 kW인가?

5.14 그림 P5.14처럼 댐의 아래 부분에 터빈이 설치되어 있다. 댐의 수면과 터빈 출구의 중심선까지의 높이 차는 100m이고, 출구관의 지름은 1.2 m, 출구에서의 유속은 6 m/s이고 대기 중으로 방출된다. 터빈 이외에서의 모든 손실수두가 10 m일 때 터빈 동력(축동력)을 구하라. 단, 터빈의 효율은 85%이다.

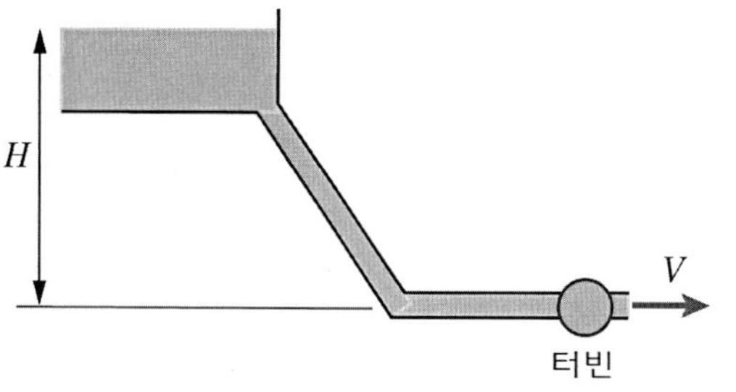

그림 P5.14

5.15 그림 P5.15처럼 위가 대기 중에 개방된 한 탱크에서 펌프를 이용하여 다른 탱크로 물을 양수하고 있다. 아래 탱크의 수면에서 20 m 높은 곳에서 대기 중으로 지름이 10cm인 관을 통하여 5 m/s의 속도로 대기 중으로 물을 방출하고 있다. 관로 전체에서의 총 손실수두가 15 m일 때, 필요한 이론적인 펌프동력은 얼마인가?

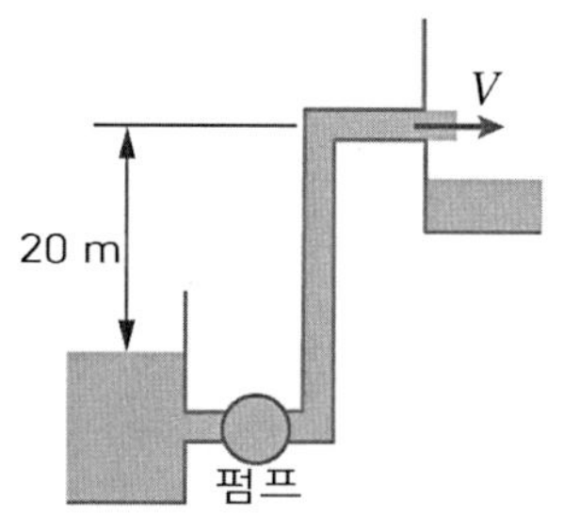

그림 P5.15

5.16 연습문제 5.15에서 펌프 효율이 85%일 때, 필요한 펌프동력(축동력)은 얼마인가?

5.17 터빈의 입구관에서의 압력(절대압력)이 500 kPa이고, 터빈 출구관의 압력은 진공 120 mmHg이다. 터빈을 통과하는 물의 유량은 5 m^3/s이다. 출구관의 중심선은 입구관의 중심선보다 2 m 아래에 위치하고 있고 입구관과 출구관의 직경은 동일하다. 터빈의 효율이 90%일 때, 터빈에서 얻을 수 있는 출력을 구하라. 국소 대기압은 101 kPa이다.

유한 검사체적 해석 – 운동량방정식

학습목표

이 장의 학습 및 강의 목표는 다음과 같은 사항을 학생들이 완전하게 이해하는 것이다.

- 검사체적에 대한 운동량방정식.
- 운동량방정식의 응용.
- 운동량모멘트 방정식.

6.1 서론

유한한 크기를 가지는 검차체적에 대하여 운동량방정식 또는 운동량모멘트 방정식을 적용하여 문제를 해결해야 할 때가 많다. 예를 들면, 물 제트의 충돌로 인하여 깃이 받는 힘을 구하여야 할 때, 굽은 관의 유동에서 관이 받는 힘을 구할 때, 로켓의 추진력을 구할 때, 펌프나 터빈의 날개에서 받는 힘을 구할 때 검차체적에 대하여 운동량방정식 또는 운동량모멘트 방정식을 사용하여야 한다. 이 장에서는 Reynolds 수송정리를 이용하여 검사체적에 대한 운동량방정식 또는 운동량모멘트 방정식을 구하고 이것의 응용에 대하여 설명한다.

6.2 유한 검사체적에 대한 운동량방정식

✦관성좌표계는 Newton의 운동 제1법칙이 성립하는 좌표계를 의미한다(따라서 Newton의 운동 제2법칙도 성립하는 좌표계이다). 가속운동을 하지 않는 좌표계라고 생각하면 이해하기 쉽다. 등속운동을 하는 좌표계는 관성좌표계이다.

관성좌표계(inertial reference frame)에서 Newton의 운동 제2법칙 또는 운동량방정식은 다음과 같다.

$$\mathbf{F}_{sys} = \frac{d}{dt}(m\mathbf{v})_{sys} = \frac{d\mathbf{P}_{sys}}{dt} \tag{6.1}$$

↑ 힘　　↑ 운동량변화율

✦단순히 운동량이라고 하면 선형운동량을 나타낸다.

여기서 $\mathbf{F}_{sys}$ 는 외부에서 시스템에 작용하는 합력 또는 순 힘(net force, 알짜 힘)이고, $\mathbf{P} = m\mathbf{v}$ 는 **선형운동량**(linear momentum)이다. 선형운동량을 단순히 **운동량**(momentum)이라고도 한다. 식 (6.1)은 시스템에 대한 식이고, 이를 다시 표현하면, 다음과 같다.

외부에서 시스템에 작용하는 순(net) 힘은 시스템의 운동량의 변화율과 같다.

시스템의 질량이 일정하므로(유체역학에서는 시스템의 질량은 항상 일정하다고 정의한다), 더 잘 알려진 다음의 식이 성립한다.

$$\mathbf{F}_{sys} = m\mathbf{a}_{sys} \tag{6.2}$$

6.2.1 정지 상태의 검사체적

식 (6.1)은 시스템에 대한 식으로, 검사체적에 대한 식으로서 변환하기 위해 Reynolds 수송정리에서 $B = m\mathbf{v} = \mathbf{P}$, $b = \mathbf{v}$ 를 대입하면, 식 (5.18)과 식 (5.28)을 이용하면, 다음을 구할 수 있다.

✦어떤 주어진 시간에는 검사체적과 시스템이 일치하므로, $\mathbf{F}_{cv}=\mathbf{F}_{sys}$ 이다.

$$\mathbf{F}_{cv}=\frac{\partial \mathbf{P}_{cv}}{\partial t}+\dot{\mathbf{P}}_{out}-\dot{\mathbf{P}}_{in} \tag{6.3}$$

$$\mathbf{F}_{cv}=\frac{\partial}{\partial t}\left(\int_{cv}\rho \mathbf{v}dV\right)+\int_{cs}\rho \mathbf{v}(\mathbf{v}\cdot\mathbf{n})dA \tag{6.4}$$

위의 식들은 검사체적에 대한 **선형운동량방정식**(linear momentum equation)이고, 보통 선형을 빼고 단순히 **운동량방정식(momentum equation)**이라고도 한다. 여기서 각각의 항은 다음을 나타낸다.

- $\mathbf{F}_{cv}$: 외부에서 검사체적의 물질에 작용하는 순(net) 힘(또는 합력).
- $\mathbf{P}=m\mathbf{v}$: 선형운동량(linear momentum).
- $\mathbf{P}_{cv}=\int_{cv}\rho \mathbf{v}dV$: 검사체적 내의 유체가 가지는 운동량.
- $\dot{\mathbf{P}}_{out}$: 검사표면을 통해 유출되는 전체 운동량 유출률.
- $\dot{\mathbf{P}}_{in}$: 검사표면을 통해 유입되는 전체 운동량 유입률.
- $\dot{\mathbf{P}}_{out}-\dot{\mathbf{P}}_{in}=\int_{cs}\rho \mathbf{v}(\mathbf{v}\cdot\mathbf{n})dA$: 검사표면을 통한 순(net) 운동량 유동률.
- Bernoulli 방정식과 달리 위의 **운동량방정식은 마찰이 있는 경우에도 성립한다**. 그 이유는 식 (6.1)이 마찰력이 있을 때도 성립하는 식이기 때문이고, 그 식으로 유도된 식 (6.3)과 식 (6.4)는 마찰력이 있을 때 성립한다.
- 유입되고 유출되는 곳이 여러 곳인 경우, 굳이 식에서 Σ기호를 나타내지 않아도 운동량 유동률을 모두 합하면 된다. 마찬가지로 $\mathbf{F}$도 합력 또는 순 힘을 나타내기 때문에 $\Sigma\mathbf{F}$로 나타내지 않았다.
- 힘은 **외부에서** 검사체적 내의 물질에 작용하는 힘이다. 검사체적 내에서 물질 사이의 힘은 포함하지 않는다.

식 (6.3) 또는 식 (6.4)를 다시 표현하면 다음과 같다.

✦순 운동량 유동률은 운동량의 유출률과 유입률의 차를 나타낸다.

외부에서 검사체적 내의 물질에 작용하는 순 힘은 검사체적 내의 물질의 선형운동량 변화율과 검사표면을 통한 순 운동량 유동률의 합과 같다.

식 (6.3)의 운동량 유동률은 식 (5.19)와 식 (5.22)로부터 다음과 같다는 것을 알 수 있다.

균일한 속도 : $$\dot{\mathbf{P}} = \dot{m}\mathbf{v} \tag{6.5a}$$

균일하지 않은 속도 : $$\dot{\mathbf{P}} = \int_A \mathbf{v}\rho V_n dA \tag{6.5b}$$

운동량방정식은 벡터식이므로, 식 (6.3)을 성분별로 나타내면 다음과 같다.

$$F_x = \frac{\partial (P_x)_{cv}}{\partial t} + (\dot{P}_x)_{out} - (\dot{P}_x)_{in} \tag{6.6a}$$

$$F_y = \frac{\partial (P_y)_{cv}}{\partial t} + (\dot{P}_y)_{out} - (\dot{P}_y)_{in} \tag{6.6b}$$

$$F_z = \frac{\partial (P_z)_{cv}}{\partial t} + (\dot{P}_z)_{out} - (\dot{P}_z)_{in} \tag{6.6c}$$

식 (6.6)에서 각 방향의 운동량 유동률은 식 (6.5)로부터 다음과 같다는 것을 알 수 있다.

균일한 속도 : $$\dot{P}_x = \dot{m}u\ ,\ \dot{P}_y = \dot{m}v\ ,\ \dot{P}_z = \dot{m}w \tag{6.7a}$$
균일하지 않은 속도 :

$$\dot{P}_x = \int_A u\rho V_n dA,\quad \dot{P}_y = \int_A v\rho V_n dA,\quad \dot{P}_z = \int_A w\rho V_n dA \tag{6.7b}$$

정상유동

정상유동일 때, 식 (6.3)과 식 (6.4)는 다음과 같이 나타낼 수 있다.

$$\mathbf{F}_{cv} = \dot{\mathbf{P}}_{out} - \dot{\mathbf{P}}_{in} \tag{6.8}$$

$$\mathbf{F}_{cv} = \int_{cs} \rho\mathbf{v}(\mathbf{v}\cdot\mathbf{n})dA \tag{6.9}$$

식 (6.8) 또는 식 (6.9)를 다시 표현하면 다음과 같다.

정상유동인 경우, 외부에서 검사체적의 물질에 작용하는 순(net) 힘은 검사표면을 통한 순 운동량 유동률과 같다.

그림 6.1은 정상유동일 때 운동량방정식을 도식화한 것으로, 정상유동일 때 검사표면을 통한 선형운동량의 유출률과 유입률의 차는 외부에서 검사체적 내의 물질에 작용하는 힘의 합과 같다는 것을 도식적으로 보여주고 있다.

정상유동이고 유동이 입구와 출구 단면에서 유동이 균일할 때는, 운동량 유동률이 식 (6.5a)로 표시므로, 식 (6.8)을 다음처럼 나타낼 수 있다.

$$\mathbf{F}_{\mathrm{cv}} = \dot{m}_{\mathrm{out}}\mathbf{v}_{\mathrm{out}} - \dot{m}_{\mathrm{in}}\mathbf{v}_{\mathrm{in}} \tag{6.10}$$

각각의 성분으로 나타내면 다음과 같다.

$$F_x = \dot{m}_{\mathrm{out}}u_{\mathrm{out}} - \dot{m}_{\mathrm{in}}u_{\mathrm{in}} \tag{6.11a}$$

$$F_y = \dot{m}_{\mathrm{out}}v_{\mathrm{out}} - \dot{m}_{\mathrm{in}}v_{\mathrm{in}} \tag{6.11b}$$

$$F_z = \dot{m}_{\mathrm{out}}w_{\mathrm{out}} - \dot{m}_{\mathrm{in}}w_{\mathrm{in}} \tag{6.11c}$$

정상유동, 균일유동에서 입구와 출구가 하나씩일 때, $\dot{m}_{\mathrm{in}} = \dot{m}_{\mathrm{out}} = \dot{m}$ 이므로 식 (6.11)에 $\dot{m}_{\mathrm{out}}$과 $\dot{m}_{\mathrm{in}}$을 $\dot{m}$으로 대체하면 된다.

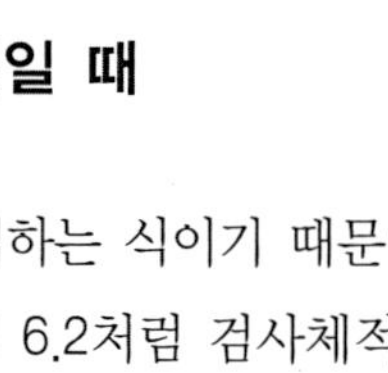

그림 6.1
정상유동일 때 운동량방정식의 도식화

6.2.2 검사체적이 등속도로 움직일 때

식 (6.1)이 관성좌표계에서 성립하는 식이기 때문에 운동량방정식도 관성좌표계에서 성립하는 식이다. 따라서 그림 6.2처럼 검사체적이 일정한 속도 $\mathbf{v}_{\mathrm{cv}}$ 로 움직이는 경우를 생각해보면, 고정된 좌표계(xyz)의 O에서 측정한 유체의 속도가 절대속도 $\mathbf{v}$ 일 때, 좌표계($x'y'z'$)를 검사체적 위에 설치하여 검사체적 위의 O′ 에서 관찰한다면, 이 일정한 속도로 움직이는 좌표계에서 측정되는 모든 유체의 속도는 상대속도 $\mathbf{v}_{\mathrm{r}}$ 이고 그림에 표시된 것과 같다. 일정한 속도로 움직이는 좌표계($x'y'z'$)는 관성좌표계이므로, **검사체적이 등속도로 움직일** 때, 운동량방정식은 식 (6.3)과 식 (6.4)와 같고, 운동량과 관련된 식 (6.5)의 속도 대신에 다음처럼 상대속도를 사용하여 나타내면 된다.

균일한 속도 : $$\dot{\mathbf{P}} = \dot{m}_\mathrm{r}\,\mathbf{v}_\mathrm{r} \tag{6.12a}$$

균일하지 않은 속도 : $$\dot{\mathbf{P}} = \int_A \mathbf{v}_\mathrm{r}\rho V_{\mathrm{r,n}}dA \tag{6.12b}$$

여기서 $\dot{m}_\mathrm{r}$은 검사표면을 통한 검사체적에 대한 상대적인 질량유량을 나타내고, $\mathbf{v}_\mathrm{r}$은 상대속도를, V_r은 상대속도의 크기이고, $V_{\mathrm{r,n}}$은 단면에 수직인 방향의 V_r의 크기이다.

- $\mathbf{v}_\mathrm{r} = \mathbf{v} - \mathbf{v}_\mathrm{cv}$
- $\mathbf{v}_\mathrm{r}$: 상대속도, $\mathbf{v}$: 절대속도, $\mathbf{v}_\mathrm{cv}$: 검사체적의 속도.
- $V_\mathrm{r} = |\mathbf{v}_\mathrm{r}| = |\mathbf{v} - \mathbf{v}_\mathrm{cv}|$

각각의 성분으로 나타내면 다음과 같다.

균일한 속도 : $$\dot{P}_x = \dot{m}_\mathrm{r}u_\mathrm{r}\,,\ \dot{P}_y = \dot{m}_\mathrm{r}v_\mathrm{r}\,,\ \dot{P}_z = \dot{m}_\mathrm{r}w_\mathrm{r} \tag{6.13a}$$
균일하지 않은 속도 :

$$\dot{P}_x = \int_A u_\mathrm{r}\rho V_{\mathrm{r,n}}dA,\ \dot{P}_y = \int_A v_\mathrm{r}\rho V_{\mathrm{r,n}}dA,\ \dot{P}_z = \int_A w_\mathrm{r}\rho V_{\mathrm{r,n}}dA \tag{6.13b}$$

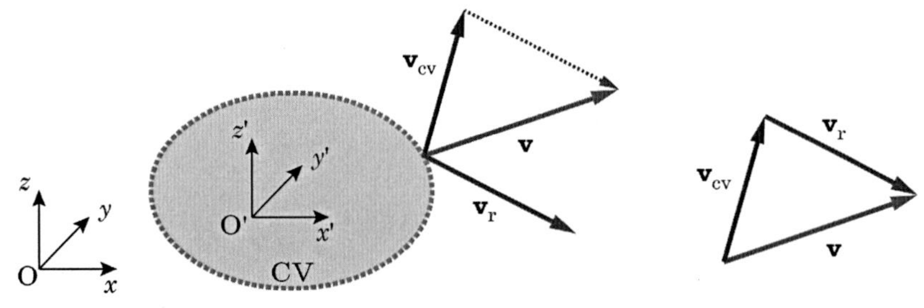

그림 6.2
등속도로 움직이는 검사체적, (a) 정지한 관성좌표계에서 본 속도, (b) V_cv의 속도로 움직이는 관성좌표계에서 본 속도

6.3 운동량방정식의 응용

✦아래 첨자 in ⇆ 1
out ⇆ 2

유체역학에서 선형운동량방정식은 아주 다양하게 응용되어 사용된다. 다음에 여러 경우에 대하여 어떻게 운동방정식을 적용하는지에 대해 살펴본다. 연속방정식일 때와 마찬가지로 편의상 아래 첨자 in 대신에 1을, out 대신에 2를 사용하기도 하고 때에 따라 혼용하기도 한다.

관을 고정하기 위한 힘

대기 중에서 그림 6.3(a)처럼 굽은 관(곡관; curved pipe)의 입구 및 출구에서의 속도, 압력 및 단면적이 V_1, p_1, A_1, V_2, p_2, A_2일 때, 관을 고정하기 위한 힘을 구하고자 한다. 단, 관은 수평 방향으로 되어있어(x, y방향은 수평 방향), 관의 무게와 유체의 무게를 무시한다.

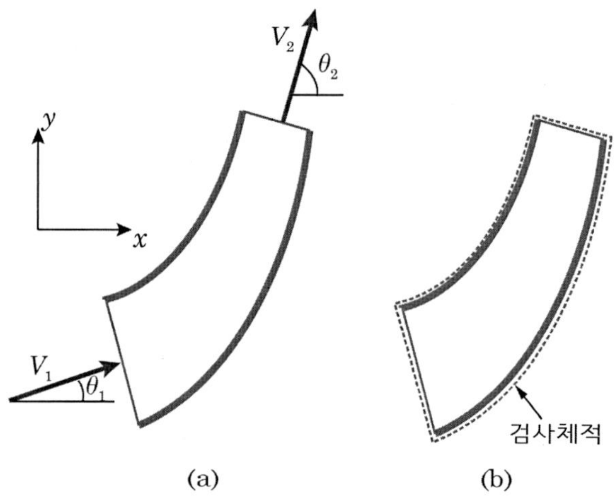

그림 6.3
굽은 관에서의 검사체적 선택, (a) 굽은 관을 지나는 운동, (b) 검사체적 선택

관을 고정하기 위한 힘을 구할 때, 그림 6.3(b)처럼 **검사체적에 관이 포함되어야 한다.** 왜냐하면, 운동량방정식에서의 힘은 외부에서 검사체적에 작용하는 힘이므로 관이 검사체적에 포함되어야, 외부에서 검사체적 내부의 관에 작용하는 힘을 운동량방정식에 적용할 수 있다.

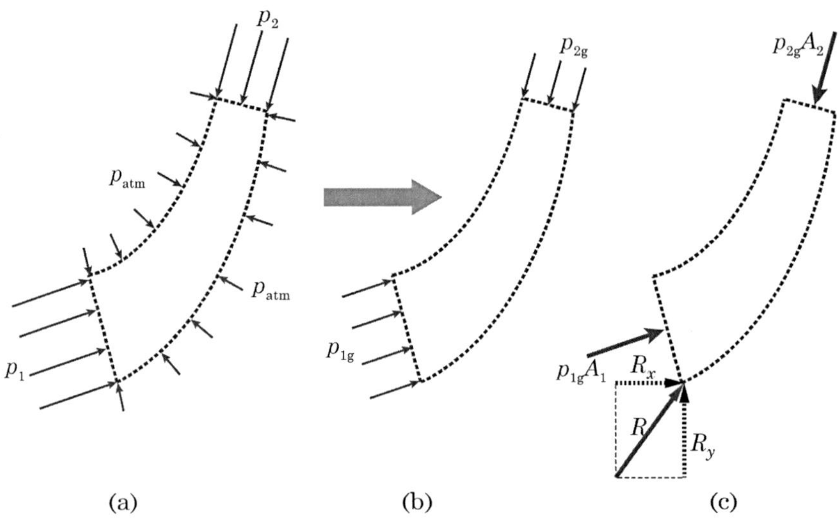

그림 6.4
관을 고정하기 위한 힘, (a) 작용하는 압력, (b) 대기압 뺀 압력, (c) 작용하는 힘

그림 6.3(b)처럼 검사체적을 적용하면, 그림 6.4(a)처럼 주위의 공기와 접하는 검사표면에 대기압이 작용한다. 검사표면 전체에서 대기압을 빼면, 그림 6.4(b)처럼 입구 및 출구 부분에만 유체에 의한 계기압력이 작용하는 결과를 얻을 수 있다.

정상유동, 균일한 속도분포인 경우이므로, 식 (6.11a)와 식 (6.11b)를 적용하면 된다. 관을 고정하기 위한 힘의 x, y방향 성분을 각각 R_x, R_y라고 하고, 어느 방향으로 작용하는지 현재는 모르지만 모두 양이라고 생각하고 그림 6.4(c)처럼 나타내기로 한다. 검사체적에 작용하는 힘은 압력과 이 힘을 합한 것으로 먼저 x방향을 고려하면,

$$F_x = p_{1g}A_1\cos\theta_1 - p_{2g}A_2\cos\theta_2 + R_x$$

이다. 이 힘을 식 (6.11a)에 대입하면,

$$p_{1g}A_1\cos\theta_1 - p_{2g}A_2\cos\theta_2 + R_x = \dot{m}(u_2 - u_1) = \dot{m}(V_2\cos\theta_2 - V_1\cos\theta_1)$$

이고, 따라서

$$R_x = \dot{m}(V_2\cos\theta_2 - V_1\cos\theta_1) - p_{1g}A_1\cos\theta_1 + p_{2g}A_2\cos\theta_2 \tag{6.14a}$$

이다. 같은 방법으로 y방향에 대해서 구하면 다음과 같다.

$$R_y = \dot{m}(V_2\sin\theta_2 - V_1\sin\theta_1) - p_{1g}A_1\sin\theta_1 + p_{2g}A_2\sin\theta_2 \qquad (6.14b)$$

위의 식을 살펴보면, 관을 고정하는데 필요한 힘을 구할 때는 유체의 압력을 계기압력으로 하여야 한다.

만약 관을 고정하기 위한 힘이 작용하지 않는다면, 관에 작용하는 힘은 유체가 관에 작용하는 힘과 주위 대기의 압력이 관에 작용하는 힘의 합으로 구해진다. 유체와 대기가 관에 작용하는 순 힘(net force) 또는 합력은 관을 움직이게 한다(Newton의 운동 제2법칙에 의해 힘이 작용하는 방향으로 가속도가 생긴다). 관이 수평 방향으로 되어있어(x, y방향은 수평 방향), 관의 무게를 무시할 수 있을 때 이 관을 움직이지 않게 하려면 그림 6.5에 나타낸 것처럼 관에 작용하는 순 힘 R_2의 반대 방향으로 같은 크기의 힘 R_1을 작용해야 한다. 따라서 유체와 대기가 관에 작용하는 순 힘 또는 합력 R_2는 관을 고정하기 위한 힘 R_1과 반대 방향이고 같은 크기이다.

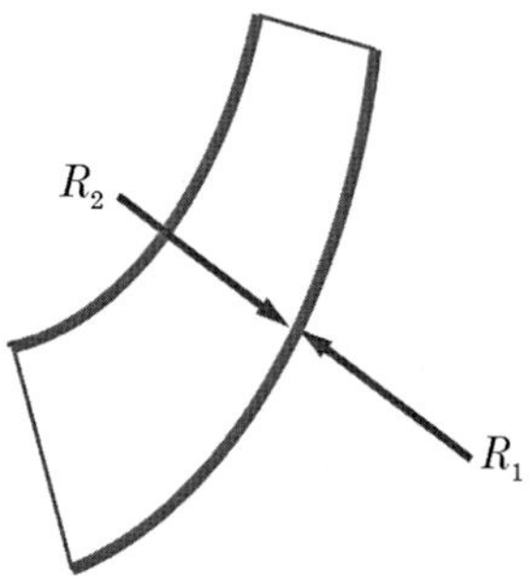

그림 6.5
관을 고정하기 위한 힘과 유체와 대기가 관에 작용하는 순 힘과의 관계

만약 위의 관이 수평 방향이 아니고 수직 방향이라면(즉, $-y$방향으로 중력이 작용한다면) 관을 고정하기 위한 힘 R_y를 구할 때, 관내의 유체의 무게와 관의 무게를 함께 고려하여야 한다(예제 6.2 참조).

예제 6.1 그림 E6.1(a)처럼 관의 지름이 20 cm로 일정하고 90° 굽은 관에서, 입구에서의 압력이 150 kPa인 물이 5 m/s로 흐르고 있고, 출구에서의 압력은 147 kPa이다. (a) 이 관을 고정하려면, 가하여야 할 힘의 크기와 방향을 구하라. 관의 무게와 유체의 무게를 무시하라. (b) 유체와 대기가 관에 작용하는 순 힘의 크기와 방향을 구하라.

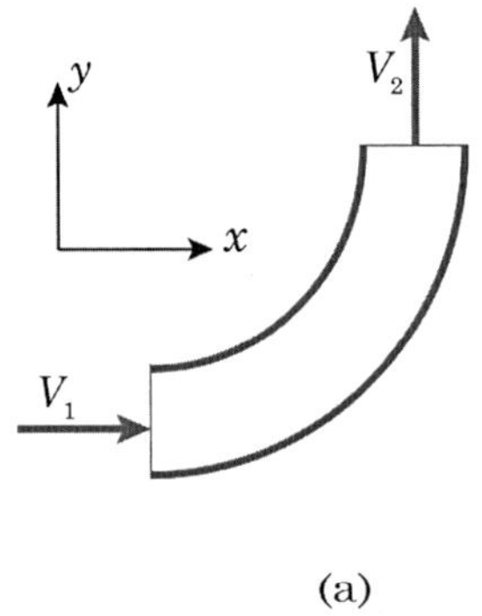

그림 E6.1(a)
굽은 관에서의 유동

풀이

(a) 이 문제는 식 (6.14a)와 식 (6.14b)에 대입하여 구할 수 있다.

$A_1 = A_2 = \pi R^2 = \pi(0.1^2) = 0.0314\ \mathrm{m}^2$

$\dot{m} = \rho V_1 A_1 = (1000)(5)(0.0314) = 157\ \mathrm{kg/s}$

$p_{1g} = (150 - 101.3)\ \mathrm{kPa} = 48.7\ \mathrm{kPa} = 48700\ \mathrm{Pa}$

$p_{2g} = (147 - 101.3)\ \mathrm{kPa} = 45.7\ \mathrm{kPa} = 45700\ \mathrm{Pa}$

$\theta_1 = 0^\circ,\ \theta_2 = 90^\circ$

이므로, 식 (6.14a)와 식 (6.14b)에 대입하면 다음과 같다.

$R_x = (157)(0-5) - (48700)(0.0314) + 0 = -2314\ \mathrm{N}$

$R_y = (157)(5-0) - 0 + (45700)(0.0314) = 2220\ \mathrm{N}$

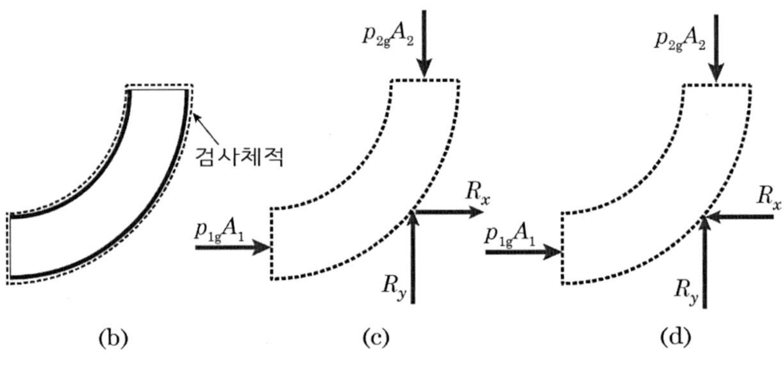

그림 E6.1(b)–(d)
(b) 검사체적 선택, (c) 작용하는 힘(R_x 방향+), (d) 작용하는 힘(R_x 방향−)

합력은

$R = \sqrt{2314^2 + 2220^2} = 3207\ \mathrm{N}$

이고, 방향은 R_x가 음이므로, 관을 고정하기 위하여 관에 가하여야 하는 힘은 그림 E6.1(e)와 같고, 각도는 다음과 같다.

$$\theta = \tan^{-1}\frac{2220}{2314} = 43.8^\circ$$

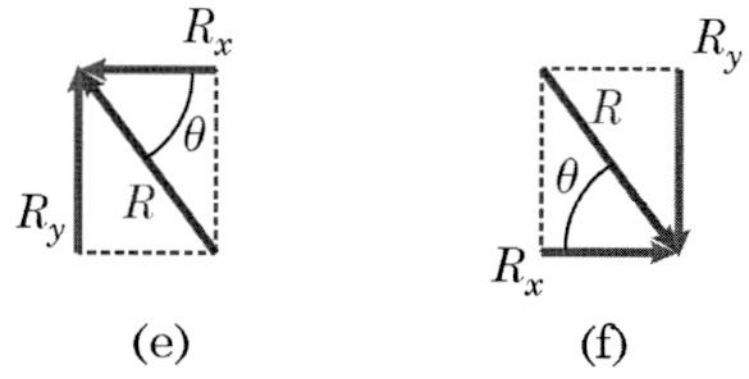

그림 E6.1(e)&(f)
(e) 관을 고정하기 위한 힘, (f) 유체와 대기가 관에 작용하는 순(net) 힘

(b) (유체와 대기에 의해) 관에 작용하는 순 힘의 반대 방향으로 외부에서 관에 힘을 가하여야 관이 고정될 것이다. 따라서 앞의 (a)의 문제와 크기는 같고 방향은 반대이므로, (유체와 대기에 의해) 관에 작용하는 순 힘은 그림 E6.1(f)와 같다.

보충설명

앞에서는 공식을 사용하여 문제를 풀었으나 식 (6.14a)와 식 (6.14b)를 외워서 사용하기는 쉽지 않고 바람직하지 않다. 실제로는 위의 (a)의 문제를 풀 때, 그림 E6.1(b)처럼 검사체적을 선택하고, 그림 E6.1(c)와 같은 자유물체도를 고려하여 작용하는 힘을 표시한 후, 운동량방정식을 적용한다. R_x와 R_y의 방향을 예측하기 어려울 때는, 그림 E6.1(c)처럼 모두 양의 방향으로 표시한다.
먼저 x방향을 고려하면,

$$F_x = p_{1g}A_1 + R_x$$

이고,

$$u_1 = V_1$$
$$u_2 = 0$$

이므로 식 (6.11a)에 대입하면,

$$p_{1g}A_1 + R_x = \dot{m}(0 - V_1)$$

이고,

$$R_x = -\dot{m}V_1 - p_{1g}A_1$$
$$= -(157)(5) - (48700)(0.0314) = -2314\ \mathrm{N}$$

이다. R_x의 값이 음이므로 그림 E6.1(c)에서 나타낸 반대 방향인 음의 방향으로 2314 N이 작용해야 한다.
이제 y방향을 고려하면,

$$F_y = -p_{2g}A_2 + R_y$$

이고,

$$v_1 = 0$$
$$v_2 = V_2$$

이므로 식 (6.11b)에 대입하면,

$$-p_{2g}A_2 + R_y = \dot{m}V_2$$

이고,

$$R_y = \dot{m} V_2 + p_{2g} A_2 = (157)(5) + (45700)(0.0314) = 2220 \text{ N}$$

이다. 따라서 앞에서와 같은 결과를 얻을 수 있다.

그리고 그림 E6.1(d)처럼 R_x의 방향을 음으로 하였다면(직관적으로 그렇게 판단되어서),

$$F_x = p_{1g} A_1 - R_x$$

이므로 식 (6.11a)에 대입하면,

$$p_{1g} A_1 - R_x = \dot{m}(0 - V_1)$$

이고,

$$R_x = \dot{m} V_1 + p_{1g} A_1 = 2314 \text{ N}$$

이다. R_x의 값이 양이므로, 그림 E6.1(d)에서 가정한 방향으로 즉, 음의 방향으로 2314 N이 작용해야 한다.

따라서 R의 방향을 어떻게 가정하든지 결과는 같다는 것을 알 수 있다.

예제 6.2 **예제 6.1과 같지만, 그림 E6.2(a)처럼 $-y$방향으로 중력이 작용할 때, 이 관을 고정하려면 가하여야 할 힘의 크기와 방향을 구하라. 단, 관내의 물의 질량은 2 kg이고 관의 질량은 1 kg이다.**

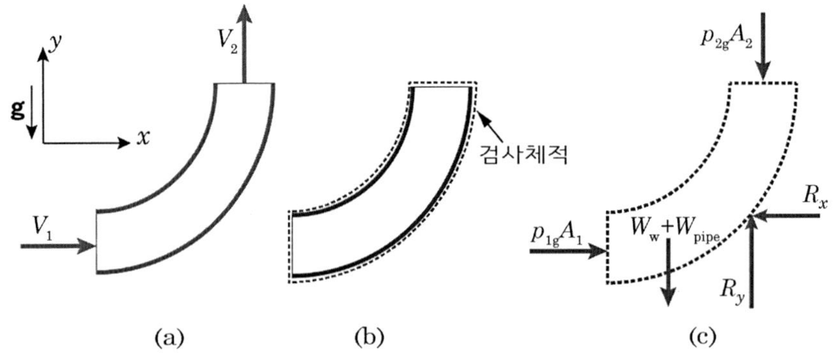

그림 E6.2(a)–(c)
(a) 굽은 관을 지나는 유동, (b) 검사체적 선택, (c) 작용하는 힘

풀이

그림 E6.2(b)처럼 관을 포함한 검사체적을 사용하여야 하고, 그림 E6.2(c)처럼 유체의 무게와 관의 무게를 고려하여야 한다. x방향의 힘은 예제 6.1과 같다. 즉, $R_x = 2314$ N이고 $-x$방향으로 작용하고, y방향의 힘은 다음과 같다.

$$F_y = -p_{2g} A_2 + R_y - W_w - W_{pipe}$$

이므로 식 (6.11b)에 대입하면,

$$-p_{2g} A_2 + R_y - W_w - W_{pipe} = \dot{m} V_2$$

이고,

$$R_y = \dot{m} V_2 + p_{2g} A_2 + W_w + W_{pipe}$$

$$=(157)(5)+(45700)(0.0314)+(2)(9.8)+(1)(9.8) \quad =2249\,\mathrm{N}$$

이다. 합력은

$$R=\sqrt{2314^2+2249^2}=3227\,\mathrm{N}$$

이고 방향은 R_x가 음의 방향이므로, 관을 고정시키기 위하여 관에 가하여야 하는 힘은 다음 그림과 같다($\theta=\tan^{-1}\frac{2249}{2314}=44.2^\circ$).

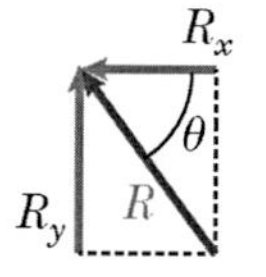

(d)

그림 E6.2(d)
관을 고정하기 위한 힘

보충설명

이 예제처럼 관의 문제는 공식을 사용하여 푸는 것이 아니라, 검사체적의 정확한 선택 및 문제에 대한 이해를 한 후, 운동량방정식을 적용해야 한다.

노즐 - 소방 호스

운동량방정식의 다른 응용 분야는 노즐 및 제트 유동과 관련된 문제이다. 관에서 면적이 축소되면서 외부로 노출되어 큰 속도를 가지는 부분이 노즐(nozzle)이고 노즐에서 대기로 유체가 분출되는 것이 자유 제트(jet)이다. 소방 호스의 끝은 노즐로 이루어져 있다.

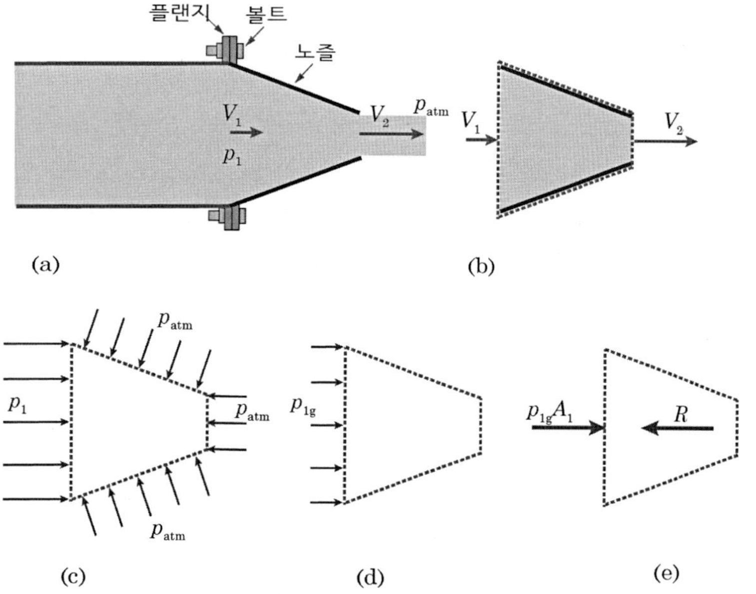

그림 6.6
노즐을 고정하기 위한 힘. (a) 원관에 부착된 노즐, (b) 검사체적 선택, (c) 작용하는 압력, (d) 대기압 뺀 압력, (e) 작용하는 힘

✦노즐을 고정하기 위한 힘은 볼트에 작용하는 힘이다.

그림 6.6(a)처럼 원관에 노즐이 플랜지 또는 나사 등으로 고정되어 있으며, 노즐 입구와 출구 단면적은 A_1, A_2이고, 노즐 입구에서의 압력(절대압력)이 p_1, 노즐 입구와 출구에서의 속도가 V_1, V_2일 때 **노즐을 고정하기 위한 힘**을 구하고자 한다.

노즐을 고정하기 위한 힘은 외부에서 검사체적에 작용해야 하므로, 그림 6.6(b)처럼 **노즐과 물을 포함한 검사체적을 선정**하여야 한다. 그림 6.6(c)에 검사체적에 작용하는 압력을 나타내고 있으며, 대기압이 균일하게 작용하므로 이 효과를 빼면 순수하게 작용하는 압력은 그림 6.6(d)처럼 $p_{1g} = p_1 - p_{atm}$만 왼쪽 면에 작용하고 있을 뿐이다. 검사체적에 작용하는 힘은 그림 6.6(e)에서 보여주는 두 힘이고, 이 힘을 합한 것은 다음과 같다.

$$F_x = p_{1g}A_1 - R$$

이것을 식 (6.11a)에 대입하면,

$$p_{1g}A_1 - R = \dot{m}(V_2 - V_1)$$

이고, 따라서

$$R = p_{1g}A_1 - \dot{m}(V_2 - V_1) \tag{6.15}$$

이다. 위의 식으로 계산한 R의 값이 **양이라면 노즐을 고정하기 위한 힘의 방향**은 그림 6.6(e)에서 나타낸 것과 같은 방향인 **왼쪽이다.**

노즐의 무게를 무시할 수 있을 때, **유체와 대기가 노즐에 작용하는 순(net) 힘**은 노즐을 고정하기 위한 힘과 같은 크기이고 방향은 반대이다. 노즐을 고정하기 위한 힘은 유체와 대기가 노즐에 작용하는 순 힘과 반대 방향으로 같은 크기를 작용해야 노즐을 고정할 수 있기 때문이다.

예제 6.3 **그림 6.6과 같이 소방 호스의 끝은 지름이 40 cm인 원형 관의 끝에 노즐이 부착되어 있다. 노즐 출구에서의 지름은 8 cm이고 노즐 입구에서의 압력(절대압력)은 116 kPa이고 대기압은 100 kPa이다. 노즐 출구에서의 물의 속도가 10 m/s일 때, (a) 노즐을 고정하기 위한 수평 방향 힘의 크기와 방향을 구하라. (b) (물과 대기가) 노즐에 작용하는 순 힘의 크기와 방향을 구하라.**

풀이

(a) 이 문제는 본문에서도 설명하였듯이, 노즐을 고정하기 위한 힘은 외부에서 검사체적에 작용하는 힘이므로 노즐은 검사체적에 포함되어야 한다. 그림 6.6(b)처럼 검사체적을 선택하여야 하고, 압력은 그림 6.6(d)처럼 계기압력을 사용하여야 한다. 따라서 노즐을 고정하기 위한 힘은 식 (6.15)로 구할 수 있고, 먼저 질량유량과 V_1을 계산하여야 한다.

$$V_2 = 10\,\mathrm{m/s}$$

$$V_1 = V_2 \frac{A_2}{A_1} = V_2 \left(\frac{d_2}{d_1} \right)^2 = (10)\left(\frac{8}{40} \right)^2 = 0.4\,\mathrm{m/s}$$

$$A_1 = \pi R_1^2 = \pi (0.2^2) = 0.1257\,\mathrm{m}^2$$

$$\dot{m} = \rho V_1 A_1 = (1000)(0.4)(0.1257) = 50.28\,\mathrm{kg/s}$$

$$p_{1g} = (116 - 100)\,\mathrm{kPa} = 16\,\mathrm{kPa} = 16000\,\mathrm{Pa}$$

이므로, 식 (6.15)에 대입하면 다음과 같다.

$$R = p_{1g} A_1 - \dot{m}(V_2 - V_1)$$
$$= (16000)(0.1257) - (50.28)(10 - 0.4) = 1529\,\mathrm{N}$$

R의 값이 양이므로, 그림 6.6(e)에 표시된 것과 같이 방향은 왼쪽이다.

(b) (물과 대기가) 노즐에 작용하는 순 힘의 크기는 (a)에서 구한 것과 같은 크기인 1529 N이고 방향은 반대로 오른쪽이다.

보충설명

이 예제에서는 출구의 속도가 주어져 있는 경우이고, 일반적으로 노즐 부분에서 물과 노즐사이에 마찰이 있으므로 Bernoulli 방정식이 성립하지 않는다. 입구 또는 출구에서의 속도 또는 유량이 주어져 있지 않은 때는 노즐에서의 마찰 손실을 무시하여 Bernoulli 방정식과 연속방정식으로부터 입구 또는 출구에서의 속도를 구하여야 한다. 이 경우는 연습문제에서 다룰 것이다.

제트에 의한 힘 – 깃

운동량방정식의 응용으로 제트(jet)에 의해 평판 또는 깃(날개)에 작용하는 힘을 구하는 문제이다. 그림 6.7(a)처럼 제트가 속도 V로 깃에 부딪혀 θ의 각도로 방향을 바꾸어 같은 속도 V로 유동한다. 다음과 같은 경우에 제트 문제를 구하고자 한다.

✦마찰손실이 있을 때도 운동량 방정식을 적용할 수 있다. 여기서는 마찰손실을 무시한 경우이며, 이때는 깃의 출구에서의 제트의 속도와 면적이 입구에서의 속도와 면적과 같다.

- 제트의 단면적은 모든 곳에서 A로 일정하고 마찰손실은 무시한다.
- 제트 및 모든 부분에서 대기압이 작용하는 경우이고, 따라서 압력효과는 무시한다.
- 깃은 수평 방향으로 있어 중력 효과는 무시한다. 즉 x, y방향은 수평 방향이다.

제트의 충돌로 인하여 깃은 힘을 받아 움직이려고 할 것이다. 먼저 이 깃을 고정하기 위한 힘을 구하고자 한다. 앞에서의 노즐과 마찬가지로, **깃을 고정하기 위한 힘은** 외부에서 검사체적에 작용해야 하므로, 그림 6.7(b)처럼 **깃과 물을 포함한 검사체적을 선정**하여야 한다. 그림 6.7(c)에 검사체적에 작용하는 힘을 나타내고 있으며, 대기압이 검사표면 전체에 균일하게 작용하므로 이 효과를 빼면 압력에 의한 힘은 검사체적에 작용하지 않고, 검사체적에 작용하는 힘은 그림에 나타낸 것과 같이 깃을 고정하기 위한 힘 R 뿐이다. 이 힘의 방향은 그림에 표시된 것과 같이 작용한다고 가정한다.

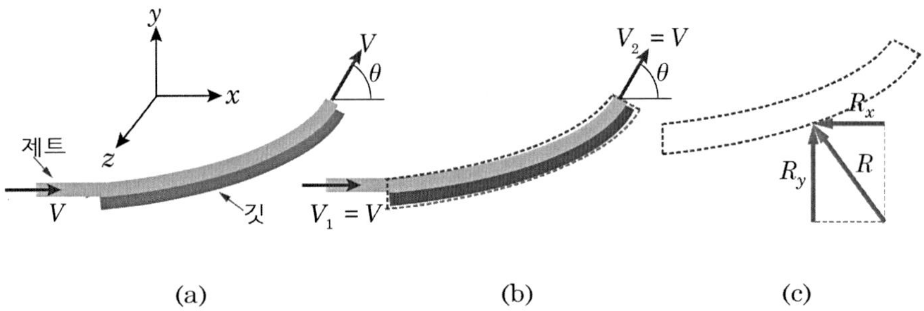

그림 6.7
제트가 깃에 부딪힐 때 깃을 고정하기 위한 힘, (a) 깃에 충돌하는 제트, (b) 검사체적의 선택, (c) 검사체적에 작용하는 힘

각 성분별로 운동량방정식을 적용하면 다음과 같다.

$$F_x = \dot{m}(u_2 - u_1) \Rightarrow -R_x = \dot{m}(V\cos\theta - V) \Rightarrow R_x = \dot{m}V(1-\cos\theta) \quad (6.16)$$

$$F_y = \dot{m}(v_2 - v_1) \Rightarrow R_y = \dot{m}(V\sin\theta - 0) \Rightarrow R_y = \dot{m}V\sin\theta \quad (6.17)$$

합력은 다음처럼 구할 수 있다.

$$R = \sqrt{R_x^2 + R_y^2} \quad (6.18)$$

제트에 의해 깃에 더해지는 순(net) 힘은 깃을 고정하기 위한 힘과 같은 크기이고 방향은 반대이다. 깃을 고정하기 위한 힘은 제트에 의해 깃에 더해지는 순 힘과 반대 방향으로 같은 크기를 작용해야 깃을 고정할 수 있기 때문이다.

예제 6.4 **그림 6.7(a)처럼 물 제트가 속도 5 m/s로 깃에 부딪혀 θ=30°의 각도로 방향을 바꾸어 같은 속도로 유동한다. 마찰손실은 무시하고, 물 제트의 단면적은 모든 곳에서 0.002 m^{2}이다. 제트 및 모든 부분은 대기압이 작용하고, 깃은 수평 방향으로 되어있어 중력 효과는 무시한다. 즉 x, y방향은 수평 방향이다. 깃을 고정하기 위한 힘을 구하라.**

풀이

검사체적에 작용하는 힘은 고정해야 하는 힘 R 뿐이다. 깃을 고정하기 위한 힘은 식 (6.16)과 식 (6.17)로 구할 수 있다.

$$\dot{m} = \rho VA = (1000)(5)(0.002) = 10\ \mathrm{kg/s}$$

$$R_x = \dot{m}V(1-\cos\theta) = (10)(5)(1-\cos 30°) = 6.7\,\mathrm{N}$$

$$R_y = \dot{m}V\sin\theta = (10)(5)(\sin 30°) = 25\,\mathrm{N}$$

R_x의 값이 양이므로, 그림에서 가정한 방향과 같은 방향인 왼쪽으로 작용한다. 합력은

$$R = \sqrt{6.7^2 + 25^2} = 25.9\ \mathrm{N}$$

이고, 힘의 방향은 아래의 그림과 같다($\theta = \tan^{-1}\dfrac{25}{6.7} = 75°$).

그림 E6.4

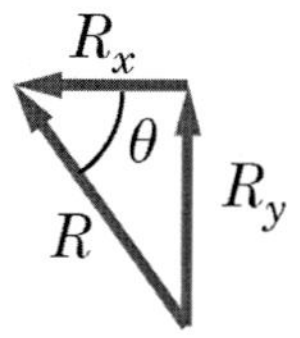

제트에 의한 힘 – 고정 평판

그림 6.8(a)처럼 제트가 평판에 부딪힌 다음 수직 방향으로 사방으로 분출되고 있다. 제트의 속도는 V이고, 제트의 단면적은 A이다. 평판을 고정하기 위한 힘을 구하고자 한다.

제트 및 모든 부분은 대기압이 작용하고, 제트의 충돌로 인하여 평판은 힘을 받아 수평 방향으로 움직이려고 할 것이다. 이 평판을 움직이지 않게 고정하려면 그림에 표시한 것과 같은 왼쪽으로 외부에서 힘을 가하여야 할 것이다. 역시 이 힘은 외부에서 평판에 작용해야 하므로 그림 6.8(b)에 보여주듯이 평판은 검사체적에 포함되어야 한다. 앞에서 설명하였듯이 대기압이 검사표면 전체에 균일하게 작용하므로 이 효과를 빼면 압력에 의한 힘은 검사체적에 작용하지 않고, 오직 외부에서 평판을 고정하기 위한 힘 R만이 검사체적에 작용하게 된다.

오직 x방향의 운동량방정식만 필요하고 적용하면 다음과 같다.

$$F_x = \dot{m}(u_2 - u_1) \quad \Rightarrow \quad -R = \dot{m}(0 - V) \quad \Rightarrow \quad R = \dot{m}V \qquad (6.19)$$

앞의 식에서 $u_1 = V$, $u_2 = 0$이고 그림에서 평판을 고정하기 위한 힘 R의 방향을 왼쪽으로 가정하였기 때문에 앞의 식에서 $-R$이 되는데 주의하라. 식 (6.19)로부터 V가 양이면 R의 값도 양이어서 그림에 나타낸 것과 마찬가지로 평판을 고정하기 위해서는 왼쪽으로 힘을 작용해야 한다. 앞의 식에서 구한 R은 평판을 고정하기 위한 힘이라는 것을 명심하여야 한다.

제트에 의해 평판에 더해지는 순 힘은 평판을 고정하기 위한 힘과 같은 크기이고 방향은 반대(오른쪽)이다. 따라서 위의 두 경우를 종합하면 다음과 같다.

- 평판을 고정하기 위한 힘의 크기 : $R = \dot{m} V$, 방향 : ←
- 제트에 의해 평판에 더해지는 순 힘의 크기 : $R = \dot{m} V$, 방향 : →

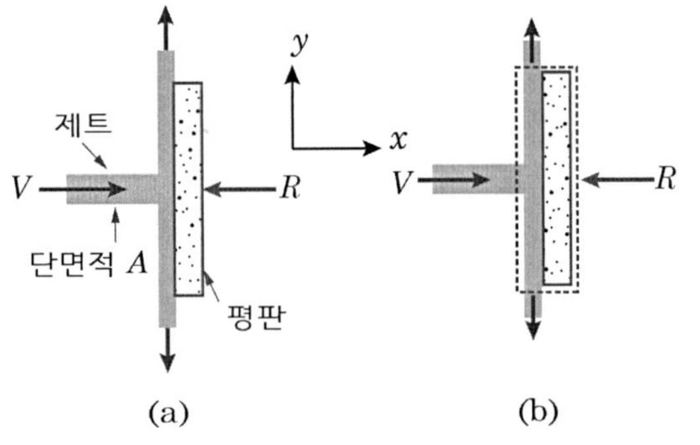

그림 6.8
평판에 충돌하는 제트, (a) 고정 평판에 부딪히는 제트, (b) 검사체적 선택

예제 6.5 **그림 6.8(a)처럼 물 제트가 속도 5 m/s로 평판에 부딪혀 평판에 수직인 방향으로 사방으로 분출되고 있다. 물 제트의 단면적이 0.002 m^{2}이다. 평판에 작용하는 물 제트에 의해 평판에 더해지는 순 힘의 크기와 방향을 구하라.**

풀이

본문에서도 설명하였듯이 물 제트에 의해 평판에 더해지는 순 힘은 평판을 고정하기 위한 힘과 같은 크기이고 방향은 반대이다. 그림 6.8(b)처럼 검사체적을 선택하여야 하며, 검사체적에 작용하는 힘은 그림 6.8(b)에 표시된 것과 같이 평판을 고정해야 하는 힘 R뿐이다. 평판을 고정하기 위한 힘은 식 (6.19)로 구할 수 있다.

$$\dot{m} = \rho VA = (1000)(5)(0.002) = 10 \text{ kg/s}$$

$$R = \dot{m} V = (10)(5) = 50 \text{ N}$$

R의 값이 양이므로, 그림에서 가정한 방향과 같은 방향인 왼쪽으로 평판을 고정하기 위한 힘을 작용해야 한다.
따라서 물 제트에 의해 평판에 더해지는 순 힘은 오른쪽으로 50 N이 작용한다.

보충설명

평판을 고정하기 위한 힘은 왼쪽으로 50 N이고, 물 제트에 의해 평판에 더해지는 순 힘은 오른쪽으로 50 N이 작용한다.

제트에 의한 힘 – 움직이는 평판

그림 6.9(a)처럼 평판이 일정한 속도 V_{cv}로 움직이는 경우, **제트에 의해 평판에 더해지는 힘**을 구하고자 한다. 앞의 고정 평판처럼 제트에 의한 힘이 움직이는 평판에 작용하므로, **평판이 일정한 속도로 움직이려면(가속도가 0이려면) 외부에서 평판에 항력 R이 왼쪽으로 작용하여야 한다.** 그렇지 않으면 평판은 가속된다.
이때의 검사체적은 등속도로 움직이는 경우이므로, 그림 6.9(b)처럼 검사체적을 이용하고, 식 (6.19)에서 속도를 상대속도로 사용하면 된다. 오직 x방향의 운동량방정식만 필요하고 적용하면 다음과 같다.

$$F_x = \dot{m}_r(u_{r2} - u_{r1}) \Rightarrow -R = \dot{m}_r(0 - V_r) \Rightarrow R = \dot{m}_r V_r \tag{6.20}$$

여기서

$$V_r = V - V_{cv}$$
$$\dot{m}_r = \rho V_r A = \rho(V - V_{cv})A$$

이므로, 식 (6.20)은 다음과 같다.

$$R = \rho(V - V_{cv})^2 A \tag{6.21}$$

제트에 의해 평판에 더해지는 힘은 외부에서의 항력 R과 같은 크기이고 방향은 반대(오른쪽)이다. 따라서 위의 두 경우를 종합하면 평판이 일정한 속도 V_{cv}로 움직일 때 다음과 같다.

- **외부에서 작용하는 항력의 크기** : $R = \rho(V - V_{cv})^2 A$, **방향** : ←
- **제트에 의해 평판에 더해지는 힘의 크기** : $R = \rho(V - V_{cv})^2 A$, **방향** : →

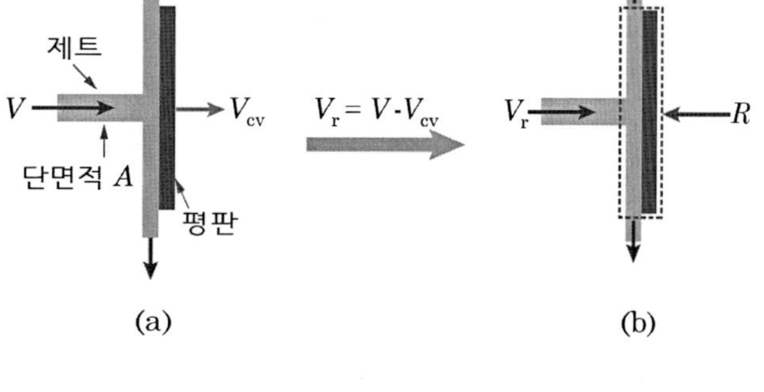

그림 6.9
일정한 속도로 움직이는 평판에 충돌하는 제트, (a) 절대속도 사용, (b) 검사체적에 대한 상대속도 사용

예제 6.6 **그림 6.9(a)에서 물 제트의 속도가 4 m/s이고, 평판이 1 m/s의 일정한 속도로 움직이고 있다. 물 제트의 단면적이 0.003 m^2이다. 물 제트에 의해 평판에 더해지는 힘의 크기를 구하라.**

풀이

이 경우 그림 6.9(b)처럼 검사체적을 사용하여 본문에서처럼 운동량방정식을 사용하면 식 (6.21)을 얻을 수 있고, $V=4$, $V_{cv}=1$ 을 대입하면 다음과 같이 구할 수 있다.

$$R=\rho(V-V_{cv})^2A=(1000)(4-1)^2(0.003)=27\,\mathrm{N}$$

보충설명

일정한 속도로 움직이는 검사체적에 대해서는 모든 속도를 검사체적에 대한 상대속도를 사용해야 한다.

제트에 의한 힘 – 경사진 평판

그림 6.10(a)처럼 제트가 대기 중에서 경사진 평판에 작용하는 경우 평판을 고정하기 위한 힘의 수직 방향 성분 R_N을 구하고자 한다. 중력의 효과를 무시한다. 즉, 평판은 위에서 수직 아래 방향으로 본 모습(top view)이어서 중력의 효과를 무시한다.

R_N을 구하기 위해서는 그림 6.10(a)에서 주어진 xy좌표를 이용하기보다는 그림 6.10(b)처럼 검사체적을 이용하여 표시된 $x'y'$좌표를 이용하는 것이 편하다. 평판에 수직 방향인 x'방향의 운동량방정식을 적용하면 다음과 같다.

$$F_{x'}=\dot{m}(u_2-u_1) \tag{6.22}$$

여기서 u_1과 u_2는 검사체적의 입구와 출구에서 x'방향의 속도성분이다. 따라서

$$u_1=V\sin\theta\ ,\ u_2=0$$

이므로, 식 (6.22)는 다음과 같다.

$$-R_N=\dot{m}(0-V\sin\theta)=-\rho V^2A\sin\theta$$

이고, 따라서 다음과 같다.

$$R_N=\rho V^2A\sin\theta \tag{6.23}$$

식 (6.23)은 순전히 x'방향의 운동량방정식을 적용한 것으로 y'방향으로 작용하는 힘이나 속도성분과는 무관한 것이다. 즉, 평판과 평행한 방향으로 마찰력이 작용하더라도 성립하고, 또한 출구에서의 속도를 모르더라도 적용되는 식이다. 단, 마찰력이 작용할 때는, V_1과 V_2를 모르면 평판과 평행한 방향으로 작용하는 마찰력 또는 그림에서의 R_P를 구할 수는 없다.

✦식 (6.23)은 물과 평판 사이에 마찰력이 있더라도 성립한다.

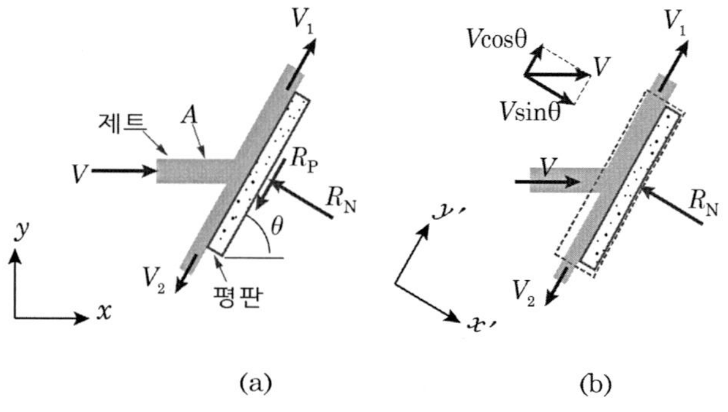

그림 6.10
경사진 평판에 충돌하는 제트,
(a) 경사평판에 부딪히는 제트,
(b) 검사체적 선택

제트에 의한 힘 : 경사진 평판, 마찰이 없을 때

앞의 경사진 평판에서 물과 평판 사이의 마찰이 없을 때는, Bernoulli 방정식이 성립하므로 제트의 속도는 모두 V로 일정하다. 따라서 그림 6.11과 같이 제트의 속도는 모두 V로 일정하다. 이 경우 그림 6.11에서 보듯이 평판에 부딪힌 제트는 같은 유량으로 나누어지는 것이 아니라 기울어진 각도에 따라 달라진다. 그림에서 A, A_1과 A_2는 각각 입구와 출구에서의 제트 단면적이고, Q, Q_1과 Q_2는 각각 입구와 출구에서의 유량이다. 출구에서의 유량 Q_1과 Q_2는 연속방정식과 평판에 평행한 방향인 y'방향의 운동량방정식을 적용하여 구할 수 있다. 연속방정식은 다음과 같다.

✦물과 평판 사이에 마찰이 없을 때, 물의 속도는 V로 일정하다.

$$Q = Q_1 + Q_2 \quad \Rightarrow \rho VA = \rho VA_1 + \rho VA_2 \quad \Rightarrow \quad A = A_1 + A_2 \tag{6.24}$$

정상상태이고 속도분포가 균일한 경우이므로 운동량방정식은 식 (6.11b)를 사용하면 되고 식에서 y를 y'으로 바꾸면 된다.

$$F_{y'} = \dot{m}_{\text{out}} v_{\text{out}} - \dot{m}_{\text{in}} v_{\text{in}}$$

평판에 작용하는 마찰이 없을 때 $F_{y'} = 0$ 이고, 따라서 위의 식은 다음과 같이 된다.

$$\dot{m}_{\text{out}} v_{\text{out}} - \dot{m}_{\text{in}} v_{\text{in}} = 0$$

여기서 v_{in}은 입구에서 y'방향의 속도 성분이므로 그림에서 보듯이 $v_{\text{in}} = V\cos\theta$이므로 앞의 식은 다음과 같다.

$$\rho VA_1 V + \rho VA_2(-V) - \rho VA V\cos\theta = 0 \quad \Rightarrow Q_1 - Q_2 - Q\cos\theta = 0 \tag{6.25}$$

따라서 식 (6.24)와 식 (6.25)로부터 다음을 구할 수 있다.

$$Q_1 = \frac{(1+\cos\theta)}{2}Q, \; Q_2 = \frac{(1-\cos\theta)}{2}Q \tag{6.26}$$

식 (6.23)은 앞에서 설명하였듯이 평판에서 마찰이 있더라도 성립하지만, 식 (6.26)을 구할 때 $F_{y'} = 0$을 가정하여 구하였기 때문에, 식 (6.26)은 평판에서 마찰이 있는 경우 성립하지 않는다.

✦식 (6.26)은 물과 평판 사이에 마찰력이 있으면 성립하지 않는다.

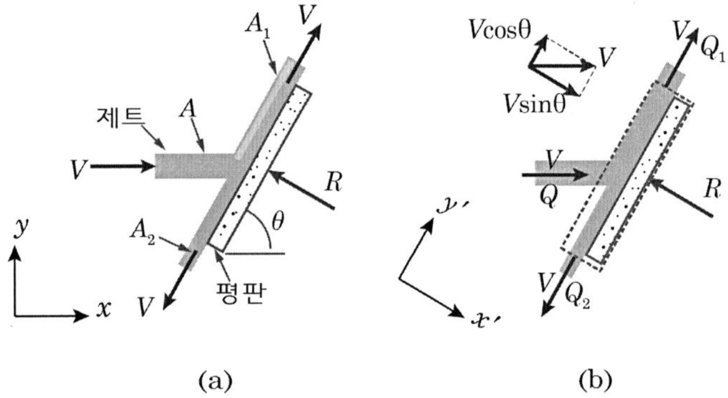

그림 6.11
경사진 평판에 충돌하는 제트 - 마찰력이 없는 경우, (a) 경사평판에 부딪히는 제트, (b) 검사체적 선택

예제 6.7 **그림 6.11(a)처럼 물 제트가 $\theta = 60^\circ$의 경사진 평판에 작용하는 경우, 평판을 고정하기 위한 힘의 수직 방향 성분 R_N을 구하라. 단, 물 제트의 속도는 2 m/s이고 제트의 단면적은 0.005 m²이다.**

풀이

그림 6.11(b)처럼 검사체적을 사용하여 본문에서처럼 운동량방정식을 적용하면 식 (6.23)을 얻고 다시 쓰면 다음과 같다.

$$R_N = \rho V^2 A\sin\theta = (1000)(2^2)(0.005)\sin 60^\circ = 17.3\,\text{N}$$

보충설명

여기서는 식 (6.23)을 바로 사용하여 문제를 풀었으나, 실제로는 처음부터 운동량방정식을 적용하여 식 (6.23)을 구하여 문제를 풀어야 한다.

수문에 작용하는 힘

그림 6.12(a)처럼 수문을 열어 물이 흐르고 있을 때, 수문을 고정하기 위한 힘을 구하고자 한다. 다음과 같은 가정을 한다.

- 속도분포는 V_1과 V_2로 균일하다.
- 바닥에서의 마찰을 무시한다.

수문을 고정하기 위한 힘을 구하기 위하여 그림 6.12(b)처럼 물과 수문을 포함한 검사체적을 선택하여, 작용하는 힘을 표시한 자유물체도를 그림 6.12(c)에 나타내었다. 그림에서 R은 수문을 고정하기 위한 힘이고, 검사체적의 왼쪽과 오른쪽에 대기압이 같이 작용하므로 대기압의 효과를 제외하여, F_1은 왼쪽에 작용하는 물만의 정수력을 나타내고, F_2는 오른쪽에 작용하는 물만의 정수력을 나타내고 다음과 같다.

$$F_1 = \rho g \frac{h_1}{2} A_1 = \rho g \frac{h_1}{2}(wh_1) = \frac{\rho g h_1^2 w}{2}$$

$$F_2 = \rho g \frac{h_2}{2} A_2 = \rho g \frac{h_2}{2}(wh_2) = \frac{\rho g h_2^2 w}{2}$$

여기서 w는 수문의 폭이다. 운동량방정식 $F_x = \dot{m}(u_2 - u_1)$을 적용하면 다음과 같다.

$$F_1 - F_2 - R = (\rho V_1 h_1 w)(V_2 - V_1)$$

이므로,

$$R = F_1 - F_2 - (\rho V_1 h_1 w)(V_2 - V_1)$$

$$R = \frac{\rho g w}{2}(h_1^2 - h_2^2) - (\rho V_1 h_1 w)(V_2 - V_1) \tag{6.27}$$

이다.

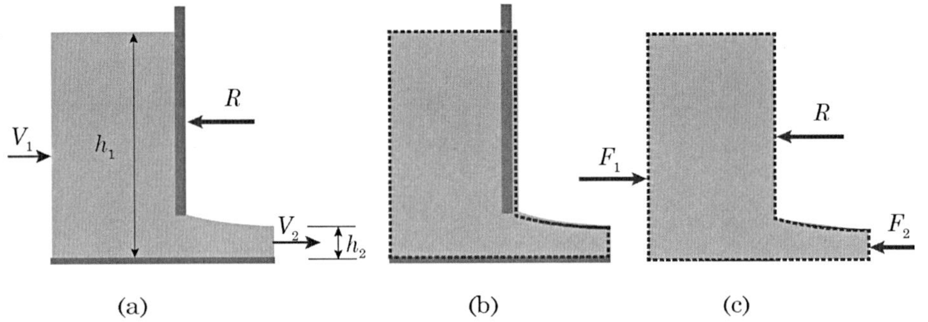

그림 6.12
수문을 고정하기 위한 힘. (a) 개방된 수문, (b) 검사체적의 선택, (c) 자유물체도

예제 6.8 **그림 6.12(a)처럼 수문을 열어 물이 흐르고 있을 때, 본문에서와 같은 가정을 하여, 수문을 고정하기 위한 힘을 구하라. 단, $h_1 = 10$ m, $h_2 = 1.6$ m, $V_1 = 2$ m/s이고 폭 w는 3 m이다.**

풀이

그림 6.12(c)의 자유물체도를 사용하여 본문에서처럼 운동량방정식을 적용하면, 식 (6.27)을 얻고 다시 쓰면 다음과 같다.

$$R = \frac{\rho g w}{2}\left(h_1^2 - h_2^2\right) - (\rho V_1 h_1 w)(V_2 - V_1)$$

여기서 연속방정식을 사용하면 다음처럼 V_2를 구할 수 있다.

$$V_2 = \frac{A_1}{A_2} V_1 = \frac{h_1 w}{h_2 w} V_1 = \frac{10}{1.6}(2) = 12.5 \text{ m/s}$$

따라서,

$$R = \frac{(1000)(9.8)(3)}{2}(10^2 - 1.6^2) - (1000)(2)(10)(3)(12.5 - 2) = 802000\,\text{N}$$
$$= 802\,\text{kN}$$

이다.

⊕ 보충설명

실제로는 마찰이 존재하고 및 속도분포가 균일하지 않으므로 약간의 차이가 있을 수 있다.

로켓의 추진력

소형 로켓의 추진력을 구할 때, 그림 6.13(a)처럼 실험 장치를 만들어 로켓의 지지대에 작용하는 힘 R을 측정하면 된다. 이론적으로는 운동량방정식을 적용하기 위해 그림 6.13(b)처럼 검사체적을 선택하여 로켓의 지지대가 로켓에 작용하는 힘의 크기 R을 구하면 된다. 검사체적 내 물체의 속도는 대부분 0이므로, 식 (6.11a)을 적용하면 되고 다음과 같다.

$$F_x = \dot{m}(u_2 - u_1)$$

속도 $u_1 = 0$이고 $u_2 = V$이므로

$$R = \dot{m}(V - 0) = \dot{m}V = \rho A V^2 \tag{6.28}$$

이다.

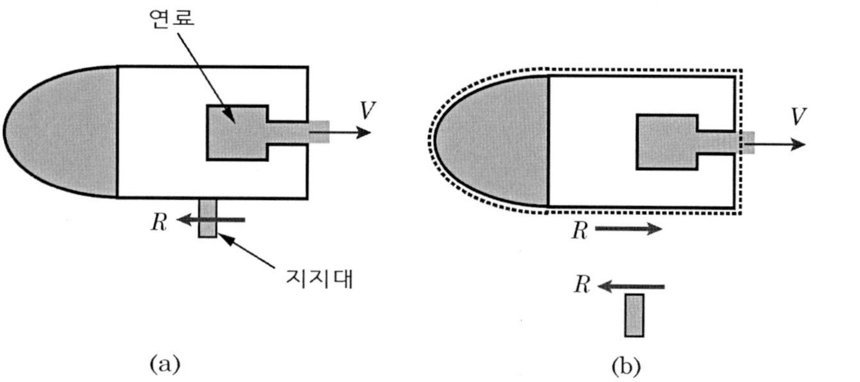

그림 6.13
로켓의 추진력, (a) 로켓의 추진, (b) 검사체적의 선택

운동량 수정계수

속도분포가 균일하지 않은 단면에서는 운동량 유동률을 구할 때, 식 (6.7b)를 사용하여 적분해야 한다. 책에 따라 속도분포가 균일하지 않을 때, 운동량 수정계수 β를 사용하여 이 문제를 풀기도 한다. 다음의 예제에서 이런 경우를 다룬다.

예제 6.9 **그림 E6.9(a)처럼 반지름 R =10 cm인 원관에 균일한 속도 U = 4 m/s로 물이 들어가, 균일하지 않은 속도분포로 관의 끝에서 물이 흘러나간다. 입구에서의 압력 p_1 = 200 kpa이고 출구에서의 압력 p_2 = 190 kPa일 때, 관 벽에서의 마찰력을 구하라.**

$$u = u_0\left[1 - \left(\frac{r}{R}\right)^2\right]$$

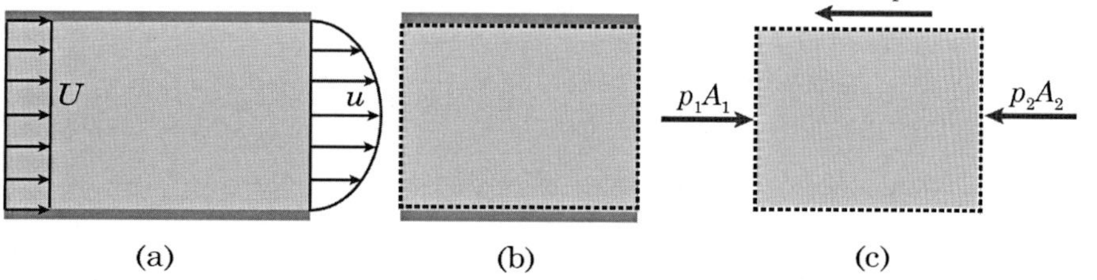

그림 E6.9
(a) 입구와 출구에서의 속도분포, (b) 검사체적, (c) 검사체적에 작용하는 힘

풀이

먼저 예제 5.3처럼 연속방정식을 적용하여 u_0를 구하면 다음과 같다.

$$u_0 = 2U = (2)(4) = 8 \text{ m/s}$$

그림 E6.9(b)처럼 원관 내의 물만을 검사체적으로 설정하면, 검사체적에 작용하는 힘을 표시한 자유물체도는 그림 E6.9(c)와 같다. 그림에 표시한 F_{f}는 관이 물에 작용하는 마찰력이다.

정상 유동이므로 운동량방정식은 식 (6.8)의 x방향 성분만 나타내거나, 식 (6.6a)에서 시간에 대한 미분항을 0으로 두면 되고, 다음과 같다.

$$F_x = \left(\dot{P}_x\right)_{\mathrm{out}} - \left(\dot{P}_x\right)_{\mathrm{in}} \tag{1}$$

입구에서는 속도분포가 균일하므로, 식 (6.7a)를 사용하여 운동량 유입률 $\left(\dot{P}_x\right)_{\mathrm{in}}$ 을 구하면 되고, 출구에서는 속도분포가 균일하지 않으므로 식 (6.7b)를 사용하여 운동량 유출률 $\left(\dot{P}_x\right)_{\mathrm{out}}$을 구해야 한다.

$$\left(\dot{P}_x\right)_{\mathrm{in}} = \dot{m}u_{\mathrm{in}} = \left(\rho\pi R^2 U\right)U = \pi\rho R^2 U^2 \tag{2}$$

$$\left(\dot{P}_x\right)_{\mathrm{out}} = \int_A u_{\mathrm{out}}\rho V_{\mathrm{n}} dA = \int_A u_{\mathrm{out}}\rho u_{\mathrm{out}} dA = \rho\int_0^R (u_{\mathrm{out}})^2 2\pi r dr$$

$$= 2\pi\rho\int_0^R (u_0)^2\left[1-\left(\frac{r}{R}\right)^2\right]^2 r dr = \frac{1}{3}\pi\rho R^2 u_0^2 = \frac{1}{3}\pi\rho R^2(2U)^2 = \frac{4}{3}\pi\rho R^2 U^2 \tag{3}$$

입구에서의 압력을 p_1 출구에서의 압력을 p_2라고 하면, F_x는 다음처럼 구한다.

$$F_x = p_1 A_1 - p_2 A_2 - F_{\mathrm{f}} = (p_1 - p_2)(\pi R^2) - F_{\mathrm{f}} \tag{4}$$

식 (2), 식 (3) 및 식 (4)를 식 (1)에 대입하면,

$$(p_1 - p_2)(\pi R^2) - F_{\mathrm{f}} = \frac{1}{3}\pi R^2 \rho U^2$$

이고, 다음의 결과를 얻을 수 있다.

$$F_{\mathrm{f}} = (p_1 - p_2)(\pi R^2) - \frac{1}{3}\pi R^2\rho U^2 = (\pi R^2)\left(p_1 - p_2 - \frac{1}{3}\rho U^2\right)$$

$$= \pi(0.1^2)\left[200000 - 190000 - \frac{1}{3}(1000)(4^2)\right] = 147\,\mathrm{N}$$

보충설명

속도분포가 균일하지 않은 출구에서는 운동량 유동률을 구할 때, 식 (6.7b)를 사용하여 적분해야 한다. 책에 따라 속도분포가 균일하지 않을 때, 운동량 수정계수 β를 사용하여 이 문제를 풀기도 한다. 속도분포가 균일하지 않을 때, **운동량 수정계수** β를 다음처럼 정의하여 운동량 유동률을 구하기도 한다.

$$\dot{P}_x = \beta\dot{m}\bar{u}\ , \quad \beta = \frac{\int u^2 dA}{\bar{u}^2 A} \tag{1}$$

여기서 $\bar{u}$ 는 평균속도이다. 이 예제에서는 평균속도를 구하면 $\bar{u} = U$ 이다. 운동량 수정계수 β를 구해보면 다음과 같다.

$$\beta_{\mathrm{out}} = \frac{\int u^2 dA}{(\bar{u})^2 A} = \frac{\int u^2 dA}{U^2 A} \tag{2}$$

여기서

$$\int u^2 dA = \int_0^R u^2 2\pi r dr = 2\pi \int_0^R u^2 r dr$$

$$= 2\pi u_0^2 \int_0^R \left[1 - \left(\frac{r}{R}\right)^2\right]^2 r dr = \frac{1}{3}\pi R^2 u_0^2 = \frac{1}{3}\pi R^2 (2U)^2 = \frac{4}{3}\pi R^2 U^2$$

이다. 따라서,

$$\beta_{\text{out}} = \frac{\int u^2 dA}{U^2 A} = \frac{\frac{4}{3}\pi R^2 U^2}{\pi R^2 U^2} = \frac{4}{3} \tag{3}$$

이다. 출구에서는 운동량 유동률을 구하면 다음과 같다.

$$\left(\dot{P}_x\right)_{\text{out}} = \beta \dot{m} \bar{u}_2 = \beta \dot{m} U = \frac{4}{3}\left(\rho \pi R^2 U\right) U \equiv \frac{4}{3}\pi \rho R^2 U^2 \tag{4}$$

이것은 풀이의 식(3)과 같다는 것을 알 수 있다. 그렇지만 수정계수를 구하여 문제를 푸는 것이 약간 더 귀찮다는 것을 알 수 있어, 수정계수를 사용하는 것을 추천하지 않는다.

6.4 유한 검사체적에 대한 운동량모멘트방정식

✦ 벡터곱(vector product)을 크로스곱(cross product) 또는 외적(outer product) 이라고도 한다.

운동량모멘트방정식을 설명하기 전에 먼저 벡터곱에 대해 간단히 설명한다. 두 벡터 **a**와 **b**의 벡터곱(vector product)을 다음처럼 나타내고 그 결과는 벡터이다.

$$\mathbf{a} \times \mathbf{b} = \mathbf{c} \tag{6.29}$$

벡터 **a**와 **b**의 벡터곱인 벡터 **c**의 크기는 다음과 같다.

$$|\mathbf{c}| = |\mathbf{a} \times \mathbf{b}| = |\mathbf{a}||\mathbf{b}| \sin\theta \tag{6.30}$$

식 (6.30)으로 주어지는 벡터 $\mathbf{a} \times \mathbf{b}$ 의 크기는 그림 6.14에서 두 벡터가 이루는 평행사변형의 면적과 같다는 것을 알 수 있다.

벡터 $\mathbf{a} \times \mathbf{b}$ 의 방향은 그림 6.14에서 오른손 법칙을 사용하여 오른 손바닥을 **a**에서 시작하여 **b**를 향하여 감아 잡을 때 엄지가 가리키는 방향이 된다. $\mathbf{b} \times \mathbf{a}$ 는 오른 손바닥을 **b**에서 시작하여 **a**를 향하여 감아 잡을 때 엄지가 가리키는 방향은 아래쪽이 되어 $\mathbf{a} \times \mathbf{b}$ 와 $\mathbf{b} \times \mathbf{a}$ 는 서로 반대 방향임을 알 수 있다. 벡터곱에 대해서는 교환법칙이 성립하지 않는다.

$$\mathbf{a} \times \mathbf{b} \neq \mathbf{b} \times \mathbf{a} \quad \Rightarrow \quad \mathbf{a} \times \mathbf{b} = -\mathbf{b} \times \mathbf{a} \tag{6.31}$$

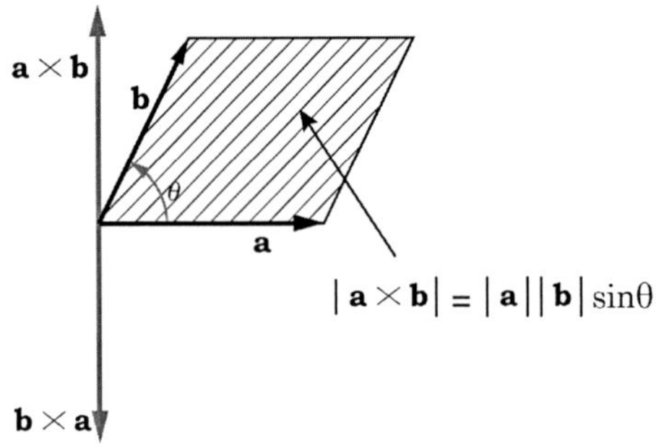

그림 6.14
벡터곱

그림 6.15(a)에서 보듯이 어떤 기준점 O에 대하여 **r**의 거리 떨어진 곳에서 힘 **F**가 작용할 때, 기준점 O에 대하여 다음처럼 모멘트 **M**이 작용한다.

$$\mathbf{M} = \mathbf{r} \times \mathbf{F} \tag{6.32}$$

이 모멘트는 두 벡터 **r**과 **F**의 벡터곱으로 표시되므로, 이 모멘트의 크기는 식 (6.31)에 따라 다음처럼 구할 수 있다.

$$|\mathbf{M}| = |\mathbf{r} \times \mathbf{F}| = |\mathbf{r}||\mathbf{F}|\sin\theta \tag{6.33}$$

식 (6.33)이 나타내는 모멘트의 크기는, 그림 6.15(b)에서 보듯이 위치벡터 **r**에 수직인 힘의 성분 $|\mathbf{F}|\sin\theta$에 거리 $|\mathbf{r}|$을 곱하거나, 그림 6.15(c)에서 보듯이 힘 **F**의 연장선에 있는 점 P′까지의 수직 거리 OP′인 $|\mathbf{r}|\sin\theta$를 힘의 크기 $|\mathbf{F}|$와 곱하여 구할 수 있다는 것이다. 그림처럼 xy평면에서 힘이 작용할 때, 점 O에 대해 반시계 방향의 회전 모멘트가 작용하고, 식 (6.32)에 따르면 이 모멘트는 **r**과 **F** 두 벡터의 벡터곱이므로 오른손 법칙을 따르면, 이 모멘트는 $+z$방향이고 따라서 다음처럼 나타낼 수 있다.

✦ 모멘트는 벡터이다.

$$\mathbf{M} = |\mathbf{r}||\mathbf{F}|\sin\theta\,\mathbf{k} \tag{6.34}$$

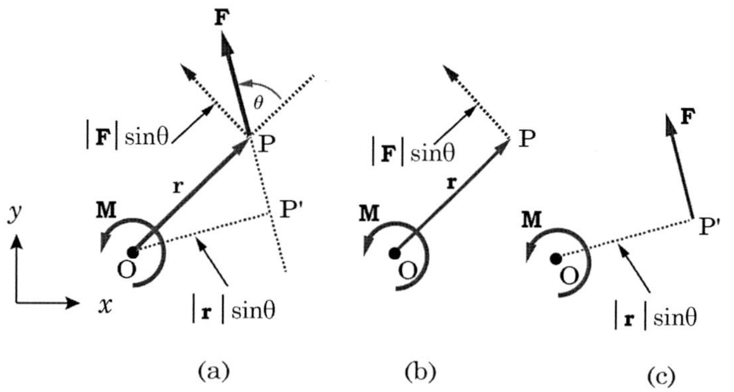

그림 6.15
(a) O점에 작용하는 모멘트, (b) 모멘트의 크기 : $|\mathbf{r}|$ 곱하기 $|\mathbf{F}|\sin\theta$, (c) 모멘트의 크기 : $|\mathbf{r}|\sin\theta$ 곱하기 $|\mathbf{F}|$

관성좌표계(inertial reference frame)에서 운동량모멘트방정식 또는 각운동량방정식은 다음과 같다.

$$\mathbf{M}_{sys} = \frac{d}{dt}(\mathbf{r}\times m\mathbf{v})_{sys} = \frac{d\mathbf{H}_{sys}}{dt} \tag{6.35}$$

↑ 모멘트 ↑ 운동량모멘트 변화율

여기서 $\mathbf{M}_{sys}$는 외부에서 시스템에 작용하는 순 모멘트(net moment, 알짜 모멘트) 또는 합모멘트이고, $\mathbf{H} = \mathbf{r}\times m\mathbf{v}$를 운동량모멘트(moment of momentum) 또는 단순히 각운동량(angular momentum)이라 한다. 식 (6.35)는 시스템에 대한 식이고, 이를 다시 표현하면, 다음과 같다.

외부에서 시스템에 작용하는 순(net) 모멘트는 시스템의 운동량모멘트(각운동량)의 변화율과 같다.

위의 식은 시스템에 대한 것으로 Reynolds 수송정리를 이용하여 검사체적에 대한 식으로 변환하여야 한다. Reynolds 수송정리에서 $B = \mathbf{r}\times m\mathbf{v} = \mathbf{H}$, $b = \mathbf{r}\times\mathbf{v}$를 대입하면, 식 (5.20)과 식 (5.28)로부터, 다음을 구할 수 있다.

✦식 (6.36)과 식 (6.37)은 관성좌표계에서 성립하는 식이다.

$$\mathbf{M}_{cv} = \frac{\partial \mathbf{H}_{cv}}{\partial t} + \dot{\mathbf{H}}_{out} - \dot{\mathbf{H}}_{in} \tag{6.36}$$

$$\mathbf{M}_{cv} = \frac{\partial}{\partial t}\left(\int_{cv}\rho(\mathbf{r}\times\mathbf{v})d\mathcal{V}\right) + \int_{cs}\rho(\mathbf{r}\times\mathbf{v})(\mathbf{v}\cdot\mathbf{n})\,dA \tag{6.37}$$

이 식들은 검사체적에 대한 **운동량모멘트방정식**(moment of momentum equation) 또는 **각운동량방정식**(angular momentum equation)이다. 여기서 각각의 항은 다음을 나타낸다.

✦주로 원통형 물체에서 원통의 중심축에 대해 회전하는 방향으로 모멘트가 작용할 때 토크(torque)라고 한다.

- $\mathbf{M}_{cv}$: 검사체적 내의 물질에 작용하는 순(net) 모멘트. 모멘트가 작용하는 형태에 따라 $\mathbf{T}$ 로 나타내고 토크(torque)라고도 한다.
- $\mathbf{H} = \mathbf{r} \times m\mathbf{v}$: 운동량모멘트 또는 각운동량.
- $\mathbf{H}_{cv} = \int_{cv} \rho \mathbf{v} d\mathcal{V}$: 검사체적 내의 유체가 가지는 각운동량.
- $\dot{\mathbf{H}}_{out}$: 검사표면을 통해 유출되는 전체 운동량모멘트 유동률(각운동량 유동률).
- $\dot{\mathbf{H}}_{in}$: 검사표면을 통해 유입되는 전체 운동량모멘트 유동률의 합.
- $\dot{\mathbf{H}}_{out} - \dot{\mathbf{H}}_{in} = \int_{cs} \rho(\mathbf{r} \times \mathbf{v})(\mathbf{v} \cdot \mathbf{n})\, dA$: 검사표면을 통한 순(net) 운동량모멘트 유동률.
- 유입되고 유출되는 곳이 여러 곳인 경우, 굳이 식에서 Σ기호를 나타내지 않아도 운동량모멘트 유동률을 모두 합하면 된다. 마찬가지로 $\mathbf{M}$ 도 모멘트의 합 또는 순 모멘트를 나타내기 때문에 Σ기호를 사용하지 않는다.

식 (6.36) 또는 식 (6.37)을 다시 표현하면 다음과 같다.

✦ 순 운동량모멘트(각운동량) 유동률은 운동량모멘트(각운동량)의 유출률과 유입률의 차를 나타낸다.

외부에서 검사체적 내의 물질에 작용하는 순 모멘트는 검사체적 내의 물질의 운동량모멘트 변화율과 검사표면을 통한 순 운동량모멘트 유동률의 합과 같다.

식 (6.36)의 운동량모멘트 유동률은 식 (5.19)와 식 (5.22)로부터 다음과 같다는 것을 알 수 있다.

균일한 속도 : $$\dot{\mathbf{H}} = \dot{m}(\mathbf{r} \times \mathbf{v}) \tag{6.38a}$$

균일하지 않은 속도 : $$\dot{\mathbf{H}} = \int_A (\mathbf{r} \times \mathbf{v}) \rho V_n dA \tag{6.38b}$$

정상유동

정상유동일 때, 식 (6.36)은 다음과 같이 나타낼 수 있다.

$$\mathbf{M}_{cv} = \dot{\mathbf{H}}_{out} - \dot{\mathbf{H}}_{in} \tag{6.39}$$

식 (6.39)를 다시 표현하면 다음과 같다.

정상유동인 경우, 외부에서 검사체적의 물질에 작용하는 순 모멘트는 검사표면을 통한 순(net) 운동량모멘트 유동률과 같다.

정상유동이고 입구와 출구 단면에서 유동이 균일할 때는, 운동량모멘트 유동률이 식 (6.38a)로 표시므로, 식 (6.39)를 다음처럼 나타낼 수 있다.

$$\mathbf{M}_{cv} = \dot{m}_{out}(\mathbf{r} \times \mathbf{v})_{out} - \dot{m}_{in}(\mathbf{r} \times \mathbf{v})_{in} \tag{6.40}$$

예제 6.10 **그림 E6.10(a)처럼 지름 10 cm인 구부러진 원관에 물이 균일한 속도 V = 4 m/s로 흐른다. 입구에서의 계기압력이 10 kPa이고 출구에서의 계기압력이 5 kPa이고 L = 20 cm일 때, 이 관이 회전하지 않으려면 외부에서 O점에 가해야 할 모멘트(토크) $\mathrm{M_O}$를 구하라.**

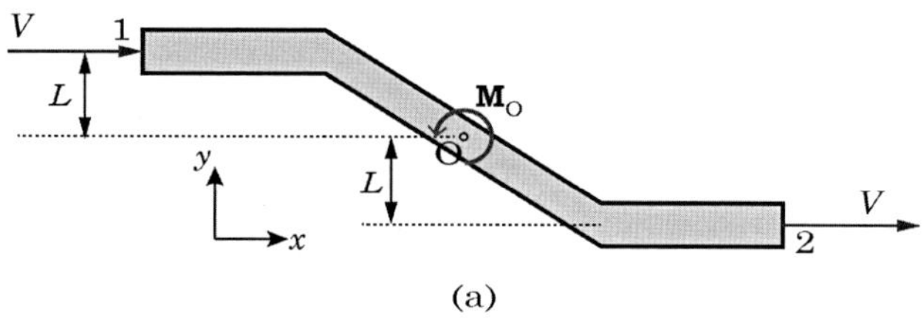

그림 E6.10(a)
구부러진 관을 고정하기 위한 모멘트

풀이

정상유동이고 입구와 출구 단면에서 유동이 균일하므로, 식 (6.40)을 적용하면 이 문제를 해결할 수 있다. 모멘트를 구하기 위해 먼저 그림 E6.10(b)처럼 관과 유체를 포함하는 검사체적을 점선처럼 정해야 한다. 외부에서 O점(원관)에 가해야 할 모멘트(토크)를 구하는 것이기 때문에 원관은 검사체적의 외부가 아니라 내부에 포함되어야 한다.

점선으로 표시된 검사체적에 작용하는 모멘트는, 관이 회전하지 않도록 가해야 할 모멘트(토크) $\mathbf{M}_O$와 입구와 출구에서 압력에 면적을 곱한 힘에 의한 모멘트 $\mathbf{M}_1$과 $\mathbf{M}_2$이다. 이때 각각의 모멘트는 그림 6.15(c)에서 벡터곱을 구하는 방법을 사용하여, 그림 E6.10(b)에 나타낸 것처럼 벡터의 연장선과의 O점의 수직거리인 L과 벡터의 크기 pA를 곱하여 구하는 것이 편리하다. 즉, 모멘트 $\mathbf{M}_1$과 $\mathbf{M}_2$는 다음과 같다.

$$\mathbf{M}_1 = -Lp_1A\mathbf{k}\ ,\quad \mathbf{M}_2 = -Lp_2A\mathbf{k} \tag{1}$$

검사체적을 그림 E6.10 (b)처럼 선택하였을 때, 검사체적 외부에 모두 대기압이 작용하므로, 전체적으로 대기압을 빼면, 압력은 입구와 출구 단면에서만 계기압력으로 작용하게 되어, 식 (1)에 표시한 압력은 모두 계기압력이다. 두 모멘트는 시계방향으로 회전하려는 모멘트이고, 오른손 법칙을 사용하면 시계방향으로 회전하는 모멘트의 방향은 $-\mathbf{k}$ 방향이다. 따라서 검사체적에 작용하는 순 모멘트(모멘트의 합) $\mathbf{M}_{cv}$는 다음과 같다.

$$\mathbf{M}_{cv} = \mathbf{M}_O + \mathbf{M}_1 + \mathbf{M}_2 = \mathbf{M}_O - Lp_1A\mathbf{k} - Lp_2A\mathbf{k} \tag{2}$$

식 (6.40)의 우변의 항도 같은 방법으로 구하면 다음과 같다.

$$\dot{m}_{out}(\mathbf{r} \times \mathbf{v})_{out} = \dot{m}LV\mathbf{k} \tag{3}$$

$$\dot{m}_{in}(\mathbf{r} \times \mathbf{v})_{in} = -\dot{m}LV\mathbf{k} \tag{4}$$

식 (1)~(4)를 식 (6.40)에 대입하면 다음과 같다.

$$\mathbf{M}_O - Lp_1A\mathbf{k} - Lp_2A\mathbf{k} = \dot{m}LV\mathbf{k} - (-\dot{m}LV\mathbf{k})$$

따라서 $\mathbf{M}_O$는 다음과 같다.

$$\mathbf{M}_O = \left[LA(p_1 + p_2) + 2\dot{m}LV\right]\mathbf{k} \tag{5}$$

질량유량은

$$\dot{m} = \rho VA = (1000)(4)\frac{\pi(0.1^2)}{4} = 31.4 \text{ kg/s}$$

이고,

$$\mathbf{M}_O = \left[(0.2)\frac{\pi(0.1^2)}{4}(10000+5000) + (2)(31.4)(0.2)(4)\right]\mathbf{k}$$

$$= (23.55 + 50.24)\mathbf{k} = 73.79\mathbf{k}$$

모멘트의 단위는 N · m이고, $+\mathbf{k}$ 방향이다.

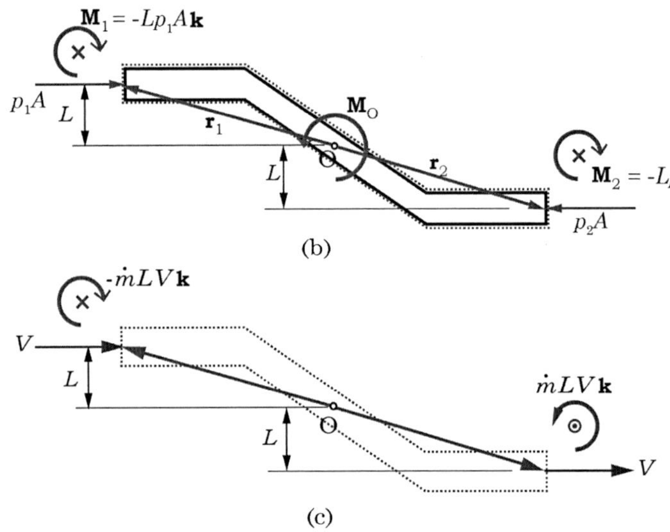

그림 E6.10 (b)&(c)
(b) 검사체적에 작용하는 모멘트, (c) 각운동량유동률

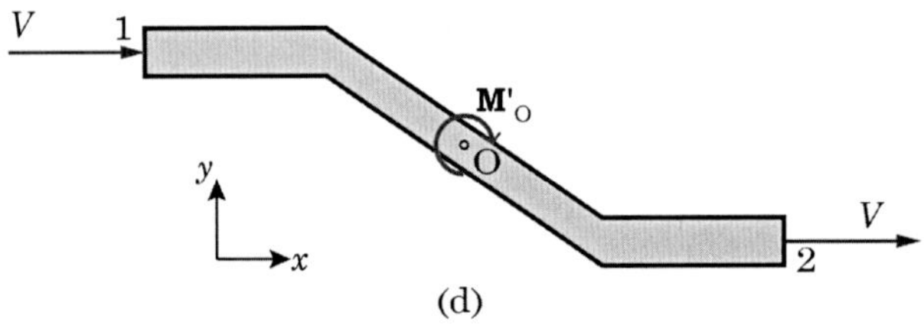

그림 E6.10 (d)
관이 외부에 가하는 모멘트

보충설명

위에서 구한 $\mathbf{M}_O$는 관이 회전하지 않기 위해 외부에서 O점에 가해주어야 하는 모멘트이고 $+\mathbf{k}$ 방향이므로 관이 회전하지 않기 위해서는 반시계방향으로 외부에서 모멘트를 가해주어야 한다. 힘에서 작용 반작용법칙이 작용하듯이 모멘트도 그러하다. 그림 E6.10(d)에서 보여주고 있듯이 이 관은 $\mathbf{M}_O$와 같은 크기이고 반대 방향으로 작용하는 $\mathbf{M'}_O$의 모멘트를 외부에 가하게 된다. 즉,

$$\mathbf{M'}_O = -73.79\mathbf{k}$$

이고, 그림에서 보듯이 시계방향으로 작용하게 된다. 즉, 관에서의 압력과 운동량모멘트의 변화로 인하여 관은 시계방향으로 회전하려고 한다. 즉, 유체는 관을 시계방향으로 회전하게 만든다.
모멘트가 벡터이기 때문에 앞의 풀이 과정에서 벡터로 나타내었고, xy평면에서의 모멘트이므로 모멘트의 방향은 $+\mathbf{k}$ 방향(반시계방향) 또는 $-\mathbf{k}$ 방향(시계방향)이다. 편의상 벡터를 생략하고, 반시계방향일 때를 +, 시계방향일 때를 -로하여 크기만을 고려하여 다음처럼 구할 수도 있다.

$$M_O - Lp_1A - Lp_2A = \dot{m}LV - (-\dot{m}LV)$$

$$M_O = LA(p_1 + p_2) + 2\dot{m}LV$$

$$M_O = (0.2)\frac{\pi(0.1^2)}{4}(10000 + 5000) + (2)(31.4)(0.2)(4) = 73.79$$

M_O가 +이므로 외부에서 반시계방향으로 모멘트를 가해야 한다.

펌프, 터빈, 스프링클러 등 회전기계

운동량모멘트(각운동량)방정식을 펌프나 터빈, 스프링클러 등의 회전하는 기계에 적용할 때가 가장 흔한 경우이고, 정상유동, 등속 회전운동을 하는 경우를 주로 다루고, 입구와 출구 단면에서 유동이 균일하다고 가정하여 해석한다. 회전축에 모멘트가 작용하므로, 모멘트 $\mathbf{M}$ 보다는 보통 토크 $\mathbf{T}$ 로 표시하고, 식 (6.40)을 다음처럼 나타낸다.

$$\mathbf{T}_{cv} = \dot{m}_{r,out}(\mathbf{r} \times \mathbf{v})_{out} - \dot{m}_{r,in}(\mathbf{r} \times \mathbf{v})_{in} \qquad (6.41)$$

펌프나 터빈, 스프링클러 등에서 유동은 보통 일정한 각속도로 회전하는 경우이다. 고정된 검사체적을 사용할 때도 있지만, 회전하는 검사체적을 사용해야 해석이 편할 때도 있다. 스프링클러에서는 회전하는 검사체적을 사용하는 것이 설명하기에 편하고, 회전하는 검사체적을 사용할 때, 질량유량은 회전하는 검사체적에 대한 상대속도를 사용하여 구하여야 하지만, 운동량모멘트방정식인 식 (6.40)에 나타낸 속도는 절대속도를 사용하여야 한다. 회전하는 검사체적에서 측정한 상대속도를 사용하면 안 된다. 식 (6.35)의 식에 사용된 속도는 관성좌표계에서 측정된 속도라야 되고, 따라서 이 식을 변환한 식 (6.40) 또는 식 (6.41)에서의 속도 또한 관성좌표계에서 측정된 속도라야 한다. 일정한 각속도로 회전하는 검사체적에 있는 좌표계는 관성좌표계가 아니므로, 이 좌표계에서 측정한 상대속도를 식 (6.35)의 속도에 사용할 수 없고, 따라서 식 (6.40) 또는 식 (6.41)의 속도에 절대속도를 사용하여야 한다. 절대속도는 당연히 관성좌표계에서 측정된 속도이다. 다음 예제에서 스프링클러의 토크와 각속도 등에 대해 다룬다.

예제 6.11 그림 E6.11(a)에 보여주고 있듯이, 스프링클러(sprinkler)의 아래에서 물이 질량유량 0.9kg/s 으로 흘러들어와 스프링클러의 회전자 끝에서 흘러나간다. 회전자는 400 rpm의 일정한 각속도로 회전하고, 회전자 끝의 노즐 하나의 출구 단면적은 25 mm²이고, $R=20$ cm 일 때, (a) 회전자 끝의 노즐을 나가는 물의 노즐에 대한 상대속도와 절대속도를 구하라. (b) 지지대가 회전자의 회전축에 작용하는 토크를 구하라.

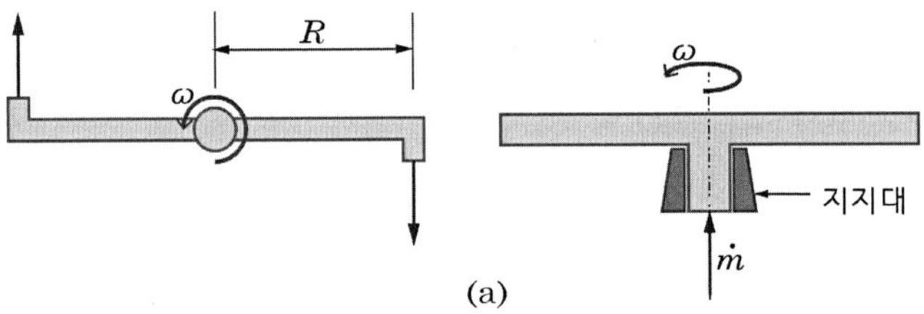

그림 E6.11(a)
(a) 스프링클러

풀이

(a) 출구에서의 속도를 구하기 위해 먼저 그림 E6.11(b)처럼 검사체적을 점선처럼 정해야 한다. 연속방정식은 검사체적에 대한 상대속도를 사용해야 하므로, 이때의 검사체적은 회전자처럼 400 rpm의 일정한 각속도로 회전하는 검사체적이다. 연속방정식을 적용하면,

$$\dot{m}_{\text{out}} - \dot{m}_{\text{in}} = 0 \quad \Rightarrow \quad 2\dot{m}_{\text{e}} - \dot{m} = 0 \quad \Rightarrow \quad \dot{m}_{\text{e}} = \frac{\dot{m}}{2} = 0.45 \text{ kg/s} \tag{1}$$

여기서 $\dot{m}_{\text{e}}$는 출구 하나에서의 질량유량이다. 따라서 출구에서의 상대속도 V_{r}은 다음과 같다.

$$V_{\text{r}} = \frac{\dot{m}_{\text{e}}}{\rho A} = \frac{0.45}{(1000)(25\times 10^{-6})} = 18 \text{ m/s} \tag{2}$$

회전자 끝의 노즐의 회전속도 U는 다음과 같다.

✦ 각속도의 SI 단위는 rad/s이다.
$400\text{rpm} = 400\times\frac{2\pi}{60}\text{rad/s}$

$$U = R\omega = (0.2)\left(400\times\frac{2\pi}{60}\right) = 8.37 \text{ m/s} \tag{3}$$

따라서 노즐을 나가는 절대속도 V는 다음과 같다.

$$V = V_{\text{r}} - U = 18 - 8.37 = 9.63 \text{ m/s} \tag{4}$$

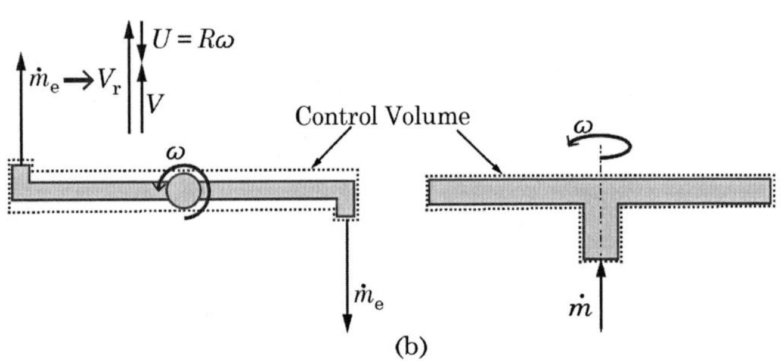

그림 E6.11
(b) 검사체적의 선택 및 속도,
(c) 작용하는 운동량모멘트

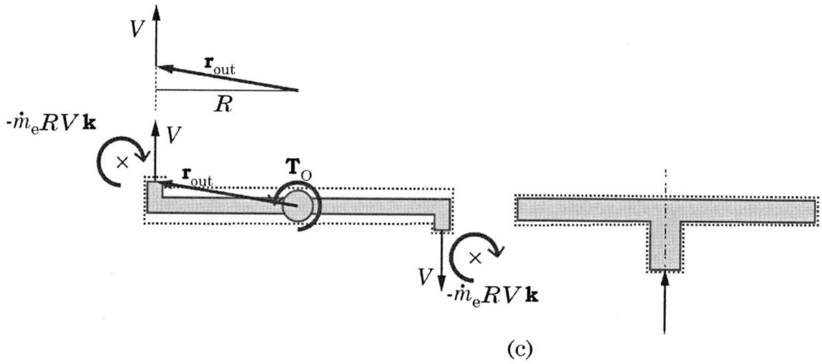

(c)

(b) 식 (6.41)을 적용하면 토크를 구할 수 있다. 토크를 구하기 위해 먼저 그림 E6.10(c)처럼 스프링클러의 회전자와 유체를 포함하는 검사체적을 점선처럼 정해야 한다. 지지대가 회전자의 회전축에 가해야 할 토크를 구하는 것이기 때문에 회전자 전체는 검사체적의 외부가 아니라 내부에 포함되어야 한다. 점선으로 표시된 검사체적에 작용하는 토크는 지지대가 회전자의 회전축에 작용하는 토크 $\mathbf{T}_O$ 뿐이다.

$$\mathbf{T}_{cv} = \mathbf{T}_O \tag{5}$$

여기서 $\mathbf{T}_O$는 지지대가 회전자의 회전축에 가하는 토크이고, 작용하는 방향을 모를 때는 그림처럼 $+\mathbf{k}$ 방향(반시계방향)으로 가정하여 문제를 풀면 된다. 지금처럼 회전하는 검사체적을 적용하더라도 식 (6.41)의 속도는 관성좌표계에서 측정한 속도라야 한다. 예제 6.6에서 보듯이 직선으로 등속운동을 할 때는, 등속도로 움직이는 검사체적을 적용하여 검사체적에서의 상대속도를 사용하여 운동량방정식을 적용하면 되지만, 일정한 각속도로 회전하는 검사체적에 고정한 좌표계는 관성좌표계가 아니므로, 회전하는 검사체적에서 측정한 상대속도를 식 (6.41)에 적용할 수 없다. 따라서 이 경우 식 (6.41)에서의 속도는 절대속도(관성좌표계에서 측정한 속도)를 사용하여야 한다.

식 (6.41)의 우변의 항은 그림 E6.11(c)를 참조하여 다음처럼 구할 수 있다.

$$-\dot{m}_e RV\mathbf{k} + (-\dot{m}_e RV\mathbf{k}) = -\dot{m}rV\mathbf{k} \tag{6}$$

식 (1)~(5)를 식 (6.41)에 대입하면 다음과 같다.

$$\mathbf{T}_O = -\dot{m}RV\mathbf{k} = -(0.9)(0.2)(9.63)\,\mathbf{k} = -1.73\,\mathbf{k}$$

토크의 단위는 N·m이고, $-\mathbf{k}$ 방향이다. 지지대가 회전자의 회전축에 가하는 토크는 1.73 N·m이고, 그림에 표시된 토크의 방향과 반대 방향인 시계방향으로 작용한다.

⊕ 보충설명

위에서 구한 $\mathbf{T}_O$는 스프링클러의 회전자가 회전할 때 , 지지대가 회전자의 회전축에 작용하는 토크이다. 회전자가 반시계방향으로 회전하면, 회전자가 회전하는 것을 방해하는 방향으로 토크가 작용하게 되어 시계방향으로 작용한다. 앞의 예제 6.10에서도 설명하였듯이, 회전자는 회전하면서 지지대에 $\mathbf{T}_O$와 같은 크기이고 반대 방향(시계방향)으로 1.73 N·m의 토크를 가하게 된다.

✦ U : 깃의 회전속도
V : 절대속도
W : 상대속도
U, V, W, : 크기만 나타낸다.

원심펌프 같은 회전 유체기계에서는 축을 통하여 외부에서 공급된 토크가 펌프의 회전차와 깃을 회전하게 하여 유체에 에너지를 전달하고 유체를 이동하게 한다. 그림 6.16(a)에 원심펌프의 회전차를 나타내고 있다. 그림 6.16(b)를 보면, 유체는 입구에서 회전하는 깃에 대해 상대속도 W_1으로 흘러 들어가 출구에서 회전하는 깃에 대해 상대속도 W_2로 흘러나가게 된다. 그림에 표시된 점선은 회전차를 포함하는 검사체적이고 정지하고 있다. 깃이 ω의 일정한 각속도로 회전하는 경우 출구에서의 깃의 회전속도는 U_2이고 $r_2\omega$이다. 회전차를 흘러나오는 유체의 절대속도는 V_2이다. 그림에서 V_{2n}은 V_2의 반경 방향의 속도이고, V_{2t}은 V_2의 접선방향(검사체적에 대해) 속도이다. 식 (6.41)을 적용하면, 토크와 각운동량 유동률 사이의 관계를 구할 수 있다. 외부에서 검사체적에 작용하는 토크는 축에 의해 전달되는 축토크 $T_{\rm shaft}$ 뿐이므로, 그림에 나타낸 것처럼 +방향(반시계방향)의 토크가 공급되면 다음과 같다.

$$\mathbf{T}_{\rm cv} = \mathbf{T}_{\rm shaft} = T_{\rm shaft}\,\mathbf{k} \tag{6.42}$$

식 (6.41)의 우변은 다음과 같이 나타낼 수 있다. 그림에서 보면,

$$(\mathbf{r}\times\mathbf{v})_{\rm out} = r_2 V_{2t}\,\mathbf{k} \tag{6.43}$$

이고, 그림에는 나타내지 않았지만, 입구에서도 같은 모양이므로

$$(\mathbf{r}\times\mathbf{v})_{\rm in} = r_1 V_{1t}\,\mathbf{k} \tag{6.44}$$

임을 알 수 있다. 입구와 출구에서의 질량유량은 같으므로, 질량유량을 $\dot{m}$으로 나타내고, 식 (6.42)~(6.44)를 식 (6.41)에 대입하면 다음을 얻는다.

$$T_{\rm shaft}\,\mathbf{k} = \dot{m}\left(r_2 V_{2t} - r_1 V_{1t}\right)\mathbf{k} \tag{6.45}$$

크기만을 나타내면 다음과 같다.

$$T_{\rm shaft} = \dot{m}\left(r_2 V_{2t} - r_1 V_{1t}\right) \tag{6.46}$$

토크와 축동력 사이의 관계는 다음과 같다.

$$\dot{W}_{\text{shaft}} = \omega T_{\text{shaft}} \tag{6.47}$$

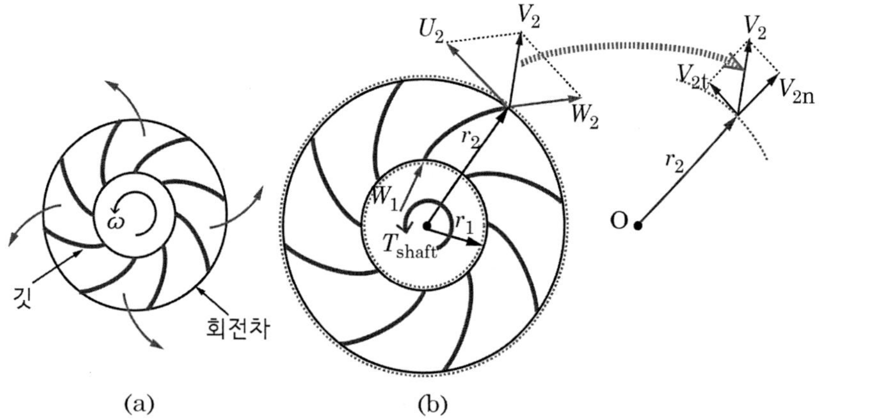

그림 6.16
(a) 펌프 회전차, (b) 출구에서의 속도

6장 연습 문제

6.1 그림 P6.1에서 보여주고 있듯이, 90° 굽어진 지름이 20 cm인 관에 입구 계기압력이 200 kPa인 상태에서 물이 4 m/s로 흐르고 있고, 출구에서의 계기압력은 195 kPa이다. 이 관을 고정하려면, 가하여야할 힘의 x 방향 성분 (그림에 표시된)R_x와 y 방향 성분 R_y를 구하라. x 및 y 방향은 중력과 무관한 수평 방향이므로 중력은 무시하라.

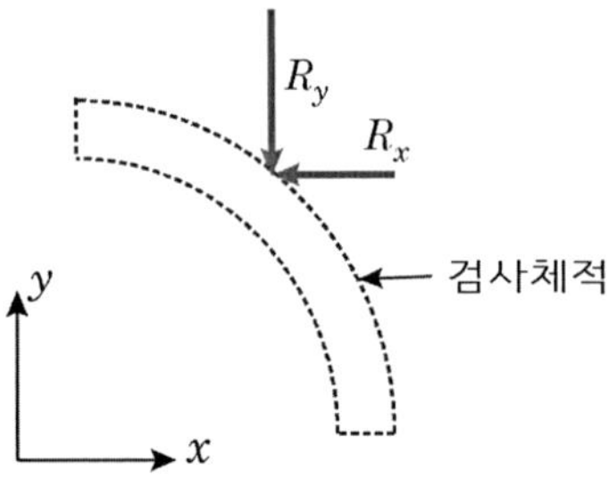

그림 P6.1

6.2 그림 P6.2처럼, 180° 굽어진 지름이 20 cm인 관에 입구 계기압력이 200 kPa인 상태에서 물이 4 m/s로 흐르고 있고, 출구에서의 계기압력은 190 kPa이다. 이 관을 고정하려면, 가하여야 할 힘 (그림에 표시된)R_x와 y 방향 성분 R_y를 구하라. x 및 y 방향은 중력과 무관한 수평 방향이므로 중력은 무시하라.

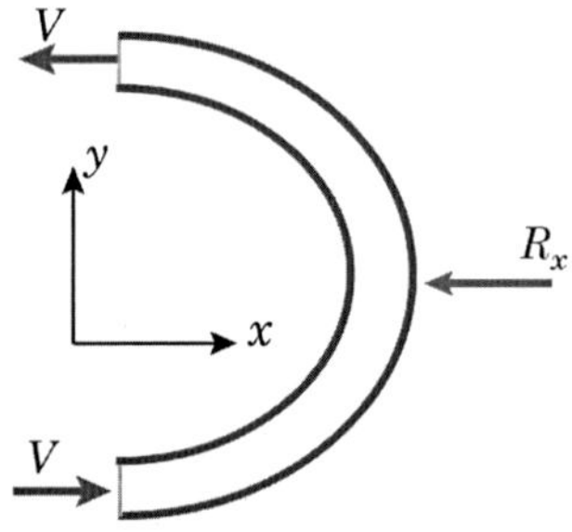

그림 P6.2

6.3 그림 P6.3처럼 지름이 변하며 수평 방향에서 연직 방향으로 90° 굽어진 관에서, 입구에서의 계기압력이 200 kPa인 상태에서 물이 2 m/s로 흐르고 있고, 출구에서의 계기압력은 160 kPa이다. 입구 및 출구 지름은 각각 20 cm, 10 cm이다. 이 관을 고정하려면, 가하여야 할 힘의 크기와 방향을 구하라. 관의 질량은 1.5 kg이고 관내의 유체의 질량은 2.5 kg이다.

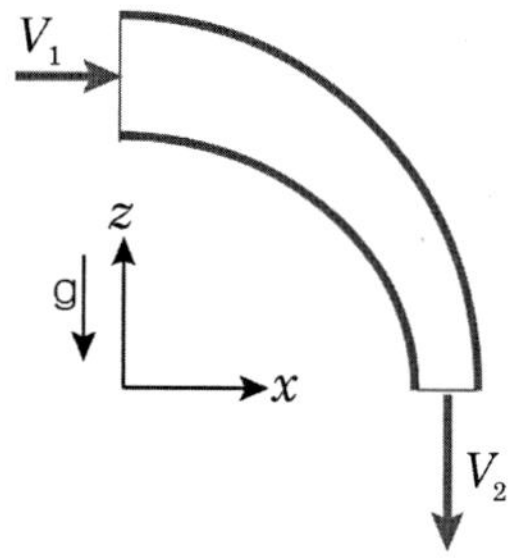

그림 P6.3

6.4 그림 P6.4처럼 지름이 변하는 180° 굽어진 관에서, 입구에서의 계기압력이 160 kPa인 상태에서 물이 2 m/s로 흐르고 있다. 출구에서의 계기압력은 120 kPa이다. 입구 및 출구 지름은 각각 20 cm, 10 cm이다. 이 관을 고정하려면, 가하여야 할 힘의 x 및 y 방향 성분의 크기와 방향을 구하라. 그림에서 z 방향이 중력방향이다.

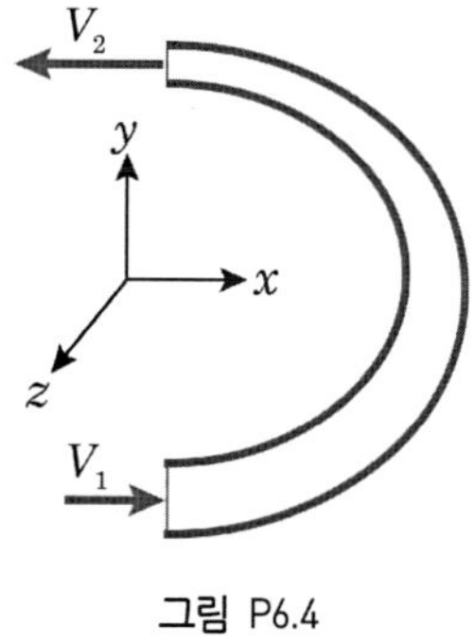

그림 P6.4

6.5 그림 P6.5처럼 지름이 변하는 굽어진 관에서, 입구 계기압력이 200 kPa인 상태에서 물이 2 m/s로 흐르고 있다. 출구에서의 계기압력은 162 kPa이다. 입구 및 출구 지름은 각각 20 cm, 10 cm이다. 이 관을 고정하려면, 가하여야 할 힘의 x 및 y 방향 성분의 크기와 방향을 구하라. 그림에서 z 방향이 중력방향이다.

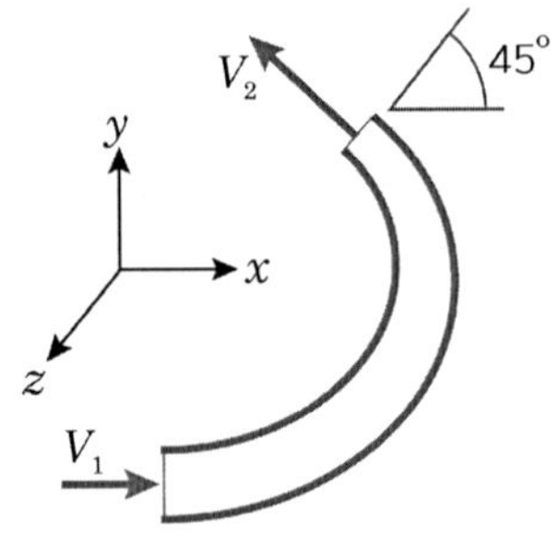

그림 P6.5

6.6 그림 P6.6처럼 지름이 40 cm인 원형 관의 끝에 노즐이 부착되어 있다. 노즐과 원형 관은 플랜지와 볼트로 연결되어 있다. 노즐 출구에서의 지름은 10 cm이고 노즐 입구에서의 압력(절대압력)은 122 kPa이고 대기압은 101 kPa이다. 유량이 0.05 m^3/s 일 때 볼트에 작용하는 수평방향의 힘을 구하라.

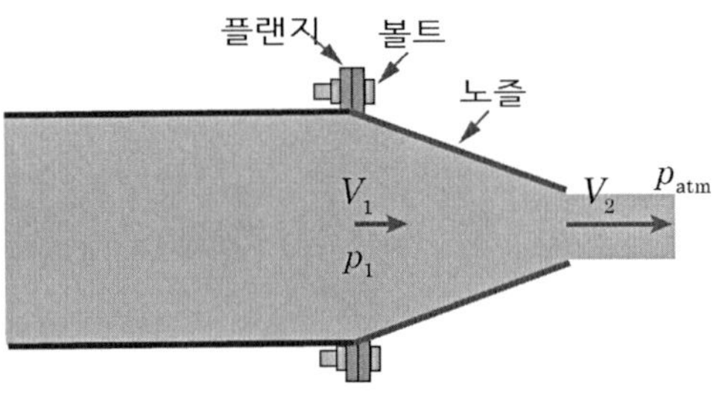

그림 P6.6

6.7 앞의 그림 P6.6 처럼 지름이 40 cm인 원형 관의 끝에 노즐이 부착되어 있고 물이 흐르고 있다. 노즐과 원형 관은 플랜지와 볼트로 연결되어 있다. 노즐 출구에서의 지름은 10 cm이고 노즐 입구에서의 압력(절대압력)은 122 kPa이고 대기압은 101 kPa이다.

(a) 노즐 출구에서의 속도를 구하라.

(b)플랜지에 작용하는 수평방향의 힘을 구하라. 단, 모든 손실을 무시하라.

6.8 그림 P6.8처럼 단면적이 A_1인 원형 관의 끝에 노즐이 부착되어 있다. 노즐과 원형 관은 플랜지와 볼트로 연결되어 있다. 노즐 출구에서의 단면적은 A_2이고 대기에 노출되어 있고, 노즐 입구에서의 절대압력은 p_1이고 대기압은 p_{atm}이다. 유량이 Q일 때 볼트에 작용하는 수직방향의 힘의 크기를 구하는 식을 나타내어라. 노즐 내 물의

무게는 W_w, 노즐의 무게는 W_n 이다.

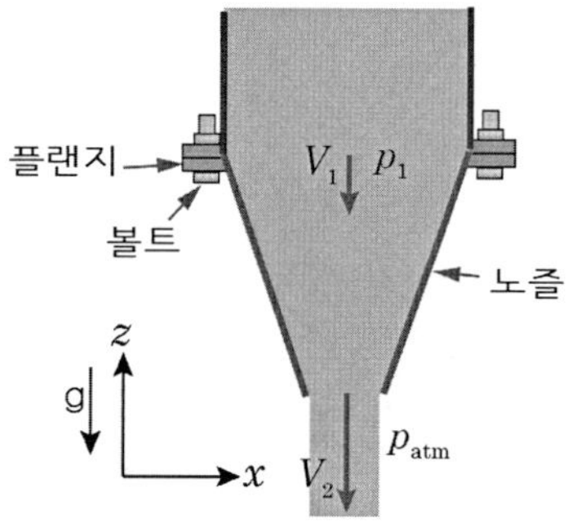

그림 P6.8

6.9 앞의 그림 P6.8처럼 지름이 40 cm인 원형 관의 끝에 노즐이 부착되어 있다. 노즐과 원형 관은 플랜지와 볼트로 연결되어 있다. 노즐 출구에서의 지름은 10 cm이고 노즐 입구에서의 압력(절대압력)은 122 kPa이고 대기압은 101 kPa이다. 유량이 0.05 m^3/s일 때 볼트에 작용하는 수직방향의 힘을 구하라. 노즐의 무게는 5 N이고 노즐 내의 물의 질량은 0.8 kg이다.

6.10 그림 P6.10처럼 밀도 ρ인 액체 제트가 속도 V로 깃에 부딪혀 θ의 각도로 방향을 바꾸어 같은 속도로 유동한다. 마찰손실은 무시하고, 제트의 단면적은 모든 곳에서 A이다. 제트 및 모든 부분은 대기압이 작용하고, 깃은 수평방향으로 되어있다. 즉 x, y방향은 수평방향이다. 깃을 고정하기 위한 힘 R을 구하는 식을 나타내어라.

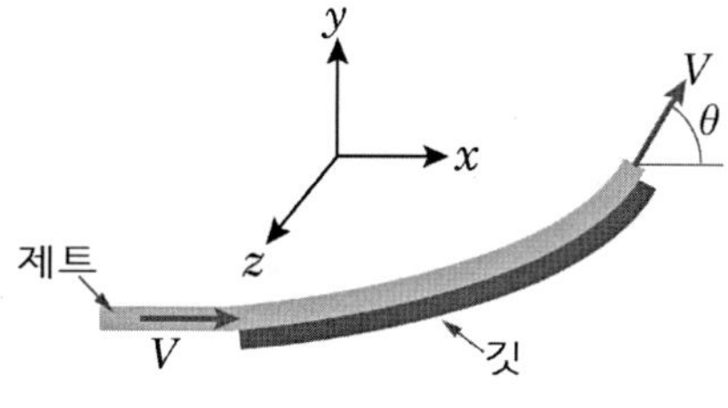

그림 P6.10

6.11 그림 P6.11처럼 밀도 ρ인 액체 제트가 속도 V로 깃에 부딪혀 180°의 각도로 방향을 바꾸어 같은 속도로 유동한다. 마찰손실은 무시하고, 제트의 단면적은 모든 곳에서 A이다. 제트 및 모든 부분은 대기압이 작용하고, 깃은 수평방향으로 되어있다. 즉 x, y방향은 수평방향이다. 깃을 고정하기 위한 힘 (그림에 표시된)R을 구하는 식을 나타내어라.

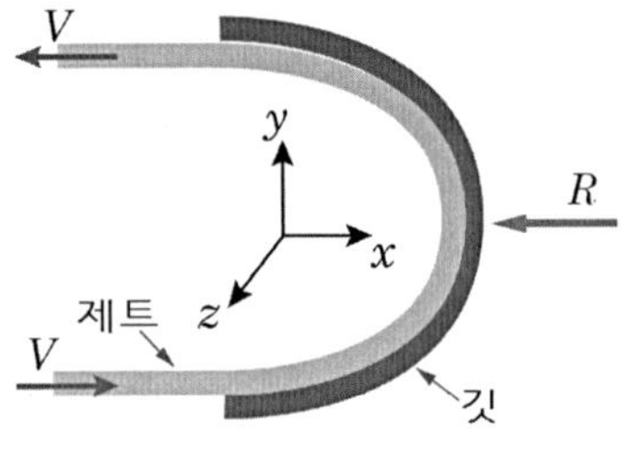

그림 P6.11

6.12 그림 P6.12처럼 밀도 ρ인 액체 제트가 속도 V로 원추에 부딪혀 사방으로 같은 속도 V로 흘러나간다(즉, 마찰손실을 무시한다.) 제트 및 모든 부분은 대기압이 작용하고, 원추는 수평방향으로 되어있다. 즉 x, y방향은 수평방향이다. 원추를 고정하기 위한 힘 R을 구하는 식을 나타내어라.

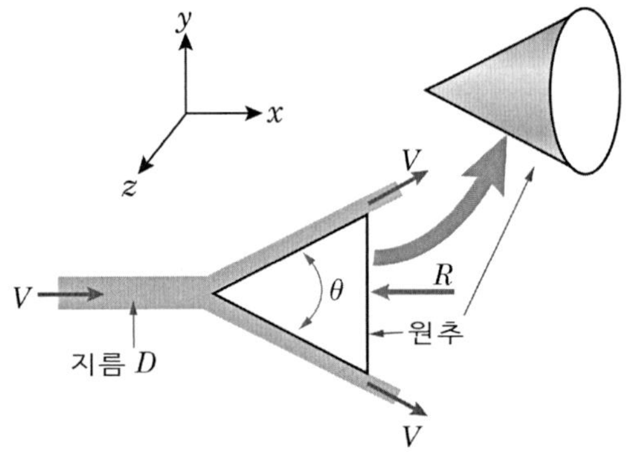

그림 P6.12

6.13 그림 P6.13처럼 물 제트가 평판에 부딪힌 다음 수직한 방향으로 사방으로 분출되고 있다. 물 제트의 단면적이 0.004 m^2이다. 평판을 고정하기 위하여 100N의 힘이 필요하다면 물 제트의 속도는 얼마인가?

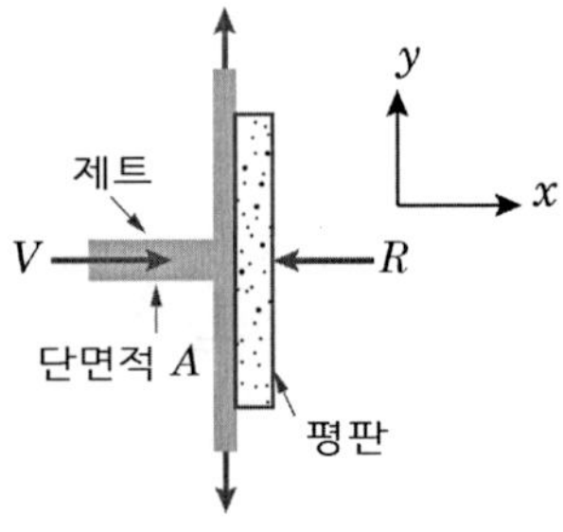

그림 P6.13

6.14 그림 P6.14처럼 밀도 ρ, 지름 D, 속도 V_1인 유체의 제트가 구멍 뚫린 원판에 부딪힌 다음 사방으로 흘러나가고, 일부는 지름이 d인 구멍을 속도가 V_2인 속도로 흘러나간다. 원판을 고정하기 위한 힘의 크기를 구하는 식을 나타내어라. 구멍을 통과한 후의 유체의 지름은 d로 일정하다고 가정하라.

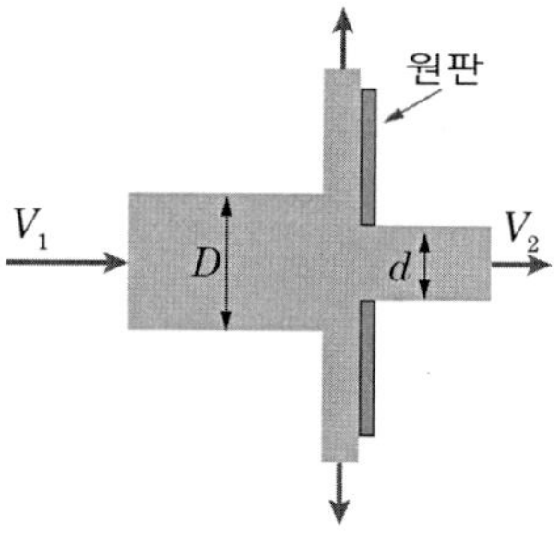

그림 P6.14

6.15 그림 P6.15처럼 비중이 0.80이고 20 cm x 20 cm x 2 cm 크기의 평판의 중앙에 물 제트가 부딪혀 사방으로 흘러나간다. 물의 속도가 증가하면 평판은 O점을 중심으로 기울어져서 평판은 쓰러진다. 물 제트의 단면적이 0.001 m^2일 때 평판이 기울어지기 시작할 때의 물 제트 속도를 구하라.

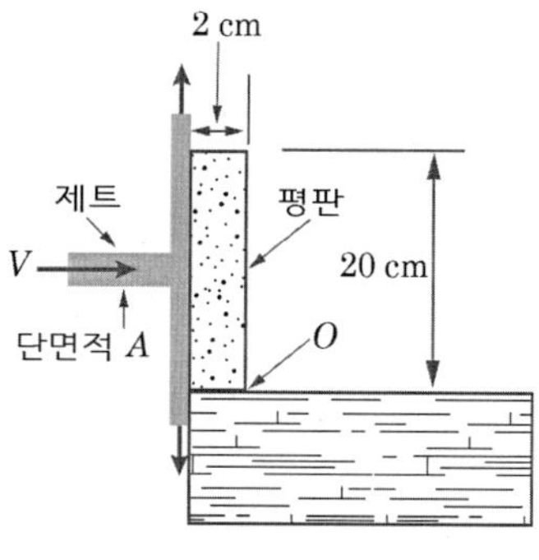

그림 P6.15

6.16 앞의 그림 P6.15처럼 20 cm x 20 cm x 2 cm 크기의 평판의 중앙에 물 제트가 부딪혀 사방으로 흘러나간다. 물의 속도가 증가하면 평판은 O점을 중심으로 기울어져서 평판은 쓰러진다. 물 제트의 단면적이 0.001 m^2이다. 물 제트의 속도가 0.75 m/s일 때 평판이 기울어지기 시작하였다면, 평판의 비중을 구하라.

6.17 그림 P6.17처럼 5 m/s의 물 제트가 2 m/s의 일정한 속도로 움직이는 평판에 부딪힌 다음 수직한 방향으로 사방으로 분출되고 있다. 물 제트의 단면적이 0.002 m^2이다. 물 제트가 평판에 추가적으로 작용하는 순 힘의 크기는 얼마인가?

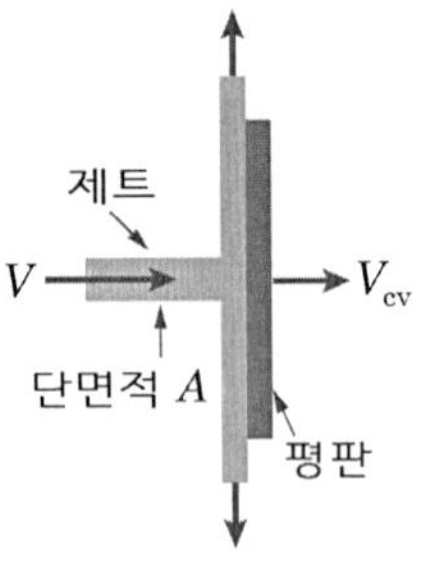

그림 P6.17

6.18 그림 P6.18처럼 5 m/s의 물 제트가 왼쪽 방향으로 2 m/s의 일정한 속도로 움직이는 평판에 부딪힌 다음 수직한 방향으로 사방으로 분출되고 있다. 물 제트의 단면적이 0.002 m^2이다. 평판을 왼쪽 방향으로 2 m/s의 일정한 속도로 움직이기 위한 힘 R을 구하라.

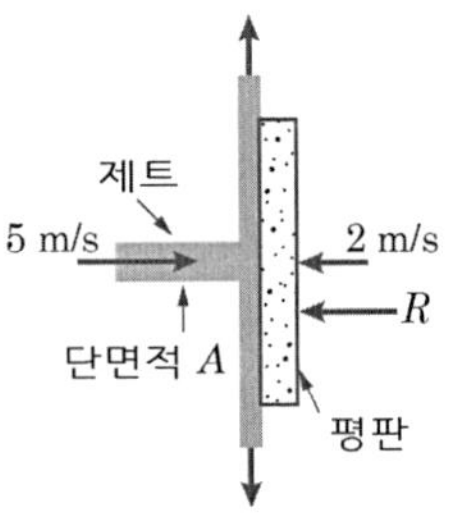

그림 P6.18

6.19 그림 P6.19처럼 물 제트가 $\theta = 45°$ 의 경사진 평판에 작용하는 경우, 평판을 고정하기 위하여 20 N의 힘이 필요하였다면, 물 제트의 속도는 얼마인가? 제트의 단면적은 0.004 m^2이다. 평판에서의 마찰은 무시하라.

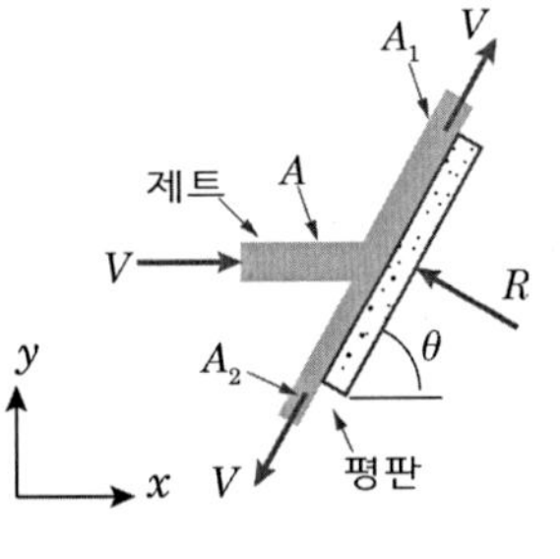

그림 P6.19

6.20 그림처럼 V_1 = 2 m/s의 물 제트와 V_2 = 4 m/s의 물 제트가 직각 방향으로 합쳐진다. 두 물 제트의 단면적 A = 40 cm^2이다. 합쳐진 후의

(a) 물 제트의 속도를 구하라.

(b) 물 제트의 단면적을 구하라.

(c) 물 제트의 각도 θ를 구하라. 단, x, y방향은 수평 방향이고 중력효과는 무시하라.

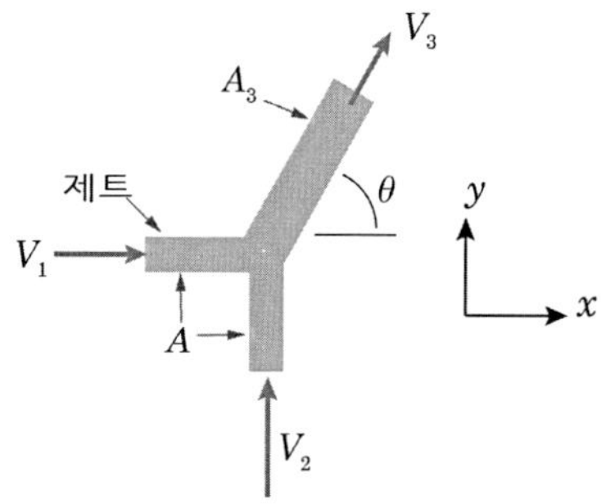

그림 P6.20

6.21 소형 로켓의 추진력을 구할 때, 그림처럼 실험 장치를 만들어 로켓의 지지대에 작용하는 힘 R을 측정하면 된다. 분출 가스의 밀도가 2.5 kg/m^{3}이고, 분출 속도가 100 m/s, 분출 단면적이 0.01 m^{2}일 때, 로켓의 추진력을 구하라.

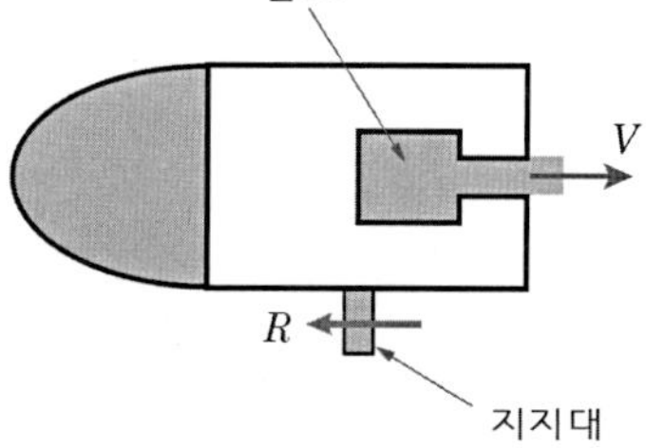

그림 P6.21

6.22 그림 P6.22처럼 유량 50 l/min의 물이 회전축을 따라 반지름이 40 cm인 회전자로 유입된다. 출구를 나가는 상대속도에 대해 수직인 출구 단면적은 20 mm^{2}이다. 출구단면노즐의 각도는 $\theta = 60°$ 이고 회전자가 100 rpm으로 회전할 때 지지대가 축에 가하는 저항토크를 구하라.

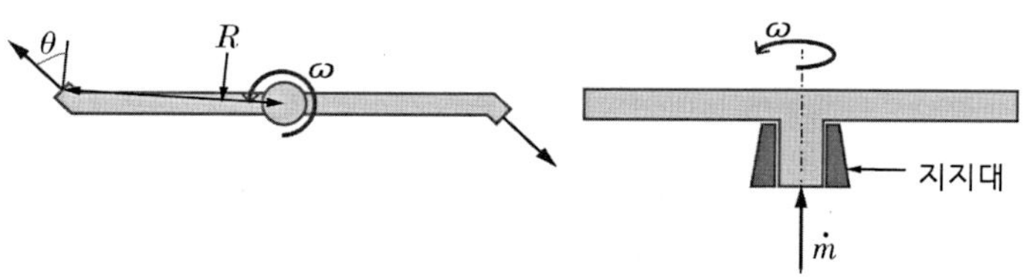

그림 P6.22

차원해석 및 모형법칙

학습목표

이 장의 학습 및 강의 목표는 다음과 같은 사항을 학생들이 완전하게 이해하는 것이다.

- 차원해석의 필요성 및 원리.
- Buckingham 파이 정리.
- 유체역학에서 사용하는 무차원수.
- 모형과 상사법칙의 이해와 적용.
- 공학문제에서의 상사법칙 적용.

7.1 서론

이 장에서는 차원해석과 상사법칙에 대해 설명한다. 유체역학의 문제 또는 공학문제에서 어떤 물리적인 변수들의 관계를 구하기 위하여 실험 또는 해석을 해야 할 때 아무런 대책 없이 실험을 할 수가 없다. 변수들 사이의 관계를 어떻게 하면 단순하게 나타낼 수 있을까에 대한 고민을 하여야 한다. 이때 필요한 것이 차원해석이다. 그리고 배나 잠수함 또는 아주 큰 실험 장치를 사용하여 실험을 하는 경우, 모형을 만들어 실험을 해야 할 때가 있다. 이때 모형을 어떻게 만들어야 하는지, 실험조건을 어떻게 해야 하는가에 대한 지식이 필요하고, 이와 관련된 것이 상사법칙이다.

7.2 차원해석의 필요성 및 원리

유체역학에서 유동 문제는 대부분 복잡하여 해석적인 해를 구하기 어려워, 실험을 하여 유동 문제를 해결하는 경우가 많다. 다음의 그림 7.1처럼, 직경이 D이고 길이가 L인 원통이 밀도 ρ, 점성계수 μ인 유체가 속도 V로 흐르는 유동의 흐름 방향에 대해 직각으로 놓여 있다고 할 때, 원통이 받는 항력(drag force) F_d를 구하고자 한다. 이 문제에서 항력은 직경, 길이, 유체의 속도, 밀도, 점성계수에 따라 달라지므로 다음처럼 이들 변수들의 함수라고 생각할 수 있다.

$$F_d = f(V, D, L, \rho, \mu) \tag{7.1}$$

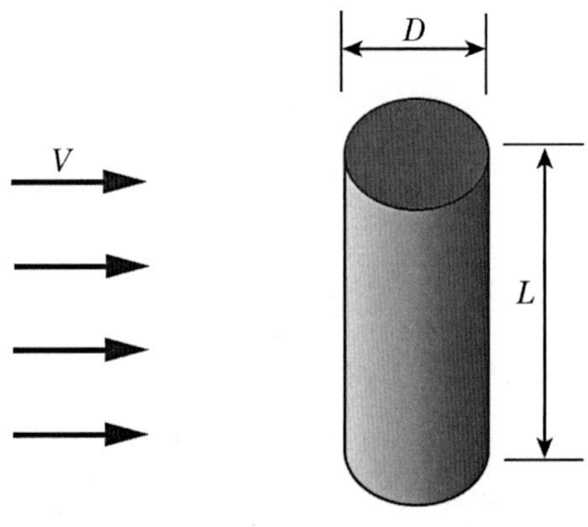

그림 7.1
유체의 유동에 놓여 있는 원통

이 문제를 실험으로 아주 단순하게 해결하려는 경우는 다음처럼 실험 계획을 할 것이다. 먼저 관계되는 변수가 V, D, L, ρ, μ등의 5개이고 이들의 영향을 알아보려면, 이들 값들을 변경하면서 실험을 하여야 보다 완전한 결과를 얻을 수 있다. 편의상 표 7.1처럼 각각의 파라미터를 10번씩 변경하면서 실험을 한다고 하자.

표 7.1
실험 계획

ρ	$\rho_1,\ \rho_2,\ \rho_3,\ \cdots,\ \rho_{10}$
μ	$\mu_1,\ \mu_2,\ \mu_3,\ \cdots,\ \mu_{10}$
D	$D_1,\ D_2,\ D_3,\ \cdots,\ D_{10}$
L	$L_1,\ L_2,\ L_3,\ \cdots,\ L_{10}$
V	$V_1,\ V_2,\ V_3,\ \cdots,\ V_{10}$

각각의 파라미터를 10번씩 변경하는 것이 적절한지 적절하지 않은지는 여기서 논의의 대상이 아니다. 물론 보다 효율적인 방법을 생각할 수도 있겠지만, 단순하게 각각의 파라미터를 10번씩 변경하면서 실험을 한다면 10^5번의 실험을 하여야 한다.

상당한 시간을 투자하고 노력을 하여 실험 데이터를 확보하였다고 하자. 이제 이 데이터를 효율적으로 정리하기 위해서는 일반적으로 그래프를 그려야 한다. 다른 것은 제쳐두고 우선 F_d가 V에 따라 어떻게 변하는지를 보려면 그림 7.2와 같은 그래프를 그려야할 것이다. 물론 그림에 나타낸 그래프는 실제 실험을 하여 나타낸 것은 아니고 그냥 개략적으로 나타낸 것이기 때문에 실제와는 다를 수 있다. 모두 몇 장의 그래프가 필요할까? μ와 ρ 및 L이 각각 10개이므로 모두 1000장의 그래프가 필요하다는 것을 알 수 있다.

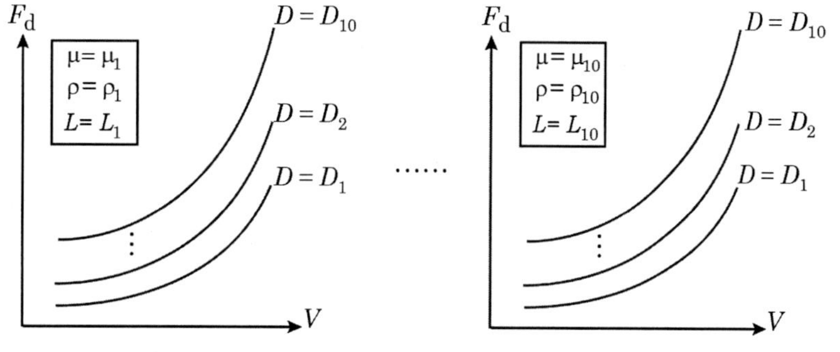

그림 7.2
개략적인 항력 - 속도 그래프

실제로 실험을 하고 데이터를 정리할 때 이와 같이 하면 아주 많은 실험을 하여야 하고 실험 데이터를 정리하여 나타내는 데에도 아주 많은 그래프가 필요하여, 이렇게 하는 것은 너무 어리석다고 해야 할 것이다. 따라서 실제로는 다음에 설명하는 차원해석을 하여, 실험을 하고 데이터를 정리하여야한다. 차원해석에 대해 설명하기 전에 차원해석의 기본이 되는 차원동일성에 대해 먼저 설명하기로 한다.

유체역학 또는 공학문제에서 여러 변수가 관계될 때, 최종적으로는 이들 변수들 사이의 관계식을 구하여야하는 경우가 많다. 이와 같은 물리적인 관계식을 실험을 하여 구할 수도 있고, 이론적인 해석을 하여 구할 수도 있고, 컴퓨터를 이용한 수치적인 해석을 하여 구할 수도 있다. 예를 들어 물체가 자유 낙하 할 때, t초 동안 자유 낙하한 거리 S와 중력가속도 g 사이에는 다음의 관계가 성립한다.

$$S = \frac{1}{2} g t^2 \tag{7.2}$$

그리고 Bernoulli 방정식은 다음처럼 나타낼 수 있다.

$$p + \frac{\rho V^2}{2} + \rho g z = p_{\mathrm{t}} \tag{7.3}$$

식 (7.2)에서 S와 gt^2의 차원은 같고, 식 (7.3)의 각항들의 차원 또한 모두 같다는 것을 알 수 있다. 위의 예에서 보듯이, 실험이나 이론으로 구해진 모든 물리량의 관계식들에서 각 항의 차원은 모두 같아야 하고 이것을 **차원동일성**(dimensional homogeneity)라고 한다. 이 차원동일성은 차원해석의 기본이 된다.

위의 식들을 다음처럼 변형할 수 있다.

$$\frac{S}{gt^2} = \frac{1}{2} \tag{7.4}$$

$$\frac{p}{p_{\mathrm{t}}} + \frac{\rho V^2/2}{p_{\mathrm{t}}} + \frac{\rho g z}{p_{\mathrm{t}}} = 1 \tag{7.5}$$

식 (7.4)와 식 (7.5)의 각 항들은 모두 무차원으로 표시되는 무차원수이다. 실험이나 이론으로 구해진 모든 물리량의 관계식들은 차원동일성 때문에 식 (7.4)와 식 (7.5) 같은 형태로 **무차원수들의 관계식들로 나타낼 수 있다.** 식 (7.4)와 식 (7.5)에서

✦ Π : 대문자 pi

$$\Pi_1 = \frac{S}{gt^2}\,,\ \Pi_2 = \frac{p}{p_{\mathrm{t}}}\,,\ \Pi_3 = \frac{\rho V^2/2}{p_{\mathrm{t}}}\,,\ \Pi_4 = \frac{\rho g z}{p_{\mathrm{t}}} \tag{7.6}$$

라고 두면 Π_1, Π_2, Π_3, Π_4는 모두 무차원수이고 식 (7.4)와 식 (7.5)은 다음처럼 나

타낼 수 있다.

$$\Pi_1 = \frac{1}{2} \tag{7.7}$$

$$\Pi_2 + \Pi_3 + \Pi_4 = 1 \tag{7.8}$$

각 항들이 차원으로 표시된 식 (7.2)는 3개의 변수 S, g, t 사이의 관계식이고, 무차원수들로 표시된 식 (7.7)는 하나의 무차원수 Π_1에 관한 식이다. 각 항들이 차원으로 표시된 식 (7.3)은 6개의 물리량 사이의 관계식이고, 무차원수들로 표시된 식 (7.8)은 3개의 무차원수 Π_2, Π_3, Π_4에 관한 식이다. 관계식에 포함되는 변수의 수가 각각 3개에서 1개로, 6개에서 3개로 줄어든다는 것을 알 수 있다.

앞의 두 물리적인 관계식의 예에서 보듯이, 물리량의 관계식들은 무차원수들 사이의 관계식으로 나타낼 수 있고, 또한 관계되는 변수들의 수가 줄어든다는 것이 **차원해석**(dimensional analysis)의 핵심이고 그 방법에 대해 뒤에서 설명하기로 한다.

7.3 Buckingham 파이 정리

차원해석에서 핵심사항은 차원이 있는 물리적인 관계식을 무차원수들 사이의 관계식으로 나타낼 수 있다는 것이다. Buckingham은 무차원수를 Π(대문자 pi)로 나타내었고, 다음과 같은 정리를 Buckingham 파이 정리라고하며, 요약하여 다음처럼 나타낼 수 있다.

Buckingham 파이 정리

일반적으로 서로 독립적인 n개의 물리적인 변수 사이의 관계식은 $r = n - k$의 무차원수들 사이의 관계식으로 나타낼 수 있다. 여기서 k는 변수들에 나타나는 기본차원의 최소 개수이다.

위의 Buckingham 파이정리를 다시 보충하여 설명하면 다음과 같다.

일반적으로 서로 독립적인 n개의 물리적인 변수 Q_1, Q_2, $\cdots$, Q_n사이의 관계식

$$F_1(Q_1, Q_2, \cdots, Q_{n-1}, Q_n) = 0 \quad \text{또는} \quad Q_n = f_1(Q_1, Q_2, \cdots, Q_{n-1})$$

은, 기본차원의 최소 개수가 k일 때, 다음처럼 무차원수 Π_1, Π_2, $\cdots$, Π_r사이의 관계식으로 나타낼 수 있다($r = n - k$).

✦ F_1, F_2, f_1, f_2는 모두 함수를 나타낸다. 함수 형태가 서로 다르기 때문에 첨자를 사용하여 서로 다른 함수임을 나타내었다.

$$F_2(\Pi_1, \Pi_2, \cdots, \Pi_{r-1}, \Pi_r) = 0 \quad \text{또는} \quad \Pi_r = f_2(\Pi_1, \Pi_2, \cdots, \Pi_{r-1})$$

Buckingham 파이정리와 관련하여 중요한 사항들을 다음과 같이 정리하여 설명한다.

- n개의 물리적인 변수는 일반적으로 서로 독립적이어야 한다. 예를 들면, 원의 직경과 원의 단면적이나 원주의 길이가 같이 포함되면 안 된다. 이 세 변수는 일반적으로 서로 독립적인 변수가 아니다. 세 개의 변수 중 오직 하나만 포함될 수 있고 이런 경우는 원의 직경을 변수에 포함시키는 것이 일반적이다. 점성계수 μ와 밀도 ρ와 동점성계수 ν가 n개의 물리적인 변수에 동시에 포함될 수 없다. 왜냐하면 $\nu = \dfrac{\mu}{\rho}$의 관계를 가지기 때문에 세 개의 변수가 서로 독립적인 변수가 아니기 때문이므로, 오직 두 개까지만 n개의 물리적인 변수에 포함될 수 있다.
- 기본차원은 SI단위에서는 M, L, T이고, 공학단위계를 사용하는 경우 F, L, T를 사용할 수도 있지만 SI단위계인 M, L, T를 사용하기를 권장한다. 유체역학에서는 기본차원이 모두 포함되면 3이지만, n개의 물리적인 변수에 3개의 차원이 모두 포함되지 않을 수도 있고 이때 k는 3보다 작다.

반복변수법

Buckingham 파이 정리에 따라 무차원수를 구하는 방법 중 반복변수법(method of repeating variables)이 가장 널리 사용되고, 무차원수 Π를 다음과 같은 방법으로 구할 수 있다(기본차원의 수가 3일 경우).

표 7.2
반복변수법

1단계	변수들을 기본차원으로 나타낸다.
2단계	k를 파악하여 필요한 무차원수의 수 r을 구한다.
3단계	$k=3$인 경우에 대하여 설명한다. 각각의 기본차원을 대표할 수 있는 반복변수들을 하나씩 선택한다. 이 반복변수들을 각각 Q_1, Q_2, Q_3라고 둔다. 변수들에 나타나는 기본차원은 M, L, T이므로 다음처럼 각각의 기본차원을 대표할 수 있는 기본변수들을 하나씩 선택한다. M : Q_1, L : Q_2, T : Q_3
4단계	무차원수 Π를 다음처럼 표시한다. $\Pi_i = Q_1^{a_i} Q_2^{b_i} Q_3^{c_i} Q_{i+k}$; $i = 1, \cdots, r$ (7.9)
5단계	무차원수가 무차원이 되도록 a_i, b_i, c_i를 구한다.

그림 7.1처럼, 직경이 D이고 길이가 L인 원통이 밀도 ρ, 점성계수 μ인 유체가

속도 V로 흐르는 유동의 흐름 방향에 대하 직각으로 놓여 있다고 할 때, 원통이 받는 항력(drag force) F_d를 구하고자 할 때, 앞에서 설명한 것처럼 다음처럼 이들 변수들의 함수라고 생각할 수 있다.

$$F_d = f_1(V, D, L, \rho, \mu) \tag{7.10}$$

이제 이 문제에 대해 차원해석을 하여 단계별 과정을 거쳐 무차원수들을 구하기로 한다.

1단계

변수들을 기본차원으로 나타내면 다음과 같다.

V : LT^{-1} D : L L : L

ρ : ML^{-3} μ : $ML^{-1}T^{-1}$ F_d : MLT^{-2}

2단계

변수들의 수 $n=6$이고 변수들에 나타나는 기본차원은 M, L, T이므로 $k=3$이고 따라서 무차원수의 개수 $r=6-3=3$ 이고 3개의 무차원수 사이의 관계식으로 나타낼 수 있다.

3단계

변수들에 나타나는 기본차원은 M, L, T이므로 다음처럼 각각의 기본차원을 대표할 수 있는 반복변수들을 하나씩 선택한다.

M : $\rho \leftarrow Q_1$

L : $D \leftarrow Q_2$

T : $V \leftarrow Q_3$

4단계

무차원수 Π를 다음처럼 표시할 수 있다.

$$\Pi_1 = \rho^{a_1} D^{b_1} V^{c_1} L \quad \leftarrow Q_4 = L$$

$$\Pi_2 = \rho^{a_2} D^{b_2} V^{c_2} \mu \quad \leftarrow Q_5 = \mu$$

$$\Pi_3 = \rho^{a_3} D^{b_3} V^{c_3} F_{\mathrm{d}} \quad \leftarrow Q_6 = F_{\mathrm{d}}$$

5단계

위의 Π가 무차원이 되도록 하려면 다음처럼 하면 된다. 먼저 Π_1의 우변에 차원을 대입하여 나타내면 다음과 같다.

$$(\mathbf{ML}^{-3})^{a_1}(\mathbf{L})^{b_1}(\mathbf{LT}^{-1})^{c_1}(\mathbf{L}) = \mathbf{M}^{a_1}\mathbf{L}^{-3a_1+b_1+c_1+1}\mathbf{T}^{-c_1}$$

Π_1이 무차원수이므로 각각의 차원에 대한 지수는 모두 0이어야한다.

M : $a_1 = 0$
L : $-3a_1 + b_1 + c_1 + 1 = 0$
T : $-c_1 = 0$

위의 세 식으로부터

$$a_1 = 0\ ,\ b_1 = -1\ ,\ c_1 = 0$$

를 얻을 수 있고 따라서

$$\Pi_1 = \frac{L}{D} \tag{7.11}$$

을 얻을 수 있다.

다음으로 Π_2의 우변에 차원을 대입하여 나타내면 다음과 같다.

$$(\mathbf{ML}^{-3})^{a_2}(\mathbf{L})^{b_2}(\mathbf{LT}^{-1})^{c_2}(\mathbf{ML}^{-1}\mathbf{T}^{-1}) = \mathbf{M}^{a_2+1}\mathbf{L}^{-3a_2+b_2+c_2-1}\mathbf{T}^{-c_2-1}$$

역시 Π_2가 무차원수이므로 각각의 차원에 대한 지수는 모두 0이어야한다.

M : $a_2 + 1 = 0$
L : $-3a_2 + b_2 + c_2 - 1 = 0$
T : $-c_2 - 1 = 0$

위의 세 식으로부터

$$a_2 = -1\ ,\ b_2 = -1\ ,\ c_2 = -1$$

를 얻을 수 있고 따라서

$$\Pi_2 = \frac{\mu}{\rho VD} \tag{7.12}$$

를 얻을 수 있다.

같은 방법으로 Π_3를 구하면,

$$(\mathbf{ML}^{-3})^{a_3}(\mathbf{L})^{b_3}(\mathbf{LT}^{-1})^{c_3}(\mathbf{MLT}^{-2}) = \mathbf{M}^{a_3+1}\mathbf{L}^{-3a_3+b_3+c_3+1}\mathbf{T}^{-c_3-2}$$

이고, 다음과 같다.

M : $a_3 + 1 = 0$
L : $-3a_3 + b_3 + c_3 + 1 = 0$
T : $-c_3 - 2 = 0$

위의 세 식으로부터

$$a_3 = -1\ ,\ b_3 = -2\ ,\ c_3 = -2$$

이고, Π_3는 다음과 같다.

$$\Pi_3 = \frac{F_\mathrm{d}}{\rho V^2 D^2} \tag{7.13}$$

세 개의 무차원수를 모두 구하였고, 따라서 다음처럼 나타낼 수 있다.

$$\Pi_3 = f_2(\Pi_1, \Pi_2) \;\leftrightarrows\; \frac{F_\mathrm{d}}{\rho V^2 D^2} = f_2\left(\frac{L}{D}, \frac{\mu}{\rho VD}\right) \tag{7.14}$$

차원해석을 한 결과, 식 (7.10)으로 표시되는 6개의 변수들 사이의 관계식은 식 (7.14)처럼 3개의 무차원수들 사이의 함수관계로 나타낼 수 있다는 것을 알 수 있다. 물론 이것들이 어떠한 관계를 나타낼지는 차원해석만으로는 알 수 없고, 실험 또는 이론적으로 함수관계를 구하여야 한다.

실험을 하여 그림 7.3과 같은 그래프를 얻었다고 가정하여 보자. 앞에서 차원이 있는 6개의 변수들을 10번씩 변경하면서 실험을 한 결과를 그래프로 나타내려면, 모두 1000장의 그래프가 필요하다는 것을 그림 7.2에서 보여주고 있다. 차원해석을 한 결과인 식 (7.14)를 그래프로 나타내면 그림 7.3과 같은 **그래프 1장만이 필요**할 뿐이다. 차원해석을 적용한 결과는 놀라울 뿐이다. 단순히 그래프만 적게 필요한 것이 아니라, 이 그래프를 이용하여 무차원수들 사이의 관계식을 함수형태로 만들기도 훨씬 수월하다.

✦ 차원(그림 7.2) : 1000장의 그래프 필요
무차원(그림 7.3) : 1장의 그래프 필요

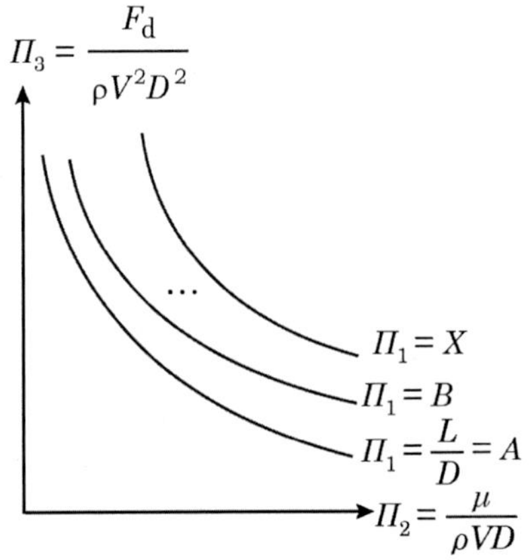

그림 7.3
무차원수들 사이의 관계. 실제로 정확한 관계는 아니고 개략적인 그래프이며, A, B, X는 어떤 값을 나타낸다.

7.4 차원해석과 관련된 유용한 설명

차원해석을 하여 무차원수를 구하는 법에 대하서 앞에서 설명하였다. 앞의 원통의 문제와 관련하여 식 (7.10)을 차원해석 하여 식 (7.14)를 얻었다. 여러분은 이 차원해석의 과정에서 아무런 의문도 가지지 않았는가? 이러한 차원해석과 관련하여 여러 의문이 있을 수 있으며 추가적인 설명이 필요하다. 먼저 다음의 예제 7.1을 생각해 보자.

예제 7.1 **앞에서 항력을 나타내는 관계식인 식 (7.10)에서 반복변수들을 μ, D, V로 선택하여 무차원수들을 구하라.**

풀이

앞에서 구한 차원해석 중 2단계까지는 동일하다. 변수들을 기본차원으로 다시 나타내면 다음과 같다.

V : $\mathrm{LT^{-1}}$ $\quad$ D : L $\quad$ L : L

ρ : $\mathrm{ML^{-3}}$ $\quad$ μ : $\mathrm{ML^{-1}T^{-1}}$ $\quad$ F_d : $\mathrm{MLT^{-2}}$

변수들에 나타나는 기본차원은 M, L, T이므로 다음처럼 각각의 기본차원을 대표할 수 있는 반복변수들을 하나씩 선택한다.

M : $\mu \leftarrow Q_1$

L : $D \leftarrow Q_2$

T : $V \leftarrow Q_3$

무차원수 Π를 다음처럼 표시할 수 있다. 앞의 본문에서 구한 무차원수와 구분하기 위하여 Π_1, Π_2, Π_3 대신에 Π_4, Π_5, Π_6로 나타내기로 한다.

$$\Pi_4 = \mu^{a_1} D^{b_1} V^{c_1} L$$

$$\Pi_5 = \mu^{a_2} D^{b_2} V^{c_2} \rho$$

$$\Pi_6 = \mu^{a_3} D^{b_3} V^{c_3} F_\mathrm{d}$$

위의 Π가 무차원이 되도록 하려면 다음처럼 하면 된다. 먼저 Π_4의 우변에 차원을 대입하여 나타내면 다음과 같다.

$$(\mathrm{ML^{-1}T^{-1}})^{a_1}(\mathrm{L})^{b_1}(\mathrm{LT^{-1}})^{c_1}(\mathrm{L}) = \mathrm{M}^{a_1}\mathrm{L}^{-a_1+b_1+c_1+1}\mathrm{T}^{-c_1}$$

Π_4가 무차원이므로 각각의 차원에 대한 지수는 모두 0이어야한다.

M : $a_1 = 0$

L : $-a_1 + b_1 + c_1 + 1 = 0$

T : $-c_1 = 0$

위의 세 식으로부터

$$a_1 = 0\,,\ b_1 = -1\,,\ c_1 = 0$$

를 얻을 수 있고 따라서

$$\Pi_4 = \frac{L}{D} \tag{1}$$

를 얻을 수 있다.

다음으로 Π_5의 우변에 차원을 대입하여 나타내면 다음과 같다.

$$(\mathrm{ML^{-1}T^{-1}})^{a_2}(\mathrm{L})^{b_2}(\mathrm{LT^{-1}})^{c_2}(\mathrm{ML^{-3}}) = \mathrm{M}^{a_2+1}\mathrm{L}^{-a_2+b_2+c_2-3}\mathrm{T}^{-a_2-c_2}$$

역시 Π_5가 무차원이므로 각각의 차원에 대한 지수는 모두 0이어야한다.

M : $a_2 + 1 = 0$

L : $-a_2 + b_2 + c_2 - 3 = 0$

T : $-a_2 - c_2 = 0$

위의 세 식으로부터

$a_2 = -1$, $b_2 = 1$, $c_2 = 1$

를 얻을 수 있고 따라서

$$\Pi_5 = \frac{\rho VD}{\mu} \tag{2}$$

를 얻을 수 있다.

같은 방법으로 Π_6를 구하면,

$$(\mathrm{ML^{-1}T^{-1}})^{a_3}(\mathrm{L})^{b_3}(\mathrm{LT^{-1}})^{c_3}(\mathrm{MLT^{-2}}) = \mathrm{M}^{a_3+1}\mathrm{L}^{-a_3+b_3+c_3-3}\mathrm{T}^{-a_3-c_3}$$

이고, 다음과 같다.

M : $a_3 + 1 = 0$

L : $-a_3 + b_3 + c_3 + 1 = 0$

T : $-a_3 - c_3 = 0$

위의 세 식으로부터

$a_3 = -1$, $b_3 = -1$, $c_3 = -1$

이고, Π_6는 다음과 같다.

$$\Pi_6 = \frac{F_\mathrm{d}}{\mu VD} \tag{3}$$

세 개의 무차원수를 모두 구하였고, 따라서 다음처럼 나타낼 수 있다.

$$\Pi_6 = f_3(\Pi_4, \Pi_5) \quad \leftrightarrows \quad \frac{F_\mathrm{d}}{\mu VD} = f_3\left(\frac{L}{D}, \frac{\rho VD}{\mu}\right) \tag{4}$$

보충설명

반복변수들을 ρ, D, V로 선택하여 구한 결과인 식 (7.14)와 반복변수들을 μ, D, V로 선택하여 구한 식 (4)의 결과는 서로 다르다는 것을 알 수 있다. 일반적으로 차원해석만으로는 어느 것이 맞고 틀리다 할 알 수 없다. 이것에 대해서 본문의 차원해석과 관련된 추가적인 설명 부분에서 설명하기로 한다.

예제 7.1에서 반복변수들을 다르게 선택하면 얻어지는 무차원수들이 달라진다는 것을 알 수 있다. 차원해석 자체만으로는 어느 쪽이 더 좋은지를 알 수 없다. 차원해석과 관련된 몇 가지 유용한 설명을 하고자한다.

첫째, 반복변수를 선택할 때, 일반적으로 종속변수는 반복변수로 선택하지 않는다. 즉, 식(7.10)의 좌변에 있는 종속변수인 F_d는 반복변수로 선택하지 않는다.

둘째, 반복변수를 선택할 때, 유동의 특성을 잘 나타내는 변수를 선택하는 것이 좋다. 앞의 예에서 길이 L 차원을 포함하는 변수가 D와 L이 있지만, 고려하는 문제의 유동 특성상 L보다는 D가 더 유동특성을 더 잘 반영하는 변수이기 때문에 보통 D를 선택한다. T 차원을 포함하는 변수가 V, μ와 F_d가 있지만 역시 문제의 특성상 V를 선택하는 것이 보다 합리적이다. M 차원을 포함하는 변수가 ρ, μ와 F_d가 있지만 보통 ρ를 선택한다. ρ, μ 중 어느 것을 선택하여도 되지만 일반적으로 질량인 M 차원을 잘 대표할 수 있는 변수로 μ보다 ρ가 더 적당하다고 판단하여 ρ를 반복변수로 선택한다.

셋째, 직관에 의하여 무차원수를 구할 수 있다. 앞의 예에서는 $\Pi_1 = \rho^{a_1} D^{b_1} V^{c_1} L$ 에서 계수들을 연립방정식으로 풀어 식 (7.11)의 $\Pi_1 = \frac{L}{D}$ 를 구하였다. 이 경우는 ρ, D, V를 이용하여 변수 L을 무차원 하는 것이기 때문에 연립방정식을 풀어 계수들을 구할 필요 없이, 무차원수는 $\frac{L}{D}$임을 직관적으로 알 수 있다.

넷째, 차원해석만으로는 가장 적절한 무차원수를 알아 낼 수 없다. 기본변수를 어떻게 선택하느냐 따라 구해지는 무차원수는 달라진다. 앞의 본문에서는 ρ, D, V를 반복변수로 선택하여 차원해석을 하면 식 (7.14)로 나타낼 수 있고, 예제 7.1처럼 μ, D, V를 반복변수로 선택하여 차원해석을 하면 예제 7.1의 식 (4)처럼 나타낼 수 있다. 반복변수들을 ρ, D, V로 선택하여 구한 결과인 식 (7.14)와 반복변수들을 μ, D, V로 선택하여 구한 예제 7.1의 식 (4)의 결과는 서로 다르다는 것을 알 수 있다. 일반적으로 차원해석만으로는 어느 것이 더 좋은지 알 수 없는 경우가 많다. 어느 쪽이 더 좋은지는 실험을 하여 그 데이터를 정리하여 그래프로 나타내었을 때, 더 단순하거나 어떤 규칙성을 가지는 관계를 나타낼 수 있는 경우가 더 좋다고 할 수 있다. 일반적인 거의 대부분의 유동해석에서는 ρ, D, V로 선택하여 구한 결과인 식 (7.14)를 더 많이 사용한다. 그러나 아주 느린 유동에서는 μ, D, V를 사용한 예제 7.1의 식 (4)를 사용하여 데이터를 정리하는 것이 더 좋은 결과를 얻을 수 있다. 구하는 문제에 대하여 아무런 이론적인 배경이 없이 단순히 차원해석만으로 실험 데이터를 정리한다고 하면, 어느 것이 실험 데이터를 더 체계적으로 또는 어떠한 경향을 잘 나타낼 수 있는가에 따라 그 문제에서 적절한 무차원수들을 확정할 수 있다. 앞의 본문과 예제의 문제를 다시 살펴보면, 실험을 하여 그림 7.4와 같은 결과를 얻었다고 가정하자. 이 경우 무차원수로 Π_4, Π_5, Π_6 대신에 Π_1, Π_2, Π_3를 사용하여 물리적 관계식을 나타내는 것이 좋다고 할 수 있다. 만약 그림 7.4의 (a)와 (b)가 바뀐 형태로 나타난다면, Π_1, Π_2, Π_3 대신에 Π_4, Π_5, Π_6를 사용하는 것이 좋다고 할 수 있다.

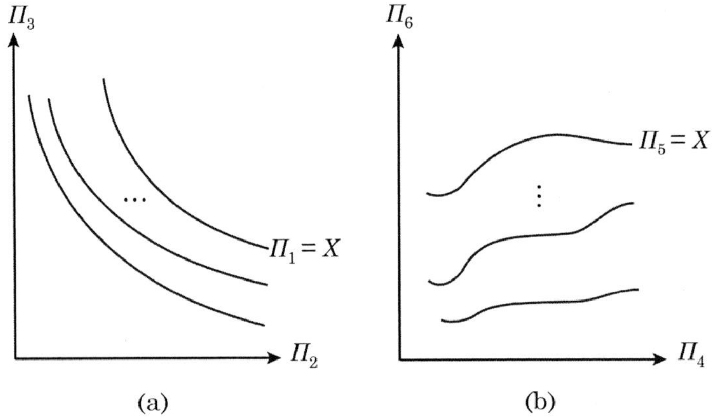

그림 7.4
같은 시스템의 물리적 관계를 서로 다른 무차원수들로 나타낸 그래프
(a) $\Pi_3 = f(\Pi_1, \Pi_2)$,
(b) $\Pi_6 = f(\Pi_4, \Pi_5)$

다섯째, 차원해석에서 구한 무차원수를 적당히 변형하여 사용할 수 있고, 될 수 있으면 이미 유체역학에서 사용하고 있는 무차원수 형태로 사용한다. 즉, 이론적인 배경이 있거나 더 합리적인 이유가 있으면 다른 무차원수를 사용할 수도 있다. 차원해석으로 구한 무차원수에 상수 등을 곱하거나, 역수, 제곱 또는 제곱근을 한 무차원수를 사용하여도 된다. 예를 들어, x와 y가 함수관계에 있을 때 $y = f_1(x)$로 나타낼 수 있으며, $X = \dfrac{1}{x}$로 두면 $y = f_2(X)$로 나타낼 수 있다. 그림 7.4에 보여주고 있는 것처럼, $y = \dfrac{1}{x^2}$라고 할 때 $y = X^2$으로 나타낼 수 있다. 즉, x와 y가 함수관계에 있을 때, $\dfrac{1}{x}$과 y도 함수관계로 나타낼 수 있다. x가 무차원수이면 $\dfrac{1}{x}$도 무차원수이다.

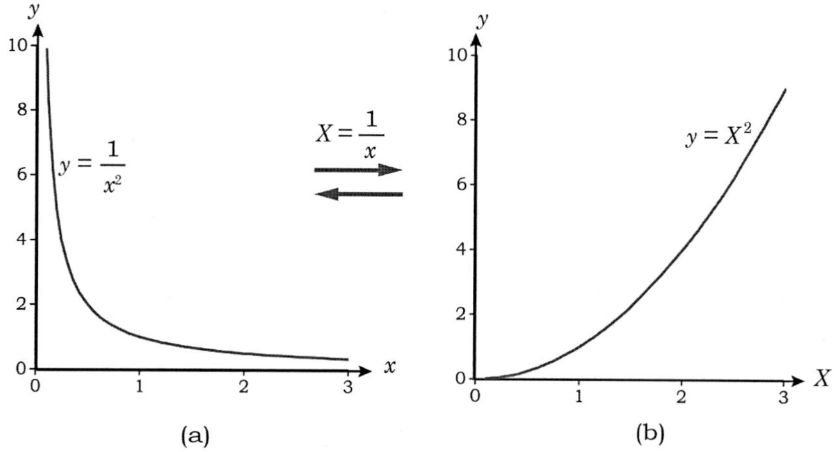

그림 7.5
다른 변수들로 나타낸 그래프
(a) $y = \frac{1}{x^2}$, (b) $y = X^2$

식 (7.12)에서 구한 $\Pi_2 = \frac{\mu}{\rho VD}$ 대신에 $\Pi_2 = \frac{\rho VD}{\mu}$ 를 사용할 수 있고 실제로 더 많이 사용한다. $\frac{\rho VD}{\mu}$는 이미 유체역학에서 많이 사용하는 무차원수인 Reynolds 수이고 Re로 나타낸다. 따라서 식 (7.14)에서 $\frac{F_d}{\rho V^2 D^2}$와 $\frac{\mu}{\rho VD}$의 함수 관계 대신에 $\frac{F_d}{\rho V^2 D^2}$와 $\frac{\rho VD}{\mu}$의 관계로 나타낼 수 있고 이렇게 하는 것이 더 좋다. 즉, 식 (7.14)대신에 다음의 함수 형태로 나타낼 수도 있다.

$$\frac{F_d}{\rho V^2 D^2} = f_4\left(\frac{L}{D}, \mathrm{Re}\right) \tag{7.15}$$

실제 유체역학에서는 식 (7.15) 형태로도 구하지 않고 약간 더 변형한 형태로 항력을 나타내기도 한다.

식 (7.15)의 좌변을 살펴보면, 분모 중 ρV^2은 압력의 차원과 같고, D^2은 면적의 차원과 같아 '압력×면적' 이므로 분모는 '힘' 과 같은 차원을 가진다는 것을 알 수 있다. 압력차 Δp는 동압 $\frac{1}{2}\rho V^2$과 같은 가치를 가지고 같은 크기로 서로 바뀔 수 있으므로, ρV^2보다는 $\frac{1}{2}\rho V^2$을 사용하는 것이 합리적일 수도 있다. 또한 원통이 받는 항력은 유동에 수직으로 부딪히는 면적에 비례할 수도 있을 것이라 생각할 수 있으므로, D^2보다는 $A = DL$을 면적으로 사용하는 것이 보다 합리적일 것이다.

따라서 식 (7.15)의 좌변을 다음처럼 약간 변형할 수 있다.

$$\frac{F_{\mathrm{d}}}{\frac{1}{2}\rho V^2 DL} = 2\frac{D}{L} f_4\left(\frac{L}{D}, \frac{\rho VD}{\mu}\right)$$

따라서 위의 식은 다음처럼 나타낼 수 있다.

$$\frac{F_{\mathrm{d}}}{\frac{1}{2}\rho V^2 A} = f_5\left(\frac{L}{D}, \frac{\rho VD}{\mu}\right) \tag{7.16}$$

여기서 A는 면적을 나타내고 원통의 경우는 $A = DL$을 사용한다. 차원해석으로 구한 관계식은 식 (7.14)이지만, 유체역학에서는 식 (7.16)을 가장 많이 사용한다. 식 (7.16)의 좌변은 무차원수 이고 **항력계수**(drag coefficient)라고 하고 C_{d}로 표시한다.

$$C_{\mathrm{d}} = \frac{F_{\mathrm{d}}}{\frac{1}{2}\rho V^2 A} \tag{7.17}$$

여섯째, 차원해석에서 구한 무차원수가 하나뿐일 때는, 그 무차원수는 상수이다. 관계되는 무차원수가 하나라는 것은 그 무차원수가 다른 그 어떠한 무차원수의 함수가 아니라는 것을 나타내고, 따라서 어떠한 변수와도 무관한 상수라는 것을 나타낸다. 다음의 예제에서 이것에 대해 다룰 것이다.

예제 7.2 그림처럼 길이가 L인 줄에 질량이 m인 물체가 매달려 단진자 운동을 할 때, 주기 T는 물체의 질량과 각도 θ에 무관하고, 중력가속도 g와 길이 L에 따라 달라진다는 것이 알려져 있다. (a) 차원해석을 하여 관계되는 무차원수를 구하라. (b) 길이가 2배가 되면 주기가 어떻게 되는지 실험을 하지 않고도 예측할 수 있겠는가? (c) 중력가속도가 지구에서의 1/6인 달에서 동일한 길이의 단진자 운동의 주기는 어떻게 되는지 실험을 하지 않고도 예측할 수 있겠는가? (d) 실험을 한 결과 다음 표와 같은 결과를 얻었다. 주기 T와 중력가속도 g와 길이 L의 정확한 관계를 구하라.

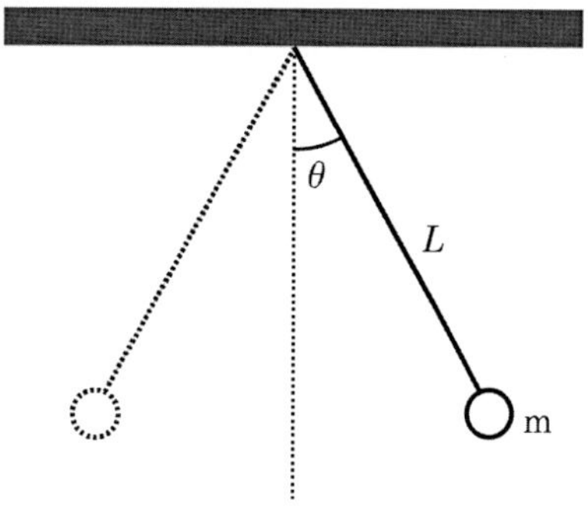

그림 E7.2
단진자 운동

표 E7.2a
중력가속도 g = 9.8 m/s^{2}일 때 길이에 따른 단진자 운동의 주기

L (m)	0.2	0.4	0.8	1	1.2	1.4	1.6
T (s)	0.90	1.27	1.79	2.01	2.20	2.37	2.53

풀이

(a) 단진동의 주기는 다음과 같은 변수들의 함수이다.

$$T = f_1(g, L) \tag{1}$$

각각의 항의 차원은 다음과 같다.

T : T $\quad g$: LT^{-2} $\quad L$: L

변수들의 수 $n=3$이고 변수들에 나타나는 기본차원은 L, T이므로 $k=2$이고 따라서 무차원수의 개수 $r=3-2=1$ 이고 **1개의 무차원수**만 나타난다. L, T를 각각 나타내는 기본변수로 L과 g를 선택하면 무차원수를 다음처럼 표시할 수 있다.

$$\Pi_1 = L^{a_1} g^{b_1} T$$

무차원수를 구하면 다음과 같다.

$$\Pi_1 = T\sqrt{\frac{g}{L}}$$

(b) 무차원수가 하나이므로 다음처럼 상수이다.

$$\Pi_1 = T\sqrt{\frac{g}{L}} = C \quad \Rightarrow \quad T = C\sqrt{\frac{L}{g}}$$

따라서 길이가 2배가 되면 실험을 하지 않고도 주기가 $\sqrt{2}$ 배가 된다는 것을 알 수 있다.

(c) 주기는 중력가속도에 반비례하므로 달에서의 주기는 $\sqrt{6}$ 배가 된다는 것을 알 수 있다.

(d) 실험으로 구한 데이터가 있기 때문에 상수를 구할 수 있다. 주어진 데이터로 부터 Π_1을 구하면 다음과 같다.

표 E7.2b
길이에 따른 단진자 운동의 주기로부터 구한 무차원수

L (m)	0.2	0.4	0.8	1	1.2	1.4	1.6
T (s)	0.90	1.27	1.79	2.01	2.20	2.37	2.53
Π_1	6.30	6.29	6.27	6.29	6.29	6.27	6.26

따라서 이들 값의 평균으로 상수 C를 구하면 6.28이 된다. 즉, 다음과 같은 결과를 얻을 수 있다.

$$\Pi_1 = T\sqrt{\frac{g}{L}} = 6.28 \qquad \Rightarrow \qquad T = 6.28\sqrt{\frac{L}{g}}$$

보충설명

이 예제는 유체역학 문제는 아니지만 물리적인 관계식으로부터 차원해석을 할 수 있다. 이 문제에서 변수들에 나타나는 기본차원은 L, T이므로 $k=2$이다. 무차원수 하나일 때는 상수값을 구하면 완전한 물리적인 관계식을 구할 수 있다. 실험을 하지 않아 상수값을 모른다하더라도 이 예제의 문제 (b)와 (c)에서 보듯이 차원해석을 통하여 실험을 하지 않고도 많은 정보를 얻을 수 있다.
이 문제는 이론적으로도 구할 수 있으며 다음과 같다.

$$T = 2\pi\sqrt{\frac{L}{g}}$$

7.5 적절한 차원해석

유체역학 및 공학문제를 다룰 때 차원해석이 왜 필요한지를 명확하게 설명하기 위하여 다음의 예제 7.3과 예제 7.4를 비교하여 설명한다.

예제 7.3 그림처럼 두 변의 길이가 a, $b(a \le b)$인 평판(따라서 면적 $A = ab$)에 밀도가 ρ이고 점성계수가 μ인 유체가 V의 속도로 수직으로 불어오고 있을 때 평판이 받는 항력(drag force) F_d를 구하고자 한다. (a) 항력은 어떤 변수들의 함수인지 생각해 보라. (b) 유동하는 유체가 공기(밀도 1.2 kg/m^3, 점성계수 1.81×10^{-5} Pa·s)인 경우, 표처럼 몇 가지 형상의 평판에 대해 실험을 하여 항력을 구하였다고 가정하자. 이 실험 데이터를 그래프로 만들어 보라. (c) 이 실험 데이터로 부터 a = 0.1 m, b = 0.8 m인 평판에 공기가 수직으로 0.6 m/s 로 불어오는 경우 항력을 예측할 수 있을까? (d) 이 실험 데이터로 부터 a = 0.2 m, b = 2.0 m인 평판에 공기가 수직으로 0.6 m/s 로 불어오는 경우 항력을 예측할 수 있을까? (e) 이 실험 데이터로 부터 a = 0.5 m, b = 2.0 m인 평판에 공기가 수직으로

0.4 m/s 로 불어오는 경우 항력을 예측할 수 있을까? (f) 이 실험 데이터로 부터 a = 0.8 m, b = 6.4 m인 평판에 밀도 0.166 kg/m^3, 점성계수 1.94×10^{-5} Pa·s인 어떤 기체가 수직으로 1.2 m/s 로 불어오는 경우 항력을 예측할 수 있을까? 이 예제의 모든 질문에 대해 차원해석을 모른다고 가정하라.

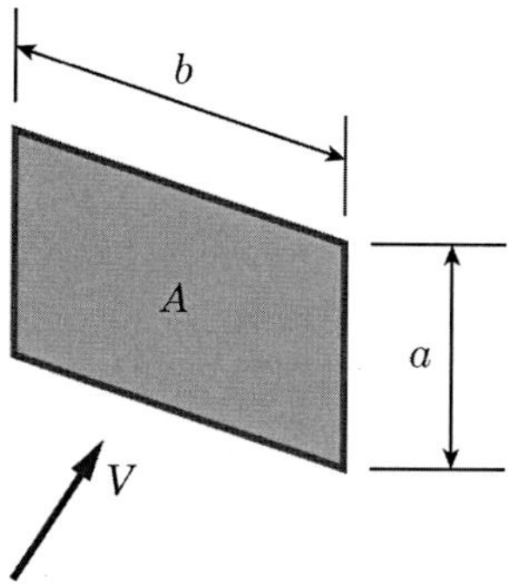

그림 E7.3a
공기의 유동에 수직하게 놓여있는 평판

표 E7.3a
공기(밀도 1.2 kg/m^3, 점성계수 1.81×10^{-5} Pa·s)의 유동에 수직하게 놓여있는 평판이 받는 항력 (a = 0.1).
모든 변수의 단위는 SI 단위로 되어 있다. 1.512E-04는 1.512×10^{-4}을 나타낸다.
모든 데이터는 실제의 경우와 약간 차이가 날 수 있다.

V	F_d				
	b = 0.1	b = 0.2	b = 0.4	b = 0.8	b = 1.2
0.1	1.512E-04	3.036E-04	6.157E-04	1.269E-03	1.960E-03
0.3	6.634E-04	1.738E-03	3.551E-03	7.436E-03	1.167E-02
0.5	2.055E-03	4.140E-03	8.490E-03	1.791E-02	2.829E-02
0.7	3.777E-03	7.613E-03	1.564E-02	3.310E-02	5.244E-02
0.9	6.053E-03	1.220E-02	2.509E-02	5.319E-02	8.440E-02
1.1	8.893E-03	1.793E-02	3.688E-02	7.826E-02	1.243E-01
1.3	1.230E-02	2.481E-02	5.104E-02	1.084E-01	1.722E-01
1.5	1.628E-02	3.284E-02	6.756E-02	1.435E-01	2.281E-01
2.0	2.874E-02	5.795E-02	1.193E-01	2.534E-01	4.029E-01

표 E7.3b
공기(밀도 1.2 kg/m^3, 점성계수 1.81×10^{-5} Pa·s)의 유동에 수직하게 놓여있는 평판이 받는 항력(a = 0.2).
모든 변수의 단위는 SI 단위로 되어 있다.
모든 데이터는 실제의 경우와 약간 차이가 날 수 있다.

V	F_d				
	b = 0.2	b = 0.4	b = 0.8	b = 1.6	b = 2.4
0.1	4.513E-04	9.073E-04	1.848E-03	3.845E-03	5.996E-03
0.3	2.848E-03	5.739E-03	1.178E-02	2.490E-02	3.940E-02
0.5	7.402E-03	1.492E-02	3.069E-02	6.510E-02	1.033E-01
0.7	1.422E-02	2.868E-02	5.900E-02	1.253E-01	1.991E-01
0.9	2.333E-02	4.704E-02	9.680E-02	2.057E-01	3.270E-01
1.1	3.472E-02	7.002E-02	1.441E-01	3.062E-01	4.869E-01
1.3	4.840E-02	9.762E-02	2.009E-01	4.270E-01	6.790E-01
1.5	6.438E-02	1.298E-01	2.672E-01	5.679E-01	9.032E-01
2.0	1.143E-01	2.306E-01	4.746E-01	1.009E+00	1.604E+00

풀이

(a) 평판이 받는 항력은 유체의 밀도, 점성계수, 속도, 및 평판의 면적과 형상에 영향을 받을 것이다. 따라서 항력이 다음과 같은 변수들의 함수라고 가정해보자.

$$F_d = f_1(a, b, A, V, \rho, \mu) \quad (1)$$

이것은 옳지 않다. 무엇이 잘못되었을까? 앞에서도 설명하였지만, 식 (1)의 우변의 괄호 안에 있는 변수들은 서로 독립적인 변수라야 한다. $A = ab$인 관계가 성립하기 때문에 A, a와 b는 서로 독립적인 변수가 아니다. 따라서 이 중 두개만 선택하여야 한다. 편의상 a와 b를 선택하기로 하면 다음과 같다.

$$F_d = f_1(a, b, V, \rho, \mu) \quad (2)$$

(b) 차원해석을 모른다고 할 때, 항력이 5개의 변수의 함수이므로 주어진 유체(즉, 주어진 ρ, μ)에 대해 a = 0.1 m, b = 0.2 m인 각각의 경우에 대해, b와 V의 변화에 대한 그래프를 그림 E7.2b와 그림 E7.2c에 나타내고 있다. 만약 여러 유체에 대해(여러 경우의 ρ, μ에 대해) 다양한 b에 대해 실험을 하여 나타낸다면 무수히 많은 그래프가 필요할 것이다.

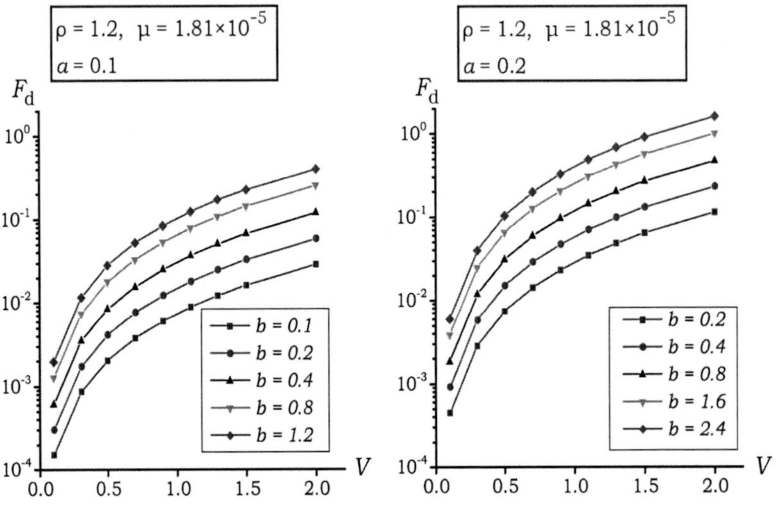

그림 E7.3b
공기(밀도 1.2 kg/m^3, 점성계수 1.81×10^{-5} Pa·s)의 유동에 수직하게 놓여있는 평판이 받는 항력, (a) a = 0.1 m, (b) a = 0.2 m.

(c) a = 0.1 m, b = 0.8 m인 평판에 공기가 수직으로 0.6 m/s 로 불어오는 경우 표 7.3a또는 그림 E7.3b에 a = 0.1 m, b = 0.8 m인 데이터가 나와 있다. 다만 속도에 대해서는 보간법을 사용하면, 표나 그래프로 부터 0.025 N을 예측할 수 있다.

(d) a = 0.2 m, b = 2.0 m인 평판에 공기가 수직으로 0.6 m/s 로 불어오는 경우 b = 2.0 m인 경우의 데이터나 그래프가 없지만 b = 1.6, b = 2.4인 그래프를 이용하여 보간법을 사용하면 (c)의 경우보다 복잡하지만 0.119 N을 예측할 수 있다.

(e) a = 0.5 m, b = 2.0 m인 평판에 대한 데이터가 없기 때문에 차원해석을 모른다면 항력을 예측할 수 없다.

(f) 밀도 0.166 kg/m^3, 점성계수 1.94×10^{-5} Pa·s인 기체에 대한 실험 데이터가 없기 때문에 차원해석을 모른다면 항력을 예측할 수 없다.

보충설명

이 예제는 차원해석을 모른다고 가정하고 문제를 해석하는 방법에 대해 설명하였다. 이 예제에서는 얻은 데이터가 다음과 같은 두 경우이기 때문에 두개의 표와 두개의 그래프만 나타냈을 뿐이다.

ρ = 1.2 kg/m^3, μ = 1.81×10^{-5} Pa·s, a = 0.1 m

ρ = 1.2 kg/m^3, μ = 1.81×10^{-5} Pa·s, a = 0.2 m

다양한 유체(즉, 다양한 ρ, μ)와 여러 a에 대해 실험을 하면, 무수히 많은 그래프가 필요할 것이다.

ρ = 1.2 kg/m^3, μ = 1.81×10^{-5} Pa·s, a = 0.3 m

ρ = 1.2 kg/m^3, μ = 1.81×10^{-5} Pa·s, a = 0.4 m

⋮

$\rho=\rho_1$, $\mu=\mu_1$, a = 0.1 m

$\rho=\rho_1$, $\mu=\mu_1$, a = 0.2 m

$\rho=\rho_1$, $\mu=\mu_1$, a = 0.1 m

⋮

$\rho=\rho_2$, $\mu=\mu_2$, a = 0.1 m

⋮

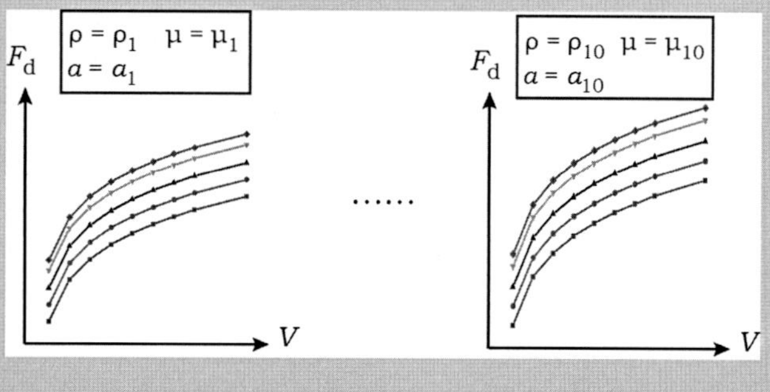

그리고 그래프를 구하였다 하더라도 만약 원하는 유체에 대한 실험 자료가 없을 때, 원하는 데이터를 예측하기가 상당히 어렵다. 이 예제의 (e), (f)의 답을 알기 위해서는 따로 실험을 하여 데이터를 확보해야 할 것이다.

예제 7.4 **앞의 예제 7.3에서 $F_d = f_1(a,\ b,\ V,\ \rho,\ \mu)$ 에 대한 차원해석을 하여 무차원수들을 구하라.**

풀이

앞의 예제 7.3의 식 (2)으로부터 항력은 다음과 같은 변수들의 함수이다.

$$F_d = f_1(a,\ b,\ V,\ \rho,\ \mu) \tag{1}$$

각각의 항의 차원은 다음과 같다.

F_d : $\mathrm{MLT^{-2}}$, ρ : $\mathrm{ML^{-3}}$, μ : $\mathrm{ML^{-1}T^{-1}}$, V : $\mathrm{LT^{-1}}$, a : L, b : L

변수들의 수 $n=6$이고 변수들에 나타나는 기본차원은 M, L, T이므로 $k=3$이고 따라서 무차원수의 개수 $r=6-3=3$ 이고 3개의 무차원수 사이의 관계식으로 나타낼 수 있다. 무차원수 Π를 다음처럼 표시할 수 있다.

$$\Pi_1 = \rho^{a_1} a^{b_1} V^{c_1} b$$

$$\Pi_2 = \rho^{a_2} a^{b_2} V^{c_2} \mu$$

$$\Pi_3 = \rho^{a_3} a^{b_3} V^{c_3} F_d$$

변수들에 나타나는 기본차원은 M, L, T이므로 ρ, V, a를 각각의 기본차원을 대표할 수 있는 반복변수로 선택하여 무차원수 Π를 구하면 다음과 같다. 먼저 Π_1의 우변에 차원을 대입하여 나타내면 다음과 같다.

$$(\mathrm{ML^{-3}})^{a_1}(\mathrm{L})^{b_1}(\mathrm{LT^{-1}})^{c_1}(\mathrm{L}) = \mathrm{M}^{a_1}\mathrm{L}^{-3a_1+b_1+c_1+1}\mathrm{T}^{-c_1}$$

Π_1이 무차원수이므로 각각의 차원에 대한 지수는 모두 0이어야한다.

M : $a_1 = 0$

L : $-3a_1 + b_1 + c_1 + 1 = 0$

T : $-c_1 = 0$

위의 세 식으로부터

$a_1 = 0$, $b_1 = -1$, $c_1 = 0$

을 얻을 수 있고 따라서

$$\Pi_1 = \frac{b}{a} \tag{2}$$

다음으로 Π_2의 우변에 차원을 대입하여 나타내면 다음과 같다.

$$(\mathrm{ML^{-3}})^{a_2}(\mathrm{L})^{b_2}(\mathrm{LT^{-1}})^{c_2}(\mathrm{ML^{-1}T^{-1}}) = \mathrm{M}^{a_2+1}\mathrm{L}^{-3a_2+b_2+c_2-1}\mathrm{T}^{-c_2-1}$$

역시 Π_2가 무차원수이므로 각각의 차원에 대한 지수는 모두 0이어야한다.

M : $a_2 + 1 = 0$

L : $-3a_2 + b_2 + c_2 - 1 = 0$

T : $-c_2 - 1 = 0$

위의 세 식으로부터

$a_2 = -1$, $b_2 = -1$, $c_2 = -1$

을 얻을 수 있고 따라서

$$\Pi_2 = \frac{\mu}{\rho V a} \tag{3}$$

를 얻을 수 있다.

같은 방법으로 Π_3를 구하면,

$$(\mathrm{ML^{-3}})^{a_3}(\mathrm{L})^{b_3}(\mathrm{LT^{-1}})^{c_3}(\mathrm{MLT^{-2}}) = \mathrm{M}^{a_3+1}\mathrm{L}^{-3a_3+b_3+c_3+1}\mathrm{T}^{-c_3-2}$$

이고, 다음과 같다.

M : $a_3+1=0$

L : $-3a_3+b_3+c_3+1=0$

T : $-c_3-2=0$

위의 세 식으로부터

$a_3=-1$, $b_3=-2$, $c_3=-2$

이고, Π_3는 다음과 같다.

$$\Pi_3 = \frac{F_\mathrm{d}}{\rho V^2 a^2} \tag{4}$$

따라서 차원해석 결과 식 (1)은 다음처럼 무차원수들 사이의 함수로 나타낼 수 있다.

$$\Pi_3 = f_2(\Pi_1, \Pi_2) \quad \leftrightarrows \quad \frac{F_\mathrm{d}}{\rho V^2 a^2} = f_2\left(\frac{b}{a}, \frac{\mu}{\rho V a}\right) \tag{5}$$

예제 7.5

앞의 예제 7.4에서 구한 무차원수 Π_2 는 $\frac{\mu}{\rho Va}$ 이고, 무차원수 사이의 관계식으로 나타내면 예제 7.4의 식 (5)로 나타낼 수 있다. 유체역학에서는 무차원수 $\frac{\mu}{\rho Va}$ 대신에 $\frac{\rho Va}{\mu}$ 를 주로 사용하며 Re로 표시한다. 따라서 이 예제에서는 다음처럼 무차원수 사이의 관계식으로 나타내고자 한다.

$$\Pi_1 = \frac{b}{a}, \quad \Pi_2 = \frac{\rho Va}{\mu} = \mathrm{Re}, \quad \Pi_3 = \frac{F_\mathrm{d}}{\rho V^2 a^2} \tag{1}$$

$$\Pi_3 = f_3(\Pi_1, \Pi_2) \qquad \Rightarrow \qquad \Pi_3 = f_3(\Pi_1, \mathrm{Re}) \tag{2}$$

(a) 예제 7.3의 데이터를 무차원수들에 관한 값으로 변환하라. (b) 무차원수들의 관계를 그래프로 나타내어라. (c) 예제 7.3의 질문 (e)와 (f)에 대해 답을 할 수 있겠는가?

풀이

(a) 예제 7.3의 표 E7.3a의 짙게 표시한 칸에서 다음의 데이터를 읽을 수 있다.

ρ = 1.2, μ = 1.81×10^{-5}, a = 0.1, b= 0.1, V = 0.1 ; F_d = 1.512×10^{-4}

이것으로부터 다음의 무차원수들의 값을 각각 구하면 다음과 같다.

$$\Pi_1 = \frac{b}{a} = \frac{0.1}{0.1} = 1$$

$$\mathrm{Re} = \frac{\rho Va}{\mu} = \frac{(1.2)(0.1)(0.1)}{1.81\times10^{-5}} = 663$$

$$\Pi_3 = \frac{F_\mathrm{d}}{\rho V^2 a^2} = \frac{1.512\times10^{-4}}{(1.2)(0.1^2)(0.1^2)} = 1.260$$

즉, $\Pi_1=1$, Re$=663$ 일 때 $\Pi_3=1.260$ 이고 표 E7.5의 첫 번째 짙게 표시한 칸의 데이터

를 나타낸다.

표 E7.3b의 짙게 표시한 칸에서 다음의 데이터를 읽을 수 있다.

ρ = 1.2, μ = 1.81×10^{-5}, a = 0.2, b= 0.2, V= 0.1 ; F_d = 4.513×10^{-4}

이것으로부터 다음의 무차원수들의 값을 각각 구하면 다음과 같다.

$$\Pi_1 = \frac{b}{a} = \frac{0.2}{0.2} = 1$$

$$\mathrm{Re} = \frac{\rho Va}{\mu} = \frac{(1.2)(0.1)(0.2)}{1.81 \times 10^{-5}} = 1326$$

$$\Pi_3 = \frac{F_d}{\rho V^2 a^2} = \frac{4.513 \times 10^{-4}}{(1.2)(0.1^2)(0.2^2)} = 0.940$$

즉, $\Pi_1 = 1$, $\mathrm{Re} = 1326$ 일 때 $\Pi_3 = 0.940$ 이고 표 E7.5의 두 번째 짙게 표시한 칸의 데이터를 나타낸다.

표 E7.5
무차원수들 사이의 관계

Re	Π_3				
	Π_1 = 1	Π_1 = 2	Π_1 = 4	Π_1 = 8	Π_1 = 12
6.630E+02	1.260	2.530	5.131	10.572	16.332
1.326E+03	0.940	1.890	3.851	8.011	12.492
1.989E+03	0.799	1.609	3.288	6.885	10.803
3.315E+03	0.685	1.380	2.830	5.970	9.430
3.978E+03	0.659	1.328	2.727	5.764	9.121
4.641E+03	0.642	1.295	2.659	5.629	8.918
5.967E+03	0.623	1.255	2.581	5.472	8.683
6.630E+03	0.617	1.244	2.557	5.425	8.612
7.293E+03	0.613	1.235	2.540	5.390	8.560
8.619E+03	0.607	1.223	2.517	5.343	8.490
9.282E+03	0.605	1.219	2.509	5.327	8.466
9.945E+03	0.603	1.216	2.502	5.315	8.447
1.193E+04	0.600	1.210	2.490	5.290	8.409
1.326E+04	0.599	1.207	2.485	5.280	8.394
1.459E+04	0.598	1.206	2.481	5.272	8.384
1.724E+04	0.597	1.203	2.477	5.264	8.370
1.989E+04	0.596	1.202	2.474	5.259	8.363
2.652E+04	0.595	1.201	2.472	5.253	8.355

이와 같은 방법으로 모든 데이터를 무차원수로 변환하면 표 E7.5와 같다. 예제 7.3의 표 E7.3a와 표 E7.3b가 **하나의 표로 합해졌음에 주목하라.** 만약 실험 데이터가 더 많아서 예제 7.3의 표가 백 개가 있다 하여도 전부 표 E7.5와 같이 하나로 나타낼 수 있다. 차원해석을 하여 무차원수로 나타내면 이 예제의 식 (2)처럼 표시되므로 Π_3는 Π_1과 Re만의 함수이기 때문에 이것을 나타내는 표는 하나만 필요할 뿐이다.

(b) 표 E7.5를 그래프로 나타내면 그림 E7.5와 같다. 역시 무차원수들로 나타내면 오직 하나의 그래프만 필요할 뿐이다. 앞의 예제 7.3의 보충설명에서 보듯이 차원이 있는 변수로 그래프를 나타내려면 무수히 많은 그래프가 필요하지만 차원해석을 하여 무차원수들 사이의 관계로 나타내면 이 문제에서는 **오직 하나의 그래프가 필요**할 뿐이다.

✦ 지금은 차원해석에 따라 $\Pi_3 = f_3(\Pi_1, \mathrm{Re})$의 관계식을 그래프로 나타내었지만, 유체역학에서는 다른 형태로 변형된 무차원수들 간의 관계로 표시하고 그래프로 나타낼 수도 있다. 이것에 대해서는 뒤의 예제 7.6에서 다룰 것이다.

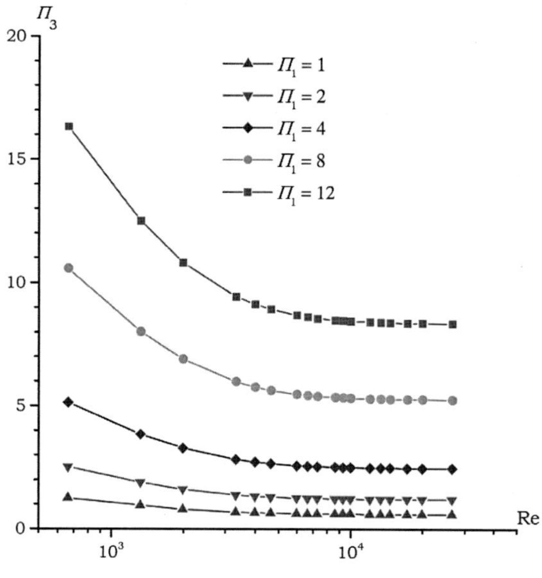

그림 E7.5
$\Pi_3 = f_3(\Pi_1, \mathrm{Re})$의 관계를 나타내는 그래프. Π_1을 파라미터로 하여 Π_3와 Re의 관계를 나타내었다.

(c) 차원해석으로 구한 결과를 이용하면 예제 7.3에서 구하지 못한 문제 (e)와 문제 (f)에 대해서 다음처럼 구할 수 있다.

예제 7.3(e) : 이 실험 데이터로 부터 a = 0.5 m, b = 2.0 m인 평판에 공기가 수직으로 0.4 m/s 로 불어오는 경우에 무차원수는 각각 다음과 같다.

$$\Pi_1 = \frac{b}{a} = \frac{2.0}{0.5} = 4$$

$$\mathrm{Re} = \frac{\rho V a}{\mu} = \frac{(1.2)(0.4)(0.5)}{1.81\times 10^{-5}} = 13260$$

$\Pi_1 = 4$ 이고 $\mathrm{Re} = 13260$ 일 때, 표 E7.5 또는 그림 E7.5로부터 $\Pi_3 = 2.485$ 임을 알 수 있다. 따라서 다음처럼 항력을 구할 수 있다.

✦ 보간법이나 그래프로 구한 Π_3가 정확하게 2.485인 것은 아니다. 구하는 사람에 따라 약간 다르겠지만 그 값은 2.485 부근의 값일 것이다.

$$\Pi_3 = \frac{F_{\mathrm{d}}}{\rho V^2 a^2} = 2.485$$

$$\Rightarrow F_{\mathrm{d}} = 2.485 \rho V^2 a^2 = (2.485)(1.2)(0.4^2)(0.5^2) = 0.119\ \mathrm{N}$$

예제 7.3(f) : a = 0.8 m, b = 6.4 m인 평판에 밀도 0.166 kg/m^3, 점성계수 1.94×10^{-5} Pa·s 인 어떤 기체가 수직으로 1.2 m/s로 불어오는 경우, 무차원수는 각각 다음과 같다.

$$\Pi_1 = \frac{b}{a} = \frac{6.4}{0.8} = 8$$

$$\mathrm{Re} = \frac{\rho V a}{\mu} = \frac{(0.166)(1.2)(0.8)}{1.94\times 10^{-5}} = 8214$$

$\Pi_1 = 8$ 이고 $\mathrm{Re} = 8214$ 일 때, 표 E7.5에서 보간법으로 또는 그림 E7.5로부터 $\Pi_3 = 5.355$

임을 알 수 있다. 따라서 다음처럼 항력을 구할 수 있다.

$$\Pi_3 = \frac{F_\mathrm{d}}{\rho V^2 a^2} = 5.355$$

$$\Rightarrow F_\mathrm{d} = 5.355 \rho V^2 a^2 = (5.355)(0.166)(1.2^2)(0.8^2) = 0.819 \quad \mathrm{N}$$

보충설명

이 예제는 차원해석을 해야 하는 이유를 명확하게 보여주고 있다. 차원해석을 하지 않고 예제 7.3처럼 실험 데이터를 그래프로 만들면 예제 7.3의 보충설명에서 보여주고 있듯이 무수히 많은 그래프가 필요하다. 그러나 차원해석을 하여 실험 데이터를 그래프로 만들면 그림 E7.5처럼 오직 하나의 그래프만 필요할 뿐이다(무차원수가 3개 이하 일 때). 차원해석의 이점은 단순히 이것뿐이 아니다. 예제 7.3의 문제 (e)와 (f)처럼 실험 데이터가 없을 때는 차원해석을 하지 않은 경우 답을 알 수 없지만, 예제 7.5에서 무차원수들 사이의 관계로부터 구할 수 있다. 따라서 유체역학의 문제를 다룰 때는 반드시 차원해석 등을 통한 무차원수들 사이의 관계를 구하려고 노력하여야 한다.

만약 b/a가 예제처럼 주어진 데이터가 있는 경우가 아니라면, 실험을 하여 구하든지 또는 위의 데이터 또는 그래프에서 보간법을 사용하여 구할 수 있다. 예를 들어 b/a=3인 경우에는 b/a=2와 b/a=4인 데이터를 사용하여 보간법으로 구할 수 있다.

예제 7.4의 무차원수를 사용하여 그래프를 구하면 다음과 같을 것이고, 이렇게 해서 문제 (c)를 구하여도 같은 결과를 얻을 수 있다. 그림 E7.5와 비교하면 x축이 바뀌었기 때문에 그래프 형태가 반대로 나타난다는 것을 알 수 있다.

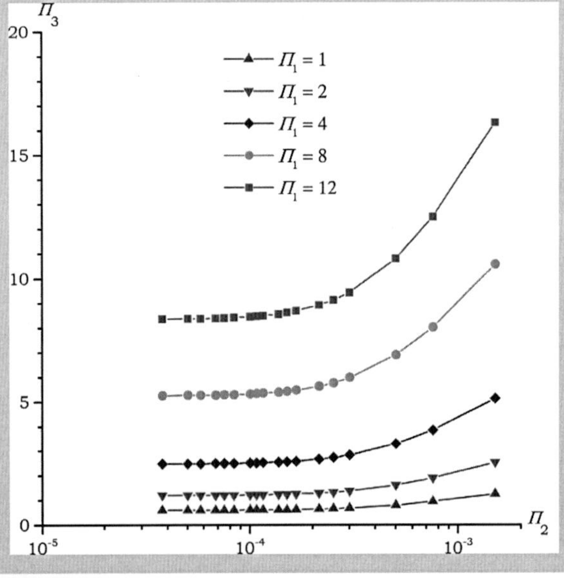

예제 7.6 앞의 예제 7.5의 식 (1)과 (2)를 약간 변형하여 다음의 무차원수를 사용하여 이들 사이의 관계식을 사용하여 해석하고자한다.

$$\Pi_1 = \frac{b}{a}\,,\ \Pi_2 = \frac{\rho V a}{\mu} = \mathrm{Re},\ \Pi_3 = \frac{F_\mathrm{d}}{\frac{1}{2}\rho V^2 A} = C_\mathrm{d} \quad (1)$$

$$\Pi_3 = f_4(\Pi_1, \Pi_2) \leftrightarrows C_\mathrm{d} = f_4(\Pi_1, \mathrm{Re}) \quad (2)$$

여기서 $A = ab$이다. (a) 예제 7.3의 데이터를 차원해석으로 구한 무차원수들에 관한 값으로 변환하라. (b) 무차원수들의 관계를 그래프로 나타내어라. (c) 역시 예제 7.3의 질문 (e)와 (f)에 대해 답을 할 수 있겠는가?

풀이

(a) 예제 7.5와 같은 방법으로 모든 데이터를 무차원수로 변환하면 표 E7.6과 같다.

표 E7.6
무차원수들 사이의 관계

Re	C_d				
	Π_1 = 1	Π_1 = 2	Π_1 = 4	Π_1 = 8	Π_1 = 12
6.630E+02	2.520	2.530	2.565	2.643	2.722
1.326E+03	1.880	1.890	1.925	2.003	2.082
1.989E+03	1.599	1.609	1.644	1.721	1.801
3.315E+03	1.370	1.380	1.415	1.493	1.572
3.978E+03	1.318	1.328	1.363	1.441	1.520
4.641E+03	1.285	1.295	1.330	1.407	1.486
5.967E+03	1.245	1.255	1.290	1.368	1.447
6.630E+03	1.234	1.244	1.279	1.356	1.435
7.293E+03	1.225	1.235	1.270	1.348	1.427
8.619E+03	1.213	1.223	1.258	1.336	1.415
9.282E+03	1.209	1.219	1.254	1.332	1.411
9.945E+03	1.206	1.216	1.251	1.329	1.408
1.193E+04	1.200	1.210	1.245	1.322	1.402
1.326E+04	1.197	1.207	1.242	1.320	1.399
1.459E+04	1.196	1.206	1.241	1.318	1.397
1.724E+04	1.193	1.203	1.238	1.316	1.395
1.989E+04	1.192	1.202	1.237	1.315	1.394
2.652E+04	1.191	1.201	1.236	1.313	1.393

(b) 표 E7.6을 그래프로 나타내면 그림 E7.6과 같다. 역시 무차원수들로 나타내면 오직 하나의 그래프만 필요할 뿐이다.

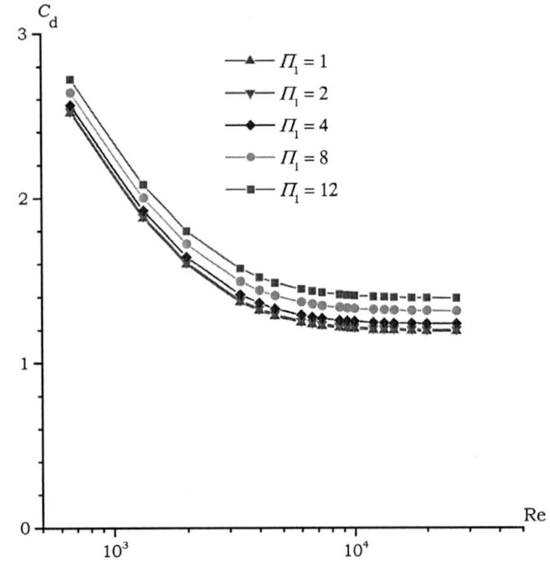

그림 E7.6
$C_d = f_4(\Pi_1, \mathrm{Re})$의 관계를 나타내는 그래프

(c) 차원해석으로 구한 결과를 이용하면 예제 7.3에서 구하지 못한 문제 (e)와 문제 (f)에 대해서 다음처럼 구할 수 있다.

예제 7.3(e) : 실험 데이터로 부터 a = 0.5 m, b = 2.0 m인 평판에 공기가 수직으로 0.4 m/s로 불어오는 경우에 무차원수 Π_1과 Π_2는 각각 다음과 같다.

$$\Pi_1 = \frac{b}{a} = \frac{2.0}{0.5} = 4$$

$$\Pi_2 = \mathrm{Re} = \frac{\rho Va}{\mu} = \frac{(1.2)(0.4)(0.5)}{1.81 \times 10^{-5}} = 13260$$

$\frac{b}{a} = 4$ 이고 $\mathrm{Re} = 13260$ 일 때, 표 E7.6 또는 그림 E7.6으로부터 $C_d = 1.242$ 임을 알 수 있다. 따라서 다음처럼 항력을 구할 수 있다.

$$C_d = \frac{F_d}{\frac{1}{2}\rho V^2 A} = 1.242$$

$$\Rightarrow \quad F_d = (1.242)\frac{1}{2}\rho V^2 ab = (1.242)\frac{1}{2}(1.2)(0.4^2)(0.5 \times 2) = 0.119 \text{ N}$$

예제 7.5에서 구한 결과와 같다는 것을 알 수 있다.

예제 7.3(f) : a = 0.8 m, b = 6.4 m인 평판에 밀도 0.166 kg/m^3, 점성계수 1.94×10^{-5} Pa·s인 어떤 기체가 수직으로 1.2 m/s로 불어오는 경우, 무차원수 Π_1과 Π_2는 각각 다음과 같다.

$$\Pi_1 = \frac{b}{a} = \frac{6.4}{0.8} = 8$$

$$\Pi_2 = \mathrm{Re} = \frac{\rho V a}{\mu} = \frac{(0.166)(1.2)(0.8)}{1.94\times 10^{-5}} = 8214$$

$\dfrac{b}{a} = 8$ 이고 $\mathrm{Re} = 8214$ 일 때, 표 E7.6 또는 그림 E7.6에서 보간법으로 $C_\mathrm{d} = 1.339$ 임을 알 수 있다. 따라서 다음처럼 항력을 구할 수 있다.

✦ 보간법이나 그래프로 구한 C_d가 꼭 1.339인 것은 아니다. 구하는 사람에 따라 약간 다르겠지만 그 값은 1.339 부근의 값일 것이다.

$$C_\mathrm{d} = \frac{F_\mathrm{d}}{\frac{1}{2}\rho V^2 A} = 1.339$$

$$\Rightarrow \quad F_\mathrm{d} = (1.339)\frac{1}{2}\rho V^2 ab = (1.339)\frac{1}{2}(0.166)(1.2^2)(0.8\times 1.6) = 0.819\ \mathrm{N}$$

예제 7.5에서 구한 결과와 같다는 것을 알 수 있다.

보충설명

이 예제와 예제 7.5를 비교해 보면, 그림 E7.5에서 Π_1값의 차이에 따른 Π_3의 값이 차이가 많이 나는데 비해, 그림 E7.6에서 Π_1값의 차이에 따른 C_d의 값은 그 차이가 작다는 것을 알 수 있다. 이것은 C_d가 F_d/A, 즉 단위면적당의 힘을 $\frac{1}{2}\rho V^2$으로 무차원화 하여, 평판의 모양(즉, b/a)의 효과만 나타나도록 정의되어 있는데 반해, 예제 7.5에서의 Π_3는 F_d/a^2을 $\frac{1}{2}\rho V^2$으로 무차원화 하여 나타낸 것이기 때문에, 적절한 평판의 면적으로 무차원하지 못하였기 때문에 결과를 왜곡되어 보이게 할 수 있다.

평판의 면적이 같을 때는, 평판의 **모양(b/a)이 항력에 전혀 영향을 주지 않는다고 가정**해보자. 이 경우 속도가 같고, a가 동일할 때, b가 2배가 되면 항력은 2배가 될 것이다. 이때 C_d의 값은 동일할 것이지만(분자인 F_d가 2배이고, 분모의 A도 2배가 되므로), Π_3의 값은 2배가 될 것이다(분자인 F_d는 2배인데, 분모의 a^2은 같으므로). 따라서 이 경우 전체 그래프를 다시 그린다면, 그림 E7.6의 다섯 개의 그래프는 하나의 그래프로 나타나게 될 것이고, 평판의 모양(b/a)의 효과가 전혀 없다는 것을 그래프로부터 알 수 있을 것이다. 그러나 그림 E7.5의 다섯 개의 그래프는 하나의 그래프로 나타나지 않고, 그림 E7.5의 다섯 개의 그래프와 약간 차이는 있지만 비슷한 형태를 보여, 마치 평판의 모양(b/a)이 항력에 크게 영향을 미치는 것처럼 보이게 된다. 따라서 순수한 모양의 효과를 보여주는 데는 Π_3보다 평판의 면적을 기준으로 하여 정의된 C_d가 더 효과적이고, 이런 이유로 유체역학에서는 C_d를 더 많이 사용한다. 그렇다고 예제 7.5처럼 Π_3를 사용하여 해석한다고 틀린 것은 아니다. 예제 7.5처럼 해석하여 구한 결과와 이 예제처럼 해석하여 구한 결과는 같다는 것을 확인할 수 있다.

7.6 유체역학에서 사용하는 무차원수

앞에서 유동 중에 놓인 원통과 평판 문제를 해석할 때, 무차원수를 사용하는 것이 편리하듯이, 지금까지 오래 동안 공학에서 나타나는 물리적인 현상을 다룰 때, 여러 가지 **무차원수**(dimensionless number)를 정의하고 사용하여 왔다. 이러한 무차원수들은 처음 사용한 학자들의 이름을 붙여 사용하여 왔다. 이 절에서는 특히 유체역학에서 많이 사용하는 무차원수에 대해서 알아보고자 한다. 유체역학에서 사용하는 많은 무차원수는 두 힘의 비로써 정의되는 경우가 많다. 유체역학에서 가장 많이 사용되는 무차원수는 아마도 Reynolds수일 것이다.

Reynolds수

유체역학에서 가장 많이 사용하는 무차원수는 Reynolds수이고, 영국의 공학자 Osborne Reynolds가 원관에서 층류와 난류의 구분할 때의 기준으로 처음 사용한 무차원수이다. **Reynolds수**(Reynolds number)는 일반적으로 다음처럼 정의된다.

$$\mathrm{Re} = \frac{\rho V L}{\mu} \tag{7.18}$$

여기서 사용된 각각의 기호는 다음과 같다.

- ρ : 유체의 밀도.
- μ : 유체의 점성계수.
- V : 유동의 특성속도로서 유동의 특성을 가장 잘 나타내는 속도이다. 예를 들어 원관에서의 유동에서는 평균속도를 나타내고, 평판 위의 유동에서는 멀리 떨어진 곳에서의 자유속도 등을 나타낸다.
- L : 유동에서의 특성길이로서 해석하려는 문제에서의 대표적인 길이를 나타내고, 원관에서의 유동에서는 직경 D를 나타내고, 평판위 유동에서는 평판의 길이 등을 나타낸다. 앞의 그림 7.1에서 원통 주위의 유동에서는 직경 D가 특성길이이고, 예제 7.3의 직사각 평판의 문제에서는 a 또는 b가 특성길이가 될 수 있지만 예제에서는 a를 특성길이로 사용하여 해석하였다.

✦층류 또는 난류로 구분하기 어려운 중간영역에 속하는 천이유동(transitional flow)을 생각할 수도 있다.

Reynolds가 다룬 원관에서의 유동을 살펴보면, 유동은 크게 **층류유동**(laminar flow)과 **난류유동**(turbulent flow)으로 나눈다. 그림 7.6에서 보듯이 유동의 중간에 물감을 흘러 보내는 실험을 하면 관에서의 속도가 작을 때 유동은 잔잔히 층을 이루면서 흐르고, 이 유동 형태를 층류유동이라 하고, 속도가 아주 클 때는 불규칙하게 뒤섞이며 흐르고, 이 유동형태를 난류유동이라 한다.

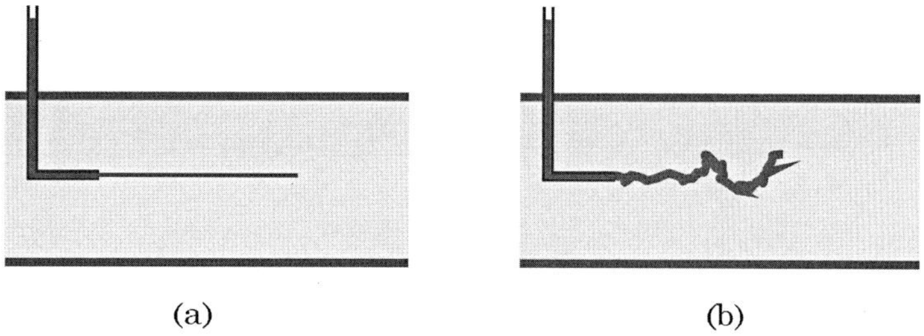

그림 7.6
(a) 층류유동과 (b) 난류유동

실험을 하면 어떤 속도 이상으로 커지면 유동은 층류에서 난류로 바뀐다는 것을 알 수 있다. 그러나 동일한 속도라도 원관의 지름 및 유체의 종류에 따라 층류가 되고 난류가 되는 수가 있어, 유동 속도(V)뿐 아니라 유체의 밀도(ρ)와 점성계수(μ) 및 관의 직경(D) 등이 유동이 층류가 되는지 난류가 되는지에 영향을 미친다. 즉, 다음과 같이 표현할 수 있다.

$$\text{층류, 난류?} = f(\rho,\ V,\ \mu,\ D)$$

즉, 유동이 층류 또는 난류가 되는 것은 이 네 개의 물리량에 따라 정해진다는 것을 알 수 있다.

만약 차원해석이나 무차원수에 대한 개념이 없다면, 이것을 실험하여 정리하기가 쉽지 않을 것이다. 예를 들어, 물에 대해(어떤 밀도와, 점성계수에 대해) 여러 가지 다른 직경에서 층류와 난류가 구분되는 속도를 나타내어야 하고, 공기에 대해(또 다른 밀도와, 점성계수에 대해) 여러 가지 다른 직경에서 층류와 난류가 구분되는 속도를 나타내어야 하고, 유체의 종류마다 이러한 것을 나타내어야 할 것이다. 이제 차원해석 및 무차원수에 대한 개념을 알고 있으면, 앞에서의 차원해석을 이용하면 이러한 4개의 물리량들의 적절한 조합으로 표시되는 무차원수는 하나이고 차원해석으로 구하면 다음과 같다는 것을 알 수 있다.

$$\Pi_1 = \frac{\mu}{\rho V D} \tag{7.19}$$

따라서 유동이 층류 또는 난류가 되는 것은 무차원수 $\Pi_1 = \frac{\mu}{\rho V D}$ 에 따라 정해질 수 있을 것이란 것을 예측할 수 있고 다음처럼 나타낼 수 있을 것이다.

$$\text{층류, 난류?} = f(\Pi_1) \tag{7.20}$$

Osborne Reynolds는 실험을 하여 유동의 형태를 $\Pi_1 = \frac{\mu}{\rho VD}$ 에 따라 구분한 것이 아니라 이것의 역수(역시 무차원수)인 $\frac{\rho VD}{\mu}$ 에 따라 정리하였다. 뒤에 Osborne Reynolds의 업적을 기리기 위하여 이 무차원수를 **Reynolds수**(Reynolds number)라고 하고 다음처럼 Re로 표시한다.

$$\mathrm{Re} = \frac{\rho VD}{\mu} = \frac{VD}{\nu} \tag{7.21}$$

원관에서는 유동의 특성을 잘 나타내는 길이인 특성길이(characteristic length)는 D이고, 일반적인 유동에서 특성길이를 L이라고 할 때 D대신에 L을 사용하여 앞의 식 (7.18)처럼 Reynolds수를 정의한다. 주어진 원관과 유체에 대해서는 밀도 ρ와 점성계수 μ 및 관의 직경 D가 주어진 값이므로 속도 V가 커지면 무차원수 Π_1은 작아지는데 반해 무차원수 Re는 속도에 비례하므로 커진다. 즉, 속도가 10배가 되면 Π_1은 1/10이 되는데 반해 Re는 10배가 된다. 속도가 커짐에 따라 유동은 층류에서 난류로 바뀌는데, Π_1을 사용하는 것보다는 Re를 사용하는 것이 층류 난류 구분에 보다 직관적이고 알아보기가 쉽다. Reynolds의 여러 실험에 의하면, 원관에서의 유동은 Re가 2100보다 작으면 층류유동이고, Re가 4000보다 크면 난류유동이 되고 그 사이는 층류, 난류를 구별하기 어려운 천이유동이다. 정리하면 다음과 같다.

✦만약 $\Pi_1 = \frac{\mu}{\rho VD}$ 를 사용하여 Reynolds가 원관에서의 유동을 층류 또는 난류로 구분하였다면, 다음처럼 나타내었을 것이다.
층류유동 :
$\Pi_1 > 4.76 \times 10^{-4}$
난류유동 :
$\Pi_1 < 2.5 \times 10^{-4}$
상당히 불편하다고 느낄 것이다.

- **층류유동** : Re $<$ 2100
- **천이유동** : 2100 $<$ Re $<$ 4000
- **난류유동** : Re〉 4000

일반적으로 층류, 난류 및 천이유동은 앞에서 설명한 것과 같이 분류하지만, 유동을 해석할 때 편의상 **임계 Reynolds수**(critical Reynolds number) Re_{cr}을 기준으로 층류와 난류를 구분하기도 한다. 일반적으로 원관인 경우 임계 Reynolds수는 2300이다.

Reynolds수는 유체의 유동에서 관성력(inertia force)과 점성력(viscous force)의 상대적인 크기를 나타낸다는 것이 알려져 있다.

$$\mathrm{Re} \sim \frac{\text{관성력}}{\text{점성력}} \tag{7.22}$$

개략적으로 다음처럼 위의 관계를 알아낼 수 있다. 이 책의 앞에서 설명하였듯이,

유선을 따라 흐르는 유체입자에 작용하는 관성력(inertia force) F_i는 다음과 같이 나타낼 수 있다.

$$F_i = ma = mV\frac{dV}{ds}$$

따라서 길이가 L인 정육면체의 유체입자의 관성력은 다음과 같다.

$$F_i \sim \rho L^3 \frac{V^2}{L} \quad \Rightarrow F_i \sim \rho V^2 L^2 \tag{7.23}$$

이 관성력은 유체의 유동속도와 관련이 있기 때문에 거의 대부분의 유동 문제에서 중요한 힘이다. 그리고 유체입자에 작용하는 점성력(viscous force) F_v는 다음처럼 나타낼 수 있다.

$$F_v \sim \mu \frac{du}{dy} A \sim \mu \frac{V}{L} L^2 \quad \Rightarrow F_v \sim \mu VL \tag{7.24}$$

따라서 관성력과 점성력의 상대적인 비는 다음과 같다.

$$\frac{\text{관성력}}{\text{점성력}} \sim \frac{\rho V^2 L^2}{\mu VL} = \frac{\rho VL}{\mu} = \mathrm{Re} \tag{7.25}$$

즉, Re는 유체의 입자에 작용하는 관성력과 점성력의 상대적인 비를 나타내는 무차원수이다. 따라서 Reynolds수는 관성력과 점성력이 중요한 유동에서 상당히 중요한 무차원수이다.

Froude수

자유표면의 영향을 받는 유동에서 중요한 무차원수가 **Froude수**(Froude number)이고 다음과 같다.

✦ $\mathrm{Fr} = \frac{V}{\sqrt{gL}}$ 대신에 $\mathrm{Fr} = \frac{V^2}{gL}$ 을 사용하기도 한다.

$$\mathrm{Fr} = \frac{V}{\sqrt{gL}} \tag{7.26}$$

길이가 L인 정육면체의 유체입자에 작용하는 중력(gravitational force) F_g는 다음처럼 나타낼 수 있다.

$$F_g \sim \rho g L^3 \tag{7.27}$$

관성력과 중력의 상대적인 비는 다음과 같다.

$$\frac{\text{관성력}}{\text{중력}} \sim \frac{\rho V^2 L^2}{\rho g L^3} = \frac{V^2}{gL} \tag{7.28}$$

따라서 Froude수는 다음처럼 관성력(inertia force)과 중력(viscous force)의 상대적인 관계를 나타내고 있다는 것을 알 수 있다.

✦ $\text{Fr} = \frac{V^2}{gL}$ 을 사용할 수도 있기 때문에 $\text{Fr} \sim \frac{\text{관성력}}{\text{중력}}$ 로 나타내기도 한다.

$$Fr \sim \sqrt{\frac{\text{관성력}}{\text{중력}}} \tag{7.29}$$

Weber수

표면장력의 영향을 받는 유동에서 중요한 무차원수가 **Weber수**(Weber number)이고 다음과 같다.

$$\text{We} = \frac{\rho V^2 L}{\sigma} \tag{7.30}$$

여기서 σ는 표면장력을 나타낸다. 표면장력에 의한 힘(surface tension force) F_s는 다음처럼 나타낼 수 있다.

$$F_s \sim \sigma L \tag{7.31}$$

관성력과 표면장력에 의한 힘의 상대적인 비는 다음과 같다.

$$\frac{\text{관성력}}{\text{표면장력에 의한 힘}} \sim \frac{\rho V^2 L^2}{\sigma L} = \frac{\rho V^2 L}{\sigma} \tag{7.32}$$

따라서 Weber수는 관성력(inertia force)과 표면장력에 의한 힘의 상대적인 비를 나타낸다는 것을 알 수 있다.

$$\text{We} \sim \frac{\text{관성력}}{\text{표면장력에 의한 힘}} \tag{7.33}$$

Euler수, 압력계수

유동에서 압력의 변화가 중요한 관심사일 때, 압력차를 무차원수로 나타낸 것이 **Euler수**(Euler number)이고 다음과 같다.

$$\mathrm{Eu} = \frac{\Delta p}{\rho V^2} \tag{7.34}$$

유동에서 압력차가 중요하기 때문에 위 식에서 p대신에 Δp를 사용한다. 압력에 의한 힘(pressure force)F_{p}는 다음처럼 나타낼 수 있다.

$$F_{\mathrm{p}} \sim \Delta pA \sim \Delta pL^2 \tag{7.35}$$

압력에 의한 힘과 관성력의 상대적인 비는 다음과 같다.

$$\frac{\text{압력에 의한 힘}}{\text{관성력}} \sim \frac{\Delta pL^2}{\rho V^2 L^2} = \frac{\Delta p}{\rho V^2} \tag{7.36}$$

따라서 Euler수는 압력에 의한 힘과 관성력의 상대적인 비를 나타낸다는 것을 알 수 있다.

$$\mathrm{Eu} \sim \frac{\text{압력에 의한 힘}}{\text{관성력}} \tag{7.37}$$

압력차를 무차원수로 나타낼 때 Euler수와 같은 개념이지만 **압력계수(pressure coefficient)** C_{p}를 다음과 같이 정의하여 사용한다.

$$C_{\mathrm{p}} = \frac{\Delta p}{\frac{1}{2}\rho V^2} \tag{7.38}$$

Bernoulli 방정식에서 보면 압력차 Δp는 동압 $\frac{1}{2}\rho V^2$과 같은 크기를 가져 서로 바뀔 수 있으므로, ρV^2보다는 $\frac{1}{2}\rho V^2$을 사용하는 것이 합리적일 수도 있다.

Mach수

✦Mach : 마하
영어권 사람들은 '마크'라고 발음하기도 한다.

상식적으로 알고 있는 무차원수로 속도를 음속으로 나눈 것이 **Mach수**(Mach number)이고 다음처럼 나타낼 수 있다.

$$\mathrm{Ma} = \frac{V}{a} \tag{7.39}$$

✦책에 따라 음속을 c로 나타내기도 한다.

여기서 a는 음속을 나타낸다. Mach수는 식이 나타내는 그대로 속도가 음속의 몇 배인가를 나타내는 무차원수이고, 속도가 빠른 압축성유동에서 많이 사용한다. 음속은 체적탄성계수로 나타낼 수 있어, 큰 의미는 없지만 굳이 작용하는 힘들 사이의 관계로 나타내면 다음과 같다.

$$\mathrm{Ma} \sim \frac{\text{관성력}}{\text{압축력}} \tag{7.40}$$

지금까지 설명한 무차원수를 표 7.3에 요약하여 나타내고 있다.

표 7.3
유체역학에 사용되는 중요한 무차원수. Froude수의 경우 작용하는 힘의 비를 $\frac{\text{관성력}}{\text{중력}}$으로 나타내기도 한다.

무차원수	이름	작용하는 힘의 비	적용되는 경우
$\mathrm{Re} = \frac{\rho VD}{\mu}$	Reynolds수	$\frac{\text{관성력}}{\text{점성력}}$	관성력과 점성력이 중요한 대부분의 유체유동
$\mathrm{Fr} = \frac{V}{\sqrt{gL}}$	Froude수	$\sqrt{\frac{\text{관성력}}{\text{중력}}}$	자유표면이 존재하는 경우
$\mathrm{We} = \frac{\rho V^2 L}{\sigma}$	Weber수	$\frac{\text{관성력}}{\text{표면장력에 의한 힘}}$	표면장력이 중요한 경우
$\mathrm{Eu} = \frac{\Delta p}{\rho V^2}$	Euler수	$\frac{\text{압력에 의한 힘}}{\text{관성력}}$	압력차를 구할 때
$\mathrm{Ma} = \frac{V}{a}$	Mach수	$\frac{\text{관성력}}{\text{압축력}}$	압축성 유동

7.7 모형과 상사

모형과 상사에 관하여 설명하기 위하여 앞의 예제 7.3의 문제와 비슷한 경우를 생각해 보자. 고속도로 주변에 두 변의 길이가 $a = 2$ m, $b = 3$ m인 광고판을 설치하려고 할 때, 강풍에 견디도록 설계하여야 할 것이다. 유체에 잠겨 움직이는 비행선이나 잠수함 등을 예를 들어 설명할 수도 있지만 이들은 3차원 물체이고, 쉽게 설명하기 위해 2차원 물체를 예를 든다. 그림 7.7처럼 두 변의 길이가 $a=$ 2 m, $b=$ 3 m인 평판에 최고속도가 40 m/s의 속도로 수직으로 불어오고 있을 때 평판이 받는 항력(drag force) F_d에 견딜 수 있게 설계해야 한다고 생각해보자. 이 문제를 앞의 예제 7.5 또는 7.6과 비슷하게 구하기로 하자.

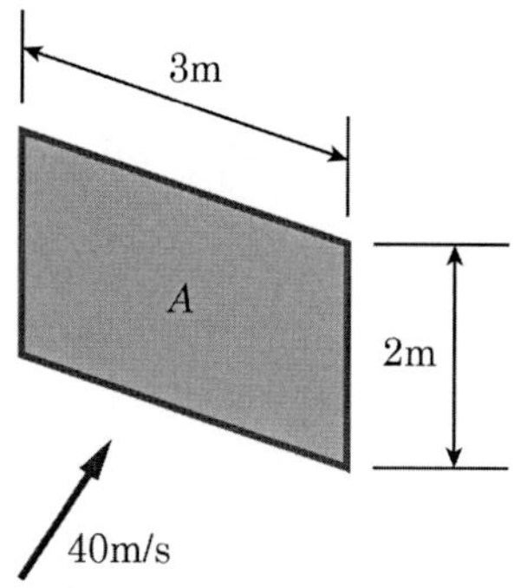

그림 7.7
공기의 유동에 수직하게 놓여있는 평판

✦ ρ와 μ는 모두 SI 단위로 되어 있다.

편의상 예제 7.5의 결과를 이용하고, ρ = 1.2, μ = 1.81×10^{-5}를 이용하여 문제를 풀기로 한다. 이 문제는 다음처럼 무차원수 사이의 관계식으로 나타낼 수 있다.

$$F_\mathrm{d}=f_1(a,\ b,\ V,\ \rho,\ \mu)\ \xrightarrow{\text{차원해석}}\ \Pi_3=f(\Pi_1,\Pi_2) \tag{7.41}$$

예제 7.5에서 구한 무차원수는 다음과 같다.

$$\Pi_1=\frac{b}{a},\ \Pi_2=\frac{\rho Va}{\mu}=\mathrm{Re},\ \Pi_3=\frac{F_\mathrm{d}}{\rho V^2a^2} \tag{7.42}$$

식 (7.41)을 다시 표현하면 다음과 같이 나타낼 수 있다.

$$\Pi_3=f(\Pi_1,\Pi_2)\ \ \leftrightarrows\ \ \frac{F_\mathrm{d}}{\rho V^2a^2}=f\left(\frac{b}{a},\ \mathrm{Re}\right) \tag{7.43}$$

식 (7.43)을 이용하기 위해서 먼저 다음의 무차원수들의 값을 구하여야 한다.

$$\Pi_1=\frac{b}{a}=\frac{3}{2}=1.5$$

$$\Pi_2 = \mathrm{Re} = \frac{\rho V a}{\mu} = \frac{(1.2)(40)(2)}{1.81 \times 10^{-5}} = 5.304 \times 10^6$$

✦표 E7.6 또는 그림 E7.6을 사용하여 설명할 수도 있으며, 같은 결론에 이른다.

$\Pi_1 = 1.5$ 이고 $\Pi_2 = \mathrm{Re} = 5.304 \times 10^6$ 일 때의 Π_3의 값을 표 E7.5 또는 그림 E7.5로부터 읽을 수가 없다.

$$\Pi_1 = 1.5\ ,\ \Pi_2 = 5.304 \times 10^6 \ \ ; \ \ \Pi_3 = f(1.5,\ 5.304 \times 10^6) = \ ?$$

즉, 주어진 데이터만으로는 $\Pi_1 = 1.5$ 이고 $\Pi_2 = 5.304 \times 10^6$ 일 때의 함수값, $f(1.5, 5.304 \times 10^6)$을 알 수가 없다.

이제 어떻게 해야 문제를 해결할 수 있을까? 기존의 데이터나 이론적으로 원하는 결과를 구할 수 없다고 할 때는 실험을 할 수 밖에 없다. 원래의 크기대로 실험을 하기에는, 실험을 할 수 있는 풍동의 크기가 원래 크기의 평판을 실험하기에는 불가능하고 반 정도 크기의 실험을 할 수 있다고 하자. 이런 경우 원래의 크기보다 작은 **모형**(model)을 만들어 실험을 해야 한다. 원래의 광고판을 **원형**(prototype)이라 부르며, **원형의 1/2인 모형을 만들어 실험을 한다고 하자.** 더 이상의 설명이나 교육을 받지 않더라도 여러분들은 직관적으로 그림 7.8(a) 같은 모형을 만들어 실험을 하려고 할 것이다. 아무도 그림 7.8(b) 또는 그림 7.8(c)의 모형이나 다른 모양의 모형을 만들어 실험을 하려고 하지 않을 것이다.

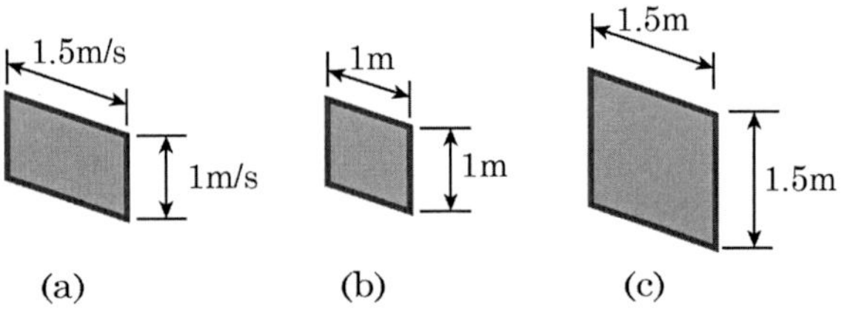

그림 7.8
여러 형태의 모형들

그림 7.8(a)처럼 1/2 모형을 선택하여 제작하였다고 하면, 다음 단계로 어떤 조건에서 실험을 할 것인지 생각해 보아야 한다. 원형에서의 속도가 40m/s이므로 **모형 실험에서도 속도가 40m/s일 때 실험을 하여야 할까?** 그렇지는 않고 모형을 만들어 실험을 할 때는 차원해석으로 구한 결과를 이용하여 실험을 해야 할 속도를 구하여야 한다. 식 (7.43)에서 $\Pi_1 = 1.5$ 이고 $\Pi_2 = 5.304 \times 10^6$ 일 때의 Π_3 를 구하는 것이 목적이므로, $f(1.5, 5.304 \times 10^6)$의 값을 구하여야 한다. 따라서 $\Pi_1 = 1.5$ 이고 $\Pi_2 = 5.304 \times 10^6$ 일 때 실험을 하여야 한다. 그림 7.8(a) 같은 1/2 모형의 경우,

$$\Pi_1 = \frac{b}{a} = \frac{1.5}{1} = 1.5 \tag{7.44}$$

이고, $\Pi_2 = 5.304 \times 10^6$ 인 상태에서 실험을 하여야 한다.

만약 같은 밀도와 점성계수를 가지는 **공기에서 모형실험을 한다고 하면**, $\Pi_2 = 5.304 \times 10^6$ 이 되기 위해서는 속도가 다음과 같아야 한다.

$$\Pi_2 = \frac{\rho Va}{\mu} = \frac{(1.2)V(1)}{1.81 \times 10^{-5}} = 5.304 \times 10^6 \Rightarrow V = 80 \text{ m/s} \tag{7.45}$$

이제 풍동에서 80 m/s의 속도로 모형실험을 하여 측정한 모형의 항력이 6870 N이라고 하자. 그렇다면 원래 크기의 **원형 평판이 받는 항력은 얼마일까?** 이것에 대해 알아보기 위해 지금까지 사용한 데이터를 표 7.4에 나타낸다.

표 7.4
원형과 모형에 대한 데이터

구분	물리적 변수				무차원 변수		
	a	b	V	F_d	Π_1	$\Pi_2 = \text{Re}$	Π_3
원형	2 m	3 m	40 m/s	?	1.5	5.304×10^6	?
모형	1 m	1.5 m	80 m/s	6870 N	1.5	5.304×10^6	?

실험 데이터로부터 원형의 항력을 구하기 위하여 먼저 **모형**에 대한 무차원 변수 Π_3를 구해야 하고 다음과 같다.

$$\Pi_3 = \frac{F_d}{\rho V^2 a^2} = \frac{6870}{(1.2)(80^2)(1^2)} = 0.895$$

이것은 $\Pi_1 = 1.5$ 이고 $\Pi_2 = 5.304 \times 10^6$일 때 함수값,

$$f(1.5, 5.304 \times 10^6) = 0.895$$

이라는 것을 의미한다.

원형에서의 Π_1과 Π_2의 값이 모형에서의 Π_1과 Π_2의 값과 동일한 1.5, 5.304×10^6이므로, 원형에서의 Π_3는 다음과 같다(보충설명 참조).

$$\Pi_3 = f(1.5,\ 5.304\times 10^6) = 0.895$$

그런데 원형에서

$$\Pi_3 = \frac{F_d}{\rho V^2 a^2} = \frac{F_d}{(1.2)(40^2)(2^2)} = 0.895$$

이므로, 원형에서의 항력은 다음과 같다.

$$F_d = 6870\ \text{N}$$

이 경우는 모형에서 측정한 항력과 원형의 항력이 같지만, 항상 그런 것은 아니고, 일반적으로는 다르다. 원형과 모형의 Re수를 같게 하는 실험조건에서, 원형과 모형에서의 유체의 밀도 및 점성이 같은 경우일 때만 모형과 원형의 항력이 같게 되고 그렇지 않은 경우는 일반적으로 모형에서 측정한 항력과 원형의 항력이 같지 않다 (예제 7.8 참조). 모든 결과를 종합하여 표로 나타내면 다음과 같다.

표 7.5
원형과 모형에 대한 물리적 변수와 무차원 변수

구분	물리적 변수				무차원 변수		
	a	b	V	F_d	Π_1	$\Pi_2=\text{Re}$	Π_3
원형	2 m	3 m	40 m/s	6870 N	1.5	5.304×10^6	0.895
모형	1 m	1.5 m	80 m/s	6870 N	1.5	5.304×10^6	0.895

보충설명 ⊙ 무차원수의 함수

다음과 같은 함수를 생각해보자.

$$y = f(x) = x^2,\ x = \frac{b}{a}$$

$a=1$, $b=3$일 때 y의 값과 $a=2$, $b=6$일 때 y의 값은, 두 경우 모두 $x=3$이므로 $y=9$, 즉 $f(3)=9$로 같다는 것을 알 수 있다. 즉, y가 x의 함수이면, a와 b의 값이 다르더라도 x의 값이 같으면 x의 함수인 y는 같다. $y=f(x)=x^2$의 예를 들어 설명했지만 함수 형태를 모르는 경우에도 a와 b의 값이 다르더라도 x의 값이 같으면 함수값 $f(x)$도 같다는 것을 알 수 있다.

이제 앞의 차원해석에서 $\Pi_3 = f(\Pi_1, \Pi_2)$의 관계가 있다고 하면, Π_1과 Π_2가 어떤 물리적인 변수의 값으로 구성되어 있는지는 상관없이, 모형과 원형에서의 Π_1과 Π_2의 값이 동일한 1.5, 5.304×10^6이므로, 모형실험에서 구한 $f(1.5, 5.304\times10^6) = 0.895$가 원형에서도 성립한다.

앞에서 설명한 것을 다시 요약하여 나타내면 다음과 같다. 물리적인 변수들을 차원해석으로 구한 무차원 변수들의 관계로 다음처럼 나타나는 경우를 생각해 보자.

$$\Pi_3 = f(\Pi_1, \Pi_2) \tag{7.46}$$

Π_3는 오직 Π_1과 Π_2만의 함수이므로, 다음처럼 모형과 원형에서 Π_1과 Π_2를 같게 두고 실험을 하면 원형과 모형의 Π_3의 값도 같다.

✦아래첨자는 다음을 나타낸다.
p : prototype, 원형
m : model, 모형

$$(\Pi_1)_{\mathrm{m}} = (\Pi_1)_{\mathrm{p}}, \quad (\Pi_2)_{\mathrm{m}} = (\Pi_2)_{\mathrm{p}} \quad \Rightarrow \quad (\Pi_3)_{\mathrm{m}} = (\Pi_3)_{\mathrm{p}} \tag{7.47}$$

식 (7.46)의 우변에 있는 무차원 독립변수(Π_1과 Π_2)를 같게 하여 실험을 하면 좌변의 무차원 종속변수(Π_3)의 값이 같다는 것을 식 (7.47)이 나타내고, 이것을 **모형법칙**(modeling laws)이라 한다. 위의 예에서는 무차원 독립변수가 둘이고 무차원 종속변수가 하나일 때 나타내는 식이지만, 무차원 독립변수와 무차원 종속변수가 여러 개일 때도 확장하여 성립하는 법칙이다.

식 (7.47)을 차원이 있는 물리적인 변수로 다시 나타내면 다음과 같다.

$$\left(\frac{b}{a}\right)_{\mathrm{m}} = \left(\frac{b}{a}\right)_{\mathrm{p}}, \left(\frac{\rho Va}{\mu}\right)_{\mathrm{m}} = \left(\frac{\rho Va}{\mu}\right)_{\mathrm{p}} \Rightarrow \left(\frac{F_{\mathrm{d}}}{\rho V^2 a^2}\right)_{\mathrm{m}} = \left(\frac{F_{\mathrm{d}}}{\rho V^2 a^2}\right)_{\mathrm{p}} \tag{7.48}$$

일반적으로 유체유동의 시스템에서 특성길이를 보통 L이라고 나타내고, 앞의 예에서는 $L = a$ 이다. 식 (7.48)을 특성길이를 사용하여 나타내면 다음과 같다.

$$\left(\frac{b}{L}\right)_{\mathrm{m}} = \left(\frac{b}{L}\right)_{\mathrm{p}}, \left(\frac{\rho VL}{\mu}\right)_{\mathrm{m}} = \left(\frac{\rho VL}{\mu}\right)_{\mathrm{p}} \Rightarrow \left(\frac{F_{\mathrm{d}}}{\rho V^2 L^2}\right)_{\mathrm{m}} = \left(\frac{F_{\mathrm{d}}}{\rho V^2 L^2}\right)_{\mathrm{p}} \tag{7.49}$$

앞의 본문에서는 모형법칙의 정확한 개념을 설명하기 위하여 무차원수 Π_1, Π_2, Π_3의 값들을 모두 구하여 모형의 속도, 원형의 항력을 구하였지만, 무차원 변수들의 값을 모두 구할 필요 없이 식(7.48) 또는 식 (7.49)를 직접 적용하여 문제를 해결할 수도 있으며, 다음의 예제에서 이것에 대해 다룬다.

예제 7.7 앞의 그림 7.7처럼 두 변의 길이가 $a = 2$ m, $b = 3$ m인 평판에 최고속도가 40 m/s의 속도로 수직으로 불어오고 있을 때 평판이 받는 항력(drag force) F_{d}를 구하기 위하여 모형실험을 하고자 한다. 그림 7.8(a) 같은 1/2 모형을 제작하여 실험을 하려고 한다. (a) 모형의 속도를 얼마로 하여 실험을 하면 되는가? (b) 앞에서 구한 속도로 모형실험을 하여 구한 항력이 6870 N이라면 원형의 항력은 얼마인가? 무차원 변수들의 값을 구할 필요 없이 식(7.48) 또는 식 (7.49)를 직접 적용하여 문제를 해결하라. 특성길이는 $L = a$로 한다.

풀이

(a) 식(7.49)를 적용하여 모형에서의 속도를 구할 수 있다.

$$\left(\frac{\rho VL}{\mu}\right)_{\mathrm{m}} = \left(\frac{\rho VL}{\mu}\right)_{\mathrm{p}} \Rightarrow V_{\mathrm{m}} = V_{\mathrm{p}}\left(\frac{\rho_{\mathrm{p}}}{\rho_{\mathrm{m}}}\right)\left(\frac{L_{\mathrm{p}}}{L_{\mathrm{m}}}\right)\left(\frac{\mu_{\mathrm{m}}}{\mu_{\mathrm{p}}}\right) \tag{1}$$

원형과 모형에서의 밀도와 점성계수가 같으므로 속도는 다음과 같다.

$$V_{\mathrm{m}} = V_{\mathrm{p}}\left(\frac{L_{\mathrm{p}}}{L_{\mathrm{m}}}\right) = (40)(2) = 80 \text{ m/s}$$

(b) 식(7.49)를 적용하여 원형에서의 항력을 구할 수 있다.

$$\left(\frac{F_{\mathrm{d}}}{\rho V^2 L^2}\right)_{\mathrm{m}} = \left(\frac{F_{\mathrm{d}}}{\rho V^2 L^2}\right)_{\mathrm{p}} \Rightarrow F_{\mathrm{d,p}} = F_{\mathrm{d,m}}\left(\frac{\rho_{\mathrm{p}}}{\rho_{\mathrm{m}}}\right)\left(\frac{V_{\mathrm{p}}}{V_{\mathrm{m}}}\right)^2\left(\frac{L_{\mathrm{p}}}{L_{\mathrm{m}}}\right)^2 \tag{2}$$

원형과 모형에서의 밀도가 같으므로 원형에서의 항력은 다음과 같다.

$$F_{\mathrm{d,p}} = F_{\mathrm{d,m}}\left(\frac{V_{\mathrm{p}}}{V_{\mathrm{m}}}\right)^2\left(\frac{L_{\mathrm{p}}}{L_{\mathrm{m}}}\right)^2 = (6870)(0.5^2)(2^2) = 6870 \text{ N}$$

보충설명

앞의 본문에서는 모델법칙의 개념을 명확하게 설명하기 위하여 무차원 함수 값들을 계산하여 설명하였지만 실제의 경우는 이 예제처럼 무차원 함수값들을 구할 필요 없이, 식(7.48) 또는 식 (7.49)를 직접 적용하여 식 (1)과 식 (2)처럼 구하면 된다.

이 예제에서는 원형과 모형의 항력이 같지만, 예제 7.8에서는 그렇지 않다. Reynplds수를 같게하여 실험을 하는 경우, 밀도와 점성계수가 같은 조건에서 모형실험을 하는 경우에 항력이 같지만, 그렇지 않으면 일반적으로 다르다.

지금까지 설명한 모형법칙은 물리적인 관계식으로부터 차원해석을 통한 무차원 관계식으로 표현한 것으로부터 설명할 수 있는 것이다. 이제 이것을 좀 다른 관점에서 설명하고자 한다. 식 (7.46)과 식 (7.49)를 약간 변형하여 다시 적으면 다음과 같다.

✦특성길이 $L = a$

$$\frac{F_{\mathrm{d}}}{\rho V^2 L^2} = f\left(\frac{b}{L}, \frac{\rho VL}{\mu}\right) \tag{7.50}$$

$$\left(\frac{b}{L}\right)_{\mathrm{m}} = \left(\frac{b}{L}\right)_{\mathrm{p}},\ \left(\frac{\rho VL}{\mu}\right)_{\mathrm{m}} = \left(\frac{\rho VL}{\mu}\right)_{\mathrm{p}} \Rightarrow \left(\frac{F_{\mathrm{d}}}{\rho V^2 L^2}\right)_{\mathrm{m}} = \left(\frac{F_{\mathrm{d}}}{\rho V^2 L^2}\right)_{\mathrm{p}} \tag{7.51}$$

↑ 기하학적 상사　　↑ 역학적 상사　　↑ 역학적 상사

식 (7.51)이 모형법칙이며 모형을 만들 때 이 식을 만족하도록 실험 조건을 정한다. 위의 식을 다시 설명하면 식 (7.50)의 오른 쪽에 있는 독립적인 무차원 변수를 원형과 모형이 같도록 하면 왼 쪽의 종속 무차원 변수도 같아진다는 것을 나타낸다.

기하학적 상사

식 (7.51)의 처음 조건은 앞에서도 설명하였듯이 모형을 만들 때 기하학적으로 닮은 모형을 만들어야 한다는 것으로 상식적으로도 알 수 있는 것이다. 즉, 그림 7.7의 원형과 그림 7.8(a)의 모형은 닮은꼴이어야지, 그림 7.8(b)처럼 원형과 닮지 않은 모형을 만들어 실험을 하지 않는다. 식 (7.51)의 처음 조건을 다시 그림 7.9처럼 일반적인 모양에 대해 나타내면 다음과 같다.

$$\left(\frac{b}{L}\right)_{\mathrm{m}} = \left(\frac{b}{L}\right)_{\mathrm{p}} \Rightarrow \left(\frac{L_{\mathrm{m}}}{L_{\mathrm{p}}}\right) = \left(\frac{a_{\mathrm{m}}}{a_{\mathrm{p}}}\right) = \left(\frac{b_{\mathrm{m}}}{b_{\mathrm{p}}}\right) = \text{축척비} \tag{7.52}$$

모형과 원형의 대응되는 각 부분의 비를 축척비라고 한다. 일반적인 모양에서 원형과 모형의 대응되는 길이의 비가 모두 같을 때 **기하학적 상사**(geometric similarity)를 만족한다.

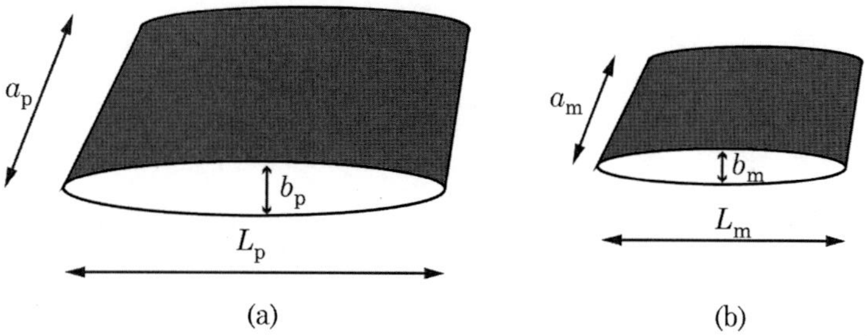

그림 7.9
기하학적 상사. (a)원형 (b)모형

운동학적 상사

모형법칙의 식에는 나타나 있지 않지만 앞의 예에서, 원형에서 평판에 수직으로 불어오는 바람에 대한 항력을 알고자 한다면, 모형에서도 수직으로 불어오는 유동에 대한 항력을 측정하여야지 비스듬하게 불어오는 유동에 대하여 측정하면 안 된다. 그림 7.10에 일반적인 물체에 대해 대응되는 점에 대한 속도를 나타내고 있다. 대응되는 각각의 점에서 속도는 서로 닮아야 하고 속도비는 모두 같아야 한다. 이러한 조건을 만족할 때 **운동학적 상사**(kinematic similarity)를 만족한다고 한다.

$$\frac{|\mathbf{v}_{\infty,\mathrm{m}}|}{|\mathbf{v}_{\infty,\mathrm{p}}|}=\frac{|\mathbf{v}_{1,\mathrm{m}}|}{|\mathbf{v}_{1,\mathrm{p}}|}=\frac{|\mathbf{v}_{2,\mathrm{m}}|}{|\mathbf{v}_{2,\mathrm{p}}|}=\frac{|\mathbf{v}_{\mathrm{m}}|}{|\mathbf{v}_{\mathrm{p}}|}=\frac{u_{\mathrm{m}}}{u_{\mathrm{p}}}=\frac{v_{\mathrm{m}}}{v_{\mathrm{p}}}=\frac{w_{\mathrm{m}}}{w_{\mathrm{p}}} \tag{7.53}$$

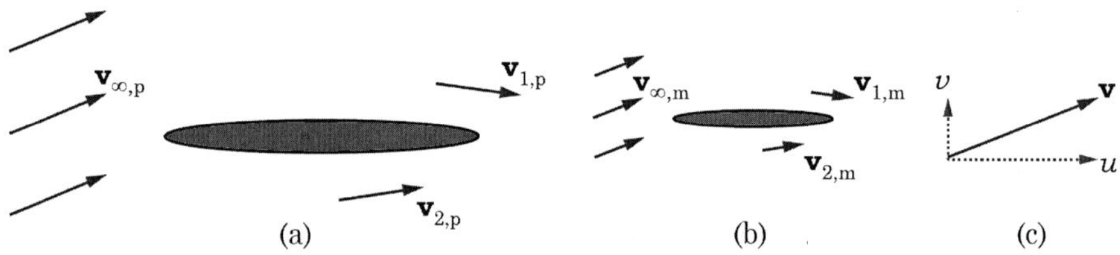

그림 7.10
운동학적 상사. (a) 원형, (b) 모형, (c) 속도벡터 및 성분

동역학적 상사

식 (7.51)에서 $\frac{\rho VL}{\mu}$은 Re수를 나타내고 앞에서 설명하였듯이 관성력과 점성력의 비를 나타낸다. 따라서 식 (7.51)의 두 번째 식은 다음처럼 변형하여 나타낼 수 있다.

$$\left(\frac{\rho VL}{\mu}\right)_{\mathrm{m}}=\left(\frac{\rho VL}{\mu}\right)_{\mathrm{p}} \Rightarrow \mathrm{Re_m}=\mathrm{Re_p} \Rightarrow \left(\frac{\text{관성력}}{\text{점성력}}\right)_{\mathrm{m}}=\left(\frac{\text{관성력}}{\text{점성력}}\right)_{\mathrm{p}}$$

식 (7.51)의 세 번째 식은 다음처럼 나타낼 수 있다.

$$\left(\frac{F_{\mathrm{d}}}{\rho V^2L^2}\right)_{\mathrm{m}}=\left(\frac{F_{\mathrm{d}}}{\rho V^2L^2}\right)_{\mathrm{p}} \Rightarrow \left(\frac{\text{항력}}{\text{관성력}}\right)_{\mathrm{m}}=\left(\frac{\text{항력}}{\text{관성력}}\right)_{\mathrm{p}}$$

위의 두 식은 원형과 모형에 작용하는 중요한 힘의 비가 같다는 것을 나타낸다. 또는 위의 식을 다시 변형하여 다음처럼 나타낼 수 있다.

$$\frac{\text{관성력}_{\rm m}}{\text{관성력}_{\rm p}} = \frac{\text{점성력}_{\rm m}}{\text{점성력}_{\rm p}} = \frac{\text{항력}_{\rm m}}{\text{항력}_{\rm p}}$$

즉, 원형과 모형에서 작용하는 중요한 힘의 비가 모두 같을 때 **동역학적 상사**(dynamic similarity)를 만족한다고 한다.

위의 기하학적 상사, 운동학적 상사, 동역학적 상사를 만족할 때 완전한 상사라고 한다. 원형과 모형에서 완전한 상사가 만족되어야 모형의 실험 결과를 원형에 적용하여 이용할 수 있다. 대부분의 경우 특별한 지식이 없더라도 당연히 기하학적 상사와 운동학적 상사가 이루어지도록 모형실험을 할 것이다. 나머지, 동역학적 상사가 이루어지도록 모형의 실험 조건을 선정하면 그 결과를 원형에 적용할 수 있다. 기하학적 상사, 운동학적 상사를 만족하고, 식 (7.50)에서 독립적인 무차원 변수인 $\frac{\rho VL}{\mu}$, 즉 Re수를 원형과 모형이 같게 하면, 종속 무차원 변수인 $\frac{F_{\rm d}}{\rho V^2 L^2}$도 원형과 모형이 같아진다는 것을 나타내고, 모든 동역학적 상사를 만족하게 된다.

물리적인 시스템에서 어떠한 힘들이 중요한 힘인지를 알면, 모든 무차원 변수를 구하지 않아도 쉽게 실험 조건을 구할 수 있다. 앞의 예에서는 관계되는 중요한 힘이 점성력과 관성력이기 때문에 이와 관계되는 무차원수는 Re수라는 것을 쉽게 알 수 있고, 원형과 모형의 Re수를 같게 하여 실험 조건을 정하면 동역학적 상사를 만족하게 된다. 이와 관련하여 여러 공학적인 문제에 대해 다음에 설명한다.

7.8 대표적인 공학 문제에서의 상사

실제 공학 문제에서 자주 나타나는 몇 가지 예를 들어 설명하기로 한다.

7.8.1 물체 주위의 비압축성 유동 – 유체 중에 잠긴 물체

물체 주위의 비압축성 유동 또는 유체 중에 잠긴 물체에 해당되는 공학의 대표적인 문제는 잠수함, 비행선, 자동차, 골프 공, 건물 또는 앞에서 예를 든 큰 간판 또는 큰 기둥 주위의 유동을 들 수 있다. 앞에서도 설명하였듯이 실험을 할 때는 굳이 차원해석을 하지 않더라도 기하학적인 상사와 운동학적인 상사가 만족되도록 실험을 할 것이기 때문에 나머지 고려하여야 할 것은 동역학적 상사가 이루어지도록 실험을 하여야 한다. 물체 주위의 이런 문제들에 있어 중요한 힘은 관성력과 점성력인 것을 쉽게 알 수 있고, 이 두 힘과 관계되는 무차원수는 Re수이다. 따라서 이러한 문제들에서는 차원해석을 처음부터 다시 하여 필요한 무차원수를 모두 구할 필요 없이, 원형과 모형의 Reynolds수를 같게 하여 모형실험을 하면 된다. 이와 같은 경우 Reynolds상사라고 한다.

만약 Mach수가 0.3 보다 큰 압축성유동인 경우에는 Mach수도 중요한 무차원수가 되기 때문에 단순히 Reynolds수만 같게 두고 실험을 한 결과를 적용할 수는 없다.

예제 7.8 **소형 비행선이 −20℃ 인 공기(밀도 $1.4\,\mathrm{kg/m^3}$, 점성계수 $1.63\times10^{-5}\,\mathrm{N\cdot s/m^2}$)에서 7 m/s 의 속도로 비행하고 있다. 1/5 모형을 만들어 상온의 공기(밀도 $1.2\,\mathrm{kg/m^3}$, 점성계수 $1.82\times10^{-5}\,\mathrm{N\cdot s/m^2}$)에서 실험을 하고자 한다. (a) 모형의 속도를 얼마로 하여 실험을 하면 되는가? (b) 앞에서 구한 속도로 모형실험을 하여 구한 항력이 1.5 kN이라면 원형의 항력은 얼마인가? (c) 원형인 소형비행선이 7 m/s 의 속도로 비행할 때 필요한 동력을 예측하라.**

풀이

(a) 유체 중에 잠겨 비행하는 비행선이므로 Reynolds상사에 해당된다. 따라서 모형의 속도를 다음처럼 구할 수 있다.

$$\left(\frac{\rho VL}{\mu}\right)_{\mathrm{m}} = \left(\frac{\rho VL}{\mu}\right)_{\mathrm{p}} \Rightarrow V_{\mathrm{m}} = V_{\mathrm{p}}\left(\frac{\rho_{\mathrm{p}}}{\rho_{\mathrm{m}}}\right)\left(\frac{L_{\mathrm{p}}}{L_{\mathrm{m}}}\right)\left(\frac{\mu_{\mathrm{m}}}{\mu_{\mathrm{p}}}\right) \tag{1}$$

수치를 대입하면 모형의 속도는 다음과 같다.

$$V_{\mathrm{m}} = 7\left(\frac{1.4}{1.2}\right)\left(\frac{5}{1}\right)\left(\frac{1.82}{1.63}\right) = 45.6\,\mathrm{m/s}$$

(b) 식(7.49)를 적용하여 원형의 항력을 구할 수 있다.

$$\left(\frac{F_{\mathrm{d}}}{\rho V^2 L^2}\right)_{\mathrm{m}} = \left(\frac{F_{\mathrm{d}}}{\rho V^2 L^2}\right)_{\mathrm{p}} \Rightarrow F_{\mathrm{d,p}} = F_{\mathrm{d,m}}\left(\frac{\rho_{\mathrm{p}}}{\rho_{\mathrm{m}}}\right)\left(\frac{V_{\mathrm{p}}}{V_{\mathrm{m}}}\right)^2\left(\frac{L_{\mathrm{p}}}{L_{\mathrm{m}}}\right)^2 \tag{2}$$

수치를 대입하면 원형에서의 항력은 다음과 같다.

$$F_{\mathrm{d,p}} = 1.5\left(\frac{1.4}{1.2}\right)\left(\frac{7}{45.6}\right)^2\left(\frac{5}{1}\right)^2 = 1.03\,\mathrm{kN}$$

(c) 원형의 동력은 다음처럼 구할 수 있다.

$$\dot{W} = F_{\mathrm{d,p}}V_{\mathrm{p}} = (1.03)(7) = 7.21\,\mathrm{kW}$$

⊕ 보충설명

유체 중에 잠긴 물체이므로 Reynolds상사에 해당된다. 차원해석을 통하여 관계되는 무차원수를 구하지 않고도 문제를 해결할 수 있다. 이 예제에서는 원형과 모형의 항력이 같지 않다는 것을 알 수 있다.

7.8.2 관 및 부속부품에서의 유동

관 속의 유동이나 밸브 등의 부속부품에서의 유동에 과 관련한 압력손실 또는 마찰력 등을 구하는 문제에서 **중요한 힘은 관성력과 점성력**이라는 것을 쉽게 알 수 있고 따라서 이 두 힘과 관계되는 무차원수는 Reynolds수이다. 따라서 이러한 문제들에서도 원형과 모형의 Reynolds**수를 같게** 하여 모형실험을 하면 된다.

7.8.3 선박의 모형실험 - 자유 표면이 있는 유동

배가 운항할 때 받는 항력을 구하기 위하여 일반적으로 모형실험을 한다. 앞에서의 잠긴 물체 주위의 유동문제와 달리, 이 경우에는 자유표면이 존재하게 되고, 물의 표면에서의 조파저항이 배의 저항에 큰 비중을 차지한다. 조파저항은 자유표면이 있을 때 중력의 효과로 발생한다. 만약 중력이 없다면 조파저항은 없을 것이다. 배가 움직일 때 당연히 **관성력**과 **점성력**이 중요하다는 것을 예측할 수 있고, 또한 **중력에 의한 힘**이 중요한 힘이라는 것을 알 수 있다. 관성력과 점성력이 관계되는 무차원수가 Reynolds수이고, 관성력과 중력에 의한 힘이 관계되는 무차원수가 Froude수이므로, 이러한 문제에서는 원형과 모형의 Reynolds수와 Froude수가 관계되는 중요한 무차원수이다. 모형실험을 한다면 원형과 모형의 Reynolds**수를 같게 하고**, 또한 원형과 모형의 Froude**수를 같게** 하여 실험을 하여야 할 것이다. 그러나 실제의 경우 다음과 같은 이유로 Reynolds수와 Froude수를 동시에 같게 하여 실험을 하기란 사실상 불가능하다.

배를 만들 때 먼저 1/20 크기의 모형실험을 하기로 한다고 가정하자. 이 문제는 앞에서도 설명하였듯이 Reynolds수와 Froude수를 같게 하여 실험을 하여야 한다. 먼저 Froude수가 같게 하면 다음과 같다.

$$\mathrm{Fr_m} = \mathrm{Fr_p} \Rightarrow \left(\frac{V}{\sqrt{gL}}\right)_{\mathrm{m}} = \left(\frac{V}{\sqrt{gL}}\right)_{\mathrm{p}}$$

지구에서 실험을 하면 중력가속도는 같으므로 모형의 속도를 다음처럼 구할 수 있다.

$$\left(\frac{V}{\sqrt{L}}\right)_{\mathrm{m}} = \left(\frac{V}{\sqrt{L}}\right)_{\mathrm{p}} \Rightarrow V_{\mathrm{m}} = \sqrt{\frac{L_{\mathrm{m}}}{L_{\mathrm{p}}}}\, V_{\mathrm{p}} = \sqrt{\frac{1}{20}}\, V_{\mathrm{p}}$$

다음으로 Reynolds수가 같게 하여 모형의 속도를 다음처럼 구할 수 있다.

$$\mathrm{Re}_{\mathrm{m}} = \mathrm{Re}_{\mathrm{p}} \;\Rightarrow\; \left(\frac{VL}{\nu}\right)_{\mathrm{m}} = \left(\frac{VL}{\nu}\right)_{\mathrm{p}} \;\Rightarrow\; V_{\mathrm{m}} = \left(\frac{L_{\mathrm{p}}}{L_{\mathrm{m}}}\right)\left(\frac{\nu_{\mathrm{m}}}{\nu_{\mathrm{p}}}\right)V_{\mathrm{p}}$$

모형의 실험을 원형의 상태와 동일한 바닷물을 사용하여 실험을 한다고 하면 원형과 모형에서의 동점성이 같으므로 다음과 같이 모형의 속도를 구할 수 있다.

$$\mathrm{Re}_{\mathrm{m}} = \mathrm{Re}_{\mathrm{p}} \;\Rightarrow\; V_{\mathrm{m}} = 20\,V_{\mathrm{p}}$$

원형과 모형의 Froude수를 같게 하여 실험을 하면 모형의 속도는 $\sqrt{\frac{1}{20}}\,V_{\mathrm{p}}$ 이고, Reynolds수를 같게 하여 실험을 하면 모형의 속도를 $20\,V_{\mathrm{p}}$ 로 하여 모형실험을 하여야 한다. 따라서 모형과 원형의 Froude수와 Reynolds수를 동시에 같게 하여 실험을 할 수가 없다. 즉, 동역학적 상사를 만족시킬 수 없다. 둘 다 만족시킬 수 있는 방법은 다음처럼 특별한 유체에서 모형실험을 하면 될 것이다.

Froude수를 같도록 하려면 모형의 속도는 반드시 $\sqrt{\frac{1}{20}}\,V_{\mathrm{p}}$ 이어야 한다. 따라서 이 속도를 사용하여 Reynolds수를 같게 하려면 다음과 같이 모형에 사용할 액체의 동점성을 구할 수 있다.

$$\left(\frac{VL}{\nu}\right)_{\mathrm{m}} = \left(\frac{VL}{\nu}\right)_{\mathrm{p}} \;\Rightarrow \nu_{\mathrm{m}} = \left(\frac{L_{\mathrm{m}}}{L_{\mathrm{p}}}\right)\left(\frac{V_{\mathrm{m}}}{V_{\mathrm{p}}}\right)\nu_{\mathrm{p}} = \left(\frac{1}{20}\right)\left(\frac{1}{\sqrt{20}}\right)\nu_{\mathrm{p}} = \left(\frac{1}{20^{1.5}}\right)\nu_{\mathrm{p}}$$

즉, 바닷물 동점성의 $\frac{1}{20^{1.5}}$ 의 동점성을 가지는 액체를 개발하여 이것을 사용하여 모형실험을 한다면, 모형과 원형의 Froude수와 Reynolds수를 동시에 같게 하여 실험을 할 수가 있다. 만약 1/20 크기의 모형실험이 아니라 다른 축척의 모형을 사용한다면 또 다른 액체를 개발하여야 할 것이다. 이렇게 특별한 액체를 개발하여 실험한다는 것은 불가능하다. 따라서 모형과 원형의 Froude수와 Reynolds수를 동시에 같게 하여 실험을 할 수가 없다.

실제로는 두 개의 무차원수를 동시에 같게 하여 실험을 할 수 없으므로, 하나의 무차원수를 같게 하여 실험을 할 수 밖에 없고 이러한 경우는 완전한 상사가 될 수 없고 불완전 상사이고, 이러한 모형을 사용할 때 **왜곡된 모형**(distorted model)이라 하고 불완전한 상사이다. 배의 항력은 주로 마찰에 의한 항력과 물의 표면에서의 파도에 의한 조파항력으로 이루어진다. 일반적으로 마찰항력보다 조파항력을 해석적으로 구하기가 어렵다. 따라서 모형의 실험을 이용하여 원형의 조파저항을 알아내는 방법을 사용하고, 이 경우 Froude수를 같게 하는 Froude 상사를 사용한다. 그림 7.11에 나타내고 있듯이 모형에서 전체 항력을 측정한 후, 해석적인 방법으로 구한 마찰항력을 빼서 모형의 조파항력을 구한다. 이것을 이용하여 원형 배의 조파항력을 상사법칙을 사용하여 구한다. 원형 배의 마찰항력을 해석적으로 구하고 상사법칙으로 구한 원형 배의 조파저항을 더하면 원형 배의 전체 항력을 구할 수 있다. 배의 조파저항을 구하는 것은 연습문제에서 다룬다. 또한 마찰항력을 구하는 해석적인 방법에 대해서 여기서 설명하지는 않는다.

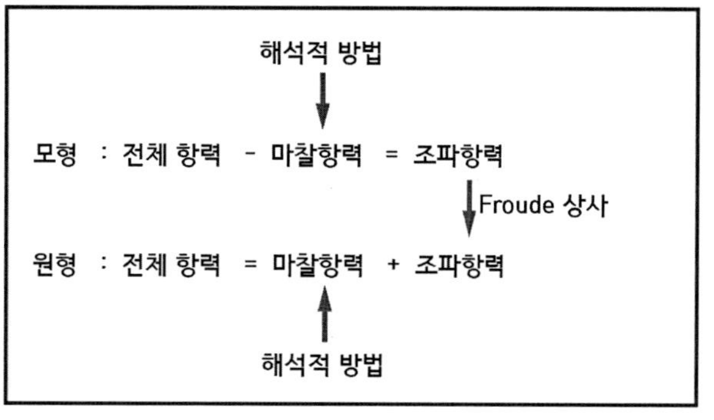

그림 7.11
배의 불완전 상사 - Froude 상사

7장 연습 문제

✦마찰계수에 대해서는 8장에서 자세히 설명한다.

7.1 수평 원관에서의 압력 손실 Δp 는 다음의 식으로 나타낼 수 있다. 여기서 f는 마찰계수이다. 차원동일성을 이용하여 f의 차원을 구하라. $\Delta p = f\dfrac{L}{D}\dfrac{\rho V^2}{2}$

✦유량에 관한 이 관계식은 8장에서 자세히 설명한다.

7.2 수평 원관에서의 속도가 그렇게 빠르지 않을 때의 유량 Q는 원관의 지름 D, 점성계수 μ, 압력차 Δp , 원관의 길이 L과 관계되고, 다음의 식으로 나타낼 수 있다. 차원동일성을 이용하여 계수 a를 구하라. $Q = \dfrac{\pi D^a \Delta p}{128\mu L}$

7.3 오리피스를 통한 유량 Q는 오리피스 지름 D , 압력차 Δp, 밀도 ρ, 동점성계수 ν에 의존한다고 한다. 차원해석을 하여 관계되는 무차원수를 구하라. 단, 반드시 기본그룹을 D, Δp, ρ로 하라.

7.4 점성계수 μ, 밀도 ρ인 유체 속에서 ω의 각속도로 회전하는 지름 D인 디스크에 작용하는 토크가 T이다. 차원해석을 하여 관계되는 무차원수를 구하라. 단, 반드시 기본그룹을 ρ, ω, D로 하라.

7.5 앞의 연습문제에서 기본그룹을 μ, ω, D로 하여 다시 차원해석을 하여 관계되는 무차원수를 구하라.

7.6 그림과 같이 관의 지름이 d인 곳에서 갑자기 지름이 D로 커질 때, 압력손실 Δp가 생기게 된다. 이 압력손실은 유체의 밀도 ρ, 점성계수 μ, 지름이 d인 곳에서 유체의 속도 V와 지름 d의 함수이다. 차원해석에 의하여 관계되는 무차원변수들을 구하라. 기본그룹을 d, μ, V로 하라.

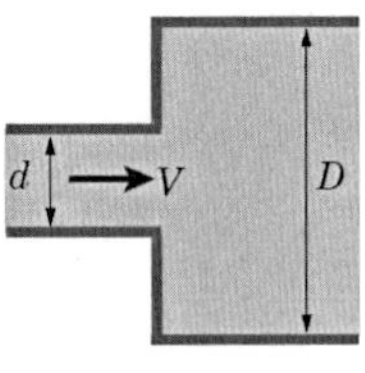

그림 P6.21

7.7 앞의 연습문제 7.6에서 기본그룹을 d, ρ, V로 하여 다시 차원해석을 하여 관계되는 무차원수를 구하라.

✦속도가 아주 느린 유동 ($\mathrm{Re} \ll 1$)을 크리핑(creeping) 유동이라 한다.

7.8 밀도 ρ, 점성계수 μ인 유체가 아주 느린 속도로 V로 흐르는 유동에 지름이 D인 구가 놓여 있을 때, 구가 받는 항력(drag force) F_d에 관한 실험을 하여 항력이 밀도와 무관하다는 사실을 알았다. 차원해석을 하여 필요한 무차원수를 구하라.

7.9 길이 L이고 직경 D인 수평 원관의 비압축, 정상유동에서 유체가 흐를 때, 마찰에 의하여 압력이 떨어지고 이 압력강하(압력손실)를 Δp라고 하면, Δp는 직경 D, 관의 길이 L, 유체의 속도 V, 유체의 밀도 ρ와 점성계수 μ 그리고 원관의 거칠기(조도) ε에 영향을 받는다. D, ρ, V를 기본그룹으로 하여 차원해석을 하여 관계되는 무차원수를 구하라.

7.10 원심펌프에서의 동력 $\dot{W}$는 회전차의 지름 D, 회전차의 회전 각속도 ω, 유체의 밀도 ρ, 점성계수 μ, 유량 Q와 관계된다. D, ρ, ω를 기본그룹으로 하여 차원해석을 하여 관계되는 무차원수를 구하라.

7.11 밀도 ρ, 점성계수 μ인 유체가 속도 V로 흐르는 유동에 지름이 D인 구가 놓여 있을 때, 구가 받는 항력(drag force) F_d를 구하고자 한다. 두 가지 유체에 대해 실험을 하여 다음 표와 같은 데이터를 얻었다. 차원해석을 하지 않고 다음을 구하라. (a) D를 파라미터로 해서, F_d와 V의 관계를 나타내는 그래프를 그려라(실제로는 $\log(F_\mathrm{d})$와 V의 관계를 나타내는 그래프를 그려야 한다). 몇 장의 그래프가 필요하며, 각 그래프에 나타나는 곡선의 수는 몇 개인가? (b) 만약 10 종류의 유체에 대해 20개의 지름에 대해 실험을 하였다면, 몇 장의 그래프가 필요하며, 각 그래프에 나타나는 곡선의 수는 몇 개인가? (c) 유체 1이 속도 0.4 m/s로 흐르는 유동에 지름이 0.4 m인 구가 놓여 있을 때, 구가 받는 항력을 표 또는 그래프로 예측할 수 있겠는가? 예측할 수 있으면 얼마인가? (d) 밀도가 1.33 kg/m^{3}이고 점성계수가 2.04×10^{-5} Pa·s인 유체가 속도 1 m/s로 흐르는 유동에 지름이 0.8 m인 구가 놓여 있을 때, 구가 받는 항력을 표 또는 그래프로 예측할 수 있겠는가? 예측할 수 있으면 얼마인가?

✦표에서 1.81E-05는 1.81×10^{-5}을 나타낸다.

유체 종류	V(m/s)	F_d (N)	
		D = 0.2m	D = 0.4m
유체 1 밀도 : 1.20 kg/m³ 점성계수 : 1.81E-05 Pa·s	0.1	7.92E-05	2.96E-04
	0.3	6.62E-04	2.76E-03
	0.5	1.89E-03	8.17E-03
	0.8	5.08E-03	2.23E-02
	2.1	3.96E-02	1.62E-01
	2.4	5.24E-02	2.09E-01
유체 2 밀도 : 1.83 kg/m³ 점성계수 : 1.47E-05 Pa·s	0.1	1.13E-04	4.52E-04
	0.3	1.05E-03	4.56E-03
	0.5	3.09E-03	1.35E-02
	0.8	8.42E-03	3.60E-02
	2.1	6.21E-02	2.16E-01
	2.4	8.04E-02	2.66E-01

7.12 밀도 ρ, 점성계수 μ인 유체가 속도 V로 흐르는 유동에 지름이 D인 구가 놓여 있을 때, 구가 받는 항력(drag force) F_d를 구하고자 한다. 이러한 경우 대부분의 유동에서 항력 F_d는 D, ρ, μ, V의 함수라고 생각할 수 있다. D, ρ, V를 기본그룹으로 하여 차원해석을 하여 관계되는 무차원수를 구하라.

7.13 차원해석을 한 연습문제 7.12의 결과를 이용하여 연습문제 7.11을 다시 생각해 보자(연습문제 7.11(c) 제외). (a) 연습문제 7.12에 나타나는 무차원수의 관계를 나타내는 그래프를 그리기 위하여 데이터를 무차원으로 변환하라. 몇 장의 그래프가 필요하며, 각 그래프에 나타나는 곡선의 수는 몇 개인가? (b) 만약 10 종류의 유체에 대해 20개의 지름에 대해 실험을 하였다면, 몇 장의 그래프가 필요하며, 각 그래프에 나타나는 곡선의 수는 몇 개인가? (d) 밀도가 1.33 kg/m³이고 점성계수가 2.04×10^{-5} Pa·s인 유체가 속도 1 m/s로 흐르는 유동에 지름이 0.8 m인 구가 놓여 있을 때, 구가 받는 항력을 표 또는 그래프로 예측할 수 있겠는가? 예측할 수 있으면 얼마인가?

7.14 연습문제 7.12의 무차원수를 사용하는 대신에 다음의 무차원수를 사용하여 연습문제 7.13을 다시 생각해 보자. $\mathrm{Re} = \dfrac{\rho VD}{\mu}$, $C_d = \dfrac{F_d}{\frac{1}{2}\rho V^2 \frac{\pi}{4} D^2}$. (a) C_d와 Re의 관계를 나타내는 그래프를 그리기 위하여 데이터를 무차원으로 변환하라. 몇 장의 그래프가 필요하며, 각 그래프에 나타나는 곡선의 수는 몇 개인가? (b) 만약 10

종류의 유체에 대해 20개의 지름의 구에 대해 실험을 하였다면, 몇 장의 그래프가 필요하며, 각 그래프에 나타나는 곡선의 수는 몇 개인가? (d) 밀도가 1.33 kg/m^{3}이고 점성계수가 2.04×10^{-5} Pa·s인 유체가 속도 1 m/s로 흐르는 유동에 지름이 0.8 m인 구가 놓여 있을 때, 구가 받는 항력을 표 또는 그래프로 예측할 수 있겠는가? 예측할 수 있으면 얼마이고 앞의 연습문제 7.13과 비교하면 어떤가?

7.15 앞의 연습문제 7.8에서 실험을 하지 않고도 다음의 경우에 대해 답할 수 있는가? 연습문제 7.8의 결과를 이용하라. (a) 다른 모든 변수들이 일정하고 속도만 2배가 되면 항력은 몇 배가 되는가? (b) 다른 모든 변수들이 일정하고 점성계수만 2배가 되면 항력은 몇 배가 되는가? (c) 다른 모든 변수들이 일정하고 지름만 2배가 되면 항력은 몇 배가 되는가?

7.16 비행선이 공기(밀도 $1.4\,\mathrm{kg/m^3}$, 점성계수 $1.63\times10^{-5}\,\mathrm{N\cdot s/m^2}$)에서 7 m/s 의 속도로 비행하고 있다. 1/5 모형을 만들어 동일한 조건에서 실험을 하고자 한다. (a) 모형의 속도를 얼마로 하여 실험을 하면 되는가? (b) 앞에서 구한 속도로 모형실험을 하여 구한 항력이 1.03 kN이라면 원형의 항력은 얼마인가? (c) 원형인 소형비행선이 7 m/s의 속도로 비행할 때 필요한 동력을 예측하라.

7.17 길이 32m인 배의 조파저항을 구하고자 길이 2m인 모형배를 만들어 동일한 조건의 해수에서 실험을 하여 다음 표와 같은 실험결과를 구하였다. 원래 크기의 배가 20m/s의 속도로 항해할 때 받는 조파저항은 얼마나 될까?

모형배의 속도(m/s)	1.25	5	10	20	80
모형배의 조파저항(N)	10	80	200	800	2000

관에서의 점성 유동

학습목표

이 장의 학습 및 강의 목표는 다음과 같은 사항을 학생들이 완전하게 이해하는 것이다.

- 층류와 난류의 구분.
- 완전발달 층류유동의 속도분포 유도.
- Hagen–Poiseuille식의 유도 및 응용.
- 마찰계수.
- 주손실 및 부차적 손실.
- 비원형관에 대한 해석.
- 유량 측정 방법.

8.1 서론

이 장에서는 관(pipe) 내부의 층류 및 난류 점성유동에 대해 설명한다. 관 속의 유동처럼 물체의 내부에 유체가 흐르는 경우 **내부유동**(internal flow)이라 하고 공이나 원통 주위에 유체가 흐르는 유동을 **외부유동**(external flow)이라고 한다. 이 장에서는 원관 내에 점성이 있는 유체의 유동의 기본적인 사항에 대하여 설명한다.

8.2 층류와 난류 유동

일반적으로 유체의 유동은 층류와 난류 유동으로 구분한다. 영국의 과학자인 Osborne Reynolds가 유체의 유동을 처음으로 층류와 난류로 구분하여 설명하였다. 유체가 비교적 느리게 흐를 때 유체는 그림 8.1(a)에 보여주고 있듯이 층을 이루면서 잔잔히 흐르고, 이 유동 형태를 **층류**(laminar) 유동이라 한다. 유체가 비교적 빠르게 흐를 때, 그림 8.1(c)에 보여주고 있듯이 유체는 뒤섞이며 아주 불규칙하게 흐르고, 이 유동 형태를 **난류**(turbulent) 유동이라 한다. 층류와 난류로 구분하기 애매한 중간 단계의 유동 형태를 **천이**(transitional) 유동이라 하고 층류가 되었다 난류가 되었다 반복하기도 하며 그림 8.1(b)에 나타내고 있다.

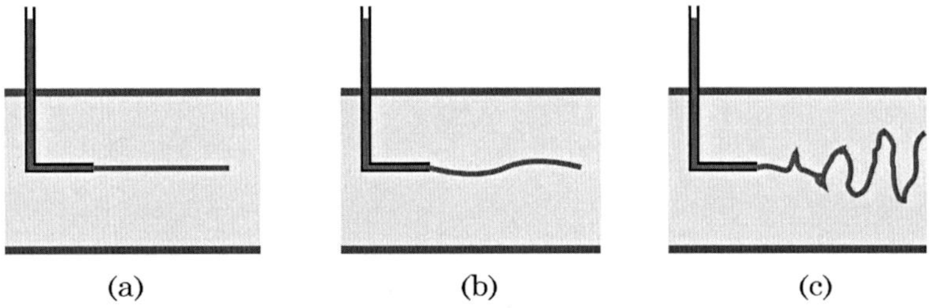

그림 8.1
유동의 구분. (a)층류, (b)천이유동, (c)난류유동

유동이 층류냐 난류냐에 따라 유동 특성이 크게 달라진다. 따라서 유동이 층류인지 난류인지 구분하여 해석하여야 하며, 얼마나 빠른 속도에서 난류가 되는가 하는 것은 상당히 중요하다. 물론 Reynolds가 처음으로 알아내었지만, 이제 여러분이 속도의 빠르기에 따라 층류와 난류가 될 수 있다는 사실을 처음으로 발견했다고 가정하여, 어떻게 실험을 하고 어떻게 결과를 정리해야 할지에 대해 생각해 보자. 다른 유체역학 및 공학 문제에서 이와 비슷한 상황에 직면하였을 때, 해결하는 방안에 대해 설명하기 위해 지금은 Reynolds의 결과를 모른다고 가정한다.

먼저 예비적인 실험으로, 아주 단순하게 지름이 2 cm인 원관에 밀도 999 kg/m^3,

점성계수 0.00114 N · s/m^{2}인 물이 흐르는 경우에 대해 실험을 하여 다음 표와 같은 결과를 얻었다고 하자.

표 8.1
지름 2 cm인 원관에서 물의 유동형태

V(cm/s)	5	10	15	20	25	30	40	50	60	70
유동형태	층류	층류	천이	천이	난류	난류	난류	난류	난류	난류

이 실험결과로부터 다음과 같은 질문을 생각해 보자.

(1) **지름이** 2 cm**인 원관에 물이** 30 cm/s**의 속도로 흐를 때, 표** 8.1**로부터 유동은 난류임을 알 수 있다. 만약 지름이** 0.5 cm**인 원관에 물이 동일한 속도로 흐를 때 유동은 어떤 형태인가?**

(2) **지름이** 2 cm**인 원관에 밀도** 1.23 kg/m^3, **점성계수** 1.81×10^{-5} N · s/m^2**인 공기와 밀도** 940 kg/m^3, **점성계수** 1.8×10^{-3} N · s/m^2**인 기름이 각각** 30 cm/s**의 속도로 흐를 때, 유동은 어떤 형태인가?**

표 8.1의 결과에서 단순히 속도가 30 cm/s라는 것만 보고 질문에 대한 모든 답이 난류라고 할 수는 없을 것이다. 첫 번째 질문에 대해, 동일한 물이 같은 속도로 흐르지만 표 8.1의 결과는 지름이 2 cm인 원관에 대한 결과이고, 지름이 0.5 cm인 원관에 물이 30 cm/s의 속도로 흐를 때 적용할 수 있을지 의문이 들고, 유동이 층류인지 난류인지 지금은 알 수 없다. 두번째와 질문에 대해, 동일한 지름과 속도로 유체가 흐르지만 표 8.1의 결과는 유체가 물인 경우의 결과이고, 공기와 기름에 대해서도 적용할 수 있을지 의문이며, 실제로 적용할 수 없다. 역시 유동이 층류인지 난류인지 지금은 알 수 없다. 지름이 2 cm인 원관에 물이 30 cm/s의 속도로 흐를 때, 유체의 속도는 난류 유동이 되기에 충분히 빠른 속도이지만, 공기가 30 cm/s의 속도로 흐를 때는 난류 유동이 되기에 충분히 빠른 속도인지 판단할 수 없다. 지금으로서는 표 8.1의 결과로 아무 것도 답할 수가 없다. 여러 지름의 원관에 대해 공기, 기름 등의 여러 유체에 대한 실험을 해야 답을 알 수 있다. 유동이 어떤 형태가 되는지는 단순히 속도가 느린지 빠른지에만 관계가 되는 것은 아니고, 매끄러운 원관 내를 유체가 흐르는 경우, 원관의 지름, 유체의 종류(유체의 밀도와 점성계수) 등에 따라 달라질 것이라는 것을 예측할 수 있다. 즉, 다음과 같이 생각할 수 있다.

층류, 난류, 천이유동? $\Leftarrow$ ρ, μ, V, D등에 따라 달라진다.

여러 유체와 여러 가지 지름의 원관에서 실험을 하여 결과를 얻었다고 하자. 여러 지름의 원관과 여러 유체에 대해 표 8.1과 같은 수많은 표를 만들어 유동 형태를 나타내는 것은 어리석은 방법일 것이다.

이제 유동 형태(type)를 나타내는 변수 T를 도입하여 T가 0이면 층류, 1이면 천이, 2이면 난류라고 하자. 즉, T는 0, 1, 2의 값을 가지는 무차원 변수이다. ρ, μ, V, D의 값에 따라 층류, 난류, 천이유동이 정해지므로, ρ, μ, V, D의 값에 따라 T의 값(0, 1, 2)이 정해진다고 할 수 있고 다음처럼 함수 관계로 나타낼 수 있다.

$$T = f(\rho, \mu, V, D) \tag{8.1}$$

식 (8.1)은 4개의 차원을 가지는 물리량 ρ, μ, V, D와 하나의 무차원 변수 T 등의 다섯 개의 변수에 관한 식이므로, 차원해석에 의하면 2개의 무차원 변수 사이의 관계식으로 나타낼 수 있다는 것을 알 수 있다. 이미 T는 무차원 변수이므로, ρ, μ, V, D로 부터 하나의 무차원 변수를 구하면, $\Pi_1 = \frac{\mu}{\rho VD}$ 를 구할 수 있다. 그러면 식 (8.1)의 관계식를 다음처럼 무차원수 사이의 관계식으로 나타낼 수 있다.

$$T = f\left(\frac{\mu}{\rho VD}\right) \tag{8.2}$$

앞장의 차원해석에서도 설명하였듯이 차원해석으로부터 구한 무차원수 $\Pi_1 = \frac{\mu}{\rho VD}$ 대신에 $\mathrm{Re} = \frac{\rho VD}{\mu}$ 를 사용하여 다음처럼 나타낼 수도 있다.

$$T = f(\mathrm{Re}) \tag{8.3}$$

즉, T의 값(유동형태)은 Re의 값에 따라 정해질 수 있다는 것을 알 수 있다. 앞장에서도 설명하였지만 Re를 **Reynolds수**라고 하고 다음과 같다.

$$\mathrm{Re} = \frac{\rho VD}{\mu} = \frac{VD}{\nu} \tag{8.4}$$

Reynolds수는 관성력과 점성력의 상대적인 크기를 나타내는 무차원수이다. 즉,

$$\mathrm{Re} \sim \frac{\text{관성력}}{\text{점성력}} \tag{8.5}$$

이다. 앞의 차원해석에 의하여 유동 형태가 Re에 따라 정해진다는 것을 알 수 있었다.

차원해석을 한 결과인 식 (8.3)으로부터 유동 형태가 Re에 따라 정해진다는 것을 알 수 있지만, 논리적인 사고를 통해서도 유동 형태가 Re에 따라 정해진다는 것을 추측할 수 있다. 유동이 층류가 되느냐 난류가 되느냐는 유체의 관성력과 점성력의 크기에 따라 달라질 것이라는 것을 생각할 수 있다. 속도가 크면, 즉 관성력이 크면 유체는 뒤섞여 난류가 되기 쉽고, 점성력이 크면 유체는 뒤섞이려는 것을 억제하여 층류가 되기 쉽다. 즉, 점성력이 상대적으로 크다면 유동은 층류가 될 것이고, 유체가 빨리 흘러 관성력이 상대적으로 크면 유동은 난류가 될 것이라고 추측할 수 있다. 따라서 이 두 힘의 상대적인 비가 Reynolds수이므로 차원해석을 하지 않고도 유동 형태를 Re에 따라 정리하면 좋은 결과를 얻을 수 있다고 판단할 수도 있다.

일반적으로 단면이 원형인 원관에서의 유동은 Re가 2100보다 작으면 층류유동이고, Re가 4000보다 크면 난류유동이 되고 그 사이는 층류, 난류를 구별하기 어려운 천이유동이고 표 8.2와 같다. 표 8.2는 유체의 종류, 원관의 지름에 따라 다르지 않고 일반적으로 모든 유체와 모든 지름의 원관에 적용할 수 있으며, 이 점이 차원해석을 이용하여 무차원변수로 나타냈을 때의 장점이다. 유체역학에서 물리적인 변수들의 관계식이나 실험 결과를 정리할 때는 반드시 무차원 변수로 나타내어야 한다.

표 8.2
Re에 따른 유동형태

층류	$\mathrm{Re} < 2100$
천이	$2100 < \mathrm{Re} < 4000$
난류	$\mathrm{Re} > 4000$

✦편의상 다음처럼 구분하여 해석한다.
Re 〈 2300 : 층류
Re 〉 2300 : 난류

일반적으로 층류, 난류 및 천이유동은 앞에서 설명한 것과 같이 분류하지만, 유동을 해석할 때 편의상 **임계 Reynolds수**(critical Reynolds number) Re_{cr}을 기준으로 층류와 난류를 구분하기도 한다. 원관의 경우 임계 Reynolds수는 2300이다(Re_{cr}=2300).

예제 8.1 **본문에서의 질문 (1), (2)를 다시 생각해 보자. (a) 지름이 0.5 cm인 원관에 물이 30 cm/s의 속도로 흐를 때 유동은 어떤 형태인가? (b) 지름이 2 cm인 원관에 공기와 기름이 각각 30 cm/s의 속도로 흐를 때, 유동은 어떤 형태인가? 물의 밀도는 999 kg/m^{3}이고 점성계수는 1.14×10^{-3} N·s/m^{2}이다. 공기의 밀도는 1.23 kg/m^{3}이고 점성계수는 1.81×10^{-5}이다. 기름의 밀도는 940 kg/m^{3}이고 점성계수는 1.8×10^{-3} N·s/m^{2}이다.**

풀이

(a) 유동의 형태를 파악하기 위해서는 표 8.2를 이용하면 된다. 먼저 Re를 계산한다.

$$\mathrm{Re} = \frac{\rho VD}{\mu} = \frac{(999)(0.3)(0.005)}{1.14 \times 10^{-3}} = 1314$$

따라서 표 8.2로부터 층류 유동임을 알 수 있다.

(b) 역시 먼저 Re를 계산한다.

$$\text{공기 : } \mathrm{Re} = \frac{\rho VD}{\mu} = \frac{(1.23)(0.3)(0.02)}{1.81 \times 10^{-5}} = 408$$

$$\text{기름 : } \mathrm{Re} = \frac{\rho VD}{\mu} = \frac{(940)(0.3)(0.02)}{1.81 \times 10^{-3}} = 3116$$

표 8.2로부터 공기는 층류 유동이고 기름은 천이 유동임을 알 수 있다.

보충설명

지름 2cm인 관에서 물이 30 cm/s의 속도로 흐를 때에는 표 8.1에서 보듯이 유동은 난류이지만, 이 예제의 (a)에서 보듯이 지름 0.5cm인 관에서 물이 같은 속도로 흐를 때에는 층류이다. 그리고 동일한 지름의 원관에 물, 공기, 기름이 흐를 때, 표 8.1과 이 예제의 (b)에서 보듯이 물은 난류, 공기는 층류, 기름은 천이 유동임을 알 수 있다.

앞에서 유체가 빠른 속도로 흐를 때 난류가 되고 느린 속도로 흐를 때 층류가 된다고 하였는데, 같은 속도라도 유체의 종류에 따라 유동의 형태에 영향을 주는 "빠르기" 개념은 다르다는 것을 알 수 있다. 물과 공기의 예를 들어 보면, 같은 30 cm/s의 속도라 하더라도 물의 속도가 공기의 속도보다 훨씬 "빠르다"는 것을 알 수 있다(물은 난류가 되고 공기는 층류가 된다). 실제로 공기의 속도가 100 m/s 인 경우와 물의 속도가 100 m/s인 경우를 상상해 보라. 공기가 100 m/s로 흐르는 경우는 흔히 볼 수 있지만, 물이 100 m/s의 속도로 흐른다는 것은 상상하기 쉽지 않다.

만약 차원해석을 하지 않고 실험결과를 정리하면, 유체의 종류와 원관의 지름에 따라 표 8.1과 같은 무수히 많은 표를 만들어야 할 것이다. 차원해석을 이용하여 정리한 표 8.2의 결과만으로 모든 유체, 모든 지름의 원관에 대해 유동 형태를 판단할 수 있다. 유체역학에서는 반드시 무차원 변수를 사용하여 데이터를 정리하여야 한다.

8.3 입구영역과 완전발달유동

곧은 수평 원관 속에서의 유체의 속도분포는 일반적으로 반경방향 r과 축방향 x에 따라 달라진다. 그림 8.2에 원관의 입구 부근에서의 속도분포를 보여주고 있다. 여러 위치에서 원관 내부 유체의 속도분포를 측정하여 보면 다음과 같은 특성을 가진다.

- 관 입구에서의 속도분포는 균일하다.
- 관을 지나감에 따라, 관의 벽에서 속도는 0이고(점착조건), 점성 때문에 관의 벽에 인접한 유체의 속도는 감속되고 중앙 부분의 속도는 증가된다. 벽 부근에서 속도가 감소하면 중앙 부분에서의 속도가 증가하여야 연속방정식이 성립한다.
- **경계층**(boundary layer): 벽에서의 마찰로 인한 점성효과가 중요하여 속도분포가 균일하지 않은 벽 부근의 영역을 경계층이라 한다.

- **비점성 중앙부**(inviscid core): 점성효과가 존재하지 않는 균일한 유동영역을 비점성 중앙부(core)라 한다. 책에 따라 core를 핵으로 번역하기도 한다.
- **완전발달유동**(fully developed flow): 어떤 길이 이상의 하류에서는 중심부의 균일한 유동영역은 사라지고, 유동은 완전히 점성유동으로 발전하며, 속도분포는 축방향에 따라 더 이상 변하지 않는다. 이러한 유동을 완전발달유동이라 한다.
- **입구길이**(Entrance length): 완전히 발달한 유동에 도달할 때까지 입구에서의 길이를 입구길이라 하고 L_e로 나타낸다.
- 완전발달유동 영역에서 속도분포는 축방향으로는 변하지 않고 r만의 함수이다. 그렇지만 압력은 축방향에 따라 변하고 일정하게 감소한다.

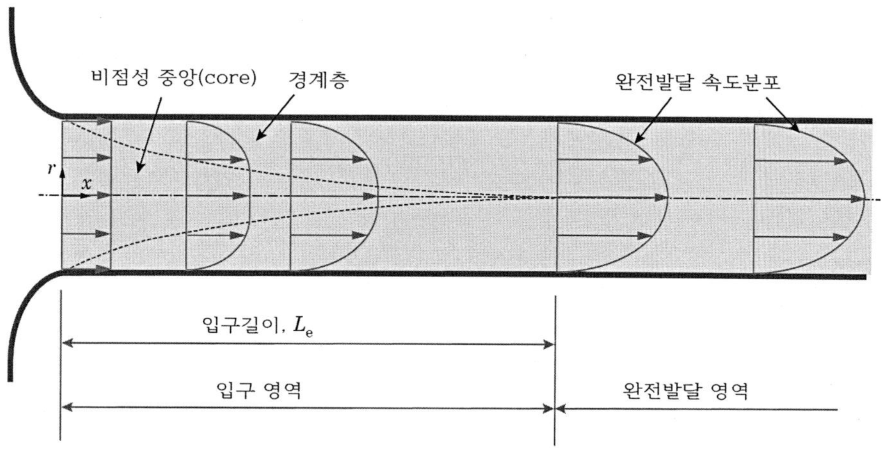

그림 8.2
원관의 입구 부근에서의 유동

입구길이 L_e는 원관의 지름 D, 유동속도 V, 유체의 밀도 ρ와 점성계수 μ에 따라 달라지고, 실험에 의하면 다음과 같다.

$$\text{층류: } \frac{L_e}{D} = 0.06\,\text{Re} \tag{8.6}$$

$$\text{난류: } \frac{L_e}{D} = 4.4\,\text{Re}^{1/6} \text{ 또는 } 25 \sim 50 \tag{8.7}$$

8.4 완전발달 층류유동

8.4.1 속도분포

입구영역의 일부를 제외하고는 원관에서의 유동은 완전발달유동이고, 이때 속도는 오직 반경방향으로만 변한다. 원관에서의 유동이 층류일 때는 속도분포를 이론적으로 구할 수 있다. 유동이 완전발달하지 않은 입구영역이나, 완전발달 난류유동인 경우는 이론적으로 구하기가 쉽지 않다. 완전발달 층류유동의 속도분포를 이론적으로 구한다면 이 속도분포로부터 유량, 관의 내부 표면에서의 전단응력과 마찰손실로 인한 압력강하 등의 여러 가지를 얻을 수 있다.

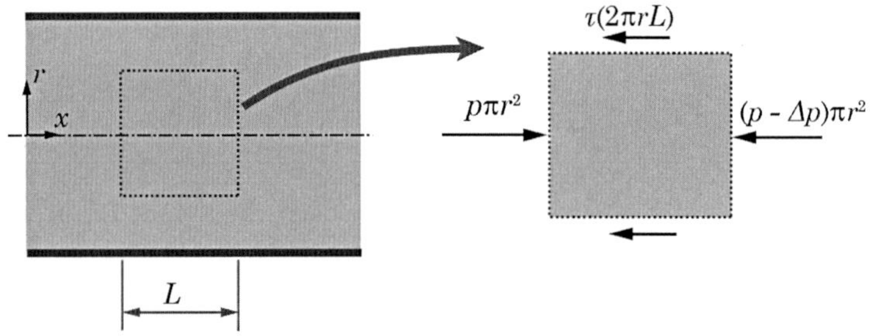

그림 8.3
완전발달 영역에서의 검사체적 해석

수평 원관에서 시간에 따라 유동이 바뀌지 않는 정상유동이고 완전발달유동인 경우, 그림 8.3처럼 반경 r이고 길이 L인 원통형 검사체적을 설정하고 x방향에 대해 운동량방정식을 적용하면, 완전발달유동에서는 더 이상 속도분포가 변하지 않아 검사체적의 입구 및 출구에서의 속도분포가 같으므로,

$$F_x = 0 \tag{8.8}$$

이다. 수평 원관에서 유체가 흘러가면 압력은 떨어진다. 그림에서 길이 L만큼 흘러갈 때 압력이 Δp 만큼 떨어진다. 검사체적에 작용하는 힘은 압력과 전단응력에 의한 힘이고 일반적으로 중앙부분의 유체의 속도가 빠르므로 외부 유체가 검사체적에 작용하는 전단응력의 방향은 $-x$ 방향이고, 위의 식은 다음과 같이 표시된다.

$$p\pi r^2 - (p - \Delta p)\pi r^2 - \tau(2\pi r L) = 0$$

여기서 τ는 전단응력의 크기이다. 위 식을 정리하면,

$$\Delta p \pi r^2 = 2\tau\pi r L \tag{8.9}$$

이고, 따라서 다음의 결과를 얻을 수 있다.

$$\tau = \frac{\Delta p}{2L} r \tag{8.10}$$

전단응력은 중심($r=0$)에서 0이고 반경 r에 비례한다. 속도분포는 그림 8.4에서 나타낸 것처럼 포물선 형태이고 뒤에서 속도분포를 유도한다. 벽면($r=R$)에서 전단응력을 τ_w라고 하면 식 (8.10)에 $r=R$을 대입하여 구할 수 있고 다음과 같다.

$$\tau_w = \frac{\Delta p R}{2L} = \frac{\Delta p D}{4L} \tag{8.11}$$

원관의 벽에서, 유체는 원관에 대해 유체의 진행방향으로 전단응력을 가하게 되고, 원관은 유동방향의 반대방향으로 유체에 전단응력을 가하게 되어, 유체가 흐르는 것을 방해하여 유체에 대한 마찰력으로 작용하게 되고, 압력강하(압력손실) Δp의 원인이 된다. 수평 원관에서의 압력강하는 벽면에서의 유체의 점성으로 인한 마찰 전단응력에 의한 것임을 알 수 있다.

예제 8.2 지름이 40 cm인 수평 원관에서 유체가 완전발달 상태로 흐르고 있다. 벽면에서의 전단응력이 20 Pa일 때, 길이 50 cm 하류 지점에서 압력은 얼마나 감소하는가?

풀이

수평 원관의 벽에서의 전단응력은 압력차와 식 (8.11)의 관계가 있으므로 이 식을 이용하여 구할 수 있다.

$$\Delta p = \frac{4\tau_w L}{D} = \frac{(4)(20)(0.5)}{0.4} = 100\ \text{Pa}$$

완전발달 층류유동인 경우 식 (8.10)으로부터 속도분포를 구할 수 있다. Newton의 점성법칙으로부터,

$$\tau = -\mu\frac{du}{dr} \tag{8.12}$$

✦ 만약 τ가 전단응력의 크기가 아니라 부호까지 포함한다면, $\tau = \mu \frac{du}{dr}$ 로 될 것이고, τ 자체는 음이 될 것이다.

이다. τ는 전단응력의 크기이기 때문에 양의 값이고, du/dr이 음이기 때문에(r이 커지면 속도는 줄어든다), 음의 부호(−)가 식에 필요하다. 식 (8.10)을 식 (8.12)에 대입하면

$$\frac{du}{dr} = -\frac{1}{\mu}\frac{\Delta p}{2L} r$$

이다. 따라서 r에 대해 적분하면,

$$u = -\frac{\Delta p}{4\mu L} r^2 + C$$

이다. 벽면에서의 유체의 속도가 0이므로(즉, $r = R$에서 $u = 0$), 적분상수 C는 다음과 같다.

$$C = \frac{\Delta p R^2}{4\mu L}$$

이를 대입하면 다음과 같은 속도분포를 얻는다.

$$u = \frac{\Delta p R^2}{4\mu L}\left[1 - \left(\frac{r}{R}\right)^2\right] \tag{8.13}$$

원관의 중심($r = 0$)에서의 속도를 V_c라고하면,

$$V_c = \frac{\Delta p R^2}{4\mu L} \tag{8.14}$$

이고 이것은 원관에서 최대속도이다. 식 (8.13)은 다시 다음처럼 나타낼 수 있다.

$$u = V_c\left[1 - \left(\frac{r}{R}\right)^2\right] \tag{8.15}$$

원관에서 완전발달 층류유동의 속도분포는 식 (8.15)에서 보듯이 포물선 형태임을 알 수 있고, 관의 중심부분에서 최고속도 V_c를 가진다. 그림 8.4에 속도분포와 전단응력을 보여주고 있다.

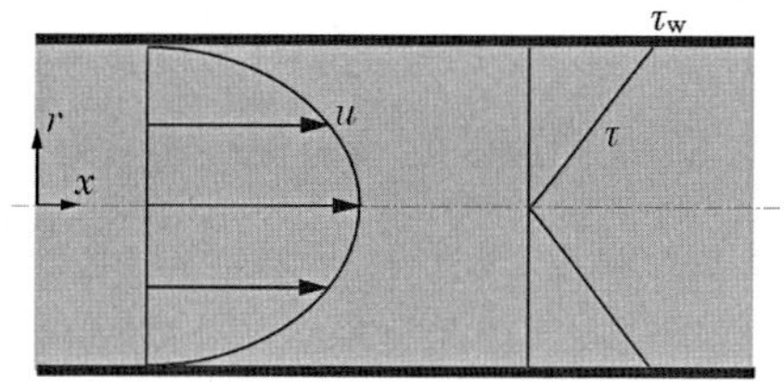

그림 8.4
완전발달 영역에서의 속도분포 및 전단응력

8.4.2 Hagen-Poiseuille식

✦ Hagen : 하겐
Poiseuille : 푸(포)아죄유 또는 뿌(뽀)아제이유

일반적으로 유체역학에서 속도분포를 알 수 있다면 여러 가지 사항을 알아낼 수 있다. 먼저 속도분포로부터 유량과 평균속도를 구할 수 있다. 속도분포가 균일하지 않고 포물선 형태이므로 적분하여 구할 수 있다.

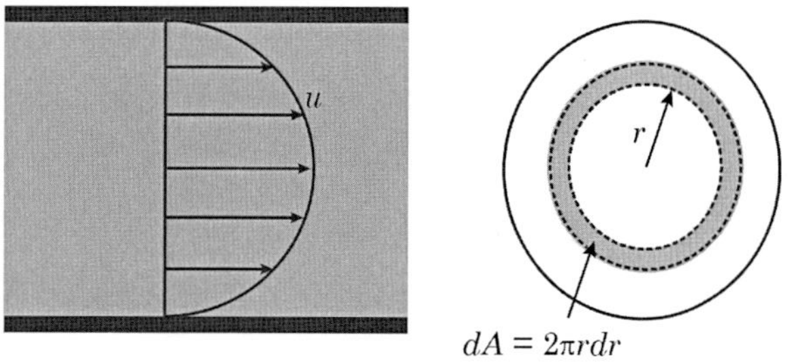

그림 8.5
원관에서의 유량 계산을 위한 적분

그림 8.5에서 미소면적 $dA = 2\pi rdr$ 을 지나는 유량 dQ는 다음과 같다.

$$dQ = udA$$

이를 전체면적에 대해 적분하면 유량을 구할 수 있다.

$$Q = \int_A dQ = \int_A udA = \int_0^R u(2\pi r)dr = 2\pi \int_0^R urdr \tag{8.16}$$

식 (8.15)를 식 (8.16)에 대입하면 다음과 같다.

$$Q = 2\pi \int_0^R V_c\left(1 - \frac{r^2}{R^2}\right)r\,dr = 2\pi \int_0^R V_c\left(r - \frac{r^3}{R^2}\right)dr = \frac{\pi R^2 V_c}{2} \tag{8.17}$$

여기에 식 (8.14)을 대입하면,

$$Q = \frac{\pi R^4 \Delta p}{8\mu L}$$

이고 $R = \dfrac{D}{2}$를 대입하면 다음의 결과를 얻는다.

$$Q = \frac{\pi D^4 \Delta p}{128\mu L} \tag{8.18}$$

이 식을 **Hagen-Poiseuille 식** 또는 **Hagen-Poiseuille 법칙**이라 하고 **수평 원관에서 완전발달 층류유동에 성립하는 식**이다. 이 식으로부터 원관의 층류유동과 관련하여 다음과 같은 사실들을 알 수가 있다. 다른 모든 조건이 일정한 경우,

- 유량은 압력강하에 비례한다. : $Q \propto \Delta p$
- 유량은 관의 길이에 반비례한다. : $Q \propto L^{-1}$
- 유량은 점성계수에 반비례한다. : $Q \propto \mu^{-1}$
- 유량은 관 직경의 4승에 비례한다. : $Q \propto D^4$

따라서 동일한 압력강하 상태에서 관의 직경이 원래 직경의 1/2이 되면 유량은 원래 유량의 1/16이 된다. 관의 직경이 오직 반으로 줄면 유량이 1/16로 줄게 된다니 놀라운 일이 아닐 수 없다.

✦ $Q \propto D^4$ 이므로 $\dfrac{Q_2}{Q_1} = \left(\dfrac{D_2}{D_1}\right)^4 = \left(\dfrac{1}{2}\right)^4$

식 (8.18)를 다음과 같이 변형할 수가 있다.

$$\Delta p = \frac{128\mu L Q}{\pi D^4} \tag{8.19}$$

식 (8.19)으로부터 수평 원관의 층류유동과 관련하여 다음과 같은 사실들을 알 수가 있다. 다른 모든 조건이 일정한 경우,

- 압력강하는 관의 길이에 비례한다. : $\Delta p \propto L$
- 압력강하는 점성계수에 비례한다. : $\Delta p \propto \mu$
- 압력강하는 관 직경의 4승에 반비례한다. : $\Delta p \propto D^{-4}$

유동이 층류로 유지될 때, 원관의 직경이 원래직경의 1/2이 되면, 원래의 유량을 유지하기 위해 필요한 압력차 Δp는 원래 압력차의 16배가 된다. 관의 직경이 오직 반으로 줄면 필요한 압력차가 16배가 된다. 이와 비슷한 원리로, 사람의 혈관이 고지

혈증 등으로 혈관의 통로가 좁아지는 경우 필요한 압력이 아주 많이 증가하여 심장에 상당한 무리가 가서, 고혈압이 될 수밖에 없다는 것을 유추해볼 수 있다.

예제 8.3 **지름이 40 cm이고 길이가 50 m인 수평 원관에 점성계수가 0.00024 Pa·s인 유체가 속도 0.5 m/s로 완전발달 층류상태로 흐르고 있다. 관 전체에서의 압력차는 얼마인가?**

풀이

완전발달 층류유동이므로 식 (8.19)를 사용하면 된다.

$$Q=\pi(0.2^2)(0.5)=0.0628$$

이고,

$$\Delta p=\frac{128\mu LQ}{\pi D^4}=\frac{(128)(0.00024)(50)(0.0628)}{\pi(0.4^4)}=1.2\ \text{Pa}$$

이다.

보충설명

완전발달 층류가 아니면 위의 식을 사용할 수 없다. 식에서 모두 SI단위를 사용하였으므로, 답에서도 압력의 SI단위인 Pa을 붙이면 된다.

예제 8.4 **지름이 D인 수평 원관에서 유체가 완전발달 층류로 흐르고 있을 때 유량이 Q이다. 다른 모든 조건이 동일한 상태에서 점성계수가 2배이고, 지름이 2배가 된다면, 유량은 어떻게 되겠는가? 단, 이 경우도 층류이다.**

풀이

식 (8.18)로부터 유량은 관 지름의 4제곱에 비례하고 점성계수에 반비례한다. 따라서 유량은 $(2^4)\left(\frac{1}{2}\right)=8$배가 되어, 유량은 $8Q$이다.

8.4.3 평균속도와 전단응력

속도분포로부터 유량을 구하였으므로 평균속도 V는 식 (8.17)을 이용하여 다음처럼 쉽게 구할 수 있다.

✦ 원관에서의 완전발달 층류유동인 경우 평균속도는 최대속도의 1/2이지만 난류라든지 원관이 아닌 다른 경우에는 그렇지 않다.

$$V=\frac{Q}{A}=\frac{\frac{\pi R^2 V_c}{2}}{\pi R^2}=\frac{V_c}{2} \tag{8.20}$$

즉, **원관에서의 완전발달 층류유동인 경우 평균속도는 최대속도의 1/2이다.**

속도분포가 식 (8.15)로 주어질 때 속도분포로부터 **벽면에서의 전단응력**을 구할 수 있다.

$$\tau_w = -\mu \frac{du}{dr}\bigg|_{r=R} = -\mu \frac{-2rV_c}{R^2}\bigg|_{r=R} = \frac{2\mu V_c}{R} = \frac{4\mu V_c}{D}$$

$V_c = 2V$ 이므로 벽면에서의 전단응력은 다음과 같다.

$$\tau_w = \frac{8\mu V}{D} \tag{8.21}$$

8.5 완전발달 난류유동

난류유동의 경우 층류유동과는 달리 속도분포를 이론적으로 구하기는 쉽지 않다. 일반적으로 실험을 하거나 컴퓨터를 이용하여 해석하는 방법으로 속도분포를 구한다. 난류유동은 매우 불규칙한 유동 특성을 가지므로 그림 8.6에서 보듯이 어느 한 지점에서의 속도성분 u는 시간에 따라 일정하지 않은 특성을 가진다.

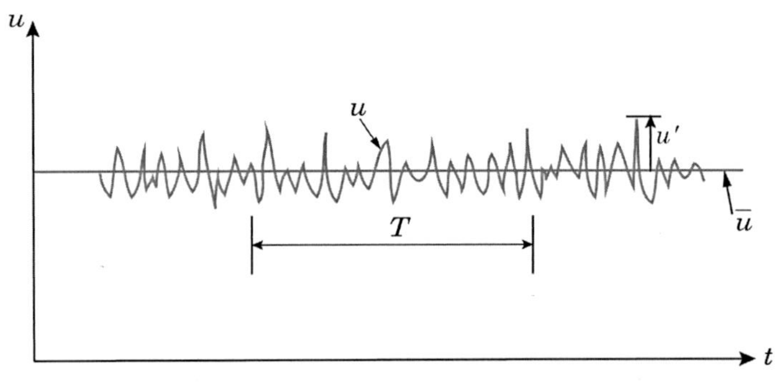

그림 8.6
난류일 때 시간에 따른 속도 변화

시간에 대한 평균속도를 다음과 같이 정의한다.

$$\bar{u} = \frac{1}{T}\int_0^T u\,dt \tag{8.22}$$

여기서 T는 충분히 긴 시간으로 적절히 선택하여야 한다. 그리고 u'를 평균값에 대한 변동속도라고 하면 다음의 관계가 성립한다.

$$u = \overline{u} + u' \tag{8.23}$$

보통 난류유동에 대해 평균속도가 중요한 경우가 많고 따라서 편의상 평균속도를 u로 나타내는 경우가 많으므로 난류인 경우 속도를 u로 나타내었을 때, 시간에 따라 변하는 속도인지 평균속도를 의미하는지 잘 판단하여야 한다.

원관에서의 완전발달 난류유동에 대한 속도분포는 실험 등에 의하여 여러 가지가 제안되었지만 현재로 가장 많이 사용되는 것이 다음과 같은 **멱법칙**(power-law) 속도분포이다.

$$\frac{\overline{u}}{V_c} = \left(1 - \frac{r}{R}\right)^{\frac{1}{n}} \tag{8.24}$$

여기서 n은 6 ~ 10의 값을 가지고 일반적으로 Re에 따라 달라진다. 난류와 층류의 속도분포를 그림 8.7에 나타내고 있으며, 난류의 속도분포가 층류의 속도분포에 비해 평평하여(flat) 균일한 속도분포에 가깝다. 멱법칙 속도분포는 관의 대부분에서는 잘 맞지만, 관의 벽 부근에서 전단응력을 계산할 때, 속도기울기가 무한대가 되어 적용하기 어려운 점이 있다.

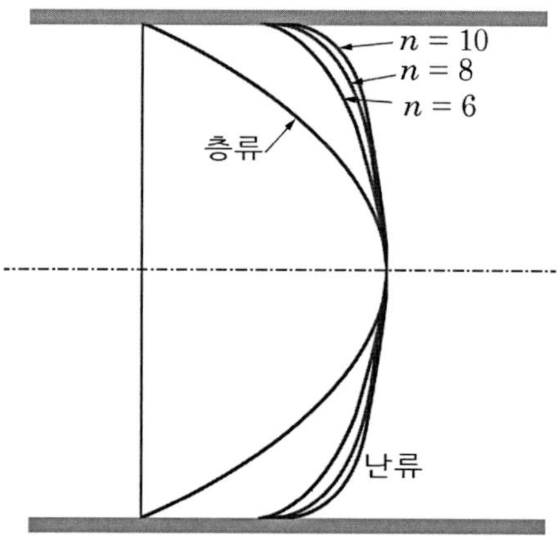

그림 8.7
원관에서 층류와 난류일 때의 속도분포

8.6 마찰계수

원관 내부의 유동을 다룰 때, 가장 중요한 설계요인 중 하나가 어떠한 유량으로 유체를 흐르게 할 때 필요한 펌프 동력을 구하는 것이다. 유체의 에너지로부터 얼마의 터빈 동력을 얻을 수 있는지 또한 주된 관심사이다. 이러한 것들은 손실수두를 알면 에너지 방정식으로부터 구할 수 있다. 따라서 관 내부의 유동에서 수두손실 또는 압력손실을 구하는 것이 상당히 중요한 문제이다.

길이 L이고 직경 D인 **수평 원관**의 **비압축**, **정상유동**에서 유체가 흐를 때, 마찰에 의하여 압력이 떨어지고 이 압력강하(압력손실)를 Δp라고 하면, Δp는 직경 D, 관의 길이 L, 유체의 속도 V, 유체의 밀도 ρ와 점성계수 μ 그리고 원관의 거칠기(조도) ε에 영향을 받고, 다음처럼 나타낼 수 있다.

✦ f_1 : 함수

$$\Delta p = f_1(V,\ D,\ \rho,\ L,\ \mu,\ \varepsilon) \tag{8.25}$$

차원해석을 하면, 이 물리적인 관계식은 4개의 무차원 변수들 사이의 관계식으로 다음처럼 나타낼 수 있다.

$$\frac{\Delta p}{\frac{1}{2}\rho V^2} = f_2\left(\mathrm{Re},\ \frac{L}{D},\ \frac{\varepsilon}{D}\right)$$

실험에 의하면, 압력강하는 원관의 길이에 비례한다는 것을 알 수 있어, 다음이 성립한다.

$$\Delta p \propto L \quad \Rightarrow \quad \frac{\Delta p}{\frac{1}{2}\rho V^2} \propto \frac{L}{D}$$

따라서 이 관계를 적용하면 다음처럼 나타낼 수 있다.

$$\frac{\Delta p}{\frac{1}{2}\rho V^2} = \frac{L}{D} f_3\left(\mathrm{Re},\ \frac{\varepsilon}{D}\right)$$

이 식을 살펴보면 좌변과 $\frac{L}{D}$은 모두 무차원수이므로, 함수값 $f_3\left(\mathrm{Re},\ \frac{\varepsilon}{D}\right)$도 무차원수이고, 다음처럼 간단히 f로 나타내기로 한다.

$$f \equiv f_3\left(\mathrm{Re},\ \frac{\varepsilon}{D}\right)$$

여기서 f를 **마찰계수**(friction factor) 또는 Darcy의 **마찰계수**라고 하고 일반적으로 Re와 $\frac{\varepsilon}{D}$의 함수이다. 그러면 수평 원관에서 다음처럼 나타낼 수 있다.

$$\Delta p = f\frac{L}{D}\frac{\rho V^2}{2} \tag{8.26}$$

수평 원관에서의 이 압력손실 Δp는 원관 벽에서의 마찰에 의한 것이고 이 압력손실을 ρg로 나눈 것을 마찰에 의한 손실수두 h_L이라 하면 다음과 같다.

✦ $h_L = \frac{\Delta p}{\rho g}$

$$h_L = f\frac{L}{D}\frac{V^2}{2g} \tag{8.27}$$

✦ Darcy-Weisbach: 다르시-바이스바흐

위의 식은 **Darcy-Weisbach식**이고, 마찰에 의한 손실수두를 계산할 때 사용하는 식이다. 이 식은 마찰에 의한 손실수두만을 나타내는 것이므로 **수평 원관 또는 경사진 원관에서 모두 적용할 수 있다.** 원관의 벽에서 마찰에 의한 손실 수두는 원관이 수평하거나 경사지거나 상관없이 이 식으로 나타낼 수 있지만, 압력강하를 나타내는 식 (8.26)은 오직 수평 원관에서만 적용할 수 있다. 경사진 원관에서는 마찰손실이 없는 경우에도 압력강하는 0이 아니라 높이차에 의한 압력차가 존재한다. 따라서 경사진 원관에서의 압력강하는 식 (8.26)에서 구하는 것이 아니라, 식 (8.27)에서 손실수두를 구한 후 앞의 에너지 방정식을 적용하여, 원관의 지름이 일정한 경우 $V_1 = V_2$이므로 다음처럼 압력강하(압력차)를 구할 수 있다.

$$\Delta p = p_1 - p_2 = \rho g(z_1 - z_2) + \rho g h_L$$

마찰계수 f는 실험에 의하여 구할 수 있다. 여러 실험 결과가 있으나 가장 많이 사용되는 것이 **Moody 차트**이고 그림 8.8에 나타내고 있다.

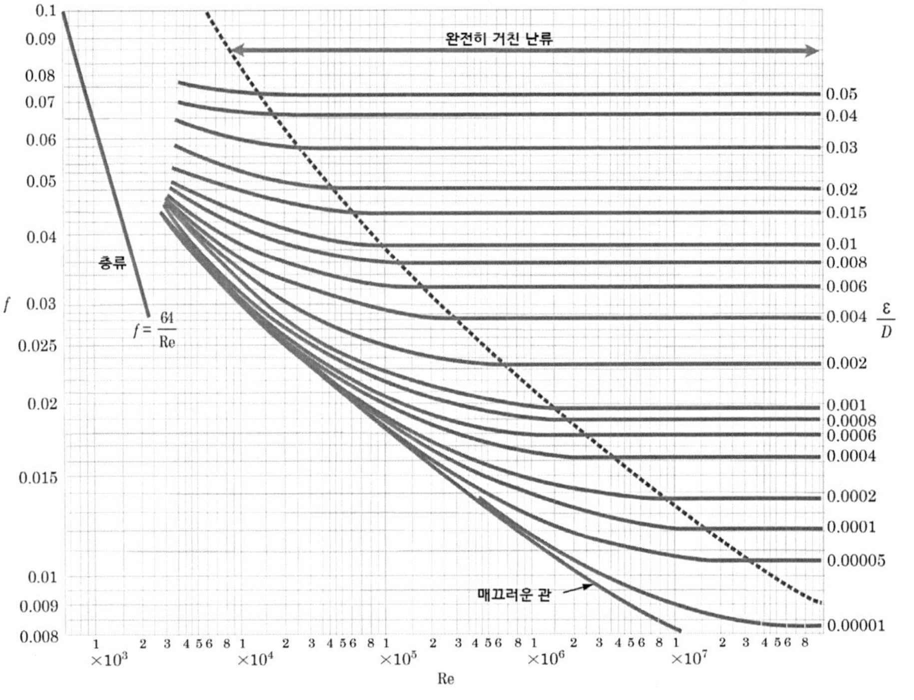

그림 8.8
Moody 차트(Moody, 1944)

✦ ε/D : 상대거칠기 또는 상대조도

Moody 차트에서 마찰계수는 다음과 같은 특징을 가지고 있다.

- 그림에서 알 수 있듯이 마찰계수는 일반적으로 Re와 상대거칠기(ε/D)의 함수이다.
- 층류유동인 경우 마찰계수는 ε/D과는 무관하고 오직 Re만의 함수이다.
- 층류유동인 경우 마찰계수는 다음과 같이 주어진다(보충설명 참조).

$$f = \frac{64}{\mathrm{Re}} \tag{8.28}$$

- Moody 차트가 log-log그래프에 나타낸 것이기 때문에 층류유동인 경우 $f = \frac{64}{\mathrm{Re}}$는 직선으로 표시된다.
- 천이 및 난류유동인 경우 마찰계수는 일반적으로 Re와 ε/D의 함수이다.
- 그림에서 점선으로 표시된 오른쪽 부분인 아주 큰 Re에서, 마찰계수는 Re와 무관하고, 오직 관의 상대거칠기(ε/D)만의 함수이다. 이러한 유동을 **완전히 거친 난류유동**(fully rough turbulent flow)이라 한다.
- 제일 아래의 곡선은 $\varepsilon/D = 0$, 즉 매끄러운(smooth)관에 대한 것이다.

✦ 완전히 거친 난류유동을 다른 책에서 완전 난류유동이라고 표현하기도 한다.

■ Darcy의 마찰계수 외에 Fanning의 마찰계수가 있는데, Fanning의 마찰계수 f_F 는 Darcy의 마찰계수와 다르고 $f = 4f_F$ 의 관계가 성립한다.

앞의 Moody 차트에서 층류를 제외한 모든 영역에서 마찰계수를 식으로 나타낸 것중 대표적인 것이 Colebrook식이고 다음과 같다(Colebrook, 1939).

$$\frac{1}{\sqrt{f}} = -2\log\left(\frac{\varepsilon/D}{3.7} + \frac{2.51}{\text{Re}\sqrt{f}}\right) \tag{8.29}$$

위의 식은 음함수 형태로 되어 있어 마찰계수를 쉽게 계산하지 못하고, 시행착오(trial and error)법으로 구하거나 수치해석을 이용하여 구하여야 한다. 위의 공식이 대표적이긴 하지만, 쉽게 마찰계수를 구할 수 없기 때문에 Haaland는 계산하기 쉬운 다음과 같은 공식을 제안하였고(Haaland, 1983) 사용하기 편하기 때문에 이것을 사용하기를 추천한다.

$$\frac{1}{\sqrt{f}} = -1.8\log\left[\left(\frac{\varepsilon/D}{3.7}\right)^{1.1} + \frac{6.9}{\text{Re}}\right] \tag{8.30}$$

마찰계수를 구하면 Darcy-Weisbach식을 사용하여 손실수두를 계산할 수 있다. 그리고 다음과 같이 압력강하를 구할 수 있다.

✦ 직경이 일정한 수평한 원관에서는 압력차(Δp)는 마찰손실(h_L)에 의한 것이다.

■ **직경이 일정한 수평 원관 :**

$$\Delta p = p_1 - p_2 = \rho g h_L \quad \Rightarrow \quad \Delta p = f\frac{L}{D}\frac{\rho V^2}{2} \tag{8.31}$$

✦ 직경이 일정한 경사진 원관(높이차가 있는 원관)에서는 압력차 Δp 는 마찰손실(h_L)과 높이차$(z_2 - z_1)$ 에 의한 것이다.

■ **직경이 일정한 경사진(높이차가 있는) 원관 :**

$$\Delta p = p_1 - p_2 = \rho g h_L + \rho g(z_2 - z_1) \quad \Rightarrow \Delta p = f\frac{L}{D}\frac{\rho V^2}{2} + \rho g(z_2 - z_1) \tag{8.32}$$

보충설명 ⑥ 층류유동에서의 마찰계수

식 (8.11)로부터

$$\Delta p = \frac{4\tau_w L}{D}$$

이고, 층류인 경우 식 (8.21)에서 $\tau_w = 8\mu V/D$이므로 이것을 대입하면,

$$\Delta p = \frac{32\mu VL}{D^2}$$

이다. 그리고 식 (8.31)과 비교하여 Δp를 같게 두고 f를 구하면,

$$f = \frac{64\mu}{\rho VD} = \frac{64}{\mathrm{Re}}$$

이다.

Hazen–Williams 식

✦ Hazen-Williams : 헤이즌-윌리암즈

관에 흐르는 유체가 상온의 물일 경우, 수두손실과 물의 속도와의 관계를 실험적으로 구한 것이 다음과 같은 **Hazen-Williams 식**이다.

$$V = kCR_h^{0.63}S^{0.54} \tag{8.33}$$

식 (8.33)과 관련된 사항은 다음과 같다.

- V : 평균속도.
- R_h : 수력반지름(반지름 R과 다르다. 8.9절의 보충설명을 참조).
- S : 단위길이당 수두손실, $S = h_L/L$.
- C : 거칠기계수(조도계수; roughness coefficient) 또는 Hazen–Williams 계수라고 한다. 관의 재질에 따라 다른 값을 가진다. 표 8.3에 개략적인 값들이 주어져있다.
- k : 단위에 대한 환산계수, SI단위 : $k = 0.849$, BG단위 : $k = 1.318$

✦ 더 정확하게는 k = 0.84935

식 (8.33)을 다음과 같이 변환하여 편리하게 사용할 수 있다.

$$h_L = 10.67\frac{LQ^{1.85}}{C^{1.85}D^{4.87}} \tag{8.34}$$

여기서 Q는 유량이고, 식 (8.34)는 SI단위로 되어 있다. 즉, 단위를 따로 외울 필요없이, h_L , L, D의 단위는 모두 m이고, Q의 단위는 m^3/s임을 쉽게 알 수 있다. 식 (8.34)로 수두손실을 구하였다면, 압력강하는 식 (8.31) 또는 식 (8.32)로 계산하면 된다.

표 8.3
거칠기 계수 C(Karassik et al., 1986)

종류	사용년수	크기(inch)	C
주철	신제품	전체	130
	5년	12 in 이상	120
		8 in 이상	119
		4 in 이상	118
	10년	24 in 이상	113
		12 in 이상	111
		4 in 이상	107
	20년	24 in 이상	100
		12 in 이상	96
		4 in 이상	89
	30년	30 in 이상	90
		16 in 이상	87
		4 in 이상	75
	40년	30 in 이상	83
		16 in 이상	80
		4 in 이상	64
용접된 강	전체	전체	5년 주철과 동일
리벳된 강	전체	전체	10년 주철과 동일
콘크리트			120 - 140

Hazen-Williams 식의 사용상 특징은 다음과 같다.

- 유량 또는 속도가 주어지면 수두손실 또는 압력손실을 쉽게 계산할 수 있어 소방 배관 등의 손실수두 및 압력손실 계산에 편리하게 사용된다.
- **물에 대해서만 적용**되고 다른 유체에 대해서는 성립하지 않는다.
- 물의 점성계수와 무관한 식으로, **상온 부근** 온도의 물에만 적용가능하다.
- 다양한 관의 거칠기에 적용할 수 없고 **비교적 매끈한 관에 적용**가능하다.
- **제한된 범위의 물의 속도**에서만 사용할 수 있다. 층류 및 완전난류영역(완전히 거친 난류영역)에서는 오차가 너무 많아 사용할 수 없고, 일부 천이영역 또는 저속의 난류 영역에서 사용할 수 있다. 이런 이유로 Darcy-Weisbach식을 사용하기를 권한다.

예제 8.5 **지름이 20 cm이고, 길이가 30 m인 원관에 어떤 유체가 4 m/s의 속도로 흐르고 있다. 관 전체에서의 손실수두가 6 m일 때 Darcy의 마찰계수는 얼마인가?**

풀이

식 (8.27)을 사용하면 된다.

$$h_L = f\frac{L}{D}\frac{V^2}{2g}$$

$$f = h_L\frac{D}{L}\frac{2g}{V^2} = 6\frac{0.2}{30}\frac{(2)(9.8)}{4^2} = 0.049$$

보충설명

Darcy의 마찰계수는 0.049이고, Fanning의 마찰계수는 0.049/4 = 0.01225이다. 보통 기계공학에서 마찰계수라 하면 Darcy의 마찰계수를 의미한다.

예제 8.6 **지름이 20 cm이고 길이가 40 m인 원관에 비중이 0.85이고, 점성계수가 0.4 Pa·s인 유체가 4 m/s의 속도로 흐르고 있다. (a) 관 전체에서의 손실수두를 구하라. (b) 이 원관이 수평일 때 압력강하를 구하라.**

풀이

(a) 마찰계수를 구하기 위하여 먼저 유동이 층류인지 난류인지 판단하여야 한다.

$$\mathrm{Re} = \frac{\rho VD}{\mu} = \frac{(0.85\times1000)(4)(0.2)}{0.4} = 1700$$

따라서 유동은 층류이므로 마찰계수는 다음과 같다.

$$f = \frac{64}{\mathrm{Re}} = \frac{64}{1700} = 0.0376$$

손실수두는 다음과 같다.

$$h_L = f\frac{L}{D}\frac{V^2}{2g} = (0.0376)\frac{40}{0.2}\frac{4^2}{2(9.8)} = 6.14\,\mathrm{m}$$

(b) 수평관이므로 압력강하는 식 (8.31)로 구할 수 있다.

$$\Delta p = \rho g h_L = (850)(9.8)(6.14) = 51100\,\mathrm{Pa} = 51.1\,\mathrm{kPa}$$

보충설명

손실수두는 수평 또는 기울어진 관에서 동일하다. 압력차는 수평이냐 기울어진 관이냐에 따라 달라진다.

예제 8.7 지름이 20 cm이고 길이가 40 m인 강으로 된 원관에 상온의 물이 5 m/s의 속도로 흐르고 있다. 물의 점성계수가 0.0011 Pa · s이고 원관의 상대거칠기(상대조도) $\varepsilon/D=0.0001$이다.

(a) Moody 차트를 사용하여, (b) Darcy-Weisbach 식과 Haaland 식을 사용하여, (c) Hazen-Williams식을 사용하여 관 전체에서의 손실수두를 구하라. 단, 거칠기계수 C의 값으로 110, 120과 130을 사용하라.

풀이

(a) 마찰계수를 구하기 위하여 먼저 Re를 구하여여 한다.

$$\mathrm{Re}=\frac{\rho VD}{\mu}=\frac{(1000)(5)(0.2)}{0.0011}=9.1\times10^5$$

$\mathrm{Re}=9.1\times10^5$ 과 $\varepsilon/D=0.0001$을 이용하여, Moody 차트로부터 마찰계수는 다음과 같다.

$f\simeq 0.014$

손실수두는 다음과 같다.

$$h_L=f\frac{L}{D}\frac{V^2}{2g}=(0.014)\frac{40}{0.2}\frac{5^2}{2(9.8)}=3.57\ \mathrm{m}$$

(b) $\mathrm{Re}=9.1\times10^5$ 과 $\varepsilon/D=0.0001$을 이용하여, Haaland식을 사용하여 마찰계수를 구하면 다음과 같다.

$$\frac{1}{\sqrt{f}}=-1.8\log\left[\left(\frac{\varepsilon/D}{3.7}\right)^{1.1}+\frac{6.9}{\mathrm{Re}}\right]=-1.8\log\left[\left(\frac{0.0001}{3.7}\right)^{1.1}+\frac{6.9}{9.1\times10^5}\right]$$

위의 식으로 마찰계수를 구하면,

$f=0.0136\approx0.014$

이다. 따라서 Moody 차트로부터 구한 마찰계수와 거의 같고, 따라서 손실수두도 (a)에서 구한 결과와 같다.

$$h_L=f\frac{L}{D}\frac{V^2}{2g}=(0.014)\frac{40}{0.2}\frac{5^2}{2(9.8)}=3.57\,\mathrm{m}$$

(c) 식 (8.34)를 이용하면 되고 먼저 유량을 구하여야 한다.

$$Q=\frac{\pi D^2}{4}V=\frac{\pi(0.2)^2}{4}(5)=0.1571\,\mathrm{m^3/s}$$

따라서 손실수두를 구하면,

$$h_L=10.67\frac{LQ^{1.85}}{C^{1.85}D^{4.87}}=10.67\frac{(40)(0.1571^{1.85})}{C^{1.85}0.2^{4.87}}=\frac{35248}{C^{1.85}}$$

이고, 거칠기계수를 대입하여 다음을 얻을 수 있다.

$$C=110:h_L=\frac{35248}{110^{1.85}}=5.90\ \mathrm{m}$$

$$C=120:h_L=\frac{35248}{120^{1.85}}=5.02\ \mathrm{m}$$

$$C=130:h_L=\frac{35248}{130^{1.85}}=4.33\ \mathrm{m}$$

보충설명

(a), (b)의 방법과 (c)의 방법으로 구한 결과 차이가 있음을 알 수 있다. (c)의 Hazen-Williams식을 사용할 때에도, 거칠기 계수를 어떤 값으로 사용하느냐에 따라 값은 많이 달라진다. 일반적으로는 Hazen-Williams식보다는 Darcy-Weisbach 식과 Moody 차트 또는 Haaland 식을 사용하여 손실수두를 구하는 것이 정확하다. 기계공학에서는 Hazen-Williams식을 잘 사용하지는 않는다.

8.7 부차적 손실

관으로 이루어진 유동 시스템의 대부분은 곧은 관으로만 이루어지지 않고 밸브(valve), 엘보(elbow), 티(tee) 등의 관 이음부품들로 구성된다. 이때는 곧은 관에서의 마찰손실 외에 이러한 부품을 지날 때 손실이 생기게 된다. 이런 모든 수두손실을 **부차적 손실**(부손실; minor loss) $h_{\mathrm{L,minor}}$로 나타내고, 앞에서 설명한 곧은 관에서의 마찰에 의한 수두손실을 **주손실**(major loss)이라 하고 $h_{\mathrm{L,major}}$로 나타내기도 한다. 대개의 경우 주손실이 훨씬 크지만 그렇지 않은 경우도 있다. 부차적 손실수두는 다음의 식으로 구한다.

$$h_{\mathrm{L,minor}} = K_{\mathrm{L}}\frac{V^2}{2g} \tag{8.35}$$

여기서 K_{L}은 **손실계수**(loss coefficient)이다.

관 이음부품과 밸브의 손실계수

관 이음부품과 밸브에 대한 손실계수를 표 8.4와 표 8.5에 나타내고 있다. 이들 값들은 절대적인 것은 아니고 개략적인 것이다. 보다 정확한 값들은 회사 제품마다 다르다.

표 8.4
관 이음부품의 손실계수 K_L (Young et al., 2012)

관 이음부품			K_L 플랜지 연결	K_L 나사연결
90° 보통 엘보(elbow)		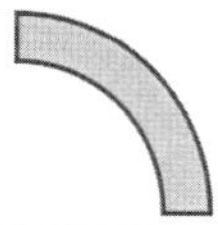	0.3	1.5
180° return bend		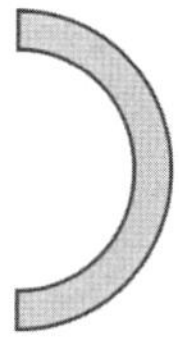	0.2	1.5
티(tee)	line flow	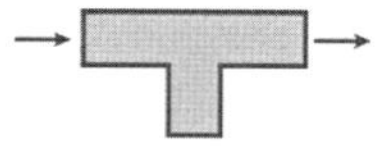	0.2	0.9
	branch flow	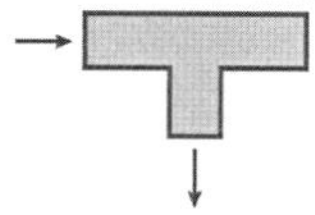	1.0	2.0

표 8.5
밸브의 손실계수 K_L (Young et al., 2012)

밸브		K_L
글로브(glove) 밸브	완전 개방	10
앵글(angle) 밸브	완전 개방	2
게이트(gate) 밸브	완전 개방	0.15
	1/4 잠금	0.26
	2/4 잠금	2.1
	3/4 잠금	17
볼(ball) 밸브	완전 개방	0.05
	1/3 잠금	5.5
	2/3 잠금	210

관입구와 출구에서의 손실계수

부차적 손실은 부품을 지날 때 생길 뿐 아니라, 관이 확대되거나 축소될 때도 생긴다. 관의 입구나 출구 부분도 관이 극단적으로 축소 또는 확대되는 경우와 같으므로 부차적 손실이 생기게 된다. 이러한 경우의 손실계수를 그림 8.9, 그림 8.10에 나타내고 있다.

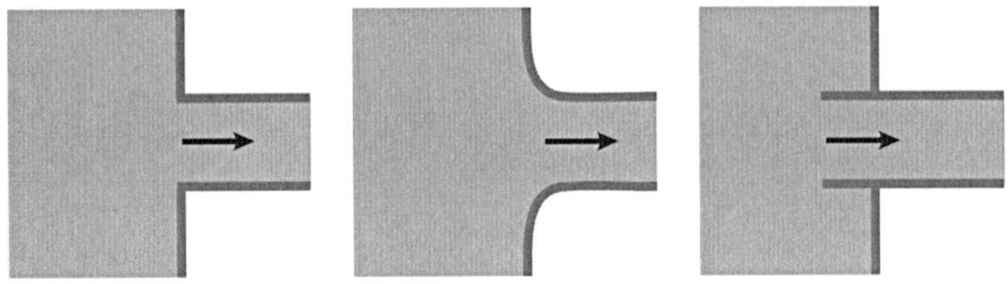

(a) 각진 입구 $K_L = 0.5$　(b) 둥근 입구 둥근 정도에따라 $K_L = 0.03 \sim 0.5$　(c) 돌출 입구 $K_L = 0.8$

그림 8.9
입구에서의 손실계수

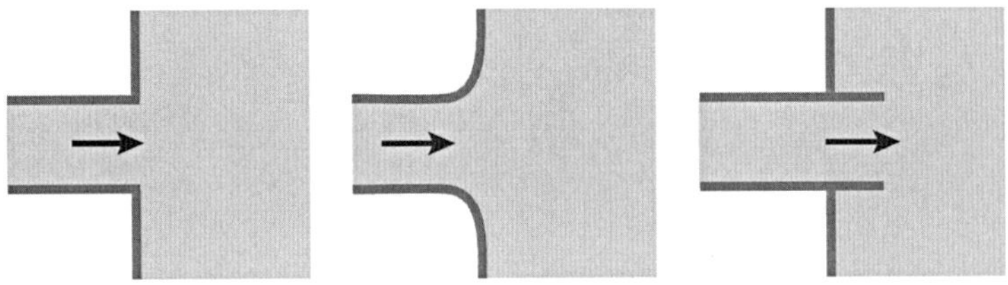

(a) 각진 출구 $K_L = 1$　(b) 둥근 출구 $K_L = 1$　(c) 돌출 출구 $K_L = 1$

그림 8.10
출구에서의 손실계수

급확대관 및 급축소관에서의 손실계수

그림 8.11에서 보는 것과 같은 급확대관과 급축소관에서도 부차적 손실이 생기게 된다.

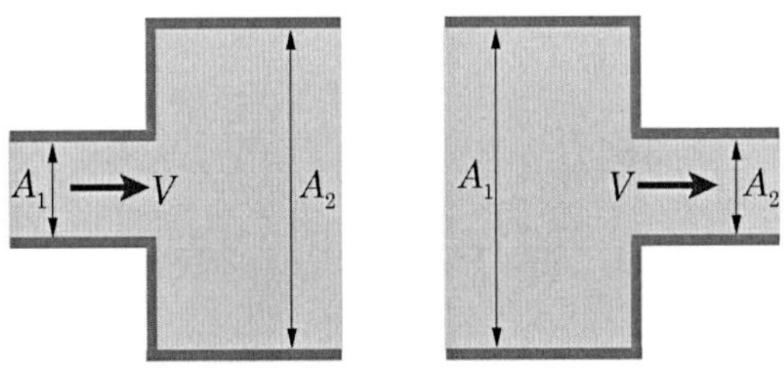

(a)　(b)

그림 8.11
(a)급확대관 및 (b)급축소관

급확대관에서의 손실계수와 부차적 손실수두는 문제를 단순화하여, 이론적으로 구할 수 있으며 다음과 같다(보충설명 참조).

$$h_{\mathrm{L,minor}} = K_{\mathrm{L}}\frac{V_1^2}{2g}, \quad K_L = \left(1 - \frac{A_1}{A_2}\right)^2 \tag{8.36}$$

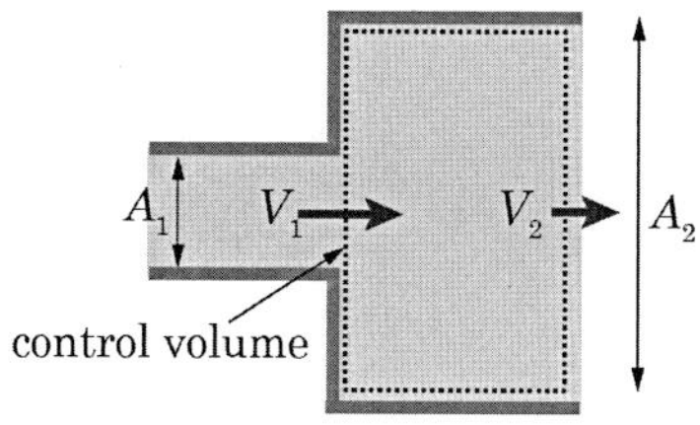

그림 8.12
급확대관에서의 손실수두 계산

보충설명 ⓒ 급확대관의 손실계수

그림 8.12와 같은 급확대관에서의 손실수두는 각각의 단면에서 **균일한 속도분포**를 가정하여 다음과 같이 구할 수 있다. 그림에서 검사체적을 점선과 같이 나타내면, 1지점과 2지점에서의 에너지방정식은 다음과 같다.

$$\frac{p_1}{\rho g}+\frac{V_1^2}{2g}-h_L=\frac{p_2}{\rho g}+\frac{V_2^2}{2g}$$

따라서,

$$h_L=\frac{p_1-p_2}{\rho g}+\frac{V_1^2-V_2^2}{2g} \tag{1}$$

이다.

운동량방정식으로부터 다음 식을 구할 수 있다.

$$p_1A_2-p_2A_2=\dot{m}(V_2-V_1)=\rho A_2V_2(V_2-V_1)$$

따라서,

$$p_1-p_2=\rho V_2(V_2-V_1) \tag{2}$$

이다. 관의 길이에 따른 마찰손실은 주손실에서 구하는 것이고, 여기서는 유동에 따른 부차적인 손실만을 고려하는 것이므로, 운동량방정식을 구할 때 관 벽에서의 마찰은 무시하였다. 식 (2)를 식 (1)에 대입하면 다음을 얻을 수 있다.

$$h_L=\frac{V_2(V_2-V_1)}{g}+\frac{V_1^2-V_2^2}{2g}=\frac{V_1^2-2V_1V_2+V_2^2}{2g}$$

따라서,

$$h_L=\frac{(V_1-V_2)^2}{2g}$$

이고, 이를 Borda-Carnot 수두손실이라 한다.

연속방정식으로부터,

$$A_1V_1=A_2V_2 \quad \Rightarrow \quad V_2=\frac{A_1}{A_2}V_1$$

이고, 이를 대입하면 다음과 같이 된다.

$$h_L = \left(1 - \frac{A_1}{A_2}\right)^2 \frac{V_1^2}{2g}$$

따라서 다음의 관계식을 얻을 수 있다.

$$K_L = \left(1 - \frac{A_1}{A_2}\right)^2$$

급축소관에서의 손실계수와 부차적 손실수두는 완전하게 이론적으로 구할 수는 없고, Weisbash에 의한 다음과 같은 근사적인 이론식과 실험결과를 이용하여 구할 수 있다.

$$h_{L,\text{minor}} = K_L \frac{V_2^2}{2g}, \quad K_L = \left(\frac{1}{C_c} - 1\right)^2 \tag{8.37}$$

여기서 C_c는 수축계수(coefficient of contraction)이고 다음과 같이 정의된다.

$$C_c = \frac{A_c}{A_2} \tag{8.38}$$

그림 8.13에서 보듯이, 급축소관에서 단면적이 갑자기 축소될 때, 유동은 축소관보다 더 가늘어져서 축소관의 면적 A_2 보다 작은 단면적 A_c가 생기게 된다. 이와 같은 현상을 수축(vena contracta) 현상이라 한다. 표 8.6에 물이 흐르는 경우에 대해 Weisbash가 행한 실험결과를 나타내고 있다.

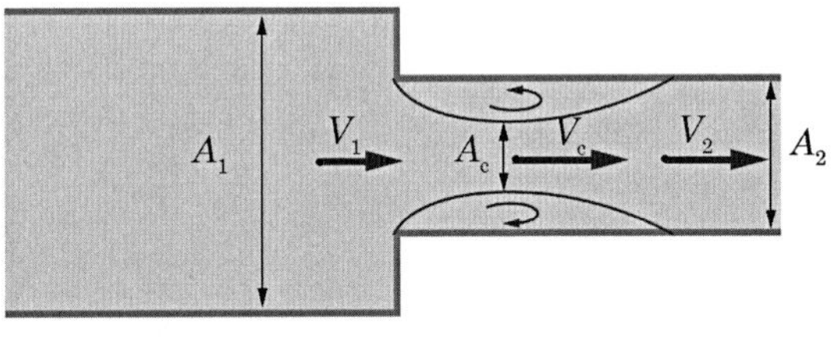

그림 8.13
급축소관에서의 손실수두 계산

표 8.6
급축소관에서의 수축계수 C_c와 손실계수 K_L (White, 1986)

A_1/A_2	0	0.1	0.2	0.3	0.4	0.5	0.6	0.7	0.8	0.9
C_c	0.617	0.624	0.632	0.643	0.659	0.681	0.712	0.755	0.813	0.892
K_L	0.50	0.46	0.41	0.36	0.30	0.24	0.18	0.12	0.06	0.02

식 (8.36)과 식 (8.37)에서의 손실계수로부터 부차적 손실수두를 계산할 때 사용하는 속도는 모두 단면적이 작은 관에서의 속도를 사용하여야 한다.

■ 급확대관 : V_1을 사용, 급축소관 : V_2를 사용

총손실수두

동일한 지름으로 이루어진 관의 중간에 관 이음부품이 연결되어 있거나 입구 또는 출구가 있는 경우 마찰에 의한 주손실과 부차적 손실을 모두 합한 것이 **총손실수두**이고 다음처럼 나타낼 수 있다.

✦편의상 $h_{\mathrm{L,total}}$를 단순히 h_{L}로 표시할 때가 많다. 문맥상 판단하여야 한다.

$$h_{\mathrm{L,\,total}} = h_{\mathrm{L,\,major}} + \sum h_{\mathrm{L,\,minor}} = \left(f\frac{L}{D} + \sum K_{\mathrm{L}}\right)\frac{V^2}{2g} \tag{8.39}$$

즉, 다음과 같이 나타낼 수 있다.

총손실수두 = 주손실 + 모든 부차적 손실의 합

상당길이

앞에서의 손실계수는 상당길이를 정의하여 나타낼 수 있다. 밸브 같은 부품이 관에 연결되어 있을 때 발생하는 수두손실과 같은 크기의 수두손실을 가지는 관의 길이를 **상당길이**(등가길이; equivalent length) L_{e}라 한다. 즉, 다음의 식이 성립한다.

$$h_{\mathrm{L}} = K_{\mathrm{L}}\frac{V^2}{2g} = f\frac{L_{\mathrm{e}}}{D}\frac{V^2}{2g}$$

따라서 손실계수와 상당길이는 다음의 관계가 성립한다.

$$L_{\mathrm{e}} = \frac{D}{f}K_{\mathrm{L}} \tag{8.40}$$

그림 8.14(a)처럼 관의 중간에 밸브가 연결되어 있을 때 밸브에서의 손실수두는 그림 8.14(b)처럼 상당길이에 해당되는 관에서의 손실수두와 같다는 것을 의미한다.

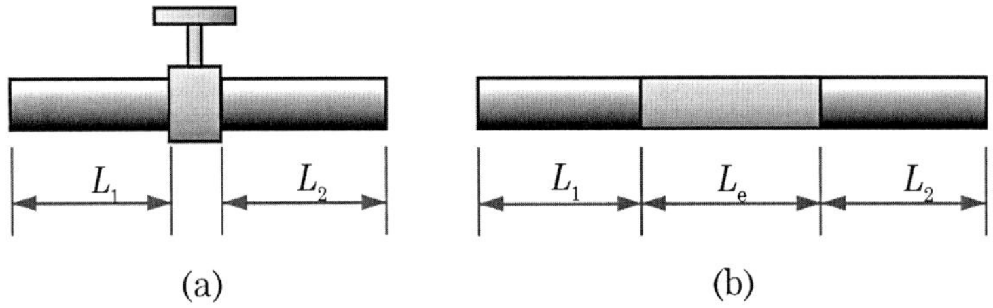

그림 8.14
상당길이의 개념
(a) 밸브가 연결
(b) 상당길이 만큼의 관이 연결

예제 8.8 **지름이 4 cm인 원관에 유체가 흐르고 있을 때 관의 마찰계수는 0.02이다. 이 원관에 손실계수가 5인 밸브가 연결되어 있다면, 이 밸브의 상당길이(등가길이)는 얼마인가?**

풀이

상당길이는 식 (8.40)으로 구할 수 있다.

$$L_e = \frac{D}{f} K_L = \frac{0.04}{0.02}(5) = 10\,\text{m}$$

보충설명

상당길이가 10 m라는 것은 이 밸브를 지날 때의 수두손실이 길이가 10 m인 원관에서의 수두손실과 같다는 것을 의미한다.

8.8 관 유동 문제

관으로 이루어진 유동 시스템에서는 손실수두 또는 압력차를 알아내는 경우, 유량을 구하는 경우, 또는 관의 지름을 정하는 경우로 나눌 수 있다. 다음의 세 경우에 대해서는 예제를 통하여 설명하고자 한다.

- 손실수두 또는 압력차를 구하는 경우 : 예제 8.9
- 유량을 구하는 경우 : 예제 8.10
- 관의 지름을 정하는 경우 : 예제 8.11

예제 8.9 그림에 보여주고 있는 것처럼 관과 밸브 및 엘보 등으로 이루어진 시스템에서, 지름이 20cm이고 거칠기(조도)가 0.2 mm인 원관에 비중이 0.9, 점성계수 0.0018 Pa·s인 기름이 흐르고 있다. 관의 중간에 2개의 90° 보통 엘보가 나사연결 되어 있고, 앵글 밸브가 완전 개방된 상태일 때, 기름의 속도는 2 m/s이다. (a) 1지점과 2지점 사이의 총손실수두는 얼마인가? (b) 1지점과 2지점의 압력차 Δp는 얼마인가? 1지점과 2지점 사이의 관 전체 길이는 10 m이고 높이차 H는 5 m이다.

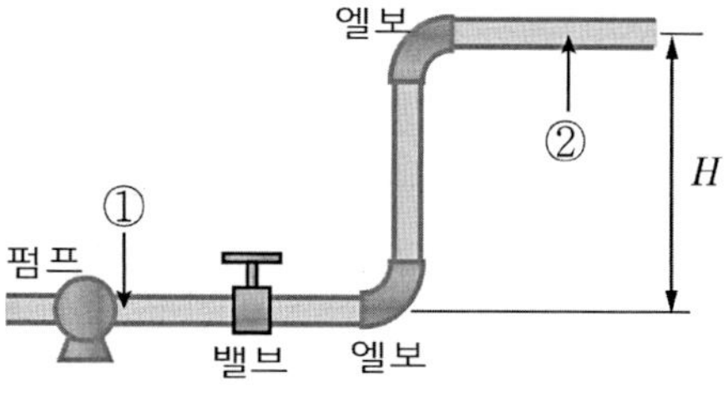

그림 E8.9
관 유동 시스템의 예

풀이

(a) 먼저 유동이 층류인지 난류인지 판단하여야 하고, 다음처럼 Reynolds수를 구하여야 한다.

$$\mathrm{Re} = \frac{(900)(2)(0.2)}{0.0018} = 200000$$

따라서 유동은 난류이므로 마찰계수를 Haaland의 식을 이용하여 다음처럼 구한다.

$$\frac{1}{\sqrt{f}} = -1.8\log\left[\left(\frac{\varepsilon/D}{3.7}\right)^{1.1} + \frac{6.9}{\mathrm{Re}}\right]$$

$$= -1.8\log\left[\left(\frac{0.2/200}{3.7}\right)^{1.1} + \frac{6.9}{200000}\right]$$

위의 식으로 마찰계수를 구하면,

$f = 0.0212$

이다.

총손실수두를 구하기 위하여 먼저 필요한 손실계수를 구하여야 하고 표 8.4와 표 8.5로부터 다음과 같다.

90° 보통 엘보 : 1.5, 앵글 밸브 : 2

따라서 총손실수두는 다음과 같다.

$$h_L = \left(f\frac{L}{D} + K_{L,\text{밸브}} + 2K_{L,\text{엘보}}\right)\frac{V^2}{2g} = \left(0.0212\frac{10}{0.2} + 2 + 2\times 1.5\right)\frac{2^2}{2g} = 1.24\mathrm{m}$$

(b) 압력차 $\Delta p(= p_1 - p_2)$는 에너지방정식으로 구할 수 있다.

$$\frac{p_1}{\rho g} + \frac{V_1^2}{2g} - h_L + z_1 = \frac{p_2}{\rho g} + \frac{V_1^2}{2g} + z_2$$

$V_1 = V_2 = V$ 이므로 다음과 같다.

$$\Delta p = p_1 - p_2 = \rho g\left(h_L + z_2 - z_1\right)$$

$$= (900)(9.8)(1.24 + 5) = 55000\,\mathrm{Pa} = 55.0\,\mathrm{kPa}$$

⊕ 보충설명

총손실수두를 구한다음 에너지방정식으로 압력차를 구하여야 한다. 난류일 때 마찰계수는 Moody선도나 Colebrook식을 이용하여 구할수도 있으나 그 차이는 아주 작고 Haaland의 식을 이용하는 것이 가장 편리하다.

예제 8.10 **예제 8.9의 그림 E8.9처럼 관과 밸브 및 엘보 등으로 이루어진 시스템에서 유량을 구하는 경우의 문제를 풀기로 한다. 즉, 지름이 20cm이고 거칠기(조도)가 0.2 mm인 원관에 비중이 0.9, 점성계수 0.0018 Pa·s인 기름이 흐르고 있다. 관의 중간에 2개의 90° 보통 엘보가 나사연결 되어 있고, 앵글 밸브가 완전 개방된 상태일 때, 1지점과 2지점 사이의 압력차 $\Delta p(=p_1-p_2)$가 60 kPa일 때 관을 흐르는 가름의 속도와 유량은 얼마인가? 1지점과 2지점 사이의 관 전체 길이는 20 m이고 높이차 H는 1 m이다.**

풀이

이 문제는 유체의 속도를 구하는 문제이고 쉽게 구할 수는 없고 다음과 같은 과정을 거쳐 원하는 결과를 얻을 수 있다. 먼저 다음의 에너지방정식을 생각하여야 한다.

$$\frac{p_1}{\rho g}+\frac{V_1^2}{2g}-h_{\rm L}+z_1=\frac{p_2}{\rho g}+\frac{V_1^2}{2g}+z_2$$

$V_1=V_2=V$ 이므로 다음과 같다.

$$h_{\rm L}=\frac{p_1-p_2}{\rho g}+z_1-z_2 \tag{1}$$

총손실수두는 예제 8.9와 같이 나타낼 수 있다.

$$h_{\rm L}=\left(f\frac{L}{D}+K_{\rm L,밸브}+2K_{\rm L,엘보}\right)\frac{V^2}{2g}=\left(f\frac{20}{0.2}+2+2\times1.5\right)\frac{V^2}{(2)(9.8)}$$

따라서 정리하면 다음과 같다.

$$h_{\rm L}=(5.1f+0.255)\,V^2 \tag{2}$$

식 (2)를 (1)에 대입하면 다음과 같다.

$$(5.1f+0.255)\,V^2=\frac{p_1-p_2}{(900)(9.8)}+1$$

$\Delta p(=p_1-p_2)$에 60000 Pa을 대입하면 다음과 같다

$$(5.1f+0.255)\,V^2=7.80 \tag{3}$$

이 식에서 속도를 구하기 위해서는 마찰계수 f의 값을 알아야 한다. 마찰계수는 유동이 층류이냐 난류이냐에 따라 사용하는 식이 다르다. 유동이 층류인지 난류인지 판단하려면 Reynolds수를 구하여야 하지만 속도를 알 수 없으므로 지금은 구할 수 없다. 난류에 대해서는 Haaland의 식을 사용하기로 한다.

$$\mathrm{Re}=\frac{\rho VD}{\mu} \tag{4}$$

$$\begin{cases}\text{층류}:\mathrm{Re}<2300:f=\dfrac{64}{\mathrm{Re}}\\[2mm] \text{난류}:\mathrm{Re}\geq2300:\dfrac{1}{\sqrt{f}}=-1.8\log\left[\left(\dfrac{\varepsilon/D}{3.7}\right)^{1.1}+\dfrac{6.9}{\mathrm{Re}}\right]\end{cases} \tag{5}$$

속도를 구하기 위해서는 식 (3)과 식 (5)를 연립하여 풀어야 한다(물론 식 (4)도 필요하다). 그러나

이 두 식을 연립하여 풀기는 일반적으로 쉽지 않다. 식 (3)에서 f의 정확한 값을 안다면 속도는 쉽게 구할 수 있지만 지금은 알 수 없다. 이런 경우 사용하는 기본적인 방법이 시행착오법(trial and error method)이다. 시행착오법은 해를 먼저 가정하는 것이다. 많은 공학 문제의 경우 유동은 난류인 경우가 대부분이고, 일반적으로 Re수는 상당히 큰 값을 가진다. 따라서 다음처럼 처음에 가정한다.

유동은 난류이고 Re수는 아주 크다(무한대이다)고 가정한다. 그러면 식 (5)로 부터

$$\frac{1}{\sqrt{f}} = -1.8\log\left[\left(\frac{\varepsilon/D}{3.7}\right)^{1.1} + 0\right] = -1.8\log\left[\left(\frac{0.2/200}{3.7}\right)^{1.1} + 0\right]$$

이고, 이 식으로 마찰계수를 구하면,

$$f = 0.020$$

이다. 이 값을 식 (3)에 대입하여 속도를 구하면 다음과 같다.

$$V = 4.673 \text{ m/s}$$

마찰계수를 가정한 값을 사용하여 구한 이 속도는 정확한 해가 아니다. 따라서 계속하여 반복적으로 구하여야 한다. 이 속도를 사용하여 다시 마찰계수를 구하여야 한다. 먼저, Re수를 계산하여야 한다.

$$\text{Re} = \frac{(900)(4.673)(0.2)}{0.0018} = 467300$$

따라서 유동은 난류이므로 마찰계수를 Haaland의 식을 이용하여 다음처럼 구한다.

$$\frac{1}{\sqrt{f}} = -1.8\log\left[\left(\frac{\varepsilon/D}{3.7}\right)^{1.1} + \frac{6.9}{\text{Re}}\right] = -1.8\log\left[\left(\frac{0.2/200}{3.7}\right)^{1.1} + \frac{6.9}{467300}\right]$$

위의 식으로 마찰계수를 구하면,

$$f = 0.0206$$

이다. 이제 이것을 사용하여 식 (3)에 대입하여 다시 속도를 구하면 다음과 같다.

$$V = 4.654 \text{ m/s}$$

다음처럼 속도의 오차를 예측할 수 있다.

$$\text{예측오차} = \left|\frac{4.654 - 4.673}{4.654}\right| = 0.0048$$

이 오차가 0.48%로 충분히 작아 이 속도를 구하는 속도라 할 수 있다.

즉 구하는 속도는

$$V = 4.65 \text{ m/s}$$

이고, 이 속도로 구한 유량은

$$Q = \frac{\pi(0.2^2)}{4}(4.65) = 0.146 \text{ m}^3/\text{s}$$

이다.

보충설명

앞에서 처음 가정한 값으로 속도를 구한 것과 다시 구한 속도의 차이가 작아 두 번째 구한 속도를 구하는 답으로 하였다. 더 확인을 하려면 반복하여 구할 수도 있다. 같은 방법으로 반복하여 구하면 다음과 같다.

f	V
0.0200	4.673
0.0206	4.654
0.0206	4.654
0.0206	4.654

비교적 원하는 답을 몇 번 계산하지 않아도 구할 수 있다는 것을 알 수 있다(즉, 빨리 수렴한다). 이 문제에서는 비교적 빨리 원하는 답을 구할 수 있지만, 항상 그런 것은 아니다. 일반적으로 이런 문제를 푸는 방법을 수치해석(numerical analysis)이란 과목에서 다룬다.

예제 8.11 **예제 8.9의 그림 E8.9처럼 관과 밸브 및 엘보 등으로 이루어진 시스템에서 원관의 지름을 설계하는 문제를 풀기로 한다. 즉, 거칠기(조도)가 0.2 mm인 원관에 비중이 0.9, 점성계수 0.0018 Pa·s인 기름이 흐르고 있다. 관의 중간에 2개의 90° 보통 엘보가 나사연결 되어 있고, 앵글 밸브가 완전 개방된 상태에서 흐르는 유량이 $5\ \mathrm{m^3/min}$일 때, 1지점과 2지점 사이의 압력차 $\Delta p(=p_1-p_2)$가 60 kPa이 넘지 않도록 관의 지름을 설계하라. 1지점과 2지점 사이의 관 전체 길이는 20 m이고 높이차 H는 3 m이다.**

풀이

이 문제는 관의 지름을 구하는 문제이고 쉽게 구할 수는 없고 다음과 같은 과정을 거쳐 원하는 결과를 얻을 수 있다. 먼저 다음의 에너지방정식을 생각하여야 한다.

$$\frac{p_1}{\rho g}+\frac{V_1^2}{2g}-h_L+z_1=\frac{p_2}{\rho g}+\frac{V_1^2}{2g}+z_2$$

$V_1=V_2=V$ 이므로 다음과 같다.

$$h_L=\frac{p_1-p_2}{\rho g}+z_1-z_2 \tag{1}$$

총손실수두는 예제 8.9와 같이 나타낼 수 있다.

$$h_L=\left(f\frac{L}{D}+K_{L,\text{밸브}}+2K_{L,\text{엘보}}\right)\frac{V^2}{2g}=\left(f\frac{20}{D}+2+2\times1.5\right)\frac{V^2}{(2)(9.8)}$$

따라서 정리하면 다음과 같다.

$$h_L=\left(\frac{20f}{D}+0.255\right)V^2 \tag{2}$$

식 (2)를 (1)에 대입하면 다음과 같다.

$$\left(\frac{20f}{D}+0.255\right)V^2=\frac{p_1-p_2}{(900)(9.8)}+3$$

$\Delta p(=p_1-p_2)$에 60000 Pa을 대입하면 다음과 같다

$$\left(\frac{20f}{D}+0.255\right)V^2=9.8 \tag{3}$$

이 예제에서는 유량이 주어졌으므로 속도를 다음처럼 나타낼 수 있다.

$$V=\frac{4Q}{\pi D^2}=\frac{(4)\left(\frac{5}{60}\right)}{\pi D^2}=\frac{0.1062}{D^2} \tag{4}$$

식 (4)를 식 (3)에 대입하면 다음을 얻는다.

$$\left(\frac{20f}{D}+0.255\right)\left(\frac{0.1062}{D^2}\right)^2=9.8$$

정리하면 다음과 같다.

$$869D^5 - 0.255D - 20f = 0 \tag{5}$$

이 식에서 지름을 구하기 위해서는 마찰계수 f의 값을 알아야 한다. 마찰계수는 유동이 층류이냐 난류이냐에 따라 사용하는 식이 다르다. 유동이 층류인지 난류인지 판단하려면 Reynolds수를 구하여야 하지만 지름과 속도를 알 수 없으므로 지금은 구할 수 없다. 난류에 대해서는 Haaland의 식을 사용하기로 한다.

$$\mathrm{Re} = \frac{\rho VD}{\mu} \tag{6}$$

$$\begin{cases} \text{층류}: \mathrm{Re} < 2300 : f = \dfrac{64}{\mathrm{Re}} \\ \text{난류}: \mathrm{Re} \geq 2300 : \dfrac{1}{\sqrt{f}} = -1.8\log\left[\left(\dfrac{\varepsilon/D}{3.7}\right)^{1.1} + \dfrac{6.9}{\mathrm{Re}}\right] \end{cases} \tag{7}$$

지름을 구하기 위해서는 식 (5)와 식 (7)을 연립하여 풀어야 한다(물론 식 (4)와 식 (6)도 필요하다). 그러나 이 두 식을 연립하여 풀기는 일반적으로 쉽지 않다. 식 (5)에서 f의 정확한 값을 안다면 지름을 구할 수도 있겠지만 지금은 알 수 없다. 역시 시행착오법(trial and error method)을 사용하여야 한다. Moody선도를 살펴보면 대부분의 f는 0.01~0.06 사이의 값을 가진다는 것을 알 수 있고 적절히 가정하여야 한다. 마찰계수 $f = 0.03$으로 가정한다.

이 값을 식 (5)에 대입하여 지름을 구하면 되나, 5차방정식이므로 쉽게 구할 수는 없고, 수치해석에서 다루는 이분법이나 Newton-Rhapson법 등을 이용하여 구할 수 있다(반복 계산하여 D를 구한다). $f = 0.03$일 때 해를 구하면 다음과 같다.

$$D = 0.2378\ \mathrm{m}$$

마찰계수를 가정한 값을 사용하여 구한 이 지름은 정확한 해가 아니다. 따라서 확인을 하고 계속하여 반복적으로 구하여야 한다. 식 (4)로부터 속도를 구하면 다음과 같다.

$$V = 1.878\ \mathrm{m/s}$$

방금 구한 속도와 지름을 사용하여 Re수를 구한다.

$$\mathrm{Re} = \frac{(900)(0.2378)(1.878)}{0.0018} = 223294$$

따라서 유동은 난류이므로 마찰계수를 Haaland의 식을 이용하여 다음처럼 구한다.

$$\frac{1}{\sqrt{f}} = -1.8\log\left[\left(\frac{\varepsilon/D}{3.7}\right)^{1.1} + \frac{6.9}{\mathrm{Re}}\right] = -1.8\log\left[\left(\frac{0.0002/0.2378}{3.7}\right)^{1.1} + \frac{6.9}{223294}\right]$$

위의 식으로 마찰계수를 구하면,

$$f = 0.02041$$

가정한 f와 약간 차이가 이다. 이제 이것을 사용하여 식 (5)에 대입하여 다시 지름을 구하면 다음과 같다.

$$D = 0.2216\ \mathrm{m}$$

같은 방법으로 속도와 마찰계수를 구하면 다음과 같다.

$$V = 2.163\ \mathrm{m/s}, \quad f = 0.02061$$

위와 같이 여러 차례 반복한다면 다음과 같은 결과를 얻을 수 있다.

f	D
0.03000	0.2378
0.02061	0.2216
0.02060	0.2220
0.02060	0.2220

따라서 계산결과 $D = 22.2\ \mathrm{mm}$라고 할 수 있다.

⊙ 보충설명

이 계산결과는 이론적인 것이고, Haaland식 등에서 오차가 있을 수 있으므로, 만약 실제로 장치를 설치한다면, 이 계산결과 보다는 조금 더 크게 지름을 정하여야 할 것이다.

8.9 원형이 아닌 관

유체가 흐르는 관이 원형이 아니고 사각형 등의 비원형일 때, 직경 대신 다음과 같은 **수력직경**(수력지름; hydraulic diameter) D_{h}를 사용한다.

$$D_{\mathrm{h}} = \frac{4A}{P} = \frac{4 \times \text{단면적}}{\text{유체와 접하는 둘레(perimeter)}} \tag{8.41}$$

원관에서 D를 사용하는 모든 식에서 수력직경 D_{h}를 사용하여 다음처럼 나타낼 수 있다.

$$\mathrm{Re}_{\mathrm{h}} = \frac{\rho V D_{\mathrm{h}}}{\mu} \tag{8.42}$$

$$h_{\mathrm{L}} = f \frac{L}{D_{\mathrm{h}}} \frac{V^2}{2g} \tag{8.43}$$

마찰계수 f는 Re_{h}와 $\dfrac{\varepsilon}{D_{\mathrm{h}}}$로 나타낼 수 있으며, 정사각형 단면, 직사각형 단면, 삼각형 단면 등 각각의 단면 모양에 대해 마찰계수 f에 대한 데이터 또는 실험식이 필요하다. 각각의 단면에 대한 데이터를 구할 수 없는 경우는 약간의 오차를 포함하더라도 원관에 대한 식 또는 Moody 차트에서 Re와 $\dfrac{\varepsilon}{D}$ 대신 Re_{h}와 $\dfrac{\varepsilon}{D_{\mathrm{h}}}$를 이용하여 근사적으로 마찰계수를 구한 다음, 식 (8.43)으로부터 손실수두를 구할 수밖에 없다.

보충설명 ⊙ **수력반경**

책에 따라 수력직경 대신 수력반경(수력반지름; hydraulic radius) R_{h}를 사용하는 경우가 있다. 이때는 주의가 필요하다. 수력반경은 다음처럼 정의된다.

$$R_{\mathrm{h}}=\frac{A}{P}=\frac{\text{단면적}}{\text{유체와 접하는 둘레(perimeter)}} \tag{8.44}$$

상식적으로 생각하면 수력직경은 수력반경의 2배이어야 하나, 식 (8.41)과 식 (8.44)를 비교해보면 **수력직경은 수력반경의 4배이다.** 즉, 다음과 같은 관계가 성립한다.

$$D_{\mathrm{h}}=4R_{\mathrm{h}} \tag{8.45}$$

지름은 반지름의 두 배이므로, 둘 중의 하나는 이상하게 정의되어 있는 것이 명백해 보인다. 정의된 식으로 보아서는 수력직경의 식에 나타난 4라는 숫자가 이상해 보이지만 실제로는 수력반경이 물리적으로 이상한 것이다.

정의식에 의해 원관에 대한 수력직경을 구해보면,

$$D_{\mathrm{h}}=\frac{4A}{P}=\frac{4\times\frac{\pi D^2}{4}}{\pi D}=D$$

이다. 따라서 물리적으로 타당한 결과를 얻지만, 수력반경을 구해보면,

$$R_{\mathrm{h}}=\frac{A}{P}=\frac{\frac{\pi D^2}{4}}{\pi D}=\frac{D}{4}=\frac{R}{2}$$

이다. 따라서 물리적으로 틀린 결과를 얻게 된다. 그러므로 옛날에는 수력반경을 사용하였더라도 수력직경을 사용하는 습관을 가지는 것이 올바르다고 생각한다.

예제 8.12 **(a) 직사각 단면을 가지는 덕트에 공기가 흐를 때, 수력지름은 얼마인가? 직사각 단면의 길이는 각각 a, b이다. (b 단면의 길이가 a인 정사각 단면을 가지는 덕트에 물이 가득 차 흐를 때, 수력직경은 얼마인가?**

풀이

(a) 직사각형의 둘레는 $2(a+b)$이고 단면적은 ab이므로 수력직경은 다음과 같다.

$$D_{\mathrm{h}}=\frac{4A}{P}=\frac{4ab}{2(a+b)}=\frac{2ab}{a+b}$$

(b) 정사각형인 경우 둘레는 $4a$이고 단면적은 a^2이므로 수력직경은 다음과 같다.

$$D_{\mathrm{h}}=\frac{4A}{P}=\frac{4a^2}{4a}=a$$

⊕ 보충설명

정사각형인 경우 $b=a$이므로 (a)에서 구한 결과에서 $b=a$를 대입해도 수력직경을 구할 수 있다.

8.10 복합관로

실제 유체의 유동에서 단일한 직경의 하나의 관으로 구성되어 있지 않고, 다양한 직경의 관이 직렬 또는 병렬로 연결되어 있는 경우가 있다. 이러한 경우 관로 시스템의 해석은 복잡해 질 수 있다. 여기서는 가장 간단한 직렬 및 병렬 관로 시스템의 특성만 알아보기로 한다.

직렬

그림 8.15(a)에서 보여주고 있듯이 서로 다른 직경의 관이 직렬로 연결되어 있는 경우는 다음과 같은 관계식이 성립한다.

$$Q = Q_1 = Q_2 = Q_3 \tag{8.46a}$$

$$h_{\mathrm{L,total}} = h_{\mathrm{L,1}} + h_{\mathrm{L,2}} + h_{\mathrm{L,3}} \tag{8.46b}$$

$$\Delta p_{\mathrm{total}} = \Delta p_1 + \Delta p_2 + \Delta p_3 \tag{8.46c}$$

다음과 같이 요약할 수 있다.

- 각각의 관에서 흐르는 유량 Q_1, Q_2 및 Q_3는 같다.
- 전체 관에서의 손실수두 $h_{\mathrm{L,total}}$은 각각의 관에서의 손실수두 $h_{\mathrm{L,1}}$, $h_{\mathrm{L,2}}$ 및 $h_{\mathrm{L,3}}$의 합과 같다.
- 전체 관에서의 압력강하 $\Delta p_{\mathrm{total}}$은 각각의 관에서의 압력강하 Δp_1, Δp_2 및 Δp_3의 합과 같다.

병렬

그림 8.15(b)에서 보여주고 있듯이 여러 개의 관이 병렬로 연결되어 있는 경우는 다음과 같은 관계식이 성립한다.

$$Q_{\mathrm{total}} = Q_1 + Q_2 + Q_3 \tag{8.47a}$$

$$h_{\mathrm{L}} = h_{\mathrm{L,1}} = h_{\mathrm{L,2}} = h_{\mathrm{L,3}} \tag{8.47b}$$

$$\Delta p_{\mathrm{total}} = \Delta p_1 = \Delta p_2 = \Delta p_3 \tag{8.47c}$$

다음과 같이 요약할 수 있다.

- 전체 유량은 각각의 관에서의 유량 Q_1, Q_2 및 Q_3의 합과 같다.
- 각각의 관에서의 손실수두 $h_{L,1}$, $h_{L,2}$ 및 $h_{L,3}$는 동일하다.
- 각각의 관에서의 압력강하 Δp_1, Δp_2 및 Δp_3는 동일하다.

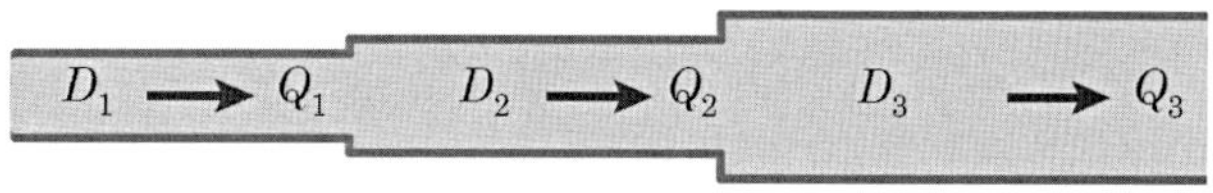

(a)

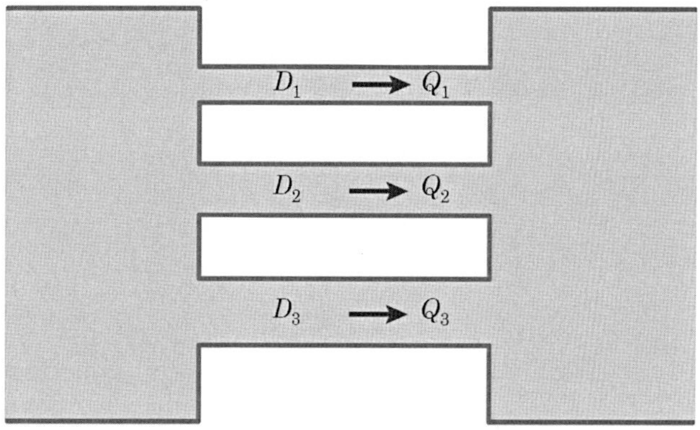

(b)

그림 8.15
(a)직렬 및 (b)병렬 관로 시스템

8.11 관에서의 유량 측정

유량을 측정하는 방법은 여러 가지가 있으나 여기서는 Bernoulli 방정식을 이용하여 유량을 구하는 방법에 대해 설명한다. Bernoulli 방정식을 이용하여 유량을 구하는 방식으로는 벤튜리 유량계, 노즐 유량계, 오리피스 유량계 등이 있으며 원리 및 구하는 식의 형태는 거의 같다.

벤튜리 유량계(venturi meter)

그림 8.16에 벤튜리 유량계를 보여주고 있으며, 관의 중간에 연결하여 유량을 측정하는 장치이다. 벤튜리의 중앙 부분의 단면적이 가장 작은 부분이 목(throat)이다. 유동손실을 무시하고, 1점과 2점 사이에 Bernoulli 방정식과 연속방정식을 이용하여 목

부분의 평균속도를 구하여 유량을 다음과 같이 구한다.

■ Bernoulli 방정식 : $p_1 + \frac{1}{2}\rho V_1^2 = p_2 + \frac{1}{2}\rho V_2^2$ (8.48)

■ 연속방정식 : $A_1 V_1 = A_2 V_2 \;\Rightarrow\; V_1 = \frac{A_2}{A_1} V_2 = \left(\frac{d}{D}\right)^2 V_2 = \beta^2 V_2$ (8.49)

식에서의 기호는 다음과 같고 그림에서 확인할 수 있다.

■ A_1 : 관의 단면적

■ D : 관의 지름

■ A_2 : 목의 단면적

■ d : 목의 지름

■ $\beta = \frac{d}{D}$

앞의 두 식으로부터 다음과 같이 목에서의 이론적인 속도를 구할 수 있다.

$$V_2 = \sqrt{\frac{2(p_1 - p_2)}{\rho\left[1 - (A_2/A_1)^2\right]}} = \sqrt{\frac{2(p_1 - p_2)}{\rho\left[1 - \beta^4\right]}} \tag{8.50}$$

위의 속도를 이용하여 구한 이론적인 유량 Q_{th}는 $A_2 V_2$이므로 다음과 같다.

$$Q_{\mathrm{th}} = A_2 \sqrt{\frac{2(p_1 - p_2)}{\rho\left[1 - \beta^4\right]}} \tag{8.51}$$

실제 유량 Q_{actual}은 약간의 마찰손실을 포함하고 있으므로 마찰을 무시한 이론적인 유량과 차이가 나고 다음처럼 구할 수 있다.

$$Q_{\mathrm{actual}} = C_{\mathrm{d}} A_2 \sqrt{\frac{2(p_1 - p_2)}{\rho\left[1 - \beta^4\right]}} \tag{8.52}$$

여기서 C_{d}는 벤튜리의 **송출계수**(유량계수; discharge coefficient)이고 일반적으로 β와 Re 의 값에 따라 달라진다. 그러나 벤튜리 관은 유선형으로 잘 설계되어 있어 마찰손실이 작아, 실제의 경우 이론적으로 구한 값과 차이가 별로 나지 않아 대부분의 경우 0.95~0.99의 값을 가져 1에 가깝다. 벤튜리 관의 제작사에서 제공하는 정확한 C_{d}의 값이 주어지지 않는다면 0.98을 사용하기를 권하며, 그렇게 하여도 오차가 그렇게 크지 않다. 압력차 $p_1 - p_2$는 그림에서 보듯이 게이지액체(계기액체; gage liquid)의 높이차를 측정하여 구할 수 있다.

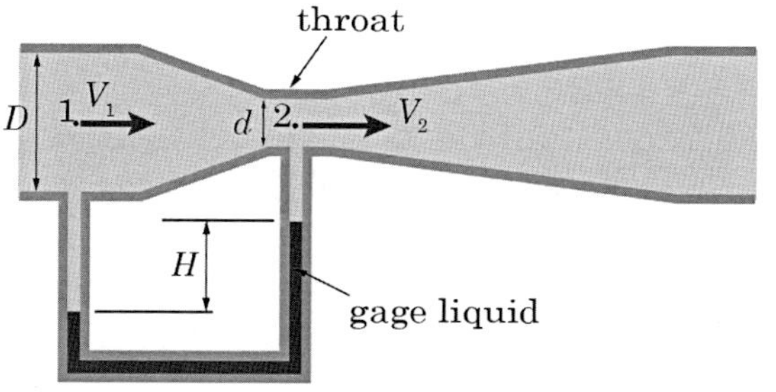

그림 8.16
벤튜리 유량계

노즐 유량계(nozzle meter)

그림 8.17에 노즐 유량계를 보여주고 있으며, 앞의 벤튜리 유량계와 동일한 식을 얻을 수 있으므로 식 (8.52)를 사용하여 유량을 구하면 된다. 그림에서 보듯이 기호는 다음과 같다.

- A_1 : 관의 단면적
- D : 관의 지름
- A_2 : 노즐 끝부분의 단면적
- d : 노즐 끝부분의 지름

노즐에 대한 식 (8.52)에서 C_d는 노즐의 송출계수(유량계수; discharge coefficient)이고, 대부분의 난류유동에서는 1에 가깝다. 미국기계공학회(ASME)에서 긴 유동노즐에 대해서 다음 식을 추천한다(Miller, 1997). 그러나 특정 노즐에 대한 정확한 값은 제조사에서 제공하는 송출계수를 사용하여야 한다.

$$C_\mathrm{d} = 0.9975 - \frac{6.53\beta^{0.5}}{\mathrm{Re}^{0.5}} \tag{8.53}$$

이 식은 $0.25 < \beta < 0.75$, $10^4 < \mathrm{Re} < 10^7$의 범위에 적용된다.

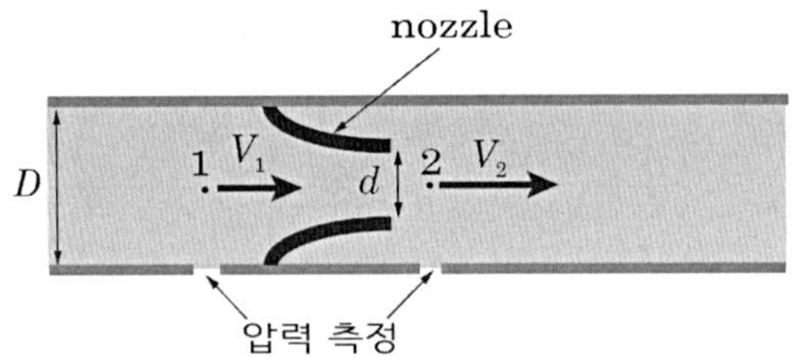

그림 8.17
노즐 유량계

오리피스 유량계(orifice meter)

그림 8.18에 오리피스 유량계를 보여주고 있으며, 역시 앞의 벤튜리 유량계와 비슷하게 유량에 관한 식을 구할 수 있다. 1지점과 2지점에 대하여 Bernoulli 방정식과 연속방정식을 적용하면 앞에서와 비슷한 결과를 얻을 수 있다.

$$V_2 = \sqrt{\frac{2(p_1 - p_2)}{\rho\left[1 - (A_2/A_1)^2\right]}} = \sqrt{\frac{2(p_1 - p_2)}{\rho\left[1 - (D_2/D_1)^4\right]}}$$

오리피스의 경우 그림에서 보듯이 유동은 오리피스를 지나 단면적이 축소되고 이러한 효과를 vena contracta 효과라 한다. 따라서 D_2는 오리피스의 직경 d보다는 작고, A_2는 오리피스의 단면적 A_o보다는 작다. 단면적이 축소되는 비율을 수축계수(축소계수) C_c라고 하며 다음과 같다.

$$C_c = \frac{A_2}{A_o}$$

따라서 이것을 식에 대입하면 다음의 결과를 얻는다.

$$V_2 = \sqrt{\frac{2(p_1 - p_2)}{\rho\left[1 - C_c^2(A_o/A_1)^2\right]}} = \sqrt{\frac{2(p_1 - p_2)}{\rho\left[1 - C_c^2\beta^4\right]}} \tag{8.54}$$

따라서 이론적인 유량과 실제 유량을 구하는 식에 이 수축계수 C_c가 포함되어 있다는 것을 알 수 있다. 위의 속도를 이용하여 이론적인 유량 Q_{th}는 $A_2 V_2$이므로 다음과 같다.

$$Q_{th} = A_2\sqrt{\frac{2(p_1 - p_2)}{\rho\left[1 - C_c^2\beta^4\right]}} = C_c A_o\sqrt{\frac{2(p_1 - p_2)}{\rho\left[1 - C_c^2\beta^4\right]}} \tag{8.55}$$

그러나 편의상 오리피스의 경우에도 실제 유량을 구할 때, 수축계수가 포함된 식 (8.55)의 형태를 사용하기보다는 벤튜리나 노즐과 같은 형태인 다음 식을 일반적으로 많이 사용한다.

$$Q_{\text{actual}} = C_{\text{d}} A_{\text{o}} \sqrt{\frac{2(p_1 - p_2)}{\rho\left[1-\beta^4\right]}} \tag{8.56}$$

식 (8.56)에서 C_{d}는 오리피스의 송출계수(유량계수; discharge coefficient)이고, 식에 사용된 기호는 다음과 같다.

- A_1 : 관의 단면적
- D : 관의 지름
- A_{o} : 오리피스의 단면적
- d : 오리피스의 지름
- $\beta = \dfrac{d}{D}$

오리피스의 경우 유동에서의 마찰손실도 크고, 이론적으로 구한 속도인 식 (8.55)를 사용하지 않고 수축계수가 포함되지 않은 변형된 형태의 식 (8.56)을 사용하므로 C_{d}는 1에 가까운 값이 아니다. 개략적으로 C_{d}는 다음 식(Miller, 1997)을 사용할 수 있지만 어떤 한 특정 종류의 오리피스에 적용된다. 그러나 일반적인 각각의 압력을 측정하는 구멍(tab)의 위치 등에 따라 다른 값들을 가지기 때문에 오리피스 유량계에 대한 송출계수의 정확한 값은 제조사에서 제공하는 송출계수를 사용하여야 한다.

$$C_{\text{d}} = 0.5959 + 0.0312\beta^{2.1} - 0.184\beta^8 + \frac{91.71\beta^{2.5}}{\text{Re}^{0.75}} \tag{8.57}$$

이 식은 $0.25 < \beta < 0.75$, $10^4 < \text{Re} < 10^7$의 범위에 적용된다.

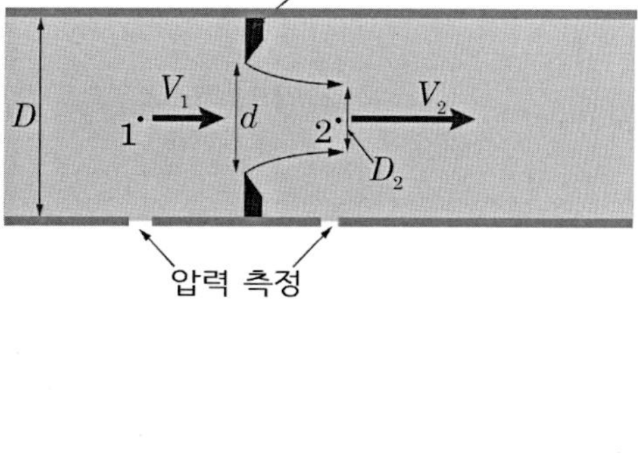

그림 8.18
오리피스 유량계

✦송출계수가 1보다 아주 작다는 것은 오리피스를 지나는 동안 부차적손실이 아주 크다는 것을 나타낸다.

오리피스의 송출계수는 보통 0.6-0.7사이의 값으로 1보다 아주 작기 때문에 반드시 송출계수를 제조사에서 제공하는 정확한 송출계수를 사용하여야 한다.

8장 연습 문제

8.1 지름이 20 cm인 원형 관에 공기가 6 m/s의 속도로 흐르고 있을 때 이 유동은 층류인가 난류인가? 공기의 밀도는 1 kg/m^3이고 점성계수는 2×10^{-5} Pa·s이다.

8.2 수평 원형 관에서 물이 흐르고 있을 때, 완전발달 유동에서 속도분포와 압력분포는 축방향에 따라 변하는가 변하지 않는가?

8.3 길이 10 m, 지름 20 cm인 수평 원형 관에서 유체가 완전발달 상태로 흐르고 있을 때, 압력 강하가 40 Pa이면, 벽면에서의 전단응력은 얼마인가?

8.4 동점성계수가 1.2×10^{-6} m^2/s인 액체가 지름 20cm인 원형관 속을 6 cm/s의 속도로 흐르고 있을 때 유동은 층류인가 난류인가?

8.5 앞의 연습문제와 동일한 상태에서 액체 대신 동점성계수가 2×10^{-5} m^2/s인 기체가 흐를 때, 유동은 층류인가 난류인가?

8.6 공기와 물이 각각 동일한 지름의 원형 관 속을 동일한 속도로 흐르고 있을 때, 한 학생이 "만약 공기의 유동이 난류이면 물의 유동은 항상 난류이다." 라고 주장한다. 이 주장이 맞는지 틀리는지 설명하라.

8.7 지름이 40 cm인 수평 원형 관에서 유체가 완전발달 상태로 흐르고 있다. 벽면에서의 전단응력이 20 Pa일 때, 길이 50 cm 하류 지점에서 압력은 얼마나 감소하는가?

8.8 원형 관의 완전발달 층류 유동에서 압력차 Δp에서 유량이 Q이다. 압력차 Δp에서 관의 지름만 1/3로 축소 할 때의 유량은? 단, 모두 층류 유동이다.

8.9 원형 관의 완전발달 층류 유동에서 압력차 Δp에서 유량이 Q이다. 관의 지름만 1/2로 축소할 때 동일한 유량 Q를 얻기 위해 필요한 압력차는 원래 압력차의 몇 배인가? 단, 모두 층류 유동이다.

8.10 길이 50 m이고, 지름이 40 cm인 수평 원형 관에 점성계수가 0.00024 Pa·s인 유체가 속도 0.5 m/s로 완전발달 층류상태로 흐르고 있다. 관 전체에서의 압력차는 얼마인가?

8.11 원형 관의 완전발달 층류 유동에서 압력차 Δp에서 유량이 Q이다. 압력차를 2배로 하였을 때도 층류 유동이라면 유량은?

8.12 길이 20 m이고, 지름이 30 cm인 수평 원형 관에 비중이 0.85인 유체가 5 m/s의 속도로 흐를 때 압력강하는 얼마인가? 마찰계수는 0.02이다.

8.13 길이 30 m이고, 지름이 20 cm인 원형 관에 어떤 유체가 4 m/s의 속도로 흐르고 있다. 관 전체에서의 손실수두가 6 m일 때 마찰계수는 얼마인가?

8.14 원형 관의 완전발달 층류 유동에서 속도가 V일 때 마찰 마찰계수가 f_1이다. 속도가 1.2 V일 때 마찰 마찰계수는 얼마인가? 단, 속도가 1.2 V일 때도 층류 유동이다.

8.15 원형 관의 완전발달 층류 유동에서 속도가 V일 때 마찰 손실수두가 h_{L}이다. 속도가 1.2 V일 때 마찰 손실수두는 얼마인가? 단, 속도가 1.2 V일 때도 층류 유동이다.

8.16 원형 관의 유동 중 완전히 거친 난류 유동에서 속도가 V일 때 마찰 손실수두가 h_{L}이다. 속도가 1.2 V일 때 마찰 손실수두는 얼마인가?

8.17 물이 2 m/s의 속도로 원형 관 내를 흐르고 있고, 이 관에 연결된 손실계수가 5인 밸브를 지날 때의 압력손실은 얼마인가?

8.18 지름이 50 cm인 원형 관에 유체가 흐르고 있을 때 관의 마찰계수는 0.025이다. 이 원형 관에 손실계수가 4인 밸브가 연결되어 있다면, 이 밸브의 상당길이(등가길이)는 얼마인가?

8.19 지름이 20 cm이고 길이가 80 m인 원형 관의 중간에 손실계수가 4인 밸브가 두 개 부착되어 있고 유체가 3m/s의 속도로 흐르고 있을 때, 관에서의 마찰계수가 0.022이다. 전체에서의 손실수두는 얼마인가?

8.20 그림 P8.20처럼 큰 탱크에 연결된 지름 20 cm인 원형 관에 물이 흐르고 있다. 관의 중간에 손실계수가 4인 밸브와 손실계수가 1.5인 엘보가 연결되어 있다. 관의 입구부터 1 지점까지 전체 관의 길이는 50m 이다. 관에서 유속은 2 m/s일 때, 물의 표면부터 1 지점까지의 총손실수두는 얼마인가? 단, 관 전체에 걸쳐 마찰계수는 0.03이고 입구에서의 손실계수는 0.5이다.

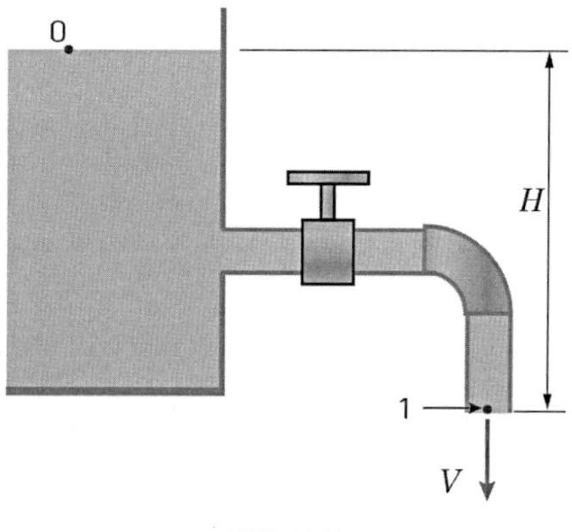

그림 P8.20

8.21 앞의 그림 P8.20처럼 큰 탱크에 연결된 지름 20 cm인 원형 관에 물이 흐르고 있다. 관의 중간에 손실계수가 4인 밸브와 손실계수가 1.5인 엘보가 연결되어 있다. 관의 입구부터 1 지점까지 전체 관의 길이는 50m 이다. 관에서 유속이 2 m/s일 때, H를 구하라. 단, 이때 관 전체에 걸쳐 마찰계수는 0.03이고, 입구에서의 손실계수는 0.5이다.

8.22 앞의 그림 P8.20처럼 큰 탱크에 연결된 지름 20 cm인 원형 관에 물이 흐르고 있다. 관의 중간에 손실계수가 4인 밸브와 손실계수가 1.5인 엘보가 연결되어 있다. 관의 입구부터 1 지점까지 전체 관의 길이는 50m 이다. 그림에서 H = 2 m일 때, 출구에

서의 속도를 구하라. 단, 이때의 관 전체에 걸쳐 마찰계수는 0.03으로 가정하고, 입구에서의 손실계수는 0.5이다.

8.23 한 변의 길이가 a인 정삼각형 단면을 가지는 관에 기체가 흐르고 있을 때 수력지름은?

8.24 한 변의 길이가 a인 정사각형 단면을 가지는 관에 기체가 흐르고 있을 때 수력지름은?

8.25 지름이 각각 D_1과 $D_2(D_1 < D_2)$로 이루어진 두 동심원으로 이루어진 이중관 (annular pipe) 사이에 기체가 흐르고 있을 때 수력지름은?

8.26 그림과 같은 사각 단면을 가지는 관에 물이 일부만 찬 상태로 흐르고 있을 때 수력지름은?

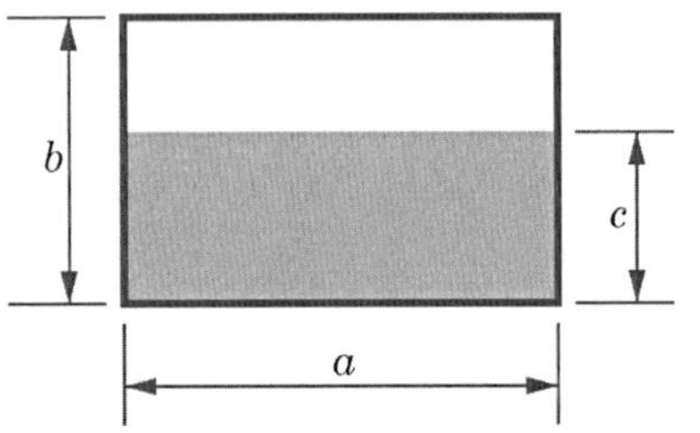

그림 P8.26

8.27 1 m × 2 m의 직사각 단면을 가지는 덕트 20 m에 공기가 10 m/s의 속도로 흐를 때, 손실수두는 얼마인가? 단, 마찰계수는 0.024이다.

8.28 지름이 각각 30cm, 20cm로 이루어진 길이 10 m인 두 동심원으로 이루어진 이중관 (annular pipe) 사이에 공기가 5 m/s의 속도로 흐를 때 손실수두는 얼마인가? 단, 마찰계수는 0.025이다.

8.29 길이 60 m이고, 지름이 20 cm인 원형 관에 비중 0.9이고 점성계수가 0.0002 Pa·s인 유체가 10 m/s의 속도로 흐르고 있다. 원형 관의 상대거칠기(상대조도)는 0.001이다. (a) 관 전체에서의 손실수두를 구하라. (b) 관 전체에서의 압력강하를 구하라.

8.30 한변의 길이가 4 cm인 매끄러운 정삼각형 단면의 관에, 비중 0.9, 점성계수 0.5 Pa·s인 유체가 1지점에서 1지점 보다 2m 높은 2지점으로 2 m/s의 속도로 흐르고 있다. 관의 길이는 50 m이다. (a) 1지점과 2지점의 압력차를 구하라. (b) 벽면에서의 전단응력을 구하라. 모든 데이터는 원관의 데이터를 이용하여 개략적으로 구하라.

8.31 원심펌프가 물을 송출하고 있다. 펌프 입구에서의 압력은 80 kPa이고, 펌프 출구에서의 압력이 400 kPa일 때, 1 m^3/min의 유량으로 물을 펌핑하고 있다. (a) 이론적인 펌프동력(수동력)은 얼마인가? (b) 펌프효율이 85%일 때 필요한 펌프동력(즉, 축동력)은 몇 kW인가? 입구 및 출구에서 관의 지름은 같고 출구에서의 압력계가 입구에서의 압력계보다 20 cm높은 곳에 설치되어 있다.

8.32 펌프를 이용하여 한 탱크에서 다른 탱크로 그림처럼 물을 펌핑하고 있다. 두 탱크의 수면은 대기에 노출되어 있고, 두 수면의 높이차는 20 m이다. 유량이 0.02 m^3/s일 때, 관로 전체에서의 총 손실수두가 10 m이면 이론적인 펌프동력(수동력)은 얼마인가?

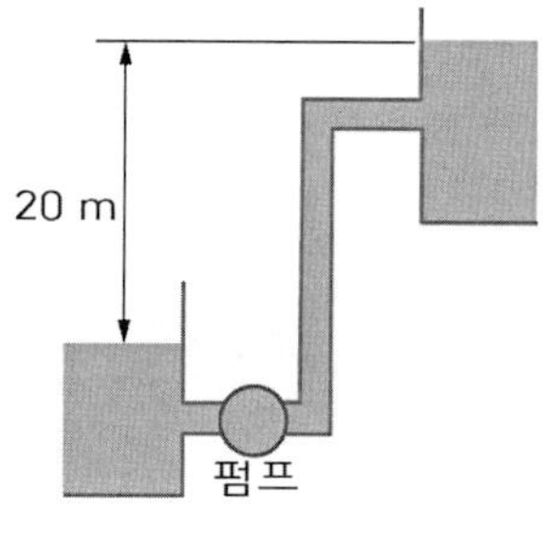

그림 P8.32

8.33 앞의 연습문제 8.32에서 펌프의 효율이 90%라면 필요한 펌프동력(펌프의 축동력)은 얼마인가?

8.34 그림처럼 관의 지름은 20 cm이고 비중이 0.9, 점성계수 0.0018 Pa·s인 기름이 흐르고 있다. 펌프 입구에서의 압력은 진공 0.1 kg_f/cm^2이고, p_2는 110 kPa(절대압력)이다. 관의 전체 길이는 10 m, 엘보의 손실계수는 1.5, 출구에서의 손실계수는 1이고, 관의 거칠기(조도)는 0.2 mm이다. 흐르는 기름의 속도가 2 m/s일 때, 공급해야 할 펌프의 수동력을 구하라. 대기압은 101 kPa이고, 마찰계수는 0.0212이다.

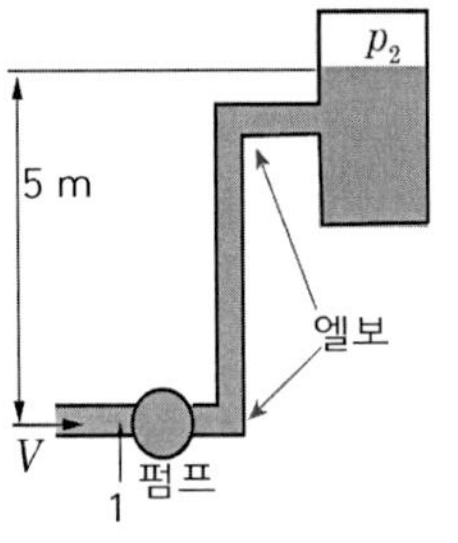

그림 P8.34

8.35 앞의 연습문제 8.34에서 펌프의 효율이 90%라면 필요한 펌프동력(펌프의 축동력)은 얼마인가?

8.36 그림처럼 펌프를 이용하여 한 탱크에서 다른 탱크로 물을 펌핑하고 있다. 아래 탱크의 수면은 대기에 노출되어 있고 위 탱크의 압력(절대압력)은 150 kPa이고, 두 수면의 높이차는 20 m이다. 유량이 0.02 m^3/s일 때, 관로 전체에서의 총 손실수두가 10 m이다. 펌프의 효율이 90%라면 필요한 펌프동력(펌프의 축동력)은 얼마인가? 대기압은 101.3 kPa이다.

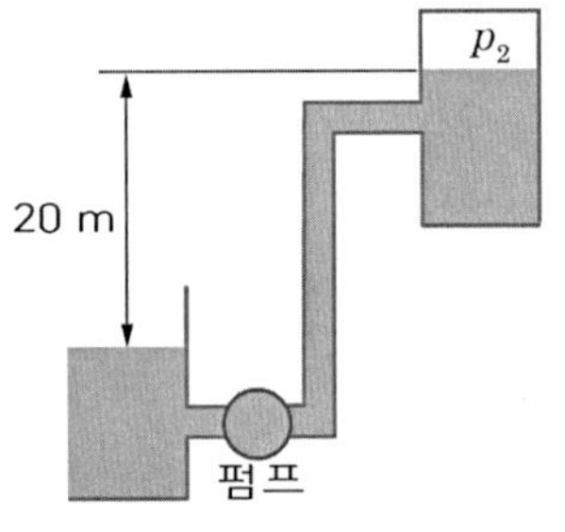

그림 P8.36

물체 주위의 유동

학습목표

이 장의 학습 및 강의 목표는 다음과 같은 사항을 학생들이 완전하게 이해하는 것이다.

- 물체 주위의 유동에 대한 기본적 이해.
- 경계층 유동의 개념과 경계층 두께.
- 항력과 양력.
- 여러 물체에서 항력계수를 이용한 항력 계산.
- 원통과 구에서의 항력계수.

9.1 서론

이 장에서는 물체 주위의 유동에 대한 특성에 대하여 설명한다. 유체 속에 잠겨있는 물체 주위의 유동은 일상에서 자주 접하는 공학적인 문제이다. 예를 들면, 자동차, 비행기, 잠수함, 골프공, 풍력발전 등의 설계에서 물체 주위의 유동을 해석하여야 해결할 수 있고 이러한 물체 주위의 유동을 **외부유동**(external flow)라고도 한다. 물체 주위의 유동은 일반적으로 복잡하여 해석적으로 풀기는 상당히 어려워, 실험 결과에 의존하거나 컴퓨터를 이용하여 수치적인 계산을 하는 방법을 많이 사용한다. 이 책에서는 상세한 해석방법을 소개하기보다는 외부유동에 관한 개념을 소개하고, 외부유동에서 주된 관심사인 항력과 양력을 설명한다.

유체역학에서 가장 많이 다루는 물과 공기의 점성이 아주 작아, 물체의 주위를 흐르는 많은 공학 문제에서 대부분의 유동영역에서 비점성 유동으로 취급할 수 있지만, 물체의 표면 가까운 곳에서는 점성의 영향을 고려하여야 한다. 가장 간단한 물체 주위의 유동은 평판 주위의 유동이다. 그림 9.1과 같이 균일한 유동 중에 평판이 놓여있을 때, 평판 주위의 유동에 대해 고려해 보면, 평판 가까운 곳에서는 평판의 존재와 유체의 점성으로 인하여 점성의 영향을 받는 점성영역과 점성의 영향을 받지 않는 비점성 영역으로 나누어 해석할 수 있다. 그림 9.1에서 보듯이 유체의 동점성(또는 점성)이 크면(Re가 작으면), 유동장에서 점성영역이 커질 것이고 동점성이 작다면(Re가 크다면) 점성영역은 작아질 것이다.

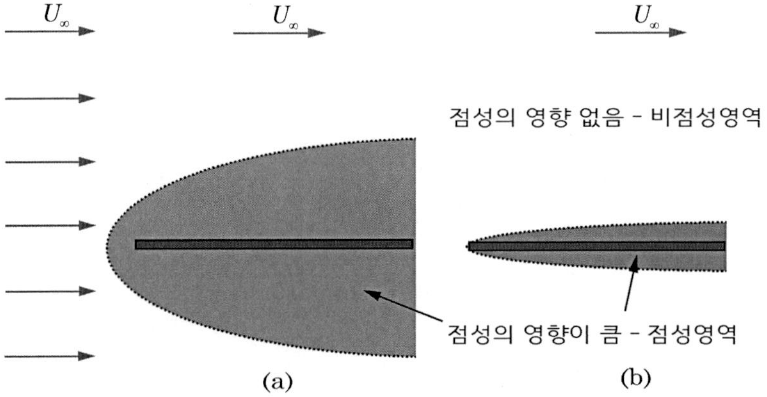

그림 9.1
물체 주위의 유동 ; (a) 점성이 작지 않은 유체, (b) 점성이 아주 작은 유체

비점성유동(포텐셜유동 해석)

물체에서 멀리 떨어진 곳에서의 속도가 U_∞로 균일한 유동에 놓여있는 물체 주위의 유동에서, 점성이 완전히 0인 이상적인 비점성 유동은 포텐셜유동으로 해석할 수 있고, 포텐셜유동에 대해서는 이 책의 후편인 "유체역학②, 유체역학의 이해" 의 6장에서 상세히 설명한다. 그림9.2(a)에서 보듯이 점성이 완전히 0인 비점성유동일 때, 평판의 표면에서 유체의 속도는 0이 아니고 크기를 가지고, 평판의 표면에서 유체의 속도를 U라고 하면 U는 U_∞로 일정하고, 평판에서 미끄러진다. 평판이 아닌 경우, 비점정유동에 의한 물체 표면에서의 속도 U는 그림 9.2(b)에서 보여주고 있듯이 일정하지 않고 물체 표면에서의 위치 x에 따라 달라진다. 즉, 다음처럼 나타낼 수 있다.

✦ U_∞ : 멀리 떨어진 곳에서의 속도, 즉, 자유유동속도를 나타낸다.
U : 완전히 비점성일 때, 물체 표면에서의 속도

평판 : $U = U_\infty$

평판이 아닌 경우 : $U = U(x)$

완전한 비점성유동일 때, 물체의 표면에서 점착조건을 만족시키지 못한다. 또한 유체가 물체에 작용하는 전단력이 전혀 없어, 평판 및 물체에 작용하는 항력을 구할 수 없다.

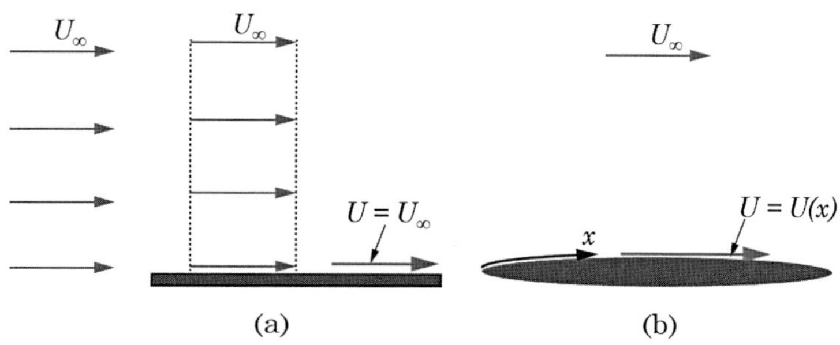

그림 9.2
(a) 평판 주위 비점성유동,
(b) 물체 주위 비점성유동

9.2 경계층 유동의 개념 및 경계층 두께

여기서는 평판 주위의 유동에 관하여 설명한다. 평판이 아니더라도 경계층 개념을 적용할 수 있다. 크기가 작더라도 점성이 있을 때 평판 표면에서 유체의 속도는 0이다. 그리고 평판 가까운 곳에서는 평판의 영향으로(즉, 유체의 점성으로 인하여) 평판 주위 유체의 속도 u는 그림 9.3에 나타내고 있듯이 0부터 U_∞까지 변하게 된다. 점성이 아주 작은 경우(Re가 아주 큰 경우) 점성의 영향을 받는 점성영역은 상당히 얇다. 그림 9.3에 표시된 것은 과장되게 확대하여 나타낸 것이다. 상당히 얇은 이 점성영역을 **경계층**(boundary layer)이라 하고, 이 층의 두께를 **경계층두께**(boundary layer thickness)라고 하며 δ로 나타낸다. 경계층 밖의 외부는 점성을 무시할 수 있는 비점성영역이고 포텐셜유동 해석으로 해를 구할 수 있다. 평판의 경우 비점성영역의 모든 곳에서의 속도는 앞에서 설명하였듯이 U_∞로 일정하다.

✦실제로는 경계층 두께 δ는 그림에서 나타내고 있는 것보다는 훨씬 얇다. 그림은 과장해서 나타낸 것이다.

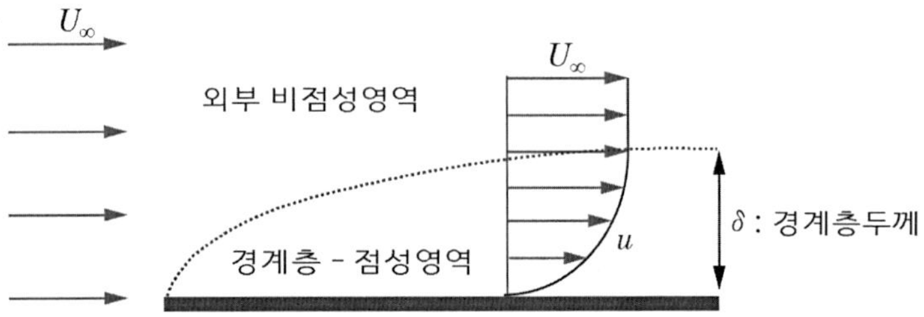

그림 9.3
평판 위 경계층유동

Ludwig Prandtl이 처음으로 경계층의 개념을 제안하였다. 동점성이 아주 작을 때 물체에 아주 가까운 경계층을 제외한 대부분의 유동영역에서 비점성유동으로 해석할 수 있고, 점성을 고려한 경계층에서 점착조건(no-slip condition)을 만족시킬 수 있다. 동점성이 아주 작아지면 경계층두께도 아주 얇아진다. Prandtl의 경계층 개념을 사용하면, 동점성이 아주 작을 때, 유동의 대부분을 비점성으로 해석할 수 있고, 물체의 가까운 부분에서는 경계층유동으로 해석하면 점착조건도 만족시켜 물체에서의 항력을 구할 수 있게 된다. Prandtl이 처음에 직관적으로 경계층개념을 도입하였지만, 이후 수학적방법인 섭동법(perturbation method)을 이용하여 내부해(inner solution)와 외부해(outer solution)를 통하여 경계층개념을 설명할 수 있었다.

그림 9.4에서 보듯이 평판의 앞쪽 끝에서 경계층이 생기기 시작하고 점성의 영향을 받는 경계층의 두께는 뒤로 갈수록 점점 커지게 된다. 경계층에서의 유동은 층류이고 이 경계층을 **층류경계층(laminar boundary layer)**이라고 한다. 평판의 뒤쪽으로 계속 진행하면 유동은 난류로 바뀌게 되고 이때의 경계층을 **난류경계층(turbulent boundary layer)**이라고 한다. 층류에서 난류로 바뀌는 중간을 천이영역(transition region)이라 한다. 그림 9.4에서 평판의 앞쪽 끝으로부터의 위치 x에서의 경계층유동이 층류인지 난류인지는 자유유동속도 U_∞, 밀도 ρ, 점성 μ 등에 따라 달라진다. 이러한 물리적 변수들은 하나의 중요한 무차원수인 Re_x로 나타낼 수 있다.

$$\mathrm{Re}_x = \frac{\rho U_\infty x}{\mu} = \frac{U_\infty x}{\nu} \tag{9.1}$$

여기서 Re_x는 평판의 앞쪽 끝으로부터의 위치 x에서의 국소 Reynolds수(local Reynolds number)이다. 층류에서 난류로 바뀌는 천이영역은 표면의 거칠기 등의 여러 요인에 따라 달라질 수 있고 , 평판의 경우 층류, 난류, 천이영역은 다음과 같다.

$$\text{층류} : \mathrm{Re}_x < 3\times 10^5 \tag{9.2a}$$

$$\text{천이} : 3\times 10^5 < \mathrm{Re}_x < 5\times 10^6 \tag{9.2b}$$

$$\text{난류} : 5\times 10^6 < \mathrm{Re}_x \tag{9.2c}$$

여기에 사용된 값은 절대적인 것은 아니고 문헌에 따라 약간씩 달라질 수 있다. 예를 들어 3×10^5대신에 2×10^5을 사용하기도 한다. 천이영역에 대해 이론적으로 유동을 해석하기는 불가능하기 때문에, 임계 Reynolds수(critical Reynolds number) Re_{cr}을 사용하여 이보다 작은 Reynolds수에서는 층류로 생각하고 이보다 큰 Reynolds수에서는 난류라고 가정하여 이론적인 해석을 한다. 대부분의 문헌에서 $\mathrm{Re}_{cr} = 5\times 10^5$ 을 사용하고 이 책에서도 이 값을 사용한다.

✦실제로는 경계층 두께 δ는 그림에서 나타내고 있는 것보다는 훨씬 얇다. 그림은 과장해서 나타낸 것이다.

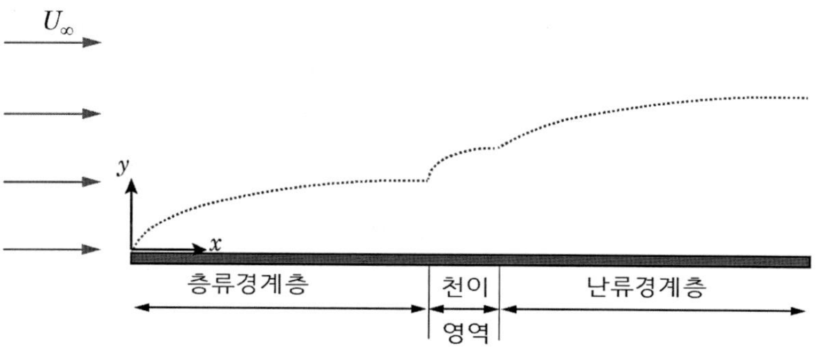

그림 9.4
평판 위 경계층 유동의 발달

경계층두께

평판 경계층에서의 속도는 벽면에서 0이고 벽에서 점차 멀어질수록 속도는 커져서 자유유동속도(free stream velocity) U_∞가 된다. 경계층에서의 속도 u가 U_∞의 99%에 도달할 때 벽으로부터의 거리를 **경계층두께(boundary layer thickness)** δ라고 정의하고 다음처럼 나타낼 수 있다.

$$y=\delta \ ; \ u=0.99\,U_\infty \tag{9.3}$$

실제 평판에서의 경계층의 개념은 $u = U_\infty$ 일 때의 거리를 의미하나, 그렇게 정의할 경우 수학적으로 나타내면, $\delta = \infty$ 일 수가 있기 때문에 u가 U_∞의 99%에 도달하면 U_∞에 도달한 것으로 생각하여 정의한 것이다. 즉, 경계층의 정의는 편의상 식 (9.3)처럼 하지만, 실제로 수학적인 계산과정에서는 $y = \delta$ 에서 $u = U_\infty$ 라 두는 것이 일반적이다. 경계층 유동의 해석은 이 책의 후편인 "유체역학②, 유체역학의 이해"의 7장에서 상세히 설명한다.

9.3 평판 경계층에서의 속도 분포

✦ Blasius의 해석적인 방법은 "유체역학②, 유체역학의 이해"의 7장에서 상세히 설명한다.

층류 속도분포

평판 주위의 경계층 유동 중 **층류**일 때는 Blasius가 해석적으로 구하였으며, Blasius가 구한 속도분포를 그림 9.5에 나타내고 있다. 이 속도분포에 따른 경계층두께는 다음과 같다.

✦ 책에 따라 5.0 대신 4.9나 5.2를 사용하기도 하지만 5.0을 가장 많이 사용한다.

$$\delta = 5.0\sqrt{\frac{\nu x}{U_\infty}} \quad \Rightarrow \quad \frac{\delta}{x} = \frac{5.0}{\sqrt{\mathrm{Re}_x}} \tag{9.4}$$

경계층두께는 $\sqrt{\nu}$에 비례하고, $\sqrt{U_\infty}$에 반비례한다는 것을 알 수 있다. 따라서 자유유동속도가 커질수록 경계층 두께는 얇아진다. 그리고 경계층두께는 $\sqrt{x}$에 비례하기 때문에 평판의 뒤로 갈수록 커지고 그 모양은 $y = A\sqrt{x}$ 형태를 나타낸다.

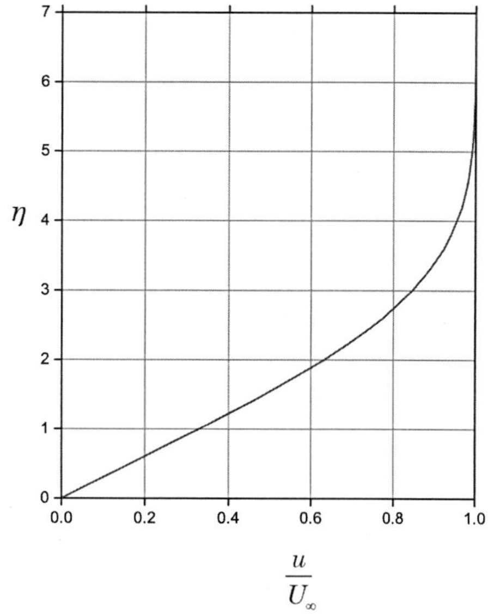

그림 9.5
평판 층류 경계층에서의 속도분포(Blasius의 해), $\eta = y\sqrt{U_\infty/\nu x}$

난류속도분포

난류일 때의 유동은 상당히 복잡한 양상을 나타내고 있어, 층류유동과는 달리 속도분포를 이론적으로 구하기는 쉽지 않다. 일반적으로 실험을 하거나 컴퓨터를 이용하여 해석하는 방법으로 속도분포를 구한다.

평판의 난류 경계층에서의 속도분포는 실험적으로 구한 식을 많이 사용하고 간단한 형태이면서 대표적으로 많이 사용하는 식이 다음과 같은 **멱법칙(power low)** 속도분포이다.

✦ Power low : 멱법칙 또는 거듭제곱법칙이라고도 한다.

$$\frac{\bar{u}}{U_\infty} = \left(\frac{y}{\delta}\right)^{\frac{1}{n}} \tag{9.5}$$

여기서 $\bar{u}$는 난류의 시간평균속도이고, n은 Re_x에 따라 7, 8, 9중의 하나의 값을 가진다. 가장 일반적으로 사용되는 것은 $n=7$일 때이고 이때의 속도분포를 1/7 멱법칙 속도분포라하고 그림 9.6에 이 속도분포를 나타내고 있으며 층류에 비하면 난류인 경우 훨씬 더 평평한 모양을 나타내고 있다. 이와 같은 속도분포는 벽면에서 속도기울기가 무한대가 되므로 벽면에서의 전단응력 또한 무한대가 되어 벽면 가까이에서는 적용할 수 없는 속도분포이다. 벽에 가까운 부분을 제외한 나머지 대부분의 영역($y/\delta > 0.1$)에서 이 속도분포는 실험값과 잘 일치한다.

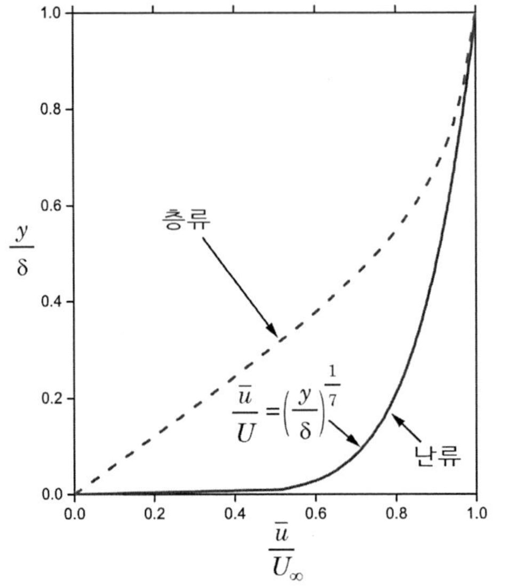

그림 9.6
평판 난류 경계층에서의 난류 속도분포(멱함수)

9.4 물체에 작용하는 항력

유체의 유동에 놓여있는 물체는 유동의 방향에 대해 유체의 저항을 받고 이때 받는 힘을 **항력**(drag force)이라고 하고 F_d로 나타낸다. 물체가 받는 항력은 두 가지 요인에 의하여 생긴다. 그림 9.7(a)처럼 유동에 평행한 얇은 평판은 물체의 표면에서 마찰에 의한 전단응력으로 인한 항력을 **마찰항력**(friction drag force)이라 하고 F_f로 나타낸다. 그림 9.7(b)처럼 유동에 수직인 얇은 평판은 물체의 앞쪽과 뒤쪽의 압력차로 인하여 항력이 생기게 되고 이 항력을 **압력항력**(pressure drag force)이라 하고 F_p로 나타낸다. 일반적으로 그림 9.7(c)처럼 뭉툭한 물체에서는 마찰과 압력차 모두에 의해 항력이 발생하고 따라서 물체의 항력은 압력항력과 마찰항력의 합으로 주어지고 다음과 같다.

✦아래 첨자
d : drag
f : friction
p : pressure

$$F_d = F_p + F_f \tag{9.6}$$

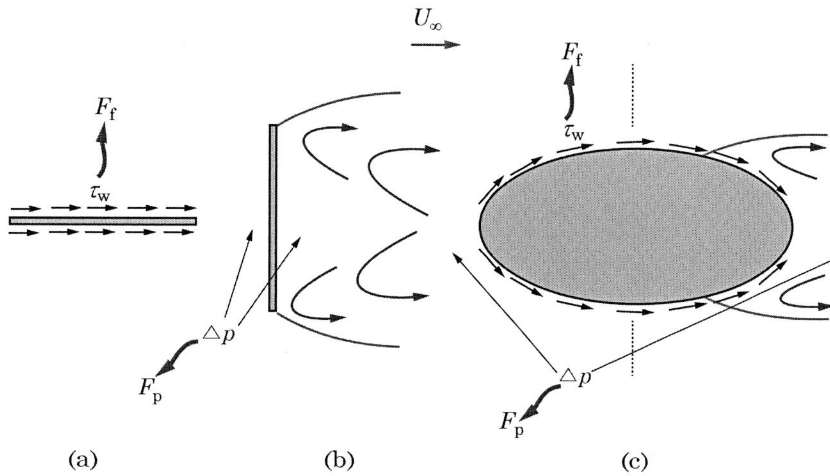

그림 9.7
(a) 평행 평판, (b) 수직 평판, (c) 뭉툭한 물체에 작용하는 항력

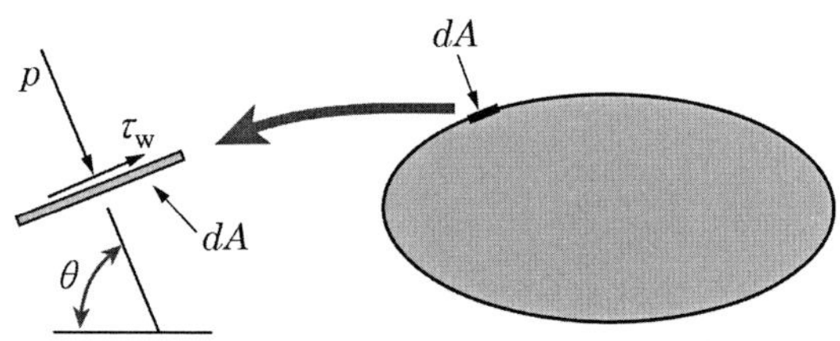

그림 9.8
물체의 미소 표면에 작용하는 압력과 전단응력

그림 9.8에 물체의 미소한 면적 dA에 작용하는 압력과 전단응력을 나타내고 있으며, 물체 표면에서의 압력과 전단응력을 알고 있다면, 압력항력과 마찰항력은 다음처럼 구할 수 있다.

$$F_p = \int_A p\cos\theta\, dA \tag{9.7}$$

$$F_f = \int_A \tau_w \sin\theta\, dA \tag{9.8}$$

물체에 작용하는 항력은 다음처럼 무차원으로 표시되는 **항력계수(drag coefficient)** C_d를 사용하여 나타낸다.

$$C_d = \frac{F_d}{\frac{\rho U_\infty^2}{2} A} \tag{9.9}$$

여기서 면적 A는 항력계수를 정의할 때 사용되는 기준면적(reference area)으로 물체를 유동 방향에 투영한 면적을 주로 사용하지만 항상 그런 것은 아니기 때문에 각각의 물체에 대해 어떠한 면적을 사용하여 항력계수를 나타내었는지 표시해 주는 것이 원칙이다. 폭이 b이고 길이가 L인 평판의 경우 $A = bL$을 사용하고, 직경이 D이고 길이가 L인 원통의 경우 $A = DL$을 사용하고, 직경이 D인 구의 경우에는 $A = \frac{\pi D^2}{4}$ 을 사용한다.

다음처럼 **압력항력계수** $C_{\mathrm{d,p}}$와 **마찰항력계수** $C_{\mathrm{d,f}}$를 정의한다.

$$C_{\mathrm{d,p}} = \frac{F_{\mathrm{p}}}{\frac{\rho U_\infty^2}{2} A} \tag{9.10a}$$

$$C_{\mathrm{d,f}} = \frac{F_{\mathrm{f}}}{\frac{\rho U_\infty^2}{2} A} \tag{9.10b}$$

그러면 항력계수는 압력항력계수와 마찰항력계수의 합으로 나타낼 수 있다.

$$C_{\mathrm{d}} = C_{\mathrm{d,p}} + C_{\mathrm{d,f}} \tag{9.11}$$

9.4.1 평행평판의 항력

그림 9.7(a)처럼 유동에 평행한 평판인 경우는 압력항력이 없으므로($F_{\mathrm{p}} = 0$) 작용하는 항력은 마찰항력 F_{f}뿐이다($F_{\mathrm{d}} = F_{\mathrm{f}}$). 따라서 항력계수는 마찰항력계수와 같다.

$$C_{\mathrm{d}} = C_{\mathrm{d,f}} \tag{9.12}$$

길이가 L이고 폭이 b인 평판의 한 표면에 마찰로 인한 마찰항력 F_{f}는 다음처럼 구할 수 있다.

$$F_{\mathrm{f}} = \int_0^L \tau_{\mathrm{w}} b\,dx \tag{9.13}$$

층류일 때 Blasius가 구한 속도분포를 이용하여 구한 τ_{w}는 다음과 같다.

$$\tau_{\mathrm{w}} = 0.332 \sqrt{\frac{\rho \mu U_{\infty}^{3}}{x}} \tag{9.14}$$

평판 벽에서의 전단응력은 $\sqrt{x}$에 반비례한다는 것을 알 수 있다. 즉, 평판 전체에서 유동이 층류일 때, 전단응력은 평판의 앞쪽에서 제일 크고 뒤로 갈수록 작아진다는 것을 알 수 있다. 평판의 뒤로 갈수록 경계층두께가 커지기 때문에 뒤로 갈수록 속도기울기가 작아지기 때문이다. 그리고 전단응력은 $U_{\infty}^{3/2}$에 비례한다는 것을 알 수 있다. 식 (9.14)를 식 (9.13)에 대입하여 마찰항력을 구하고 식 (9.9) 또는 식 (9.10b)을 이용하면, 길이가 L인 평판에서의 항력계수를 이론적으로 구하면 다음과 같고 실험 결과와 잘 일치한다.

$$C_{\mathrm{d}} = C_{\mathrm{d,\,f}} = \frac{1.328}{\sqrt{\mathrm{Re}_{L}}} \tag{9.15}$$

여기서 $\mathrm{Re}_{L} = \dfrac{\rho U_{\infty} L}{\mu}$이고, 식 (9.15)를 구하는 과정은 다음의 예제에서 다룬다.

예제 9.1 **Blasius가 구한 속도분포를 이용하여 구한 τ_{w}는 식 (9.14)로 주어진다. 이것을 사용하여 평판 층류유동에서 항력계수가 식 (9.15)로 표시됨을 보여라.**

풀이

식 (9.14)를 다시 쓰면 다음과 같다.

$$\tau_{\mathrm{w}} = 0.332 \sqrt{\frac{\rho \mu U_{\infty}^{3}}{x}}$$

이것을 식 (9.13)에 대입하면,

$$F_{\mathrm{f}} = \int_{0}^{L} 0.332 \sqrt{\frac{\rho \mu U_{\infty}^{3}}{x}}\, b\,dx = 0.664\, b \sqrt{\rho \mu L U_{\infty}^{3}}$$

이므로, 다음처럼 마찰항력계수를 구할 수 있다.

$$C_{\mathrm{d,\,f}} = \frac{F_{\mathrm{f}}}{\dfrac{\rho U_{\infty}^{2}}{2} A} = \frac{F_{\mathrm{f}}}{\dfrac{\rho U_{\infty}^{2}}{2} bL} = 1.328 \sqrt{\frac{\mu}{\rho U_{\infty} L}}$$

따라서 항력계수는 다음과 같다.

$$C_{\mathrm{d}} = C_{\mathrm{d,\,f}} = \frac{1.328}{\sqrt{\mathrm{Re}_{L}}}$$

보충설명

평판이므로 항력은 마찰항력이므로, $C_d = C_{d,f}$ 이다.

난류일 때는 항력을 이론적으로 구하기는 어렵고 실험에 의한 식을 사용한다. 난류일 때 Schlichting(2000)은 다음처럼 매끄러운 평행평판에 대한 항력계수를 제안하고 있다.

$$5\times 10^5 < \mathrm{Re}_L < 10^7 \ ; \ C_d = C_{d,f} = \frac{0.455}{(\log \mathrm{Re}_L)^{2.58}} - \frac{1700}{\mathrm{Re}_L} \tag{9.16}$$

$$10^7 < \mathrm{Re}_L < 10^9 \ ; \ C_d = C_{d,f} = \frac{0.455}{(\log \mathrm{Re}_L)^{2.58}} \tag{9.17}$$

식 (9.16)은 $\mathrm{Re}_L = 5\times 10^5$에서 천이가 일어난다고 가정한 식이다. 매끄러운 평판에 대한 항력계수를 그림 9.9에 나타내고 있다.

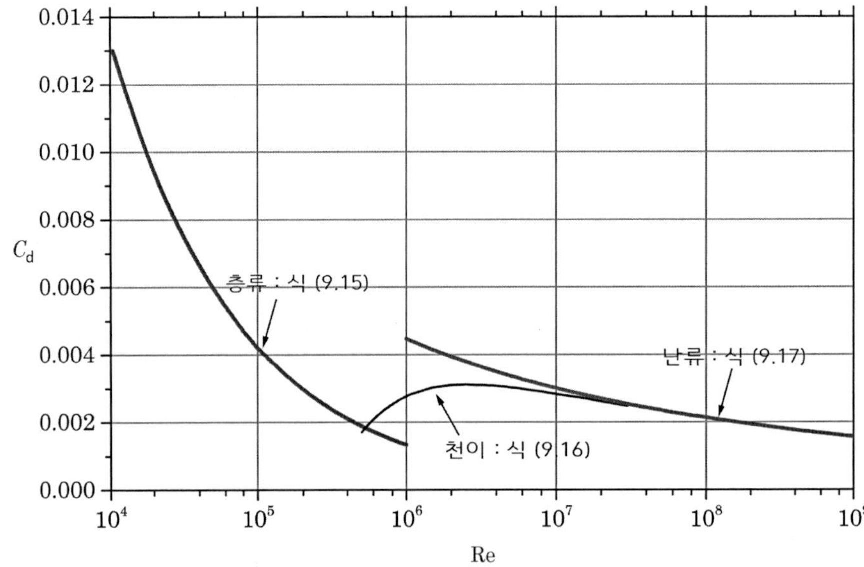

그림 9.9
매끄러운 평판에 대한 항력계수

9.4.2 여러 형상의 물체에 대한 항력

여러 모양의 물체에 대한 항력은 이론적으로 구하기는 어렵고 실험을 하여 구하여야 하며, 여러 문헌에서 찾아볼 수 있다. 표 9.1에 2차원 형상의 물체에 대한 항력계수를 나타내고 있다. 표에 나타낸 그림들이 xy평면일 때, 물체의 z방향 길이가 아주 길 때 2차원 형상라고 보면 된다. 그림에 사용된 기준면적은 모두 $A=bD$이고, b는 물체 폭이고 z방향 길이를 나타낸다. 표 9.2에 3차원 형상의 물체에 대한 항력계수를 나타내고 있다. 모든 물체의 항력계수는 Re에 따라 달라지고, 표에는 항력계수가 적용되는 Re의 범위를 나타내고 있다. 어떤 물체에 대해 다른 Re의 범위에서 항력을 구하려면, 문헌에서 해당되는 자료를 찾아보거나 실험을 하여야 한다. 긴 원통이나, 구에 대한 항력계수를 표 9.1과 표 9.2에 나타내지는 않았고, 뒤에서 더 자세하게 여러 Re에 따른 항력계수를 나타내고 설명한다.

예제 9.2 **그림처럼 원통의 주위에 점성계수가 1.14×10^{-3} N·s/m^{2}인 물이 0.5 m/s의 속도로 흐르고 있다. 지름이 20 cm이고 길이가 60 cm 일 때, 원통이 받는 항력을 구하라.**

그림 E9.2
유동 중에 놓인 원통

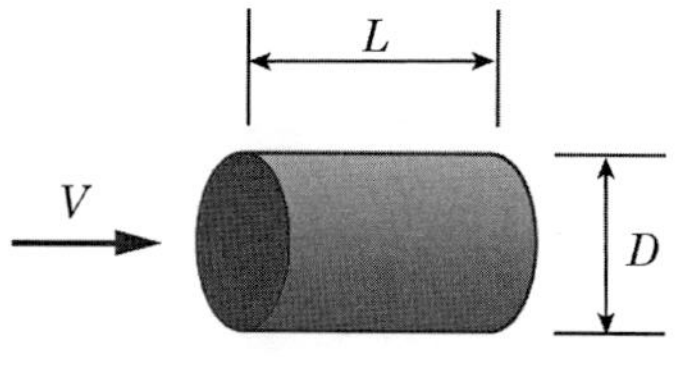

풀이

먼저 표 9.2를 이용할 수 있는지 Re를 계산하여야 한다.

$$\mathrm{Re}=\frac{\rho VD}{\mu}=\frac{(1000)(0.5)(0.2)}{1.14\times10^{-3}}=87720$$

표 9.2의 자료를 적용할 수 있는 범위의 값이므로, $L/D=3$에서 $C_\mathrm{d}=0.85$이다.

식 (9.9)로부터

$$F_\mathrm{d}=C_\mathrm{d}\frac{\rho V^2}{2}A=(0.85)\frac{(1000)(0.5^2)}{2}\left(\frac{\pi(0.2^2)}{4}\right)=3.34\text{ N}$$

표 9.1
2차원 형태 물체의 형상계수, 기준면적은 모두 $A = bD$이다. Blevins(1984) 참조함

형상		항력계수	적용범위
Square	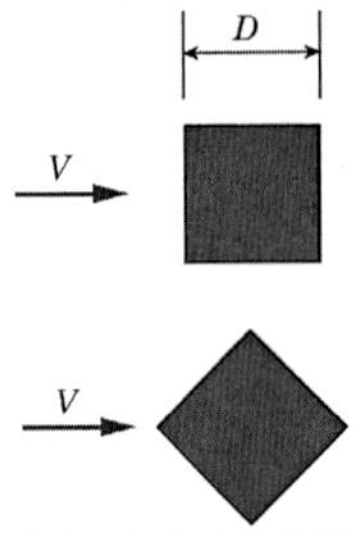	2.2 2.4	$\mathrm{Re} = 4.7 \times 10^4$
Rectangle	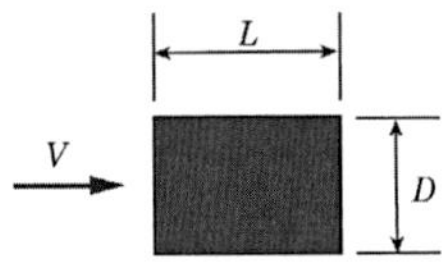	L/D | C_d | L/D | C_d ≤0.1 | 1.9 | 1 | 2.2 0.2 | 2.1 | 2 | 1.6 0.5 | 2.5 | 3 | 1.3 0.8 | 2.3 | 6 | 0.89	$\mathrm{Re} \sim 10^5$
Regular triangle	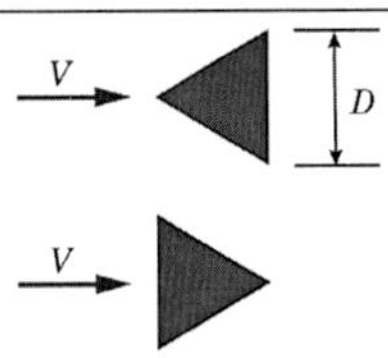	1.4 2.1	$\mathrm{Re} = 10^4$
Hexagon	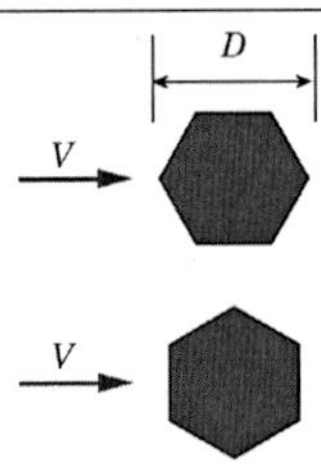	0.7 1.0	$\mathrm{Re} > 10^4$
Cup section	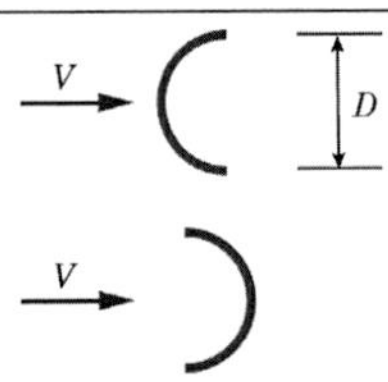	1.1 2.3	$\mathrm{Re} = 2 \times 10^4$
Ellipse	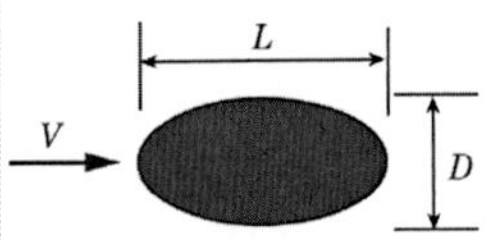	L/D | C_d | L/D | C_d 8 | 0.22 | 1.0 | 1.0 4 | 0.3 | 0.5 | 1.6 2 | 0.6 | |	$\mathrm{Re} = 10^5$

표 9.2
3차원 형태 물체의 형상계수, Blevins(1984) 참조함

형상		항력계수 C_d	기준면적	적용범위
Cylindrical Rod	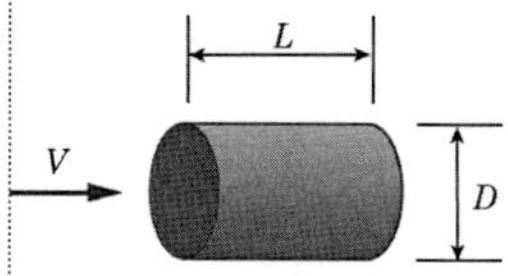	L/D, C_d: ~0, 1.15; 0.5, 1.10; 1.0, 0.93; 1.5, 0.85; 2, 0.83; 3, 0.85; 4, 0.85; 5, 0.85	$\frac{\pi D^2}{4}$	$Re > 10^4$
	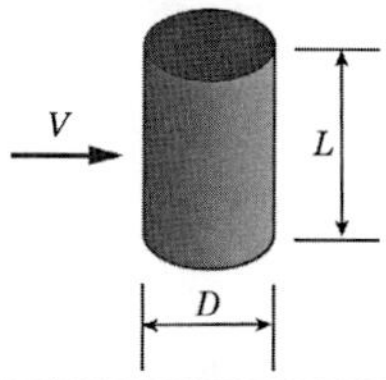	L/D, C_d: 1.0, 0.64; 1.98, 0.68; 2.96, 0.74; 5.0, 0.74; 10, 0.82; 20, 0.91; 40, 0.98; ∞, 1.20	LD	$Re = 8.8 \times 10^4$
Cube	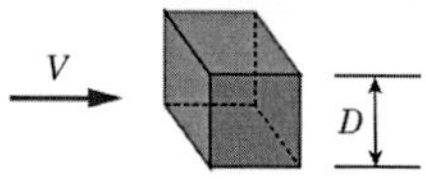	1.05	D^2	$Re > 10^4$
square rod	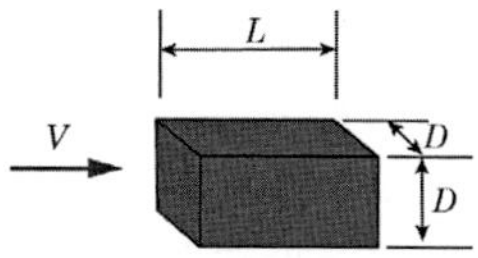	L/D, C_d: ~0, 1.25; 0.5, 1.25; 1.0, 1.15; 1.5, 0.97; 2, 0.87; 3, 0.93; 4, 0.95; 5, 0.95	D^2	$Re = 1.7 \times 10^5$
Thin rectangular plate	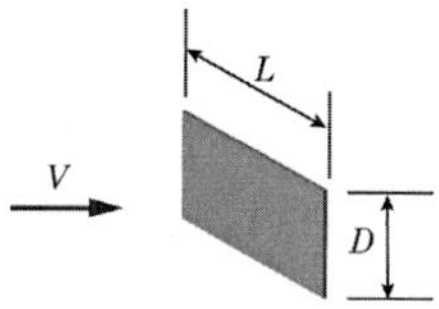	L/D, C_d: 1.0, 1.05; 2.0, 1.10; 4.0, 1.12; 8.0, 1.20; 10, 1.22; 12, 1.22; 17.8, 1.33; ∞, 1.90	LD	$Re \simeq 10^5$
Thin circular disk	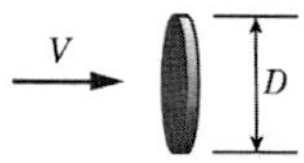	Re, C_d: 1, 25; 2, 15; 5, 6; 20, 3.6; 100, 1.5; 1000, 1.1; 10^4, 1.1; 10^5, 1.15	$\frac{\pi D^2}{4}$	
Ellipsoid of Revolution	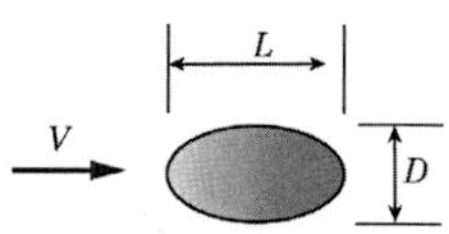	$0.44\frac{D}{L}+0.016\frac{L}{D}+0.016\left(\frac{D}{L}\right)^{1/2}$	$\frac{\pi D^2}{4}$	$1 < \frac{L}{D} < 10$ $Re < 2 \times 10^5$

9.4.3 박리

그림 9.10(a)처럼 계단형으로 이루어진 물체를 지날 때, 주류(main flow)는 물체 표면을 따라 계속 흐를 수 없고 표면에서 떨어지게 되고 물체의 바로 뒤쪽은 유동의 재순환이 일어나게 된다. 그림 9.10(b)처럼 유동에 수직인 평판을 지날 때, 역시 주류(main flow)는 평판에서 떨어지게 되고, 평판 뒤에는 후류(wake)가 발생한다. 그림 9.10(c)처럼 곡면으로 이루어진 뭉툭한 물체를 지날 때도 물체의 앞쪽 오르막 경사에서는 주류는 물체의 표면을 잘 흘러가지만, 물체의 뒤쪽 내리각 경사에서, 주류(main flow)는 물체 표면을 따라 계속 흐를 수 없고 표면에서 떨어지게 되고, 평판 뒤에는 후류(wake)가 발생한다. 이러한 현상을 **박리**(separation)라 하고 박리가 생기는 곳을 **박리점**(separation point)이라 하고, 그림에서 점 S로 나타내고 있다. 박리가 일어난 뒤쪽의 유동은 거꾸로 흐르며 뒤섞이는 후류가 생기고, 박리가 생기지 않은 경우에 비해 일반적으로 압력이 상당히 낮기 때문에, 박리가 생긴 뒤의 후류부분이 커지면 압력항력이 커지게 된다. 이와 같은 박리현상은 물체의 항력에 아주 중요한 영향을 미치게 되고, 유동 중에 놓여 있는 원통이나, 구의 항력에서 특히 중요한 역할을 한다.

✦ 정확하게는 경계층유동이 물체표면에서 떨어지게 되고, 이것을 박리라고 하며, "유체역학②, 유체역학의 이해"의 7장에서 경계층과 박리에 대해 보다 상세히 설명한다.

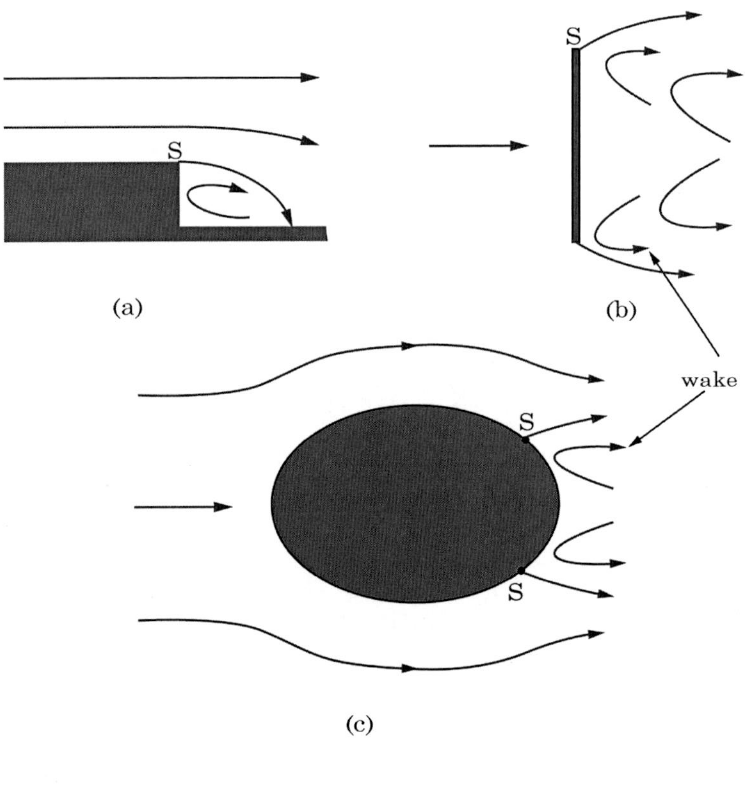

그림 9.10
(a) 계단형 표면, (b) 수직 평판, (c) 뭉툭한 물체 주의의 박리현상

9.4.4 원통과 구의 항력

매끄러운 원통과 구에 대한 항력은 주로 Re의 함수로 나타나며, 많은 연구 결과가 발표되었다. 그림 9.11에 매끄러운 원통에 대한 항력계수를 Re의 함수로 나타내고 있다. 그림에서 다음과 같은 영역으로 나누어서 해석할 수 있다.

- $\mathrm{Re} < 10^3$: Re가 1000까지는 항력계수가 계속 감소하는 경향을 보이고 있다.
- $10^3 < \mathrm{Re} < 3 \times 10^5$: 이 범위에서는 항력계수는 거의 일정한 값을 가진다. 매끄러운 원통에서 이 범위의 Re에서 박리가 일어나기 전까지 원통의 앞쪽의 유동은 층류가 유지된다.
- $\mathrm{Re} > 3 \times 10^5$: $\mathrm{Re} = 3 \times 10^5$ 부근에서 Re가 커짐에 따라 항력계수는 급격하게 작아진다. $\mathrm{Re} = 3 \times 10^5$ 부근에서 유동은 층류에서 난류로 바뀌게 되고, 이때의 Reynolds수를 임계(critical) Reynolds수 Re_{cr} 이라고 한다. 책마다 약간씩 다를 수 있지만 여기서는 $\mathrm{Re}_{cr} = 3 \times 10^5$ 으로 한다. 유동이 층류에서 난류로 바뀌게 되어 항력계수가 확연하게 줄어드는 것은 박리가 원통의 뒤쪽으로 이동하여 일어나는 현상으로 뒤의 그림 9.12를 사용하여 설명한다.

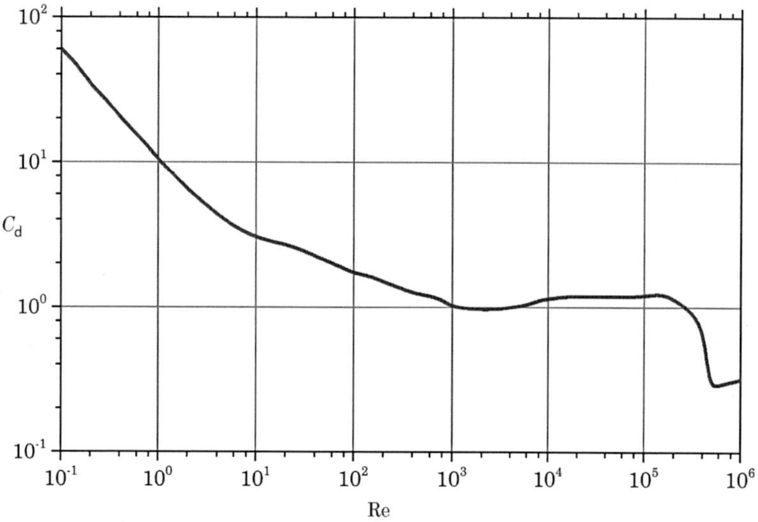

그림 9.11
매끄러운 원통에 대한 항력계수, Wieselsberger(1922)의 데이터 사용함

그림 9.12에는 층류와 난류일 때 원통 주위의 유동을 보여주고 있다. 그림에서 보듯이 층류일 때는 박리가 약 80° 부근에서 발생하고, 난류일 때는 박리가 약 140° 부근에서 발생한다는 것을 볼 수 있다. 난류일 때 운동에너지가 층류에 비해 훨씬 커서 내리막 경사에도 층류보다 멀리까지 표면에 붙어 흐르게 되어 박리가 상당히

뒤쪽에서 발생하게 된다. 박리가 앞에서 생기게 되면 압력이 상대적으로 낮은 후류 부분이 커지기 때문에 압력저항이 크게 된다. 따라서 층류일 때 원통의 앞쪽과 뒤쪽의 평균압력차는 크고, 난류일 때 원통의 앞쪽과 뒤쪽의 평균압력차는 상대적으로 작아, 층류일 때 항력계수가 난류일 때에 비하여 훨씬 크다.

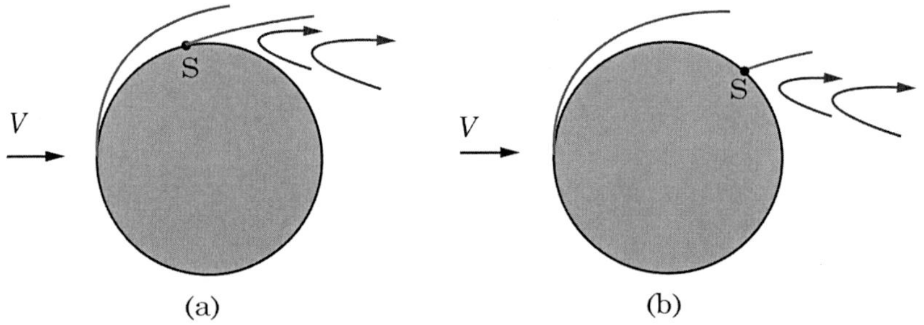

그림 9.12
원통 주위의 경계층 및 박리 유동 특성, (a) 층류 (b) 난류

그림 9.13에 매끈한 구에 대한 항력계수를 Re의 함수로 나타내고 있다. 매끈한 원통과 비교해 보면 전체적으로 비슷한 형태를 나타내고 있다. 역시 구에 대해서도 임계 Reynolds수는 $\mathrm{Re}_{\mathrm{cr}} = 3\times 10^5$ 이고 이 부근에서 유동은 층류에서 난류로 바뀌게 되고 항력계수는 급격하게 작아지는 것을 알 수 있다. $\mathrm{Re} < 1$ 인 범위에서는 속도가 아주 작아 크리핑(creeping) 유동으로 해석하여 항력을 구할 수도 있고, 이것을 이론적으로 구한 것이 **Stokes 법칙**이고 $\mathrm{Re} < 1$ 일 때 구가 받는 항력은 다음과 같다.

$$F_{\mathrm{d}} = 3\pi\mu VD \tag{9.18}$$

여기서 D는 구의 지름이고, V는 자유흐름속도이다. 이때의 항력계수는 다음처럼 나타낼 수 있다.

$$C_{\mathrm{d}} = \frac{24}{\mathrm{Re}} \tag{9.19}$$

그림 9.14에 임계 Reynolds수 부근에서 매끄러운 구와 거친 구($\varepsilon/D = 0.005$) 및 골프공에 대해서 항력계수를 나타내고 있다. 매끄러운 구에 비해 거친 구나 골프공의 항력계수가 훨씬 작다는 것을 알 수 있다. 이것은 매끄러운 구에 비해 표면이 거칠수록 낮은 속도에서 일찍 난류가 되기 때문에, 낮은 Re에서 일찍 난류가 되므로 박리가 뒤쪽에서 발생하여 매끄러운 구에 비해 거친 구나 골프공의 항력계수가 훨씬 작게 나타난다. 매끄러운 구의 경우 임계 Reynolds수는 3×10^5이지만 골프공의

경우 임계 Reynolds수는 약 4×10^4이다. 실제 골프공을 쳤을 때 날아가는 공의 속도를 환산하여 보면 대부분의 경우 Reynolds수가 5×10^4에서 4×10^5 사이에 속하게 되고 이 범위에서 골프공의 항력계수가 매끄러운 구의 항력계수에 비해 훨씬 작다는 것을 알 수 있어, 골프공에 인위적으로 딤플(dimple)을 만들어 저항을 적게 하여 골프공이 더 멀리 날아갈 수 있도록 한다.

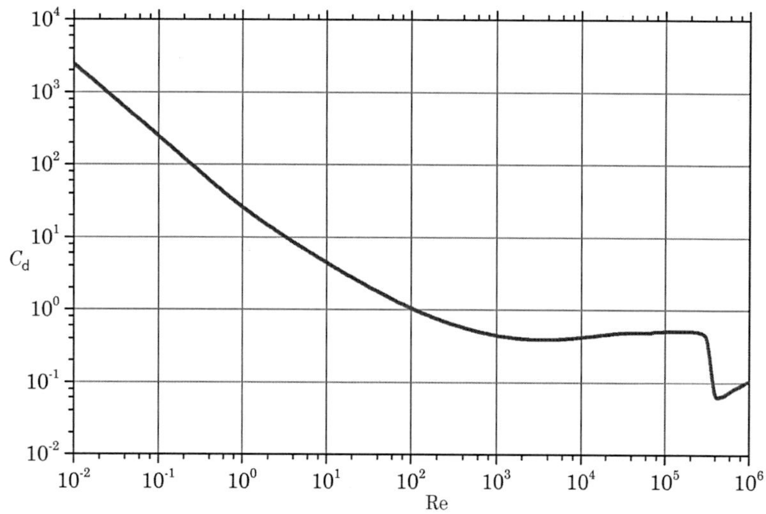

그림 9.13
구의 항력계수, Flemmer & Banks(1986)의 식과 Achenbach (1972) 데이터 사용

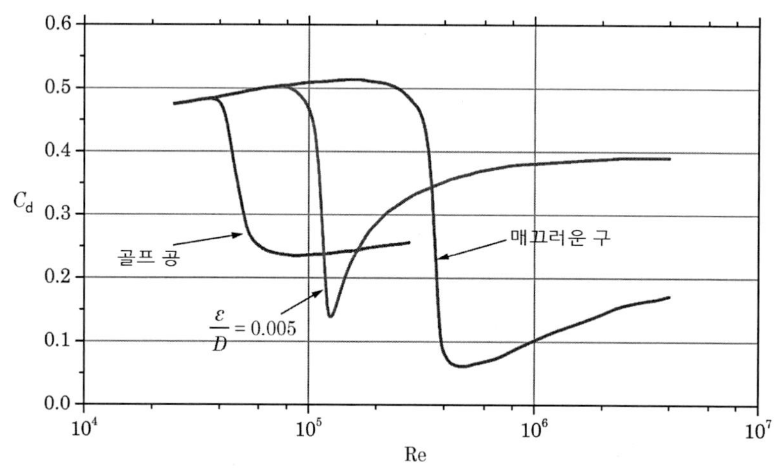

그림 9.14
매끄러운 구와 거친 구 및 골프공의 항력계수, 참고문헌 : Blevins (1984)

9.4.5 항력을 줄이는 법

유체 중에 놓인 물체 또는 물체가 유체 속에서 움직일 때 받는 항력을 줄이는 것이 공학의 주된 목적이다. 식 (9.6)에서 보듯이 항력은 마찰항력과 압력항력의 합인

데, 일반적으로 속도가 아주 느리지 않는 한, 마찰항력에 비해 압력항력이 훨씬 크다. 따라서 대부분의 경우 항력을 줄이려면, 압력항력을 줄이는데 초점을 맞추어야 한다. 압력항력을 줄이려면 박리가 생기지 않거나, 박리가 될 수 있으면 물체의 뒤쪽에서 일어나도록 하여야 한다. 박리가 생기지 않거나, 박리가 될 수 있으면 물체의 뒤쪽에서 일어나도록 하려면 두 가지 방법을 주로 선택하는데, 물체를 유선형으로 만드는 것과 표면을 거칠게 하여 유동이 난류가 되도록 하는 방법이다.

유선형

그림 9.15(a)에 뭉툭한 물체 주위의 대표적인 유동 형태를 보여주고 있으며, 박리가 비교적 물체의 앞쪽에서 일어나게 된다. 이에 반해 그림 9.15(b)처럼 물체를 유선형으로 만들면 박리가 생기지 않거나 물체의 아주 끝부분에서 박리가 생기게 되어 압력이 상대적으로 낮은 후류부분은 상당히 작게 되고 압력항력이 상당히 줄어들게 되어 전체적인 항력은 줄어들게 된다. 유선형으로 하면 표면이 늘어나기 때문에 마찰항력은 증가하지만, 일반적으로 속도가 아주 느리지 않는 한, 마찰항력에 비해 압력항력이 훨씬 크기 때문에 압력항력이 줄어든만큼 전체적인 항력은 줄어들게 된다. 배나 비행기의 날개가 대표적인 경우이다.

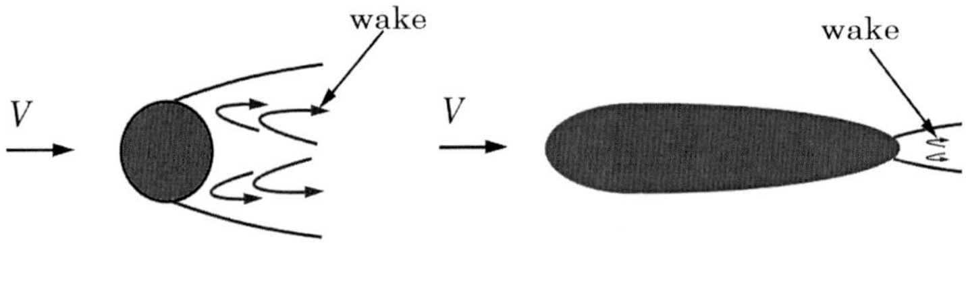

(a) (b)

그림 9.15
(a) 뭉툭한 물체와 (b) 유선형 물체

표면을 거칠게 함

될 수 있으면 물체의 뒤쪽에서 박리가 일어나도록 하여 항력을 줄이는 또 다른 방법은 표면을 거칠게 하여 유동이 난류가 되도록 하는 방법이다. 이에 대해서는 앞의 그림 9.12 ~ 그림 9.14에서 설명하였듯이 층류보다 난류일 때 박리가 뒤에서 일어나기 때문에, 압력이 상대적으로 낮은 후류부분이 상당히 작게 되고 압력항력이 상당히 줄어들게 되어 전체적인 항력은 줄어들게 된다. 표면이 거칠게 되면 마찰항력은 증가하지만, 앞에서도 설명하였듯이 일반적으로 속도가 아주 느리지 않는 한, 마찰항력에 비해 압력항력이 훨씬 크기 때문에 압력항력이 줄어든만큼 전체적인 항력은 줄어들게 된다. 이와 같은 원리를 이용한 것이 앞에서도 설명한 골프공이다.

9.5 양력

그림 9.16에서 보듯이 유체의 유동에 놓여있는 비행기의 날개는 유동의 방향으로 작용하는 항력 F_d 외에 유동의 방향에 대해 수직인 방향으로 힘을 받을 때가 있고, 이 힘을 **양력**(Lift)이라 하고 F_l로 표시한다. 물체에 작용하는 양력은 다음처럼 무차원으로 표시되는 **양력계수**(lift coefficient) C_l을 사용하여 나타낸다.

$$C_l = \frac{F_l}{\frac{\rho U_\infty^2}{2} A} \tag{9.20}$$

✦ c : chord : 날개의 앞 점과 뒷 점을 연결한 직선 길이

여기서 기준면적 A는 일반적으로 날개의 면적을 나타내는데 그림 9.16처럼 폭이 b이고 날개길이(chord)가 c일 때 $A = bc$를 사용하고, 항력계수에서도 이 기준면적을 사용한다. 유동방향과 날개가 이루는 각을 **영각**(angle of attack)이라 하고 날개의 항력과 양력은 영각의 영향을 많이 받는다. 그림 9.17에는 영각에 따른 날개의 양력계수에 대한 개략적인 형태를 나타내고 있다. 일반적으로 영각이 커짐에 따라 양력계수는 커지다가 어떤 각도 이상에서는 영각이 커지면 양력계수는 감소하기 시작한다. 양력계수가 줄어드는 이때를 실속(stall)이라하며, 비행기는 일반적으로 실속이 일어나지 않는 영각에서 운항하여야 한다. 날개의 형태에 따라 양력계수의 값 및 영각에 따른 형태도 모두 다르므로, 특정 날개에 대한 양력계수는 Abbott 등(1945)과 같은 참고문헌을 참조하여야 한다.

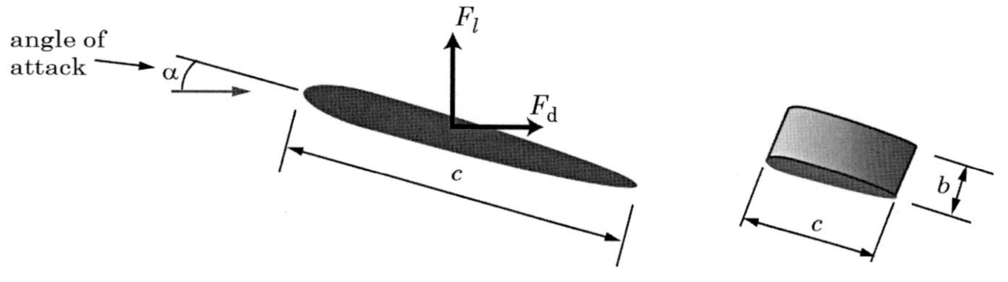

그림 9.16
비행기 날개

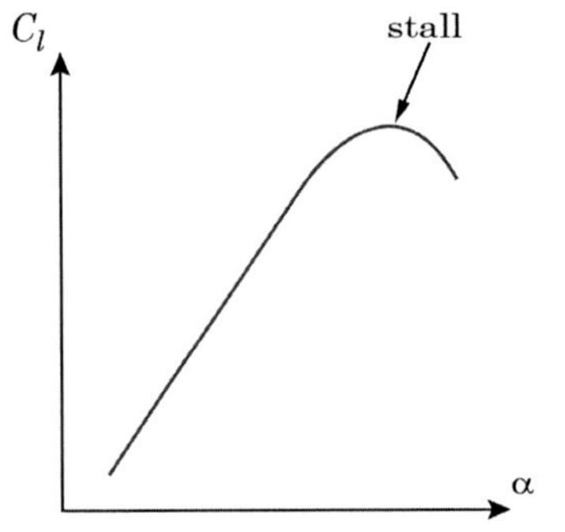

그림 9.17
날개의 영각에 따른 양력계수의 전형적인 모양

9장 연습 문제

9.1 평판 위의 경계층 유동에서 평판의 앞쪽 끝으로부터의 위치 x_1에서 경계층의 두께가 δ_1일 때, 위치 $2x_1$에서의 경계층 두께는 얼마인가? 모두 층류유동이다.

9.2 평판 위의 자유유동속도가 10 m/s일 때, (a) 동점성계수가 1.14×10^{-6} m^2/s인 물이 흐를 때와 (b) 동점성계수가 1.51×10^{-5} m^2/s인 공기가 흐를 때, 평판의 앞쪽 끝으로부터 얼마까지 층류가 유지된다고 가정할 수 있는가? 임계 Reynolds수(critical Reynolds number) $\mathrm{Re}_{\mathrm{cr}} = 5\times 10^5$ 을 사용하라.

9.3 평판 위의 자유유동속도가 5 m/s일 때, (a) 동점성계수가 1.14×10^{-6} m^2/s인 물이 흐를 때와 (b) 동점성계수가 1.51×10^{-5} m^2/s인 공기가 흐를 때, 평판의 앞쪽 끝에서 6 cm인 곳에서 경계층두께를 구하라.

9.4 평판 위의 자유유동속도가 5 m/s일 때, (a) 동점성계수가 1.14×10^{-6} m^2/s인 물이 흐를 때와 (b) 동점성계수가 1.51×10^{-5} m^2/s인 공기가 흐를 때, 평판의 앞쪽 끝에서 6 cm이고, 평판에서 0.5 mm 위의 위치에서 속도를 구하라. 만약 층류라면 Blasius의 속도분포를 사용하라.

9.5 평판 위의 경계층 유동에서 자유유동속도가 5 m/s이고 유동이 난류일 때, 평판 위 방향으로 경계층 두께의 1/2위치인 곳에서의 속도를 구하라. 속도분포는 1/7 멱법칙 속도분포를 사용하라.

9.6 폭이 1.2 m이고 유동 방향의 길이가 60 cm인 평판이 자유유동속도가 2 m/s인 유동에 평행하게 놓여 있다. 밀도가 1.2 kg/m^3 이고 동점성계수가 1.51×10^{-5} m^2/s인 공기가 흐를 때, 평판의 한쪽 면에 작용하는 항력을 구하라.

9.7 앞의 연습문제에서 평판의 폭과 길이가 바뀌었을 때 (a)항력을 구하라. (b) 앞의 연습문제와 비교하여 유동이 층류일 때 직사각 평판이 어떻게 놓여 있는 것이 항력을 작게 받는다고 결론을 내릴 수 있는가?

9.8 한 변의 길이가 6 cm인 정육면체가 자유유동속도가 5 m/s인 유동에 수직하게 놓여 있다. (a) 동점성계수가 1.14×10^{-6} m^2/s인 물이 흐를 때와 (b) 동점성계수가 1.51×10^{-5} m^2/s인 공기가 흐를 때, 표 9.2를 사용하여 작용하는 항력을 비교하라.

9.9 연구소에서 일하는 한 연구원이 공기 중에서 속도 V로 유동하는 어떤 물체가 받는 항력(drag force)을 측정하여 결과를 정리하여, 그림 P9.9(a)의 그래프를 만들어 상사에게 보고하였다. 상사가 그래프를 보더니, "이 실험 결과는 잘못 되었다. 내 생각엔 속도가 증가하면 항력이 증가할 것 같아 그림 P9.9(b)처럼 되어야 할 것 같으니 실험을 다시 하라"고 하였다. (a) 상사의 말에 동의하는가? 속도가 증가 할 때 C_d가 증가하여야 하는가? 설명하라. (b) 연구원이 구한 실험결과(그림)에 따르면, V_1에서 구한 항력이 F_1이었다면, 속도가 $V_2 = 4V_1$ 이 되면 항력은 증가하는가? 감소하는가? 항력이 몇 배가 되는지 구할 수 있으면 답하라.

C_d : 항력계수, Re : Reynolds 수

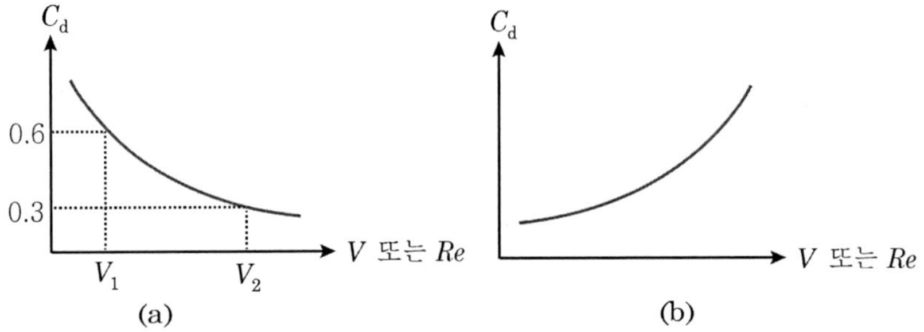

그림 P9.9

참고 문헌

노승탁, 공업열역학, 문운당, 1993.

Abbott, I. H., Von Doenhoff, A. E., Stivers, L. S., Summary of Airfoil Data, NACA Report No. 824, 1945.

Achenbach, E., Experiments on the flow past spheres at very high Reynolds numbers, J . Fluid Mech., vol. 54, part 3, 565-575, 1972

ASHRAE Handbook of Fundamentals, ASHRAE, Atlanta, 1981.

Batchelor, G. K., An Introduction to Fluid Dynamics, London: Cambridge University Press, 1967.

Blevins, R. D., Applied Fluid Dynamic Handbook, Van Nostrand Reinhold, New York, 1984.

Cengel, Y. A. and Cimbala, J. M., Fluid Mechanics, Mcgraw-Hill, 2006.

Colebrook, C. F., "Turbulent Flow in Pipes, with Particular Reference to the Transition between the Smooth and Rough Pipe Laws," Journal of the Institute of Civil Engineers London, vol. 11, 1939

Flemmer R. L. C., and Banks C. L., On the Drag Coefficient of a Sphere, Powder Technology, 48, 217-221, 1986.

Goldstein, R. J. ed., Flow Mechanics Measuurements, Hemisphere Publishing, New York. 1983.

Haaland, S. E.. "Simple and Explicit Formula for Friction in Turbulent Pipe Flow," Transactions of The ASME, J. of Fluid Engineering, Vol. 105, 1983.

Hinze, J. O., Turbilence, 2nd ed., McGraw-Hill, New York, 1975.

Karassik, I. J. et al., Pump Handbook, 2nd ed., Mcgraw-Hill, New York, 1986

Kevorkian, J. and Cole, J. D., Pertubation Methods in Applied Mathematics, Springer-Verlag, 1981.

Miller, R. W., Flow Measurement Engineering Handbook, 3rd ed., Mcgraw-Hill, New York, 1997.

Moody, L., "Friction factors for Pipe Flow," Transactions of the ASME, vol. 66, 1944

Nayfeh, A. H., Introduction to Pertubation Technique, John Wiles & Sons, 1981.

Oertel, H., Prandtl' s Essentials of Fluid Mechanics, 2nd ed., Springer, 2004.

Schlichting, H., Boundary-Layer Theory, Seventh Edition, McGraw-Hill, New York, 2000.

Shames, I. H., Fluid Mechanics, 3rd ed., McGraw-Hill, International Edition, 1992.

Streeter, V. L., ed., Handbook of Fluid Dynamics, McGraw-Hill, New York, 1961

von Karman, Mechanical Similitude and Turbulence, NACA TM 611, 1931

White, F. M., Viscous Fluid Flow, McGraw-Hill. New York, 1979.

White, F. M., Fluid Mechanics, Second Edition. McGraw-Hill, New York, 1986.

Wieselsberger, C.: New Data on the Laws of Fluid Resistance. NACA TN 84, 1922.

Young, D. F., Munson, B. R., Okiishi, T. H., and Huebsch, W. W., A Brief Introduction to Fluid Mechanics, 5th ed., John Wiles & Sons, 2012.

연습문제 정답

Chapter 01

1.2
"작은 전단응력이라도 작용하면, 연속적으로 변형하는 물질"

(a) 68 °F, (b) -6.7 ℃,

1.3
-73.15 ℃, -99.67 °F

1.4
하나, 물의 삼중점(triple point)에서의 온도인 273.16 K로 정의

1.5
-40 ℃

1.6
(a) 588 N,

(b) 2.94×10^5 Pa,

(c) 6.66 kPa, (d) 98 J,

(e) 294 W

1.7
0.005 N

1.8
0.987 HP

Chapter 02

2.1
(a) 힘 : ML/T^2

(b) 밀도 : M/L^3

(c) 점성계수 : M/LT

(d) 표면장력 : M/T^2

2.2
(a) 힘 : N

(b) 밀도 : kg/m^3

(c) 점성계수 : $N{\cdot}s/m^2$

(d) 표면장력 : N/m

2.3
58.8 kN

2.4
$2.22 \times 10^{-5}\ m^2/s$

$$\nu = \frac{\mu}{\rho} = 2.22 \times 10^{-5}\ m^2/s$$

2.5
0.612 Pa·s

$$\mu = \frac{1200}{9.8}(0.005) = 0.612\ Pa{\cdot}s$$

2.6
16 Pa

$$\tau = \mu\frac{du}{dy} = 16\ Pa$$

2.7
$1.6\frac{\mu U}{H}$

$$\tau = 8\mu U\frac{0.2H}{H^2} = 1.6\frac{\mu U}{H}$$

2.8
$0.8\frac{\mu U}{R}$

$$\tau = \mu\frac{du}{dr}\bigg|_{r=0.4R} = 0.8\frac{\mu U}{R}$$

2.9
503 N

$$\tau = \mu \frac{du}{dy} = 20000\,\mathrm{N/m^2}$$

$$F = \tau A = 503\ \mathrm{N}$$

2.10

$\frac{3\mu U}{2\delta}\left(1-\frac{y^2}{\delta^2}\right)$

$$\tau = \mu \frac{du}{dy} = \frac{3\mu U}{2\delta}\left(1-\frac{y^2}{\delta^2}\right)$$

2.11

3.04 Pa · s

$$\omega = 500\,\mathrm{rpm} = 52.36\,\mathrm{rad/s}$$

$$u = R\omega = 0.5236\,\mathrm{m/s}$$

$$\tau = \mu \frac{du}{dy} = 2618\,\mu$$

$$\mu = \frac{T}{2618\,RA} = 3.04\ \mathrm{Pa \cdot s}$$

2.12

32

$$M = \frac{m}{p\mathrm{V}}\overline{R}\,T = 32$$

2.13

5.6 kg

$$m = \frac{p\mathrm{V}}{RT} = 5.6\,\mathrm{kg}$$

2.14

0.25 $\mathrm{m^3}$

$$\mathrm{V} = \frac{m\frac{\overline{R}}{M}T}{p} \sim \frac{1}{M}$$

2.15

280 kPa

$$E = kp = 280\,\mathrm{kPa}$$

2.16

200 kPa

$$E = p = 200\,\mathrm{kPa}$$

2.17

195 m/s

$$a = \sqrt{kRT} = 325\,\mathrm{m/s}$$

$$V = 0.6\,a = (0.6)(325) = 195\ \mathrm{m/s}$$

2.18

666.7 m/s

$$a = \sqrt{\frac{E}{\rho}} = 666.7\,\mathrm{m/s}$$

2.19

2

$$a_\mathrm{A}/a_\mathrm{B} = \sqrt{\frac{k_A M_B}{k_B M_A}} = 2$$

2.20

$1.1a_1$

$$\frac{a_2}{a_1} = \sqrt{\frac{T_2}{T_1}} = 1.1$$

2.21

2.8 Pa

$$(p_\mathrm{i} - p_\mathrm{o}) = \frac{2\sigma}{R} = 2.8\,\mathrm{Pa}$$

2.22

5.6 Pa

$$(p_\mathrm{i} - p_\mathrm{o}) = \frac{4\sigma}{R} = 5.6\,\mathrm{Pa}$$

Chapter 03

3.1

$\frac{D_2}{D_1} = 4.43$

$$\Delta p = \frac{F_1}{A_1} = \frac{F_2}{A_2}$$

$$\frac{D_2}{D_1} = \sqrt{\frac{F_2}{F_1}} = 4.43$$

3.2

490 $\mathrm{N/m^3}$

$$\vec{f} = -\nabla p = -\left(\frac{\partial p}{\partial x}\vec{i} + \frac{\partial p}{\partial y}\vec{j} + \frac{\partial p}{\partial z}\vec{k}\right)$$

$$= -\left(200\vec{i} + 200\vec{j} + 400\vec{k}\right)$$

$$|\vec{f}| = \sqrt{200^2 + 200^2 + 400^2} = 490\,\mathrm{N/m^3}$$

3.3

97 kPa

$$2\frac{\mathrm{kg_f}}{\mathrm{cm}^2} = 196\,\mathrm{kPa}$$

계기압력 = 절대압력 − 국소 대기압

= 196 − 99 = 97 kPa

3.4

96.7 kPa

$$1000\,\mathrm{mmHg} = 133.3\,kPa$$

국소대기압 = 절대압력 − 계기압력

= 230 − 133.3 = 96.7 kPa

3.5

60 kPa

절대압력 = 대기압 − 진공 = 100 − 40

= 60 kPa

3.6

1.02 m

$$h = \frac{\Delta p}{\rho g} = 1.02\,m$$

3.7

158.8 kPa

$$p = p_{atm} + \rho g h$$

$$= 158800\,\mathrm{Pa} = 158.8\mathrm{kPa}$$

3.8

136.3 kPa

$$p = p_{atm} + \rho g h = 136280\ \mathrm{Pa}$$

3.9

$$p = p_0 + \rho_0 g\left(h + \frac{a}{2}h^2\right)$$

$$p = \int \rho g dh = \int \rho_0 (1 + ah) g dh$$

$$= \rho_0 g\left(h + \frac{a}{2}h^2\right) + C$$

$h = 0$일 때 $p = p_0$이므로

$$p = p_0 + \rho_0 g\left(h + \frac{a}{2}h^2\right)$$

3.10

150.2 kPa

연습문제 3.9의 풀이에서

$$p = p_0 + \rho_0 g\left(h + \frac{a}{2}h^2\right) = 150225\ \mathrm{pa}$$

3.11

104.1 kPa

$$p_\mathrm{A} = p_\mathrm{atm} + \rho_2 g h_2 - \rho_1 g h_1$$

$$= 100000 + 4116 = 104116\,\mathrm{Pa}$$
$$= 104.1\,kPa$$

3.12

3.38

$$p_\mathrm{A} = p_\mathrm{atm} + \rho_2 g h_2 - \rho_1 g h_1$$

$$S_2 = \frac{p_A - p_{atm}}{h_2 \rho_w g} + \frac{h_1}{h_2} S_1 = 3.375$$

3.13

0.81

$$p_\mathrm{A} = p_\mathrm{atm} + \rho_1 g h_1 - \rho_2 g h_2$$

$$S_2 = \frac{p_\mathrm{atm} - p_\mathrm{A} + S_1 \rho_w g h_1}{h_2 \rho_w g} = 0.81$$

3.14

0.98

$$p_\mathrm{A} = p_\mathrm{B} + \rho_3 g h_3 + \rho_2 g h_2 - \rho_1 g h_1$$

$$S_2 = \frac{p_\mathrm{A} - p_\mathrm{B}}{\rho_w g h_2} + \frac{S_1 h_1 - S_3 h_3}{h_2} = 0.98$$

3.15

0.70 m

$$p_\mathrm{A} = p_\mathrm{atm} + \rho_2 g h_2 - \rho_1 g h_1$$

$$h_2 = \frac{p_\mathrm{A} - p_\mathrm{atm}}{\rho_2 g} + \frac{\rho_1 h_1}{\rho_2} = 0.352\ \mathrm{m}$$

$$l = \frac{h_2}{\sin\theta} = 0.704$$

3.16

314 kN

$$p_\mathrm{gc} = \rho g h_\mathrm{c} = 39200\ \mathrm{Pa}$$

$$F_\mathrm{g} = p_\mathrm{gc} A = 313600\,\mathrm{N}$$

3.17

4.083 m

$$I_{xc}=\frac{ab^3}{12}=2.667$$

$$y_p=4+\frac{2.667}{(4)(2\times4)}=4.083\,\text{m}$$

3.18

214.6 kN

$$p_{gc}=(1000)(9.8)(2)$$
$$+(1100)(9.8)(1.5)=35770\,\text{Pa}$$
$$F_g=p_{gc}A=214620\,\text{N}$$

3.19

280.3 kN

$$p_{gc}=\rho gh_c=28030\text{ Pa}$$
$$F_g=p_{gc}A=280300\,\text{N}$$

3.20

267.5 kN

$$F_g=p_{gc}A=(44590)(3\times2)$$
$$=267540\,\text{N}$$

3.21

124.6 kN

$$p_{gc}=\rho gh_c=28030\text{ Pa}$$
$$F_g=p_{gc}A=280300\,\text{kN}$$

$y_p=y_c+\dfrac{I_{xc}}{y_cA}$ 에서

$$y_p=3.111$$

$$F=\frac{280.3\times(4-3.111)}{2}=124.6\,\text{kN}$$

3.22

(a) 156.8 kN (b) 246.3 kN (c) 292 kN

(a) $F_{gh}=p_{gc}A=156800\,\text{N}$

(b) $F_{gv}=W=\rho g\text{V}=246300\text{ N}$

(c) $F_g=\sqrt{F_{gh}^2+F_{gv}^2}=292\,\text{kN}$

3.23

(a) 314 kN (b) 403 kN (c) 511 kN

(a) $F_{gh}=p_{gc}A=313600\,\text{N}=313.6\text{ kN}$

(b) $F_{gv}=W=\rho g\text{V}$

$$=403100\text{ N}=403.1\,\text{kN}$$

(c) $F_g=\sqrt{F_{gh}^2+F_{gv}^2}$

$$=\sqrt{313.6^2+403.1^2}=510.7\,\text{kN}$$

3.24

392 kN

$$F_{gh}=p_{gc}A=(1000)(9.8)(2)(4\times5)$$
$$=392000\,\text{N}=392\text{ kN}$$

3.25

308 kN 아래 방향

$$F_{gv}=W=\rho g\text{V}=307700\,\text{N}=307.7\text{ kN}$$

3.26

588 kN

$$F_{gh}=p_{gc}A=588000\,\text{N}=588\text{ kN}$$

3.27

308 kN, 아래 방향.

$$F_{gv}=W=\rho g\text{V}$$
$$=307700\,\text{kN}=307.7\text{ kN}$$

3.28

392 kN, 연습문제 3.24와 동일하다.

$$F_{gh}=p_{gc}A=(1000)(9.8)(2)(4\times5)$$
$$=392000\,\text{N}=392\text{ kN}$$

3.29

308 kN, 위 방향. 연습문제 3.25의 경우와 크기는 동일하고 방향은 반대이다.

$$F_{gv}=W=\rho g\text{V}$$
$$=(1000)(9.8)\left(\frac{\pi\times2^2}{2}\right)(5)$$
$$=307700\,\text{kN}=307.7\text{ kN}$$

3.30

588 kN, 연습문제 3.26과 동일하다.

$$F_{gh}=p_{gc}A=(1000)(9.8)(3)(4\times5)$$
$$=588000\,\text{N}=588\text{ kN}$$

3.31

308 kN, 위 방향, 연습문제 3.27과는 방향이 반대이고, 연습문제 3.29과 동일하다.

$$F_{gv} = W = \rho g V$$

$$= (1000)(9.8)(\frac{\pi \times 2^2}{2})(5)$$

$$= 307700\,\text{kN} = 307.7\,\text{kN}$$

3.32

1250 cm^3

$$V = \frac{\rho_w V_i}{\rho_s} = \frac{V_i}{S} = \frac{1000}{0.8} = 1250\ \text{cm}^3$$

3.33

1 kg

물에 잠긴 부피를 V_i라 하면,

$$V_i = 1000\,\text{cm}^3 = 0.001\,\text{m}^3$$

$$m = \rho_f V_i = 1\,\text{kg}$$

3.34

20 %

물체가 액체에 떠 있는 경우 물체의 무게와 부력은 평형을 이룬다. 물체의 부피를 V, 물에 잠기 부피를 V_i라 하면,

$$W = F_B$$

물 위에 떠 있는 부피는 $V - V_i$이므로,

$$\frac{V - V_i}{V} = 1 - 0.8 = 0.2$$

3.35

1.41

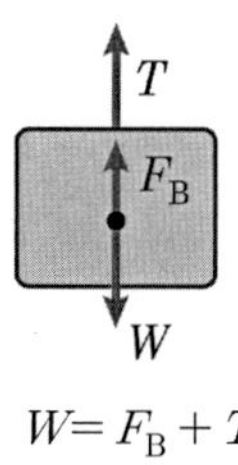

$W = F_B + T$ 에서

$$S = 1.41$$

3.36

33.3%

물체가 액체에 떠 있는 경우 물체의 무게와 부력은 평형을 이룬다. 물체의 부피를 V, 물에 잠기 부피를 V_i라 하면,

$W = F_B$에서 물 위에 떠 있는 부피는 $V - V_i$이므로,

$$\frac{V - V_i}{V} = 1 - 0.667 = 0.333$$

3.37

1.25

물 및 이 액체에 잠긴 부분의 부피를 V_1, V_2라고 하면,

$$W = mg = \rho_w g V_1 = \rho g V_2$$

$V_1 - V_2 = m\left(\frac{1}{\rho_w} - \frac{1}{\rho}\right) = Ah$ 로부터

$$S = \frac{1}{0.8} = 1.25$$

4.1

$$a_x = 1 + (t + axy)(ay) + (bx + cy)(ax)$$

$$a_y = (t + axy)(b) + (bx + cy)(c)$$

$u = t + axy$ 이고 y방향 속도 $v = bx + cy$

$$a_x = \frac{\partial u}{\partial t} + u\frac{\partial u}{\partial x} + v\frac{\partial u}{\partial y}$$

$a_y = \frac{\partial v}{\partial t} + u\frac{\partial v}{\partial x} + v\frac{\partial v}{\partial y}$ 로부터

$$a_x = 1 + (t + axy)(ay) + (bx + cy)(ax)$$

$$a_y = (t + axy)(b) + (bx + cy)(c)$$

4.4

-0.25

$\frac{v}{u} = \frac{dy}{dx}$ 이고

유선의 기울기 :

$$\frac{dy}{dx} = -\frac{1}{x^2} = -0.25$$

4.5

$$y = \frac{C}{x^{1/3}}$$

유선의 정의식으로부터,

$$\frac{dx}{u} = \frac{dy}{v} \Rightarrow \frac{1}{3}\frac{dx}{x} = -\frac{dy}{y}$$

적분하면

$$\frac{1}{3}\int\frac{dx}{x} = -\int\frac{dy}{y}$$

따라서 유선의방정식은 $y = \dfrac{C}{x^{1/3}}$ 이다.

4.7

4.43 m/s

베르누이 방정식은 다음과 같다.

$$p_1 + \frac{1}{2}\rho V_1^2 + \rho g z_1 = p_2 + \frac{1}{2}\rho V_2^2 + \rho g z_2$$

$$V_1 = \sqrt{2gH} = 4.43 \text{ m/s}$$

4.8

1:4

$h \propto V^2$ -> 1:4

4.9

$1.633\sqrt{gH}$

$$p_1 + \frac{1}{2}\rho V_1^2 + \rho g z_1 = p_2 + \frac{1}{2}\rho V_2^2 + \rho g z_2$$

$$V = \sqrt{\frac{2gH}{1-0.5^2}} = 1.633\sqrt{gH}$$

4.10

4배

$h \propto V^2$

V가 2배 되려면 H는 4배가 되어야 한다.

4.11

$L = 2\sqrt{h_1 h_2}$

$$V = \sqrt{2gh_1}$$

$$h_2 = \frac{1}{2}gt^2$$

$$L = Vt = 2\sqrt{h_1 h_2}$$

4.12

$$V = \sqrt{\frac{2g(\rho_1 H_1 + \rho_2 H_2)}{\rho_2}}$$

두 액체의 경계면을 1 지점이라 하면, 1 지점과 출구지점인 2 사이에 베르누이방정식은 다음과 같다.

$$p_1 + \frac{1}{2}\rho_2 V_1^2 + \rho_2 g z_1 = p_2 + \frac{1}{2}\rho_2 V_2^2 + \rho_2 g z_2$$

이것으로부터 다음을 구할 수 있다.

$$V_2 = \sqrt{\frac{2g(\rho_1 H_1 + \rho_2 H_2)}{\rho_2}}$$

4.13

4.472 m/s

$$V = \sqrt{\frac{2(p_0 - p)}{\rho}} = 4.472 \text{ m/s}$$

4.14

4.71 m/s

$$V = \sqrt{\frac{2\Delta p}{\rho}} = 4.71 \text{ m/s}$$

4.15

$\sqrt{2gh_2}$

물의 표면을 1, 출구를 2라 하면,

$$p_1 + \frac{1}{2}\rho V_1^2 + \rho g z_1 = p_2 + \frac{1}{2}\rho V_2^2 + \rho g z_2$$

따라서

$$V_2 = \sqrt{2g(z_1 - z_2)} = \sqrt{2gh_2}$$

4.16

168 kPa

$$V_2 = \frac{A_1}{A_2}V_1 = \left(\frac{D_1}{D_2}\right)^2 V_1 = (2)^2(2) = 8$$

베르누이 방정식은 다음과 같다.

$$p_1 + \frac{1}{2}\rho V_1^2 + \rho g z_1 = p_2 + \frac{1}{2}\rho V_2^2 + \rho g z_2$$

$$p_2 = p_1 + \frac{1}{2}\rho(V_1^2 - V_2^2) + \rho g(z_1 - z_2)$$

$$= 168040 \text{ Pa} = 168.04 \text{ kPa}$$

4.17

$\sqrt{2gH}$

$p_1 + \frac{1}{2}\rho V_1^2 = p_2$ 를 이용하면 된다.

$$V_1 = \sqrt{2gH}$$

4.18

M/LT^2

4.19

$$z = 0.375\frac{V^2}{g}$$

베르누이 방정식은 다음과 같다.

$$p_1 + \frac{1}{2}\rho V_1^2 + \rho g z_1 = p_2 + \frac{1}{2}\rho V_2^2 + \rho g z_2$$

1, 2 지점에서의 압력은 대기압으로 같다.

$$z_2 = \frac{V_1^2 - V_2^2}{2g} = 0.375\frac{V_1^2}{g}$$

4.20

0.612 m

$$\frac{1}{2}\rho V_1^2 = \frac{1}{2}\rho V_2^2 + \rho g z_2 \quad \text{에서}$$

$$z_2 = \frac{V_1^2}{2g} - \frac{V_2^2}{2g} = \frac{4^2 - 2^2}{(2)(9.8)} = 0.612\,\text{m}$$

4.21

$$d = D\left(\frac{H}{H+h}\right)^{\frac{1}{4}}$$

물의 표면과 탱크의 구멍에서의 베르누이 방정식으로부터 구멍에서의 물의 속도는 다음과 같다.

$$V_1 = \sqrt{2gH}$$

그리고 물의 표면과 지름 d인 물줄기까지의 베르누이 방정식으로부터 지름 d인 물줄기 지점에서 물의 속도는 다음과 같다.

$$V = \sqrt{2g(H+h)}$$

연속방정식으로부터

$$d = D\left(\frac{H}{H+h}\right)^{\frac{1}{4}}$$

4.22

$$H = \frac{V^2}{2g}\left(1 - \frac{d^4}{16D^2h^2}\right)$$

물 제트를 1, 원판의 출구를 2라하면

베르누이 방정식 :

$$p_1 + \frac{1}{2}\rho V_1^2 + \rho g z_1 = p_2 + \frac{1}{2}\rho V_2^2 + \rho g z_2$$

연속방정식 : $A_1 V_1 = A_2 V_2$

위의 두 방정식을 이용하면 다음을 얻는다.

$$H = \frac{V^2}{2g}\left(1 - \frac{d^4}{16D^2h^2}\right)$$

4.23

139 kPa

베르누이 방정식 :

$$p_1 + \frac{1}{2}\rho V_1^2 + \rho g z_1 = p_2 + \frac{1}{2}\rho V_2^2 + \rho g z_2$$

연속방정식 : $A_1 V_1 = A_2 V_2$

위의 두 방정식을 이용하면 다음을 얻는다.

$$p_1 = p_2 + \frac{1}{2}\rho(V_2^2 - V_1^2) - \rho g(z_1 - z_2)$$

$$= 138760 \text{ Pa} = 138.8 \text{ kPa}$$

4.24

(a) $p_2 - p_1 = (\rho_1 - \rho_2)gH_2$,

(b) $V = \sqrt{\dfrac{2(\rho_1 - \rho_2)gH_2}{\rho_1}}$

(a)

$$p_1 - \rho_1 g H_1 - \rho_2 g H_2 = p_2 - \rho_1 g(H_1 + H_2)$$

(b) $p_1 + \dfrac{1}{2}\rho V_1^2 = p_2 \Rightarrow$

$$p_2 - p_1 = \frac{1}{2}\rho V_1^2$$

이므로,

$$V = \sqrt{\frac{2(\rho_1 - \rho_2)gH_2}{\rho_1}}$$

4.25

(a) 588 Pa, (b) 0.99 m/s

(a) 앞의 연습문제 4.24에서

$$p_2 - p_1 = (\rho_1 - \rho_2)gH_2$$

$$= (S_1 - S_2)\rho_w g H_2 = 599 \text{ Pa}$$

(b) 앞의 연습문제 4.24에서

$$V = \sqrt{\frac{2(\rho_1 - \rho_2)gH_2}{\rho_1}} = 0.99 \text{ m/s}$$

4.26

0.0329 m³/s

$$Q_{\text{actual}} = C_d \frac{\pi d^2}{4} \sqrt{\frac{2(S_2 - S_1)gH}{S_1[1-(d/D)^4]}}$$

$$= 0.0329 \text{ m}^3/\text{s}$$

4.27

0.0187 m³/s

$$Q_{\text{actual}} = C_d A_2 \sqrt{\frac{2(p_1 - p_2)}{\rho[1-(d/D)^4]}}$$

이것으로부터 다음을 얻을 수 있다.

$$Q_{\text{actual}} = C_d \frac{\pi d^2}{4} \sqrt{\frac{2gH}{1-(d/D)^4}}$$

$$= 0.0197 \text{ m}^3/\text{s}$$

4.28

0.055 m³/s

실제 유량 Q_{actual}은 다음과 같다.

$$Q_{\text{actual}} = C_d A_2 \sqrt{\frac{2(p_1 - p_2)}{\rho[1-(d/D)^4]}}$$

이것으로부터 다음을 얻을 수 있다.

$$Q_{\text{actual}} = C_d \frac{\pi d^2}{4} \sqrt{\frac{2(S-1)gH}{[1-(d/D)^4]}}$$

$$= 0.055 \text{ m}^3/\text{s}$$

5.1

1

$$V_2 = \frac{A_1}{A_2} V_1 = 1$$

5.2

0.21 m/s

$$V = \frac{\dot{m}}{\rho A} = 0.021\, m/s$$

5.3

127 s

$$Q = VA = (2)(\frac{\pi \times 0.1^2}{4}) = 0.01571$$

5.4

8.52 m/s

$$V = \frac{\dot{m}}{\rho A} = \frac{2}{(1.868)(\pi)(0.2^2)}$$

$$= 8.52 \text{ m/s}$$

5.5

$$V_3 = \frac{V_1 D_1^2 + V_2 D_2^2}{D_3^2}$$

연속방정식으로부터,

$$\dot{m}_1 + \dot{m}_2 = \dot{m}_3$$

밀도가 같으므로 따라서 위 식으로부터 다음을 얻을 수 있다.

$$V_3 = \frac{V_1 D_1^2 + V_2 D_2^2}{D_3^2}$$

5.6

$$\frac{\partial h}{\partial t} = \left(\frac{D_1}{D_2}\right)^2 V$$

연속방정식으로부터,

$\frac{\partial m_{cv}}{\partial t} = \dot{m}_1$ 이다.

따라서 위 식으로부터 다음을 얻을 수 있다.

$$\frac{\partial h}{\partial t} = \left(\frac{D_1}{D_2}\right)^2 V$$

5.7

35.3 kg/s

연속방정식으로부터,

$$\frac{\partial m_{cv}}{\partial t} = \dot{m}_1 - \dot{m}_2 = \rho A_1 V_1 - \rho A_2 V_2$$

$$= 35.3 \text{kg/s}$$

5.8

$$Q = \frac{4bHu_0}{3}, \quad V = \frac{2}{3}u_0$$

$$Q = \int_{-H}^{H} u_0 \left[1 - \left(\frac{y}{H}\right)^2\right] b dy = \frac{4bHu_0}{3}$$

$$V = \frac{Q}{A} = \frac{2}{3}u_0$$

5.9

$$V_L = \frac{V_0}{(1+aL)^2}$$

$$A_0 V_0 = A_L V_L$$

따라서 다음을 얻을 수 있다.

$$V_L = \frac{V_0}{(1+aL)^2}$$

5.10

(a) 6.26 m/s, (b) 6.26 m/s, (c) 72 s, (d) 72 s, 큰 차이가 없다

(a) $V_1 = \sqrt{2gH} = 6.26$ m/s

(b) $V_2 = \sqrt{2gh} = 4.85$ m/s

(c) $V_{avg} = \frac{6.26+4.85}{2} = 5.555$ m/s

흘러나가는 평균유량을 계산하고 흘러 나간 전체 물의 부피를 계산하면 다음을 구할 수 있다.

$t = 72.0$ s

(d)

$$t = \sqrt{2}\left(\frac{A}{A_h}\right)\sqrt{\frac{H}{g}}\left(1-\sqrt{\frac{h}{H}}\right) = 72.0$$

이 경우, 평균속도를 사용하여도 큰 차이가 없다는 것을 알 수 있다. 그러나 물의 높이가 0에 가까울수록 그 차이는 커질 것이다.

5.11

2347 kW

에너지 방정식(확장된 베르누이 방정식)은 다음과 같다. 1지점은 터빈의 입구이고 2지점은 터빈의 출구이다.

$$\frac{p_1}{\rho g} + \frac{V_1^2}{2g} + z_1 - h_L - h_{tb} = \frac{p_2}{\rho g} + \frac{V_2^2}{2g} + z_2$$

$$h_{tb} = \frac{p_1 - p_2}{\rho g} + z_1 - z_2 = 47.9 \text{ m}$$

$$\dot{W}_{tb,id} = \dot{m} g h_{tb} = \rho g Q h_{tb} = 2347000 \text{ W}$$

5.12

2112 kW

$$\dot{W}_{tb} = \eta_{tb} \dot{W}_{tb,id} = 2112 \text{kW}$$

5.13

6527 kW

에너지 방정식(확장된 베르누이 방정식)은 다음과 같다. 1지점은 댐의 수면이고 2지점은 터빈의 출구이다.

$$\frac{p_1}{\rho g} + \frac{V_1^2}{2g} + z_1 - h_{tb} = \frac{p_2}{\rho g} + \frac{V_2^2}{2g} + z_2$$

$$h_{tb} = z_1 - z_2 - \frac{V_2^2}{2g} = 98.2 \text{ m}$$

5.14

4983 kW

에너지 방정식(확장된 베르누이 방정식)은 다음과 같다. 1지점은 댐의 수면이고 2지점은 터빈의 출구이다.

$$\frac{p_1}{\rho g} + \frac{V_1^2}{2g} + z_1 - h_L - h_{tb}$$

$$= \frac{p_2}{\rho g} + \frac{V_2^2}{2g} + z_2$$

위 식에서 h_{tb}을 구하여 다음 식으로부터 구할 수 있다.

$$\dot{W}_{tb} = \eta_{tb} \dot{W}_{tb,id} = \eta_{tb} \dot{m} g h_{tb} = 4983 \text{kW}$$

5.15

13.97 kW

$$\frac{p_1}{\rho g} + \frac{V_1^2}{2g} + z_1 - h_L + h_p$$

$$= \frac{p_2}{\rho g} + \frac{V_2^2}{2g} + z_2$$

여기서 1점은 아래 탱크의 수면이고 2점은 위 탱크의 출구이다.

펌프수두는

$$h_p = \frac{V_2^2}{2g} + z_2 - z_1 + h_L = 36.28 \text{m}$$

$$\dot{W}_w = \rho g Q h_p = 13973 \text{ W} = 13.97 \text{ kW}$$

5.16

16.44 kW

5.17

1954 kW

에너지 방정식(확장된 베르누이 방정식)은 다음과 같다. 1지점은 터빈의 입구이고 2지점은 터빈의 출구이다.

$$\frac{p_1}{\rho g}+\frac{V_1^2}{2g}+z_1-h_{\rm tb}=\frac{p_2}{\rho g}+\frac{V_2^2}{2g}+z_2$$

$$h_{\rm tb}=\frac{p_1-p_2}{\rho g}+z_1-z_2 = 44.3\ \rm m$$

$$\dot{W}_{\rm tb}=\eta_{\rm tb}\dot{W}_{\rm tb,id}=\eta_{\rm tb}\dot{m}\,g\,h_{\rm tb}=1954\,\rm kW$$

6.1

R_x = 6782 N, 음의 방향,

R_y = 6625 N, 음의 방향(아래방향)

x방향에 대해

$$R_x=\dot{m}\ V+p_{1g}A = 6782\ \rm N$$

y방향에 대해

$$R_y=\dot{m}\ V+p_{2g}A = 6625\ \rm N$$

6.2

R_x = 13.3 kN, 음의 방향,

$R_y=0$

x방향에 대해

$$R_x=(p_{1g}+p_{2g})A+2\dot{m}\,V = 13.3\ \rm kN$$

y방향을 고려하면,

$R_y=\dot{m}(v_2-v_1)=0$ 이다.

6.3

$R=6633\,\rm N$, 방향은 $\theta=15^\circ$

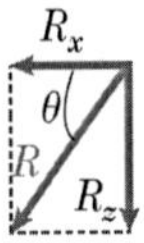

R_x와 R_z의 방향을 예측할 수 없을 때는, 모두 양의 방향으로 가정한다.

먼저 x방향을 고려하면,

$$R_x=-\dot{m}\ V_1-p_{1g}A_1= -6406\ \rm N$$

R_x의 값이 음이므로 음의 방향으로 6406 N이 작용해야 한다.

이제 z방향을 고려하면,

$$R_z=-\dot{m}\ V_2-p_{2g}A_2+W_w+W_p$$

$$= -1719\ \rm N$$

R_z의 값이 음이므로 가정한 방향과 반대 방향인 음의 방향(아래방향)으로 1719 N을 가하여야 한다.

따라서 합력은 다음과 같다.

$$R=\sqrt{R_x^2+R_z^2}=\sqrt{6406^2+1719^2}$$

$$=6633\,\rm N$$

방향은 $\theta=\tan^{-1}\frac{1719}{6406}=15^\circ$

6.4

x방향 성분 : 음의 방향으로 6594 N이 작용,

y 방향 성분 : 0이다

운동량방정식을 적용한다. R_x를 음의 방향으로 R_y를 양의 방향으로 가정한다.

먼저 x방향을 고려하면,

$$R_x=p_{1g}A_1+p_{2g}A_2+\dot{m}(V_2+V_1)$$

$$= 6594\ \rm N$$

이다. R_x의 값이 양이므로 원대 가정한 음의 방향으로 6595 N이 작용해야 한다.

이제 y방향을 고려하면,

$$R_y=\dot{m}(v_2-v_1)=0$$

6.5

x방향 성분 : $-x$의 방향으로 7660 N이 작용

y 방향 성분 : $+y$의 방향으로 1254 N이 작용

R_x를 음의 방향으로 R_y를 양의 방향으로 가정한다.

먼저 x방향을 고려하면,

$$R_x=p_{1g}A_1+p_{2g}A_2\cos 45$$

$$+\dot{m}(V_2\cos 45+V_1)= 7660\ \rm N$$

y방향을 고려하면,

$$R_y=p_{2g}A_2\sin 45+\dot{m}(V_2\sin 45-0)$$

$$= 1254\ \rm N$$

6.6

2341 N

플랜지를 포함하는 검사체적을 선택하면 압력은 계기압력을 사용하여야 한다.

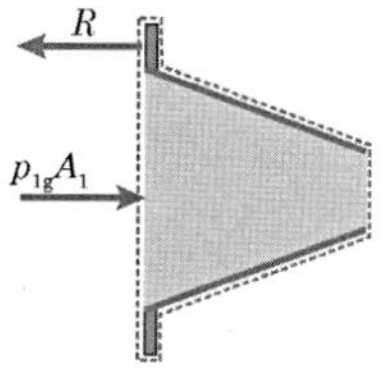

$$R = p_{1g}A_1 - \dot{m}(V_2 - V_1)$$

$$R = 2639.7 - 298.6 = 2341.1 \text{ N}$$

6.7

(a) 6.49 m/s, (b) 2329 N

(a)

이 문제에서는 속도가 주어져 있지 않으므로, 먼저 속도를 계산하여야 한다. 마찰손실을 무시하면 베르누이방정식을 적용할 수 있다.

$$p_1 + \frac{1}{2}\rho V_1^2 = p_2 + \frac{1}{2}\rho V_2^2$$

$$V_1 = V_2\frac{A_2}{A_1} = V_2\left(\frac{d_2}{d_1}\right)^2$$

두 식을 연립하여 속도를 구하면 다음과 같다.

$$V_2 = 6.49 \text{ m/s}$$

(b)

$$V_1 = V_2\left(\frac{d_2}{d_1}\right)^2 = (6.49)\left(\frac{10}{40}\right)^2$$

$$= 0.406 \text{m/s}$$

$$A_1 = \pi R_1^2 = \pi(0.2^2) = 0.1257 \text{m}^2$$

$$R = p_{1g}A_1 - \dot{m}(V_2 - V_1) = 2329 \text{ N}$$

6.8

$$R = (p_1 - p_{atm})A_1 + W_w + W_n - \rho Q^2\left(\frac{1}{A_2} - \frac{1}{A_1}\right)$$

$$F_z = \dot{m}(w_2 - w_1)$$

$$R = p_{1g}A_1 + W_w + W_n - \rho Q(V_2 - V_1)$$

$$R = (p_1 - p_{atm})A_1 + W_w + W_n - \rho Q^2\left(\frac{1}{A_2} - \frac{1}{A_1}\right)$$

6.9

2354 N

연습문제 6.8로부터

$$R = (p_1 - p_{atm})A_1 + W_w + W_n - \rho Q^2\left(\frac{1}{A_2} - \frac{1}{A_1}\right)$$

$$R = 2639.7 + 7.84 + 5 - 298.6 = 2354 \text{ N}$$

6.10

$$R = \rho A V^2\sqrt{2(1-\cos\theta)}$$

검사체적에 작용하는 힘이므로 깃은 검사체적에 포함되어야 한다.

$$R_x = \rho A V^2(1-\cos\theta)$$

$$R_y = \dot{m}V\sin\theta = \rho A V^2\sin\theta$$

$$R = \sqrt{R_x^2 + R_y^2} = \rho A V^2\sqrt{2(1-\cos\theta)}$$

6.11

$$R = 2\rho A V^2$$

6.12

$$R = \rho\frac{\pi D^2}{4}V^2\left(1 - \cos\frac{\theta}{2}\right)$$

작용하는 힘은 그림에 표시된 것과 같이 깃을 고정해야하는 힘 R뿐이다.

$$F_x = -R = \dot{m}(u_2 - u_1)$$

$$R = \rho\frac{\pi D^2}{4}V^2\left(1 - \cos\frac{\theta}{2}\right)$$

6.13

5 m/s

평판에 작용하는 힘은 평판을 고정해야하는 힘 R뿐이다.

$$R = \dot{m}V = (\rho VA)V = \rho V^2 A$$

$$V = \sqrt{\frac{R}{\rho A}} = 5 \text{ m/s}$$

6.14
$$R=\frac{\rho\pi}{4}\left(V_1^2D^2-V_2^2d^2\right)$$

$F_x=\dot{m}_o u_o-\dot{m}_i u_i$

$F_x=-R$

따라서

$$-R=\frac{\rho\pi}{4}\left(V_2^2d^2-V_1^2D^2\right)$$

6.15
0.79 m/s

O점을 기준으로 한 모멘트를 생각하면,

$R\times 0.1=W\times 0.01$

$R=\rho AV^2$이므로

$$V=\sqrt{\frac{R}{\rho A}}=0.79\ \text{m/s}$$

6.16
0.717

$R=\rho AV^2\ \text{N}$

O점을 기준으로 한 모멘트를 생각하면,

$R\times 0.1=W\times 0.01$

$W=5.625\ \text{N}$

$S=0.717$

6.17
18 N

6.18
98 N

6.19
2.66 m/s

그림처럼 검사체적을 사용하여 x' 방향의 운동량 방정식을 적용하면 된다.

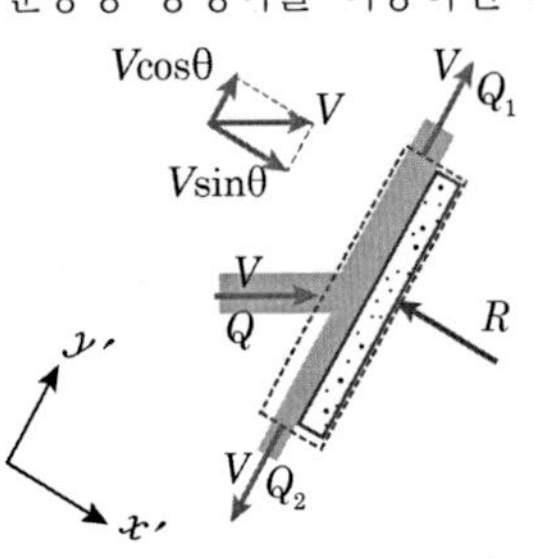

6.20
(a) 2.75 m/s, (b) $A_3=87.3\ \text{cm}^2$

연속방정식 : $V_1A+V_2A=V_3A_3$

x 운동량방정식 :

$(\rho V_3A_3)V_3\cos\theta-(\rho V_1A)V_1=0$

x 운동량방정식 :

$(\rho V_3A_3)V_3\sin\theta-(\rho V_2A)V_2=0$

세 식을 연립하여 풀면

$$V_3=\sqrt{\frac{4^2+16^2}{6^2}}=2.749\ \text{m/s}$$

$$A_3=\frac{6A}{V_3}=\frac{(6)(40)}{2.749}=87.3\ \text{cm}^2$$

$\tan\theta=4\Rightarrow\theta=76^\circ$

6.21
250 N

$F_x=\dot{m}(u_2-u_1)$

$R=\dot{m}(V-0)=\rho AV^2=250\,\text{N}$

6.22
2.07 N·m

$$V_r=\frac{Q}{2A_2}=20.8\ \text{m/s}$$

$U_2=R\omega=4.187$

접선방향 절대속도 :

$V_{2t}=V_{r,2}-U_2=6.213$

7.1
무차원

7.2
$a=4$

7.3
$$\pi_1=\frac{\nu\sqrt{\rho}}{D\sqrt{\Delta p}},\ \pi_2=\frac{Q\sqrt{\rho}}{D^2\sqrt{\Delta p}}$$

7.4

$$\pi_1=\frac{T}{\rho\omega^2D^5},\ \pi_2=\frac{\mu}{\rho\omega D^2}$$

7.5

$$\pi_1 = \frac{T}{\mu\omega D^3},\ \pi_2 = \frac{\rho D^2\omega}{\mu}$$

7.6

$$\pi_1 = \frac{\Delta pd}{\mu V},\quad \pi_2 = \frac{D}{d},\ \pi_3 = \frac{\rho Vd}{\mu}$$

7.7

$$\pi_1 = \frac{\Delta p}{\rho V^2},\quad \pi_2 = \frac{D}{d},\ \pi_3 = \frac{\mu}{\rho Vd}$$

7.8

$$\pi_1 = \frac{F_\mathrm{d}}{\mu VD}$$

7.9

$$\pi_1 = \frac{\mu}{\rho VD},\ \pi_2 = \frac{L}{D},\ \pi_3 = \frac{\varepsilon}{D},\ \pi_4 = \frac{\Delta p}{\rho V^2}$$

7.10

$$\pi_1 = \frac{Q}{\omega D^3},\ \pi_2 = \frac{\mu}{\rho\omega D^2},\ \pi_3 = \frac{\dot{W}}{\rho\omega^3 D^5}$$

7.11

(a) 2장의 그래프가 필요, 각그래프에 나타나는 곡선 2개
(b) 10장의 그래프가 필요, 각 그래프에 나타나는 곡선 20개
(c) 0.00547 N
(d) 알 수 없다.

7.12

$$\pi_1 = \frac{\mu}{\rho VD}\quad \pi_2 = \frac{F_\mathrm{d}}{\rho V^2 D^2}$$

7.13

(a) 1장의 그래프가 필요 나타나는 곡선 1개
(b) 1장의 그래프가 필요, 그래프에 나타나는 곡선 1개
(d) 약 0.164 N

7.14

(a) 1장의 그래프가 필요 나타나는 곡선 1개
(b) 1장의 그래프가 필요, 그래프에 나타나는 곡선 1개
(d) 약 0.164 N, 같은 결과를 얻는다.

7.15

(a) 2배(b) 2배 (c) 2배

7.16

(a) 35 m/s, (b) 1.03 kN, (c) 7.21 kW

(a) 유체 중에 잠겨 비행하는 비행선이므로 Reynolds상사에 해당된다.

$$V_\mathrm{m} = V_\mathrm{p}\left(\frac{\rho_\mathrm{p}}{\rho_\mathrm{m}}\right)\left(\frac{L_\mathrm{p}}{L_\mathrm{m}}\right)\left(\frac{\mu_\mathrm{m}}{\mu_\mathrm{p}}\right) = 35\ \mathrm{m/s}$$

(b) 식(7.49)를 적용하여 원형의 항력을 구할 수 있다.

$$F_\mathrm{d,p} = F_\mathrm{d,m}\left(\frac{\rho_\mathrm{p}}{\rho_\mathrm{m}}\right)\left(\frac{V_\mathrm{p}}{V_\mathrm{m}}\right)^2\left(\frac{L_\mathrm{p}}{L_\mathrm{m}}\right)^2$$

$$= 1.03\ \mathrm{kN}$$

(c) 원형의 동력은 다음처럼 구할 수 있다.

$$\dot{W} = F_\mathrm{d,p}V_\mathrm{p} = (1.03)(7) = 7.21\,\mathrm{kW}$$

7.17

328 kN

Froude 상사로 해야 한다.

$$V_m = V_P\sqrt{\frac{L_m}{L_P}} = 5$$

$$(F_d)_m = 80\,N$$

$$(F_d)_p = (F_d)_m\left(\frac{V_p^2 L_p^2}{V_m^2 L_m^2}\right) = 327.7\ \mathrm{kN}$$

8.1

난류

8.3

0.2 Pa

$$\tau = \frac{\Delta p R}{2L} = 0.2\ \mathrm{Pa}$$

8.4

난류

8.5

층류

8.6

학생의 주장은 옳다.

8.7

100 Pa

$$\Delta p = \frac{4\tau L}{D} = 100 \text{ Pa}$$

8.8

$\frac{Q}{81}$

$Q \propto D^4$이므로

8.9

16배

압력차는 직경의 4제곱에 반비례한다.

8.10

1.2 Pa

8.11

$2Q$

$Q \propto \Delta p$

8.12

14.2 kPa

8.13

0.049

$$f = h_L \frac{D}{L}\frac{2g}{V^2} = 0.049$$

8.14

$\frac{1}{1.2}f_1$

층류의 경우

$f \sim \frac{1}{V}$ 이므로

8.15

$1.2h_L$

층류의 경우 $f \sim \frac{1}{V}$

8.16

$1.44h_L$

8.17

10 kPa

$$\Delta p = K_L \frac{\rho V^2}{2} = 10000 \text{ Pa}$$

8.18

80 m

8.19

7.714 m

$$h_L = \left(f\frac{L}{D} + \sum K_L\right)\frac{V^2}{2g} = 7.714 \text{ m}$$

8.20

2.76 m

$$h_L = \left(f\frac{L}{D} + \sum K_L\right)\frac{V^2}{2g} = 2.76$$

8.21

2.96 m

0점과 1점 사이 에너지 방정식을 적용하면,

$$\frac{p_0}{\rho g} + z_0 - h_L = \frac{p_1}{\rho g} + \frac{V^2}{2g} + z_1$$

$h_L = \left(f\frac{L}{D} + \sum K_L\right)\frac{V^2}{2g}$ 이므로

$$H = (13.5+1)\frac{V^2}{2g} = 14.5\frac{2^2}{2(9.8)}$$
$$= 2.96 \text{ m}$$

8.22

1.64 m/s

0점과 1점 사이 에너지 방정식을 적용하면,

$$\frac{p_0}{\rho g} + z_0 - h_L = \frac{p_1}{\rho g} + \frac{V^2}{2g} + z_1$$

$h_L = \left(f\frac{L}{D} + \sum K_L\right)\frac{V^2}{2g}$ 이므로

$$V = \sqrt{\frac{2gH}{14.5}} = 1.64 \text{ m/s}$$

8.23

$\frac{\sqrt{3}}{3}a$

$$D_{\mathrm{h}} = \frac{4A}{P} = \frac{\sqrt{3}}{3}a$$

8.24

a

8.25

$D_2 - D_1$

8.26

$\frac{4ac}{a+2c}$

$$D_{\mathrm{h}} = \frac{4A}{P} = \frac{4ac}{a+2c}$$

8.27

1.84 m

$$h_{\mathrm{L}} = f\frac{L}{D_{\mathrm{h}}}\frac{V^2}{2g} = 1.84\mathrm{m}$$

8.28

3.19 m

수력지름은 다음과 같다.

$$D_{\mathrm{h}} = D_2 - D_1 = 0.3 - 0.2 = 0.1$$

$$h_{\mathrm{L}} = f\frac{L}{D_{\mathrm{h}}}\frac{V^2}{2g} = 3.19\mathrm{m}$$

8.29

(a) 30.15 m (b) 266 kPa

(a)

마찰계수를 구하기 위하여 먼저 Re를 구하여여 한다.

$$\mathrm{Re} = \frac{\rho VD}{\mu} = 9.0\times 10^6$$

$\mathrm{Re} = 9.0\times 10^6$과 $\varepsilon/D = 0.001$을 이용하여, Moody 선도로부터 마찰계수를 구하면, 손실수두는 다음과 같다.

$$h_{\mathrm{L}} = f\frac{L}{D}\frac{V^2}{2g} = 30.15\ \mathrm{m}$$

(b) $\Delta p = \rho g h_{\mathrm{L}} = 265950\ \mathrm{pa} = 266\ \mathrm{kpa}$

8.30

(a) 3019 kPa, (b) 369 Pa

(a) $D_h = \frac{4A}{P} = 2.309\ \mathrm{cm}$

$Re = 83.12$

층류이므로 마찰계수를 구하면 다음과 같다.

$f = 0.77$

$$p_1 + \frac{\rho V^2}{2} - f\frac{L}{D}\frac{\rho V^2}{2} = p_2 + \frac{\rho V^2}{2}$$

$+\rho g H = 3019\ \mathrm{kpa}$

(b) 전단응력에 의한 마찰손실은 3001 kPa이다.

$$\Delta p_f A = \tau_w(0.04\times 3)(50)$$

$$\tau_w = 0.347\ \mathrm{kPa}$$

8.31

(a) 5.37 kW, (b) 6.31 kW

(a)

$$h_p = \left(\frac{p_2}{\rho g} + \frac{V_2^2}{2g} + z_2\right) - \left(\frac{p_1}{\rho g} + \frac{V_1^2}{2g} + z_1\right)$$

$$h_p = \frac{p_2 - p_1}{\rho g} + z_2 - z_1 = 32.85\ \mathrm{m}$$

$$\dot{W}_{\mathrm{p,id}} = \rho g Q h_{\mathrm{P}} = 5366\,\mathrm{W}$$

8.32

5.88 kW

$$h_p = \left(\frac{p_2}{\rho g} + \frac{V_2^2}{2g} + z_2\right) - \left(\frac{p_1}{\rho g} + \frac{V_1^2}{2g} + z_1\right) + h_L$$

$$h_p = (z_2 - z_1) + h_L = 30\ \mathrm{m}$$

$$\dot{W}_{\mathrm{p,id}} = \rho g Q h_{\mathrm{P}} = 5880\ \mathrm{W}$$

8.33

6.53 kW

8.34

10.7 kW

$$h_p = \frac{p_2 - p_1}{\rho g} + \frac{V_2^2 - V_1^2}{2g} + z_2 - z_1 + h_{\mathrm{L}}$$

$$\dot{W}_w = \rho g Q h_p = 4407 \text{ W}$$

8.35

4897 W

8.36

7.62 kW

$$h_p = h + \frac{p_2 - p_1}{\rho g} + h_L = 34.97 \text{ m}$$

$$\dot{W}_{p,id} = \rho g Q h_P = 6854 \text{ W}$$

$$\dot{W}_{p,id} = \rho g Q h_P = 6854 \text{ W}$$

$$\dot{W}_p = 7616 \text{ W}$$

9.1

$\sqrt{2}\,\delta_1$

$\delta \sim \sqrt{x}$

9.2

(a) 0.057 m, (b) 0.755m

9.3

(a) 0.59 mm, (b) 2.1 mm

9.4

(a) 4.85 m/s, (b) 1.92 m/s

앞의 연습문제에서 모두 층류이므로 그림 9.5의 속도분포로부터 속도를 구할 수 있다.

(a) $\eta = y\sqrt{\frac{U_\infty}{\nu x}} = 4.27$

그림 9.5에서 $\frac{u}{U_\infty} = 0.97$ 이므로

$u = (0.97)(5) = 4.85$ m/s

(b) $\eta = y\sqrt{\frac{U_\infty}{\nu x}} = 1.17$

그림 9.5에서 $\frac{u}{U_\infty} = 0.39$ 이므로

$u = (0.39)(5) = 1.92$ m/s

9.5

4.53 m/s

$$\frac{\bar{u}}{U_\infty} = \left(\frac{y}{\delta}\right)^{\frac{1}{7}} = 0.906$$

9.6

0.00812 N

$\mathrm{Re}_L = \frac{U_\infty L}{\nu} = 7.94 \times 10^4$이므로

층류이다. 따라서 항력계수는 다음과 같다.

$$C_d = C_{d,f} = \frac{1.328}{\sqrt{\mathrm{Re}_L}} = 0.0047$$

$$F_d = C_d \frac{\rho U_\infty^2}{2} A = 0.00812 \text{ N}$$

9.7

(a) 0.0057 N

(b) 유동이 층류일 때 직사각 평판의 긴 쪽이 유동방향으로 놓여있는 것이 항력을 작게 받는다.

(a)

$\mathrm{Re}_L = \frac{U_\infty L}{\nu} = 1.59 \times 10^5$이므로

층류이다. 따라서 항력계수는 다음과 같다.

$$C_d = C_{d,f} = \frac{1.328}{\sqrt{\mathrm{Re}_L}} = 0.0033$$

$$F_d = C_d \frac{\rho U_\infty^2}{2} A = 0.0057 \text{ N}$$

9.8

(a) 47.25 N, (b) 0.0567 N

(a) $\mathrm{Re} = \frac{U_\infty D}{\nu} = 2.63 \times 10^5$

표 9.2에서 $C_d = 1.05$

$$F_d = C_d \frac{\rho U_\infty^2}{2} A = 47.25 \text{ N}$$

(b) $\mathrm{Re} = \frac{U_\infty D}{\nu} = 1.99 \times 10^4$

표 9.2에서 $C_d = 1.05$

$$F_d = C_d \frac{\rho U_\infty^2}{2} A = 0.0567 \text{ N}$$

9.9

(a) 상사의 말이 틀렸다.

(b) 증가한다. 8배

찾아 보기

| 저자약력 |

권오붕

- 공 학 사 : 서울대학교 공과대학
- 공학석사 : 서울대학교 대학원
- 공학박사 : University of Illinois at Urbana-Champaign
- 현) 부경대학교 기계공학과 교수

정가 23,000원

유체역학의 기본 –유체역학(1)–

2019년 3월 4일 초 판 1쇄
2021년 2월 1일 수정판 1쇄
2022년 2월 14일 수정판 2쇄

저자와의 협의하에 인지생략

저 자 : 권오붕
발행자 : 송 준
발행처 : 도서출판 홍릉
주 소 : 서울시 강북구 인수봉로 50길 10
01093
등 록 : 1976년 10월 21일 제5-66호
전 화 : (02) 999-2274~5, 903-7037
팩 스 : (02) 905-6729
e-mail: hongpub@hongpub.co.kr
http://www.hongpub.co.kr
ISBN: 979-11-5600-661-9